高等职业教育机电类专业系列教材

# 机械制图与识图

## 第 2 版

主　编　韩变枝　成图雅

副主编　曹智梅　冯银兰

参　编　马树焕　王　栋

　　　　苏美亭　武俊彪

主　审　杨胜强

机械工业出版社

本书以培养学生识读和绘制机械图样为主要目的，以应用为宗旨，突出结构分析，注重读图训练。本书内容包括：绪论、制图的基本知识与技能、投影基础、基本体、轴测图、组合体、机件的表达方法、零件的结构分析及尺寸标注、零件图上的技术要求、典型零件图的识读及零件测绘、标准件与常用件、装配图的绘制和识读和计算机绘图。书中大部分图例取自生产实际，内容通俗易懂，循序渐进。为提高读者的识图能力，书中图例较多，同时配有立体图，能有效地培养学生的空间想象力。

与本书同时出版的《机械制图和识图习题集》与本书配套使用，习题集后附有习题中用到的形体的立体图。

本书可作为高等职业学院、高等专科学校、成人高校及应用型本科院校机械类、机电类及相关专业的制图课程教材，也可作为有关工程技术人员的自学参考用书。

为方便教学，本书配有电子课件、模拟试卷等，凡选用本书作为教材的老师，可来电索取。咨询电话：010-88379375。也可登录机工教材服务网注册下载。

## 图书在版编目（CIP）数据

机械制图与识图/韩变枝，成图雅主编. —2 版. —北京：机械工业出版社，2020.8（2024.9 重印）
高等职业教育机电类专业系列教材
ISBN 978-7-111-66078-1

Ⅰ.①机… Ⅱ.①韩…②成… Ⅲ.①机械制图-高等职业教育-教材②机械图-识图-高等职业教育-教材 Ⅳ.①TH126

中国版本图书馆 CIP 数据核字（2020）第 122680 号

机械工业出版社（北京市百万庄大街 22 号 邮政编码 100037）
策划编辑：王宗锋 责任编辑：王宗锋 杨作良
责任校对：樊钟英 封面设计：严娅萍
责任印制：邵 敏
北京富资园科技发展有限公司印刷
2024 年 9 月第 2 版第 5 次印刷
184mm×260mm · 17 印张 · 554 千字
标准书号：ISBN 978-7-111-66078-1
定价：49.00 元

电话服务　　　　　　　　　网络服务
客服电话：010-88361066　　机 工 官 网：www.cmpbook.com
　　　　　010-88379833　　机 工 官 博：weibo.com/cmp1952
　　　　　010-68326294　　金 书 网：www.golden-book.com
**封底无防伪标均为盗版**　机工教育服务网：www.cmpedu.com

# 第 2 版 前 言

　　第1版自2009年出版以来，经过多次重印，获得了良好的市场反映。本书在第1版的基础上修订而成，主要特点如下：

　　1. 对文字部分进行了梳理和调整，并以双色印刷，便于读者在短时间内找到重点。对于重难点图形，通过扫描二维码可以得到相应的立体图及动画，以帮助读者分析理解。

　　2. 对全书的插图进行了检查、修正，部分图形进行了重新构型，书中全部图形均配有立体图，使读者使用起来更为方便。

　　3. 全面贯彻技术制图、机械制图及与机械制图相关的现行国家标准。

　　4. 在体系和内容安排上，力求通俗易懂，注重理论联系实际，突出应用。书中大部分图例取自生产实际。每章提出知识要求和技能要求，并附有小结和复习思考题，供读者课后复习思考。书后列有附录，供读者练习查阅有关标准手册时使用。

　　5. 为了提高读者的识图能力，以"体"入手，介绍正投影法的基本原理，从体引出点、线、面。配套的习题集后附有习题中所用到的形体的渲染立体图。

　　6. 为使读者能读懂工厂中的图，较为详细地介绍了机械零件的结构分析、技术要求和零件图的识读方法。把零件图上的技术要求列为单独的章节，较为清晰地介绍了极限与配合、几何公差、公差原则、表面结构要求及其他技术要求。

　　7. 考虑到计算机绘图是机械制图的组成部分，本书将计算机绘图单独作为一章进行了介绍，尤其是对如何绘制零件图及装配图的内容做了分析说明。

　　同时出版与本书配套使用的《机械制图与识图习题集》，其编排体系与本书保持一致。

　　本书由韩变枝、成图雅任主编，曹智梅、冯银兰任副主编。具体参加编写人员及分工：山西工程技术学院韩变枝（绪论，第二、三、五、六章），广东松山职业技术学院曹智梅（第一、四章），内蒙古机电职业技术学院成图雅和武俊彪（第七章、附录），山西工程技术学院王栋（第八、十二章），山西工程技术学院冯银兰（第九章），山东工业技师学院苏美亭（第十章）以及山西工程技术学院马树焕（第十一章）。书中的立体渲染图均由王栋润饰。全书由太原理工大学杨胜强教授主审。

　　由于编者水平有限，书中难免有不足之处，敬请各位读者予以批评指正。

编　者

# 目录

# 绪　　论

## 一、图样及其在生产中的作用

在工程技术中，为了准确地表达产品的形状大小及技术要求，通常将其按一定的投影方法和有关的技术规定表达在图纸上，这种图形称为工程图样，简称图样。用于表达机械产品的图样，就叫机械图样，它是工程图样中应用最广的一种图样。图样是现代工业生产中的重要技术文件，无论是机械设备、仪器仪表，还是化工设备，都是根据图样来进行制造的。设计者通过图样描述设计对象；制造者通过图样了解设计要求，组织和指导生产，进行产品制造；使用者通过图样了解产品的结构和性能，进行操作、维修和保养。因此图样是表达设计意图、交流设计思想、指导生产的重要技术文件，是工程界的技术语言。高等职业教育的目标是培养高级技术应用型人才，他们作为生产、管理一线的人才，必须学会和掌握这种语言，具备识读机械图样的基本能力。

## 二、本课程的目的和任务

本课程是一门研究机械图样的图示原理、绘制和识读机械图的方法和步骤及技巧的专业基础课。本课程的目的是培养学生识读和绘制机械图样的能力，为学习后续专业知识和职业技能打下基础。本课程的主要任务是：

1）学习贯彻国家标准对技术制图与机械制图的有关规定。

2）学习投影法的基本原理。

3）培养空间想象能力和空间分析问题（包括构形分析）的能力。

4）培养绘制和识读机械图样的基本能力。

5）培养认真负责的工作态度和严谨细致的工作作风。

## 三、本课程的学习方法

### 1. 投影分析和空间想象相结合

本课程的基本任务是学会如何用二维平面图形来表示三维空间物体的形状，以及由二维平面图形想象空间形体，即搞清楚空间形体和投影之间的关系。因此要在认真学习投影理论、理解基本概念的基础上，由浅入深地通过一系列的绘图和读图实践，不断地由物画图、由图想物，分析想象空间物体与图样之间的关系，逐步提高空间想象能力，时刻注意把投影分析和空间想象结合起来。

### 2. 学与练相结合

本课程是一门既有系统理论又有较强实践性的专业基础课，因此在学习过程中，应该坚持理论联系实际的学风，认真听课，及时复习，坚持学与练相结合，每堂课后要完成一定数量的习题和作业。

### 3. 画图与读图相结合

虽然高等职业教育的教学目标是以读图为主，但读图源于画图，因此要画图与读图相结合。画图时，要按照正确的方法和步骤作图，熟悉制图的基本知识，遵守国家标准的有关规定，认真作图，以画促读，通过画图训练促进读图能力的培养。

### 4. 课程学习和生产实际相结合

生产图样是设计意图的具体体现，是指导生产和技术交流的重要文件，因此，在学习过程中要注意将所学内容和生产实际相结合，充分认识生产图样的重要性，从生产出发理解每条线、每个符号、每个尺寸、每个规定的含义。

由于图样在生产实际中起着很重要的作用，任何读图和绘图的差错，都会给生产带来损失，所以要坚持认真负责的工作态度、一丝不苟的工作作风和对生产负责的精神，反对粗枝大叶和片面追求图面漂亮，而不重视内容正确与否的错误态度。

# 第一章

# 制图的基本知识与技能

要想看懂并且能正确理解已画好的图样，能够绘制符合要求、准确表达工程对象的图样，必须掌握制图的基本知识与技能。本章着重介绍：国家标准中对图纸幅面、字体、图线、尺寸标注、比例的规定；手工绘图的技能训练；平面图形的画法；常见几何图形的基本作图原理及方法。

**【知识要求】**

1）了解国家标准对机械制图的有关规定。

2）掌握图线画法、尺寸标注的有关规定。

3）学习平面图形的尺寸分类、线段分析的方法。

4）了解斜度、锥度的含义、画法及标注。

**【技能要求】**

1）能进行简单平面图形的绘制，并正确标注尺寸。

2）掌握三角板、圆规、图板、丁字尺的正确使用方法。

## 第一节 认识制图的基本规定

机械图样是设计和制造机械零、部件过程中的重要资料，为便于组织生产和进行技术交流，国家标准对图样上的有关内容做了统一的规定。国家标准简称"国标"，强制性国家标准的代号为"GB"，推荐性国家标准的代号为"GB/T"。本节主要介绍国家标准对制图的图纸幅面、字体、图线等部分的基本规定。

### 一、图纸的幅面和图框格式（GB/T 14689—2008）

#### 1. 图纸的幅面尺寸

图纸幅面是指图纸长度与宽度的组成。绘制图样时，应采用表 1-1 所规定的基本幅面尺寸。基本幅面代号有 A0、A1、A2、A3、A4 五种。

表 1-1　图纸幅面尺寸及图框格式尺寸　　　　　　　　　　　　（单位：mm）

| 基本幅面代号 | A0 | A1 | A2 | A3 | A4 |
|---|---|---|---|---|---|
| 幅面尺寸 $B \times L$ | 841×1189 | 594×841 | 420×594 | 297×420 | 210×297 |
| 周边尺寸代号 $a$ | 25 | | | | |
| 周边尺寸代号 $c$ | 10 | | | 5 | |
| 周边尺寸代号 $e$ | 20 | | | 10 | |

必要时图纸幅面可以加长，但加长的尺寸必须由基本幅面的短边成整数倍增加，得到加长幅面。如图 1-1 所示，A0 幅面对折得到 A1 幅面，A1 幅面对折得到 A2 幅面，其余类推，图中粗实线所示为基本幅面（第一选择）。细实线及虚线分别为第二选择和第三选择的加长幅面。

#### 2. 图框格式

图框是图纸上限定绘图范围的线框，用粗实线绘制。图样要绘制在图框内。其格式分不留装订边和留装订边两种，同一产品的图样只能采用一种格式，如图 1-2 和图 1-3 所示。

两种图框格式的周边尺寸见表 1-1。加长幅面的图框尺寸，按照比所选用的基本幅面大一号的图纸的图框尺寸来确定。一般 A0～A3 宜横式放置，必要时也可竖式放置；A4 宜竖式放置，必要时也可横式放置。

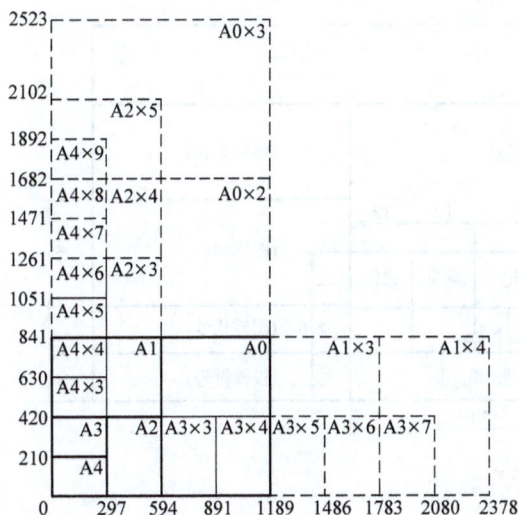

图 1-1　图纸的基本幅面与加长幅面

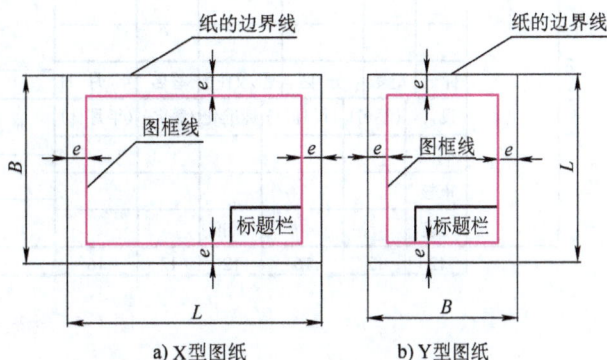

图 1-2　不留装订边的图框格式

### 3. 标题栏的方位及读图方向

绘图时，一般要在每张图纸的右下角绘制标题栏，用以说明图样的名称、图号、零件材料、设计单位及有关人员的签名等内容。读图的方向与标题栏中的文字一致。当标题栏的长边置于水平方向并与图纸长边平行时，则构成 X 型图纸；当标题栏的长边与图纸的长边垂直时，则构成 Y 型图纸。

为了缩微摄影和复制图样时定位方便，可在图纸各边长的中点处分别画出对中符号，如图 1-4 所示。对中符号用粗实线绘制，线的宽度不小于 0.5mm，长度从纸的边界开始到伸入图框内约 5mm。当对中符号处在标题栏范围内时，伸入标题栏部分则省略不画。

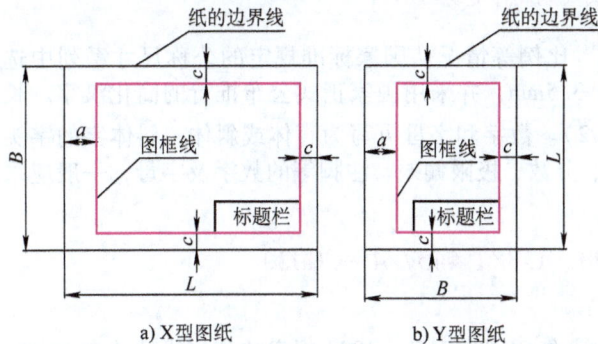

图 1-3　留装订边的图框格式

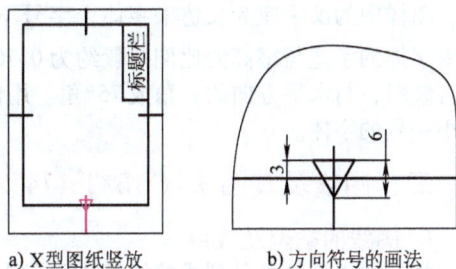

图 1-4　对中符号和方向符号

当使用预先印好的图纸，图纸上预先印好的标题栏中的文字方向和绘图读图的方向不一致时，可采用图 1-4a 所示的方向符号来表明绘图读图的方向，此时，方向符号应在图纸的下边对中符号处，标题栏应位于图纸右上角。方向符号是用细实线绘制的等边三角形，其画法如图 1-4b 所示。

国家标准 GB/T 10609.1—2008《技术制图　标题栏》对标题栏的内容、格式和尺寸都做了统一规定，如图 1-5 所示。

制图作业中的标题栏建议采用图 1-6 所示的格式。

## 二、字体（GB/T 14691—1993）

图样中除了表示形状的图形外，还有标注尺寸的数字和说明设计制造各项要求的字母和汉字，字体是指文字、字母、数字或符号的书写形式。图样上的字体均应做到字体工整、笔画清晰、间隔均匀、排列整齐，标点符号也要清楚正确。汉字、数字、字母等字体的大小以字号来表示，字号就是字体的高度，用 $h$ 来表示。字体高度的公称尺寸系列为 1.8mm、2.5mm、3.5mm、5mm、7mm、10mm、14mm、

3

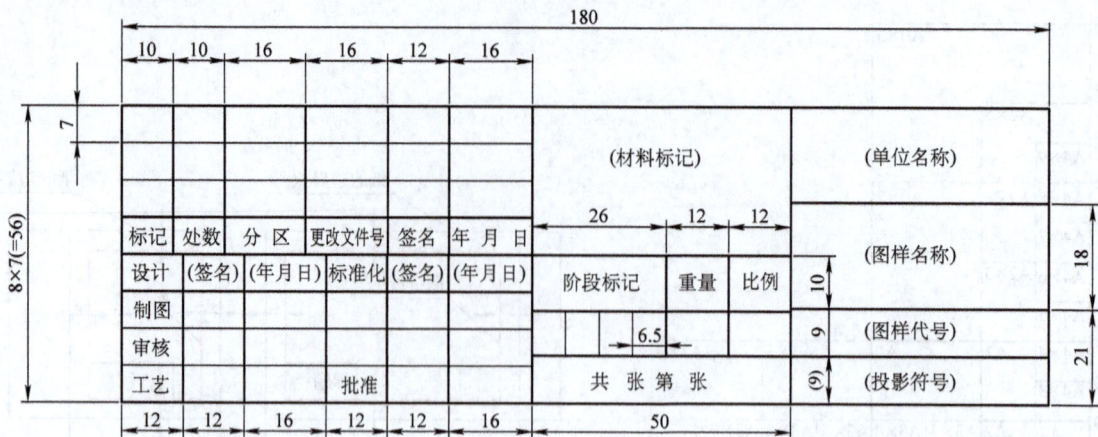

图1-5 标题栏格式

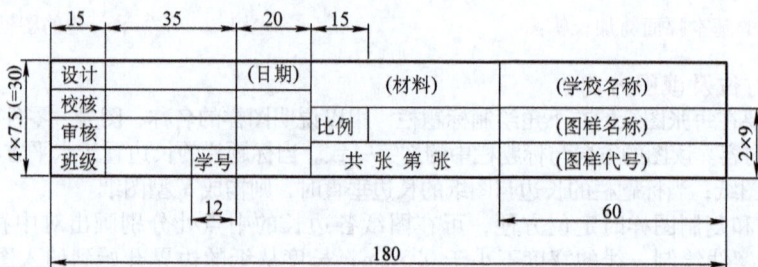

图1-6 标题栏格式（制图作业练习用）

20mm 共8种。图样中字体的大小应依据图纸幅面、比例等情况从国家标准规定的公称尺寸系列中选用。图样中的汉字应为长仿宋字体，字号不应小于3.5mm，并采用国家正式公布推行的简化汉字。长仿宋字体的字宽与字高的比例一般约为0.707（$1/\sqrt{2}$）。数字和字母可写为直体或斜体。斜体字的字头向右倾斜，与水平方向的夹角成75°角。用作指数、分数、极限偏差、注脚等的数字及字母，一般应采用小一号的字体。

## 三、图线及其画法（GB/T 17450—1998、GB/T 4457.4—2002）

### 1. 图线的类型及应用

画在图纸上的各种型式的线条统称图线。国家标准 GB/T 17450—1998 规定的基本线型共有15种，国家标准 GB/T 4457.4—2002 规定了在机械图样中常用的9种基本线型，见表1-2。在机械图样中，图线分为粗、细两种线宽，它们之间的比值为2∶1，图线宽度 $d$ 可从数系 0.13mm、0.18mm、0.25mm、0.35mm、0.5mm、0.7mm、1mm、1.4mm、2.0mm 中选取。画图时优先采用 0.5mm、0.7mm 两种线宽。

表1-2 常用图线种类及应用

| 线型 | 线型名称 | 线宽 | 应用举例 |
|---|---|---|---|
| ———————— | 粗实线 | $d$ | 可见轮廓线 |
| ———————— | 细实线 | $d/2$ | 尺寸线、尺寸界线、辅助线、过渡线、剖面线 |
| ∼∼∼∼∼ | 波浪线 | $d/2$ | 断裂处的边界线；视图与剖视图的分界线 |
|  | 双折线 | $d/2$ | 断裂处的边界线；视图与剖视图的分界线 |

（续）

| 线型 | 线型名称 | 线宽 | 应用举例 |
|---|---|---|---|
| — · — · — · — | 粗虚线 | $d$ | 允许表面处理的表示线 |
| $3d$　$12d$ ------------ | 细虚线 | $d/2$ | 不可见轮廓线 |
| ———————— | 粗点画线 | $d$ | 限定范围表示线 |
| $6d$　$24d$ —·—·— | 细点画线 | $d/2$ | 对称中心线、轴线、分度圆 |
| $9d$　$24d$ —··—··— | 细双点画线 | $d/2$ | 相邻辅助零件的轮廓线、可动零件的极限位置的轮廓线、中断线、轨迹线 |

上述线型的实际应用如图 1-7 所示。

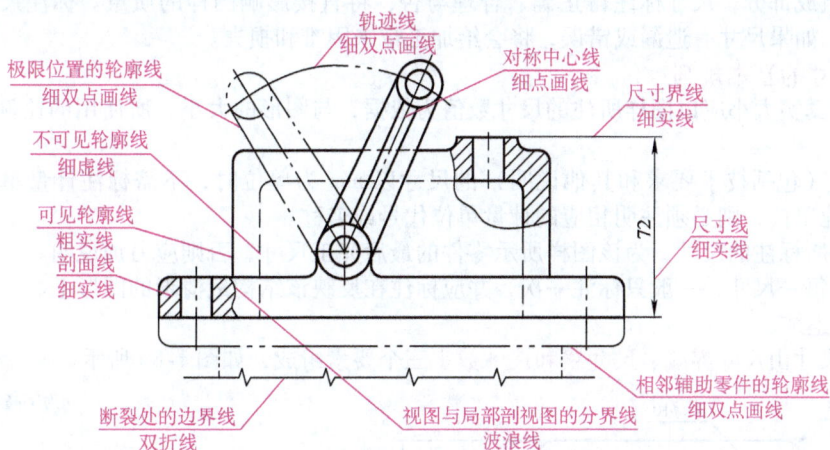

图 1-7　图线的应用举例

## 2. 图线的画法

在同一图样中，同类图线的宽度应基本一致。相互平行的图线（包括剖面线），其间隙不宜小于图样中的粗线宽度，且不宜小于 0.7mm。虚线、点画线及双点画线的线段长度和间隔应大致相等。绘制图线的正误对比见表 1-3。

表 1-3　绘制图线的正误对比

| 序号 | 正确 | 错误 | 图线画法说明 |
|---|---|---|---|
| 1 | — · — · — · — | — · — · — · — | 点画线或双点画线的末端应为画，不应为点 |
| 2 | （图） | （图） | 表示对称线或回转体的回转轴线的点画线应超出图外 2～5mm，不应没有超出或超出太多 |
| 3 | （图） | （图） | |
| 4 | （图） | （图） | 虚线、点画线与其他图线相交时，相交处应为画，不应交在空隙处或点处，在较小图形中绘制细点画线有困难时，可用细实线代替 |
| 5 | （图） | （图） | |

5

（续）

| 序号 | 正确 | 错误 | 图线画法说明 |
|---|---|---|---|
| 6 | | | 细虚线为粗实线的延长线时，粗实线应画到分界点，留空隙后再画细虚线 |
| 7 | | | 圆弧细虚线与直细虚线相切时，圆弧细虚线应画到切点处，留空隙后再画直细虚线 |

# 第二节 尺寸标注与比例

## 一、尺寸标注

在图样中，图形只能表达零件的结构形状，只有标注尺寸后，才能确定零件的大小。因此，尺寸是图样的重要组成部分，尺寸标注得正确、合理与否，将直接影响图样的质量。标注尺寸必须认真仔细、准确无误。如果尺寸有遗漏或错误，将会给加工带来困难和损失。

### 1. 标注尺寸的基本规则

1）零件的真实大小应以图样所注的尺寸数值为依据，与图形的大小、所使用的比例及绘图的准确程度无关。

2）图样中（包括技术要求和其他说明）的尺寸以 mm 为单位时，不需标注计量单位的代号或名称，若采用其他单位，则必须注明相应的计量单位代号或名称。

3）图样中所标注的尺寸，为该图样所示零件的最后完工尺寸，否则应另加说明。

4）零件的每一尺寸，一般只标注一次，并应标注在反映该结构最清晰的图形上。

### 2. 尺寸的组成

图样上的尺寸由尺寸界线、尺寸线和尺寸数字三个要素组成，如图 1-8a 所示。

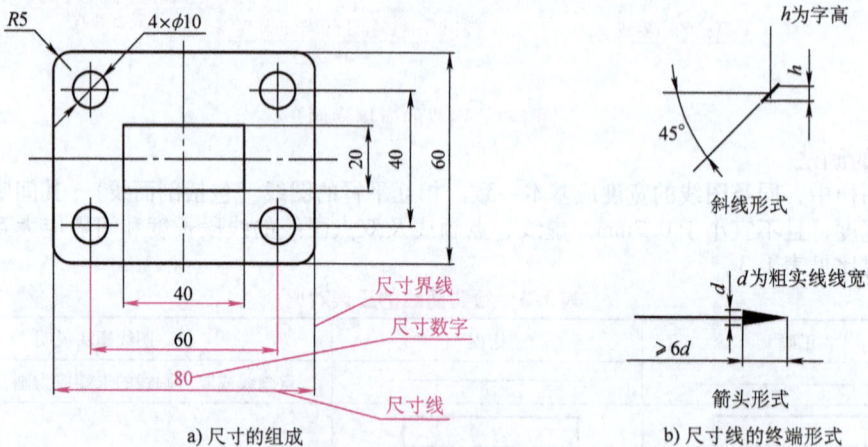

a）尺寸的组成    b）尺寸线的终端形式

图 1-8  标注尺寸的要素

（1）尺寸界线  尺寸界线表示所注尺寸的起始和终止位置，应用细实线绘制，其一端一般应从图样的轮廓线、轴线或对称中心线引出，另一端应超出尺寸线 2 ~ 3mm。也可直接利用图样轮廓线、中心线及轴线作为尺寸界线。尺寸界线一般应与尺寸线垂直，必要时才允许与尺寸线倾斜。在光滑过渡处的标注，两尺寸界线仍相互平行。

（2）尺寸线  尺寸线必须用细实线单独绘制，不能用图样上的任何图线来代替，也不能与其他图线重合或在其延长线上。

标注线性尺寸时，尺寸线应与被注线段平行，其间隔或平行排列的尺寸线的间距应保持一致，一般为 5 ~ 7mm。尺寸线之间或尺寸线与尺寸界线之间应尽量避免相交，为此在标注时，应将小尺寸放在里面，大尺寸放在外面。

尺寸线终端有箭头和斜线两种形式，如图 1-8b 所示，并画在尺寸线与尺寸界线的相交处。在机械图样中一般采用箭头形式，在建筑图样中则多采用斜线形式。

半径、直径、角度与弧长的尺寸线终端应用箭头表示，在同一图样上，箭头大小要一致，不随尺寸数值大小的变化而变化。在没有足够位置的情况下，允许用圆点或斜线代替箭头。

（3）尺寸数字　尺寸数字用来表示零件尺寸度量的实际大小，一律用标准字体（一般为 3.5 号字）注写在尺寸线上方的中部，也允许注写在尺寸线的中断处。但在同一图样中，应采用同一种方法注写尺寸数字，字高也要保持一致。线性尺寸数字的注写如图 1-8 所示，水平方向的尺寸，尺寸数字要写在尺寸线的上面，字头朝上；竖直方向的尺寸，尺寸数字要写在尺寸线的左侧，字头朝左；倾斜方向的尺寸，必须使字头有向上的趋势。表示角度的数字一律写成水平方向，一般注写在尺寸线的中断处。

### 3. 常见尺寸的注法

线性尺寸、圆弧、角度等常见尺寸的注法见表 1-4。

**表 1-4　常见尺寸的注法示例**

| 标注内容 | 示　例 | 说　明 |
|---|---|---|
| 线性尺寸的数字方向 | 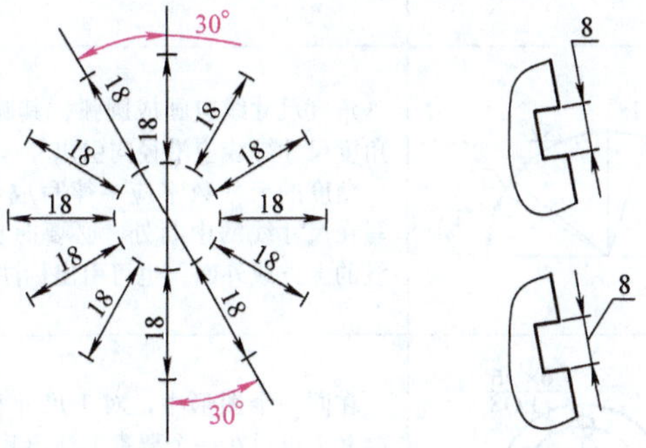 | 尺寸数字应按图 a 所示方向注写，应避免在 30° 的范围内注写尺寸，当无法避免时，应按图 b 所示方式注写 |
| 圆及圆弧 | 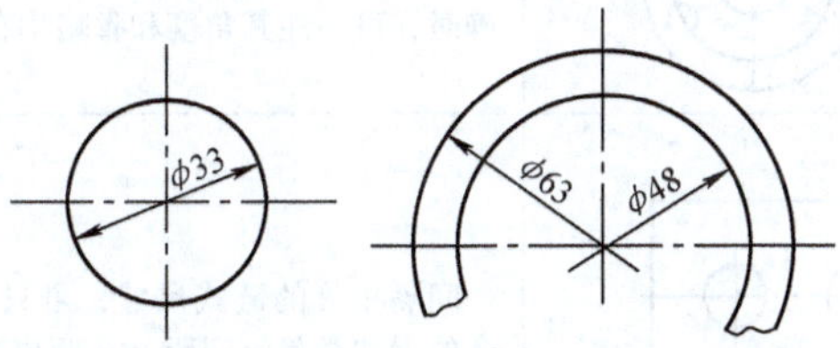 | 对于整圆或大于半圆的圆弧，应标注直径，以圆周为尺寸界线，尺寸线应通过圆心，在尺寸数字前应加注符号 "φ"。圆弧直径尺寸线应略超过圆心，此时仅在指向圆弧一端的尺寸线上画出箭头 |
| | | 对于小于或等于半圆的圆弧，应标注半径，尺寸线从圆心出发引向圆周，仅在指向圆弧一端的尺寸线上画出箭头，在尺寸数字前应加注符号 "R" |
| |  | 当圆弧的半径过大，或在图纸范围内无法标出其圆心位置时，可按图 a 的形式标注，若不需要标出圆心位置，可按图 b 的形式标注 |
| 球面 | 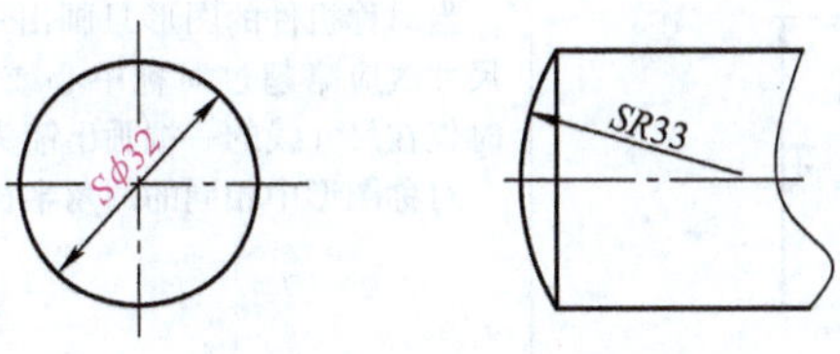 | 标注球面的直径或半径时，应在符号 "φ" 或 "R" 前再加注符号 "S" |

（续）

| 标注内容 | 示　例 | 说　明 |
|---|---|---|
| 小尺寸 | 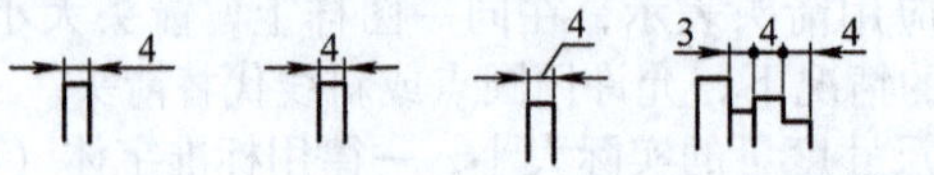 a) 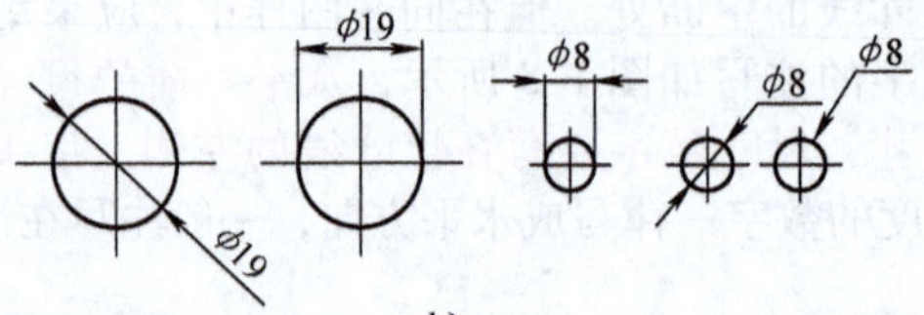 b) 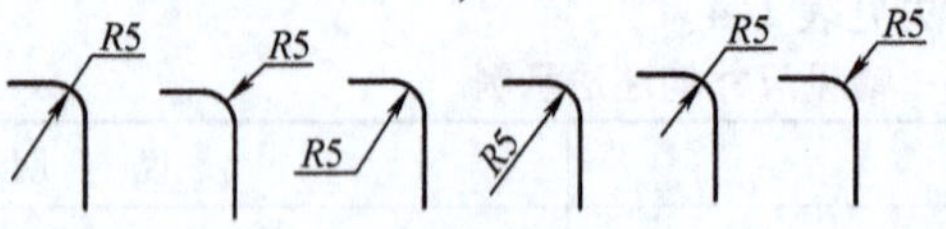 c) | 当遇到连续几个较小的尺寸时，允许用黑圆点或斜线代替箭头<br>在图形上直径较小的圆或圆弧，在没有足够的位置画箭头或注写数字时，可按图 b 的形式标注<br>标注小圆弧半径的尺寸线，不论其是否画到圆心，其方向必须通过圆心 |
| 角度 | 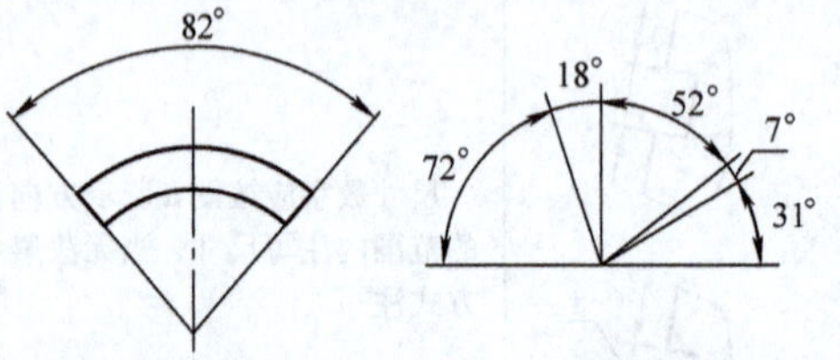 | 角度尺寸线应画成圆弧，其圆心是该角的顶点。角度尺寸界线应沿径向引出<br>角度的尺寸数字应一律写成水平方向，一般注写在尺寸线的中断处，必要时也可以注写在尺寸线的上方或外面，也可引出标注 |
| 相同的成组要素 | | 在同一个图形中，对于尺寸相同的孔槽等成组要素，可只在一个要素上注出其尺寸和数量<br>当成组要素的定位和分布情况在图中已表示明确时，可不注其角度和省略均布缩写词"EQS"<br><br>间隔相等的链式尺寸，可只注出一个间距，其余的用"数量×间距（＝距离）"形式注写<br><br>在同一个图形中，具有几种尺寸数值相同而又重复的要素，可用标记的方法，也可用标注字母或列表的形式来区别 |
| 对称机件的标注 | 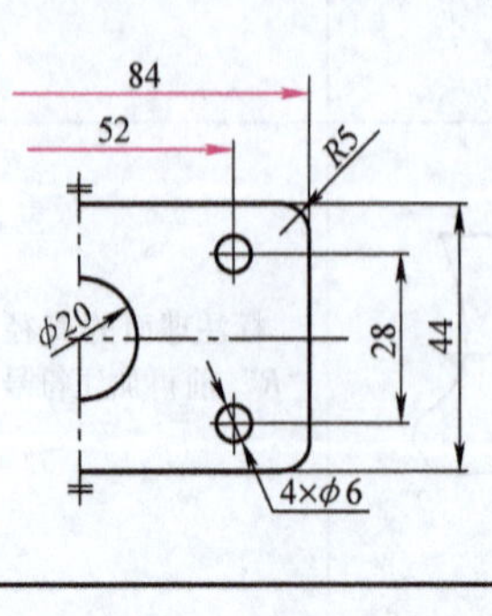 | 当对称机件的图形只画出一半或略大于一半时，尺寸线应略超过对称中心或断裂处的边界线，此时仅在尺寸线的一端画出箭头<br>对称图形中相同的圆角半径只注一次 |

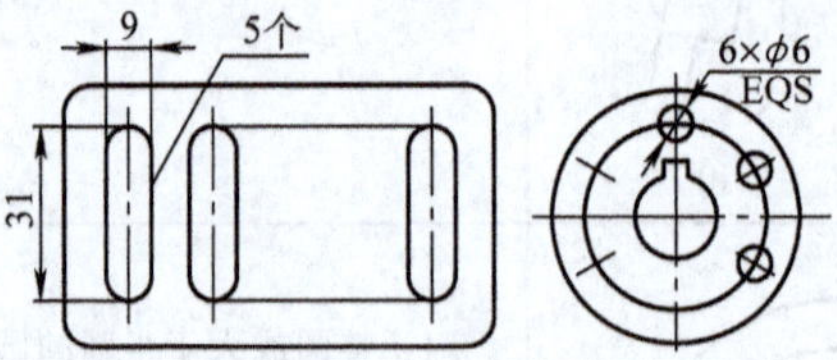

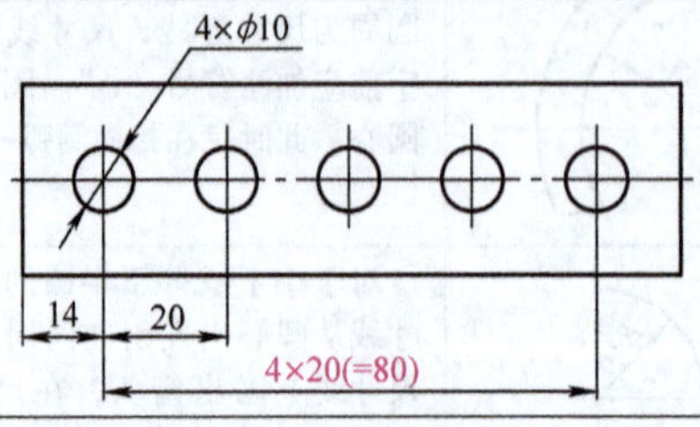

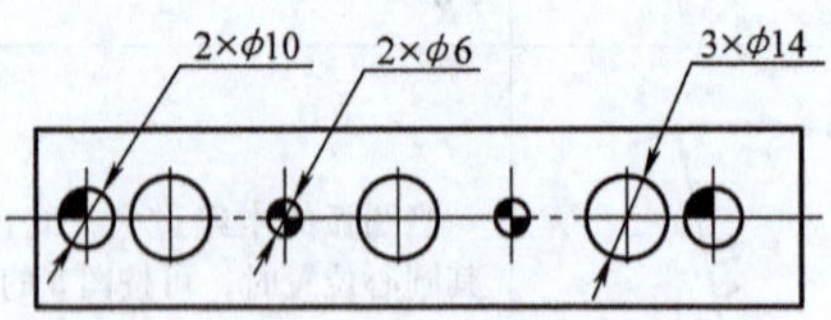

## 二、比例（GB/T 14690—1993）

图样的比例，是指图中**图形与其实物相应要素的线性尺寸之比**。比例的符号为"："，比例应以阿拉伯数字表示，如1∶1、1∶100等。比值为1的比例称为原值比例，即1∶1，也叫等值比例。比值大于1的比例称为放大比例，如2∶1等。比值小于1的比例称为缩小比例，如1∶2等。

一般情况下，比例应标注在标题栏中的比例一栏内，一个图样应选用一种比例。根据专业制图的需要，同一图样可选用两种比例，即某个视图或某一部分可采用不同的比例（例如局部放大图），但必须另行标注。

绘图时所用的比例，应根据图样的用途与被绘制对象的复杂程度，从表1-5中选用，并优先选用常用比例，必要时，允许选用可用比例。

表1-5　规定的比例

| 比例种类 | 优先比例取值 | 允许比例取值 |
|---|---|---|
| 原值比例 | 1∶1 | 1∶1 |
| 缩小比例 | 1∶2、1∶5、1∶10、1∶2×$10^n$、1∶1×$10^n$、1∶5×$10^n$ | 1∶1.5、1∶2.5、1∶3、1∶4、1∶6、1∶1.5×$10^n$、1∶2.5×$10^n$、1∶3×$10^n$、1∶4×$10^n$、1∶6×$10^n$ |
| 放大比例 | 5∶1、2∶1、1×$10^n$∶1、5×$10^n$∶1、2×$10^n$∶1 | 4∶1、2.5∶1、4×$10^n$∶1、2.5×$10^n$∶1 |

注：$n$ 为正整数。

为了在图样上真实反映实际物体的大小，应尽可能选用1∶1的比例。选择比例的原则是能清晰地表达物体和有效利用图纸。图样不论采用放大或缩小比例，不论作图的精确程度如何，**在标注尺寸时，均应按实际物体的真实尺寸标注**，与图形的比例无关，如图1-9所示。

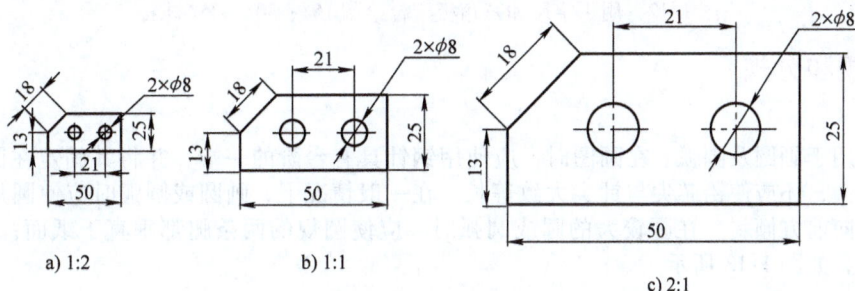

图1-9　采用不同比例画出的图形

## 第三节　手工绘图的技能训练

常用的绘图工具有图板、丁字尺、三角板和绘图仪器等。正确熟练地使用绘图工具和仪器，既能保证绘图质量，又能提高绘图速度。下面介绍几种常用的绘图工具和仪器、用品以及它们的使用方法。

### 一、图板、丁字尺、三角板

#### 1. 图板

图板用于铺放和固定图纸，要求其板面平整光滑。图板的左边是工作边，称为导边，需要保持其平直光滑。使用时，要防止图板受潮、受热。图纸要铺放在图板的左下部，用胶带纸粘住四角，并使图纸下方至少留有一个丁字尺宽度的空间，如图1-10所示。

#### 2. 丁字尺

丁字尺主要用于画水平线，由尺头和尺身两部分组

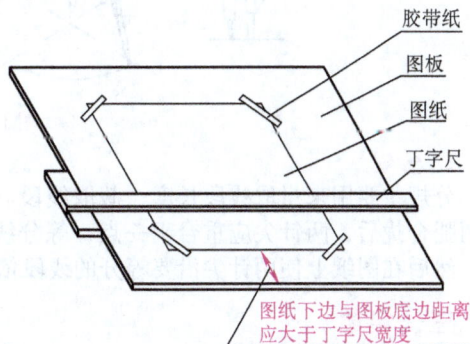

图1-10　图板及丁字尺

成，尺身沿长度方向带有刻度的侧边为工作边。绘图时，要使尺头紧靠图板左边，并沿其上下滑动到需要画线的位置，同时使笔尖紧靠尺身，笔杆略向右倾斜，即可从左向右匀速画出水平线。

**应注意：尺头不能紧靠图板的其他边缘滑动而画线**；丁字尺不用时应悬挂起来（尺身末端有小圆孔），以免尺身变形。

### 3. 三角板

三角板由 45° 和 30°（60°）各一块组成一副，主要用于配合丁字尺画垂直线与倾斜线。画垂直线时，应使丁字尺尺头紧靠图板工作边，三角板一直角边紧靠住丁字尺的尺身，然后用左手按住丁字尺和三角板，且应靠在三角板的左边自下而上画线，如图 1-11 所示。

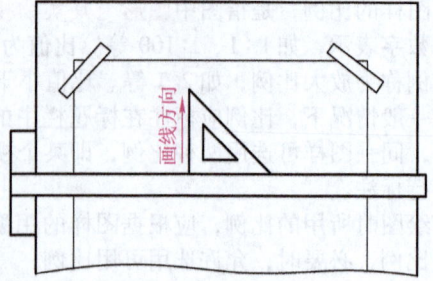

图 1-11　用丁字尺和三角板配合绘制垂直线

画 30°、45°、60° 倾斜线时，均需丁字尺与一块三角板配合使用，当画 15° 整数倍角的各种倾斜线时，需丁字尺和两块三角板配合使用，如图 1-12 所示。

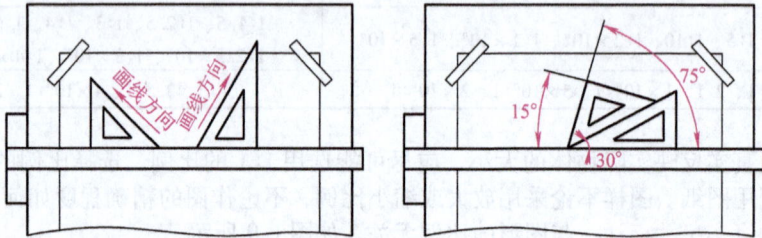

图 1-12　用丁字尺和三角板配合绘制 15°、30°、75° 斜线

## 二、圆规和分规

### 1. 圆规

圆规主要用于画圆及圆弧。在画图时，应使用钢针具有台阶的一端，并将其固定在圆心上，这样可不使圆心扩大，还应使铅芯尖与针尖大致等长。在一般情况下，画圆或圆弧时应使圆规按顺时针方向转动，并稍向前方倾斜。在画较大的圆或圆弧时，应使圆规的两条腿都垂直于纸面；在画大圆时，要接上延伸杆，如图 1-13 所示。

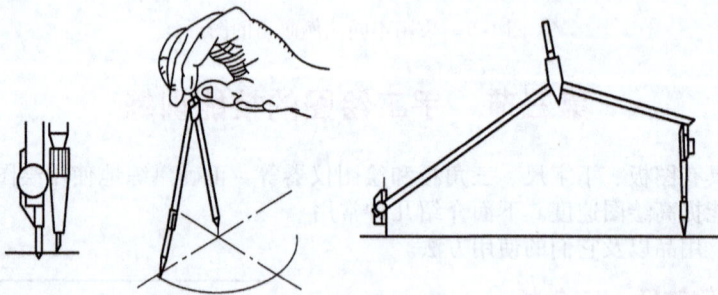

图 1-13　圆规的用法

### 2. 分规

分规主要用来量取线段长度、截取线段和等分线段。其形状与圆规相似，但两腿都是钢针。当分规两腿合拢后，两针尖应重合于一点，等分线段时，通常用试分法，逐渐地使分规两针尖调到所需距离，然后在图纸上使两针尖沿要等分的线段依次摆动前进，如图 1-14 所示。

## 三、铅笔

铅笔用于画图线和写字。铅笔的铅芯有软硬之分，铅笔上标注的"H"表示铅芯的硬度，"H"前的数字越大表示铅芯越硬，"B"表示铅芯的软度，"B"前的数字越大表示铅芯越软。画图时，常用 2H

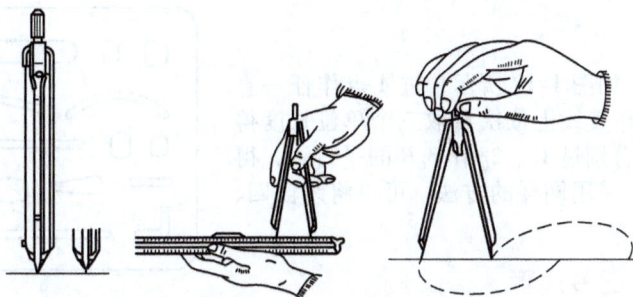

图 1-14　分规及其使用方法

铅笔打底稿，用 HB 铅笔写字，用 B 或 2B 铅笔加深图线。铅笔通常削成锥形或凿形，铅芯露出 6 ~ 8mm。

画图时应使铅笔略向运动方向倾斜，并使之与水平线大致成75°角，如图 1-15 所示，且用力要得当。用锥形铅笔画直线时，要适当转动笔杆，这样可使整条线粗细均匀；用凿形铅笔加深图线时，可将铅芯削的与线宽一致，以使所画线条粗细一致。

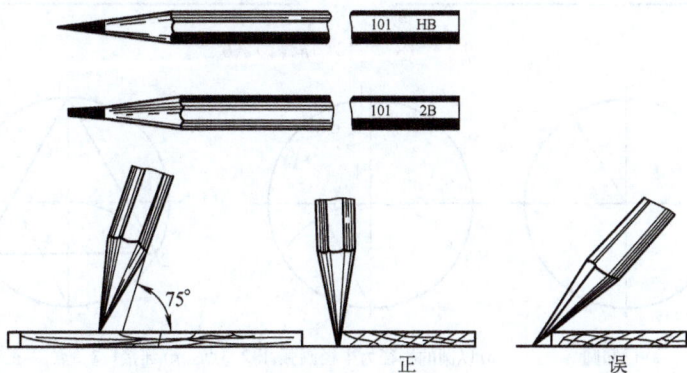

图 1-15　铅笔及其使用方法

## 四、比例尺

比例尺上刻有不同比例，如图 1-16 所示，常用来按一定比例量取长度，可放大或缩小尺寸，画图时可按所需比例，用比例尺上标注的刻度直接量取而不需换算。如按 1:100 比例，画出实际长度为 3m 的图线，可在比例尺上找到 1:100 的刻度一边，直接量取相应刻度即可，这时，图上实际画出的长度是 30mm。

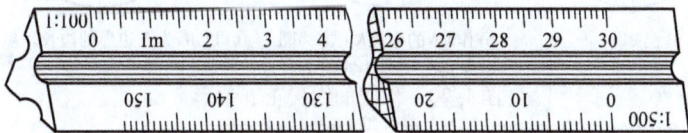

图 1-16　比例尺

## 五、绘图纸和擦图片

### 1. 绘图纸

绘图时要选用专用的图纸。专用绘图纸的纸质坚实、纸面洁白。图纸有正、反面之分，绘图前可用橡皮擦拭来检验其正反面，擦拭起毛严重的一面为反面。

### 2. 擦图片

擦图片用于擦除图线。擦图片用金属片或薄塑料片制成，上面刻有各种形式的孔，如图 1-17 所示。使用时，可选择擦图片上适宜的孔，盖在图线上，使要擦去的部分从孔中露出，用橡皮擦拭。

## 六、等分线段

将线段 $AB$ 三等分，如图 1-18 所示，过 $A$ 点作任一直线，从 $A$ 点开始，在所作直线上依次量取三个单位长度得 $1_0$、$2_0$、$3_0$，连接 $3_0B$，分别过 $1_0$、$2_0$ 作 $3_0B$ 的平行线，得到三个等分点 1、2、3。采用同样的方法，可以将线段四、五等分。

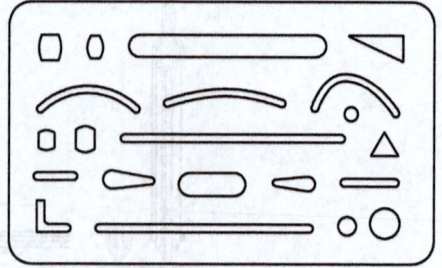

## 七、等分圆周作正多边形

（1）正三角形 用圆规和三角板作已知圆的内接正三角形，如图 1-19 所示。

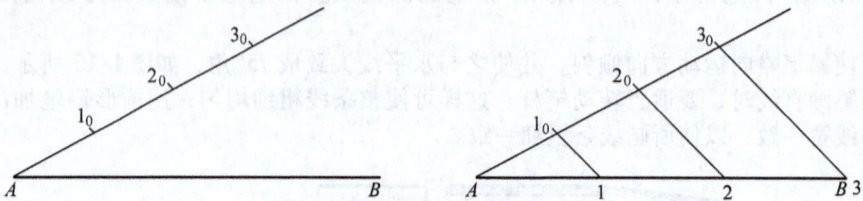

图 1-17 擦图片

图 1-18 三等分线段 $AB$

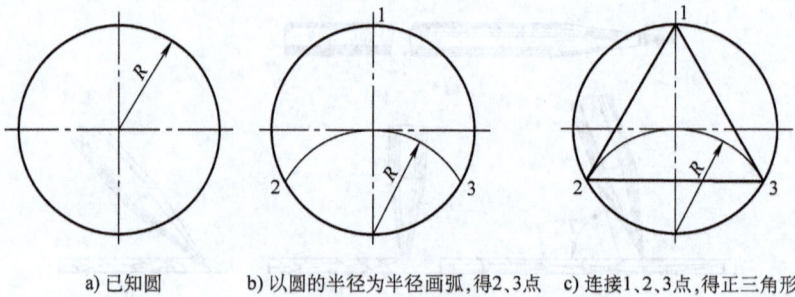

a) 已知圆　　b) 以圆的半径为半径画弧，得2、3点　　c) 连接1、2、3点，得正三角形

图 1-19 作圆的内接正三角形

（2）正五边形 作已知圆的内接正五边形，如图 1-20 所示。

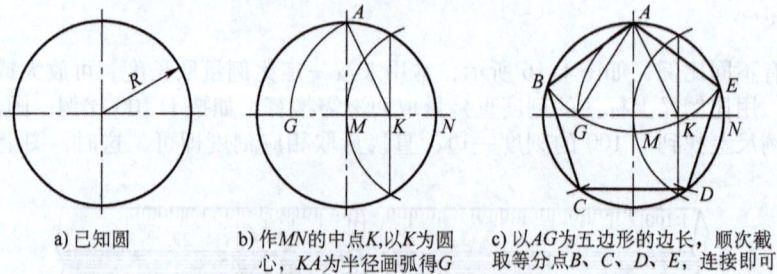

a) 已知圆　　b) 作 $MN$ 的中点 $K$，以 $K$ 为圆心，$KA$ 为半径画弧得 $G$　　c) 以 $AG$ 为五边形的边长，顺次截取等分点 $B$、$C$、$D$、$E$，连接即可

图 1-20 作圆的内接正五角形

（3）正六边形 作已知圆的内接正六边形，如图 1-21 所示。

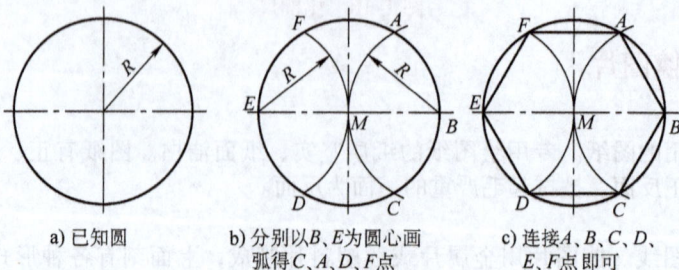

a) 已知圆　　b) 分别以 $B$、$E$ 为圆心画弧得 $C$、$A$、$D$、$F$ 点　　c) 连接 $A$、$B$、$C$、$D$、$E$、$F$ 点即可

图 1-21 作圆的内接正六边形

### 八、斜度和锥度

#### 1. 斜度

斜度是指一直线（或一平面）对另一直线（或另一平面）的倾斜程度，如图 1-22a 所示。其大小用两直线（或平面）间夹角的正切来表示，并将比值化为 $1:n$ 的形式，即斜度 $= \tan\alpha = H/L = 1:n$，如图 1-22b 所示。

采用斜度符号标注时，符号的倾斜方向要与所标注直线或平面的倾斜方向一致，其画法如图 1-22c 所示。斜度为 $1:7$ 的斜度线的画图步骤如下：

1）过 $B$ 作两条互相垂直的直线，并在其上分别量取 1 个单位长度和 7 个单位长度，得 $C$、$D$ 两点。

2）过 $A$ 作 $CD$ 的平行线，即得斜度线，如图 1-22d 所示。

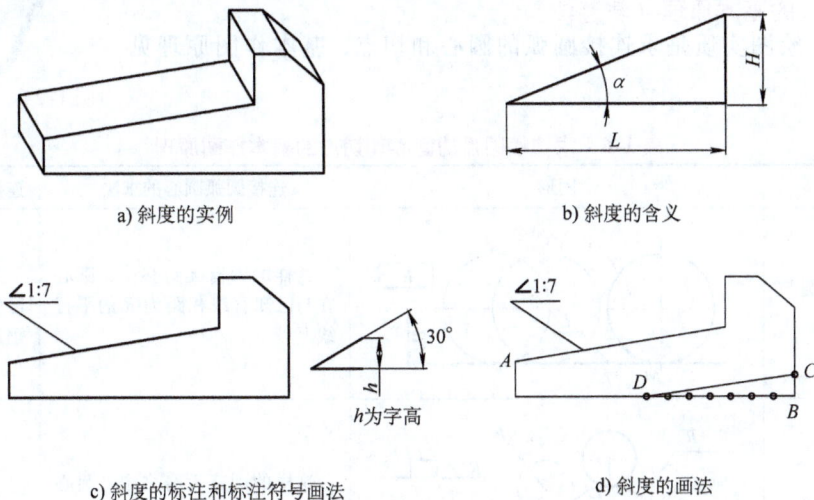

| a) 斜度的实例 | b) 斜度的含义 |
|---|---|

| c) 斜度的标注和标注符号画法 | d) 斜度的画法 |
|---|---|

图 1-22　斜度的作法及斜度符号的绘制方法

#### 2. 锥度

锥度是指正圆锥的底圆直径与圆锥高度之比，锥度 $= D/L = 2\tan\alpha$。如果是锥台，则为两底圆直径之差与锥台高之比，锥度 $= (D-d)/L = 2\tan\alpha$，并将比值化为 $1:n$ 的形式。

采用锥度符号标注时，符号的倾斜方向要与锥度的倾斜方向一致，锥度的作法及锥度符号的绘制方法如图 1-23 所示。锥度线的作图步骤类似于斜度线。

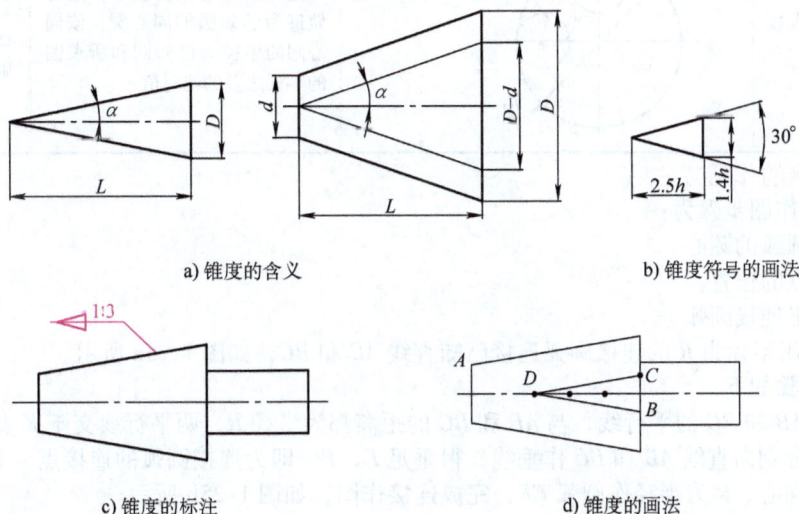

| a) 锥度的含义 | b) 锥度符号的画法 |
|---|---|

| c) 锥度的标注 | d) 锥度的画法 |
|---|---|

图 1-23　锥度的作法及锥度符号的绘制方法

## 第四节 平面图形的画法

### 一、圆弧连接

如图 1-24 所示，零件的外形轮廓常常是由许多圆弧和直线连接而成的，它们多数是用两条直线、一个圆弧或一条直线、两个圆弧光滑地连接起来的，这种连接作图称为圆弧连接。用来连接已知直线或已知圆弧的圆弧称为连接圆弧。圆弧连接的要求就是光滑，而要做到光滑连接，就必须使连接圆弧与已知直线、圆弧相切，切点称为连接点。

#### 1. 圆弧连接的基本原理（轨迹法）

圆弧连接的绘图实质是求连接圆弧的圆心和切点，基本作图原理见表 1-6。

图 1-24 圆弧连接实例

表 1-6 求连接圆弧的圆心和切点的基本作图原理

| 类型 | 图形 | 连接圆弧圆心的求法 | 连接圆弧切点的求法 |
|---|---|---|---|
| 作半径为 $R$ 的圆与已知直线 $L$ 相切 |  | 这样的圆有无穷多个，圆心在与已知直线相距为 $R$ 的平行线上 | 切点为从圆心作已知直线的垂线的垂足 $M$ |
| 作半径为 $R$ 的圆与已知圆 $R_1$ 相外切 |  | 这样的圆有无穷多个，圆心轨迹为已知圆的同心圆，该同心圆的半径为已知圆和所求圆的半径之和 | 切点为两圆的连心线与已知圆的交点 $M$ |
| 作半径为 $R$ 的圆与已知圆 $R_1$ 相内切 |  | 这样的圆有无穷多个，圆心轨迹为已知圆的同心圆，该同心圆的半径为已知圆和所求圆的半径之差的绝对值 | 切点为两圆的连心线的延长线与已知圆的交点 $M$ |

#### 2. 圆弧连接的作图方法

圆弧连接的作图步骤为：

1）求连接圆弧的圆心。
2）定出切点的位置。
3）准确画出连接圆弧。

【例 1-1】 用半径为 $R$ 的连接圆弧连接已知直线 $AB$ 和 $BC$，如图 1-25a 所示。

解 作图步骤如下：

1）分别作 $AB$ 和 $BC$ 的平行线，与 $AB$ 和 $BC$ 的距离都为半径 $R$，两平行线交于 $K$ 点。
2）自点 $K$ 分别向直线 $AB$ 和 $BC$ 作垂线，得垂足 $E$、$F$，即为连接圆弧的连接点（切点）。
3）以 $K$ 为圆心、$R$ 为半径作圆弧 $EF$，完成连接作图，如图 1-25b 所示。

【例 1-2】 用半径为 $R$ 的连接圆弧，连接一半径为 $R_1$ 的已知圆弧 $AB$ 和已知直线 $CD$，要求与已知圆弧外切，如图 1-26 所示。

a) 已知条件　　　　　　　　　　b) 作图过程

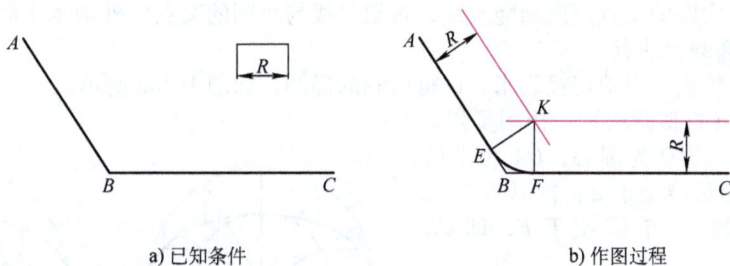

图 1-25　用圆弧连接两已知直线

**解**　作图步骤如下：

1）作已知直线 $CD$ 的平行线，使其与 $CD$ 间距为 $R$，再以 $O_1$ 为圆心、$R + R_1$ 为半径作圆弧，该圆弧与所作平行线的交点 $O$，即为连接圆弧的圆心。

2）连接 $OO_1$，与圆弧 $AB$ 交于点 $E$，从点 $O$ 作直线 $CD$ 的垂线，垂足为 $F$，$E$、$F$ 即为连接圆弧的连接点（两个切点）。

3）以 $O$ 为圆心，$R$ 为半径作圆弧 $EF$，完成连接作图。

a) 已知条件　　　　　　　　　　b) 作图过程

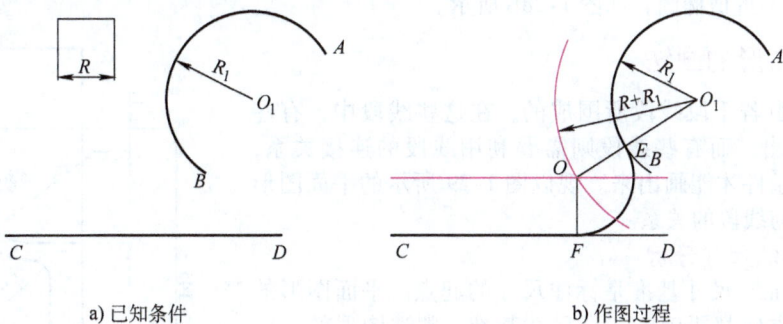

图 1-26　用圆弧连接一直线和一圆弧

**【例 1-3】**　用半径为 $R$ 的圆弧连接两圆弧（半径为 $R_1$、$R_2$），如图 1-27 所示。

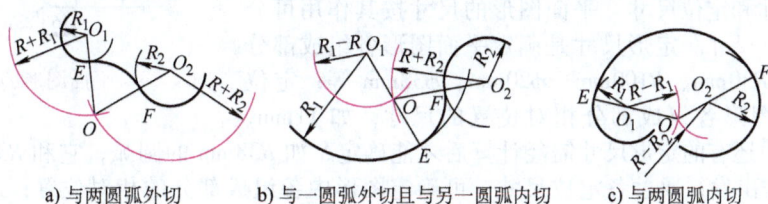

a) 与两圆弧外切　　b) 与一圆弧外切且与另一圆弧内切　　c) 与两圆弧内切

图 1-27　用圆弧连接两圆弧

**解**　作图步骤如下：

1）分别以 $O_1$、$O_2$ 为圆心，与两圆弧外切时以 $R + R_1$、$R + R_2$ 为半径作两个圆弧，与一圆弧内切且与另一圆弧外切时以 $R_1 - R$、$R + R_2$ 为半径作两个圆弧，与两圆弧内切时以 $R - R_1$、$R - R_2$ 为半径作两个圆弧，两圆弧交点 $O$ 即为连接圆弧的圆心。

2）作连心线 $OO_1$ 和 $OO_2$，内切时延长，分别与圆弧 $O_1$ 相交于 $E$，与圆弧 $O_2$ 相交于 $F$，则 $E$、$F$ 即为连接圆弧的连接点。

3）以 $O$ 为圆心，$R$ 为半径作圆弧 $EF$，完成连接作图。

**3. 椭圆画法**

已知椭圆长轴 $AB$、短轴 $CD$、中心点 $O$，作椭圆的方法如下：

（1）同心圆法（准确画法）　作图步骤如下：

1）分别以长轴 $AB$、短轴 $CD$ 为直径，作出两个同心圆，如图 1-28a 所示。

2）过圆心 $O$，作等分圆周的辐射线（图中作了 12 条线），分别与大小圆相交。

15

3）过辐射线与大圆的交点向内画竖直线，过辐射线与小圆的交点向外画水平线，则竖直线与水平线的相应交点即为椭圆上的点。

4）将上述各点依次光滑地连接起来，即得所画的椭圆，如图1-28a所示。

（2）四心圆法（近似画法）　作图步骤如下：

1）连接 A、C，以 O 为圆心，OA 为半径画圆弧，与 OC 的延长线交于 E，再以 C 为圆心，CE 为半径画圆弧，与 AC 交于 F，即 CE = OA − OC。

2）作线段 AF 的中垂线，与长轴交于点 $O_1$，短轴交于点 $O_2$。

3）作出 $O_1$、$O_2$ 对圆心 O 的对称点 $O_3$、$O_4$，则 $O_1$、$O_2$、$O_3$、$O_4$ 即为四段圆弧的四个圆心。

4）分别以 $O_1$、$O_3$ 和 $O_2$、$O_4$ 为圆心，$O_1A$ 和 $O_2C$ 为半径画圆弧，使四段圆弧相切于 G、H、M、N 而构成一近似椭圆，如图1-28b所示。

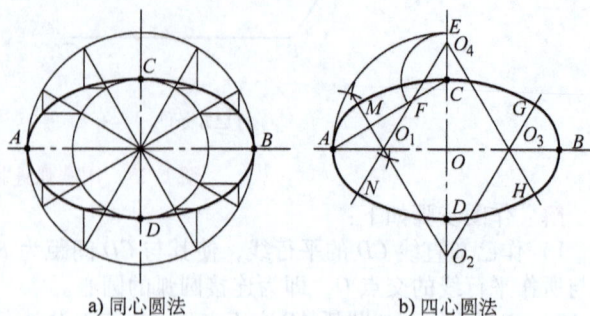

a) 同心圆法　　　　b) 四心圆法

图 1-28　椭圆的画法

## 二、平面图形的画法

平面图形是由若干段线段所围成的，在这些线段中，有些线段可以直接画出，而有些线段则需要利用线段的连接关系，找出潜在的补充条件才能画出来。现以图1-29所示的平面图形为例，说明尺寸与线段的关系。

### 1. 平面图形的尺寸分析

（1）尺寸基准　尺寸基准是标注尺寸的起点。平面图形的长度方向和宽度方向都要确定一个尺寸基准。常选图形的对称线、底边、侧边、图中圆周或圆弧的中心线等作为尺寸基准。φ38mm 圆的两条中心线分别是长度方向和高度方向的尺寸基准。

（2）定形尺寸和定位尺寸　平面图形的尺寸按其作用可分为定形尺寸和定位尺寸。定形尺寸是确定平面图形各组成部分大小的尺寸，如 R30mm、R100mm、φ20mm、φ38mm 等；定位

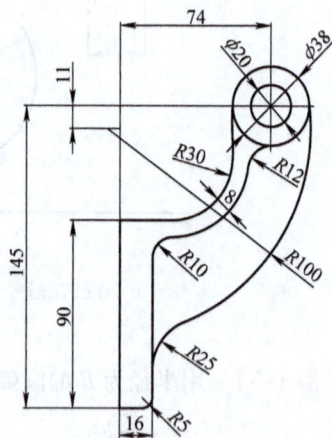

图 1-29　平面图形的尺寸与线段分析

尺寸是确定平面图形各组成部分相对位置的尺寸，如 11mm、145mm 等，该图中还有的定形尺寸需经计算后才能确定，如 R38mm 的圆弧，它和 R30mm 的圆弧是同心圆。从尺寸基准出发，通过各定位尺寸，可确定图形中各组成部分的相对位置；通过各定形尺寸，可确定图形中各组成部分的大小。

（3）尺寸标注的基本要求　平面图形的尺寸标注要做到正确、完整、清晰。

尺寸标注应符合国家标准的规定；标注的尺寸应完整，没有遗漏的尺寸；标注的尺寸要清晰，并标注在便于读图的地方。

### 2. 平面图形的线段分析

在绘制有连接圆弧的平面图形时，需要根据所给尺寸进行线段分析。平面图形的圆弧连接处的线段，根据尺寸是否完整可分为三类：

（1）已知线段　根据给出的尺寸可以直接画出的线段称为已知线段。即这个线段的定形尺寸和定位尺寸都完整。图1-29中 φ20mm、φ38mm 两个圆弧即是已知线段（也称为已知弧）。

（2）中间线段　缺少一个定位尺寸，需要依靠一端与另一线段相切的条件，才能画出的线段称为中间线段。R100mm 圆弧即是中间线段（也称为中间弧）。

（3）连接线段　缺少两个定位尺寸，需要依靠两端与另两线段相切的条件，才能画出的线段称为连接线段。R25mm 圆弧的圆心，其两个方向的定位尺寸均未给出，需要用与两端相邻线段的相切条件，才能确定其位置，这种只有定形尺寸而没有定位尺寸的线段称为连接线段（也称为连接弧）。

### 3. 平面图形的画法

1）首先根据所给尺寸，对平面图形进行尺寸分析和线段分析，分析出已知线段、中间线段和连接线段。

2）先画平面图形的对称线、中心线或基线，然后画出已知线段。

3）画中间线段。

4）最后画连接线段。

5）检查无误后，标注尺寸。

平面图形的绘图步骤如图 1-30 所示。

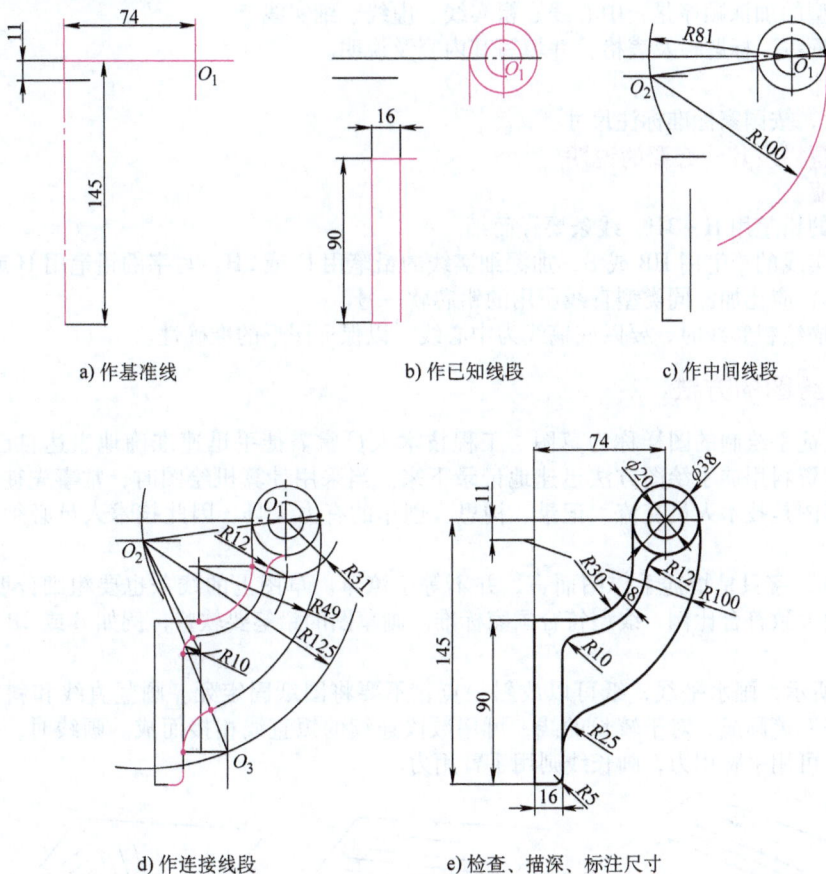

a) 作基准线　　　　　　　b) 作已知线段　　　　　　　c) 作中间线段

d) 作连接线段　　　　　　　e) 检查、描深、标注尺寸

图 1-30　平面图形的绘图步骤

## 第五节　绘图的方法和步骤

### 一、用绘图工具和仪器绘制图样

为保证绘图质量，提高绘图速度，除正确使用绘图仪器、工具，熟练掌握几何作图方法和严格遵守国家制图标准外，还应注意下述的绘图步骤和方法。

### 1. 准备工作

准备好必要的绘图仪器、工具和用品。

### 2. 画底稿

（1）选比例，定图幅　按照图形的大小和复杂程度，选择比例，确定图幅。

（2）固定图纸　将图纸用胶带纸固定在图板上，位置要适当。一般将图纸粘贴在图板的左下方，图纸下边至图板边缘的距离略大于丁字尺的宽度。

（3）画图框及标题栏 按制图标准的要求，先把图框线及标题栏的位置画好。

（4）布置图形的位置 根据图样的数量、大小，安排图位，定好图形的中心线。布图力求均匀，不要把图形集中于某一角。

（5）画底稿图 先画图形的基准线，再画图形的主要轮廓线，再由大到小、由整体到局部，画细节部分，直至画出所有轮廓线。

### 3. 用铅笔加深

1）当直线与曲线相连时，先画曲线后画直线。加深后的同类图线，其粗细和深浅要保持一致。加深同类线型时，要按照水平线从上到下、垂直线从左到右的顺序一次完成。

2）各类线型的加深顺序是：中心线、粗实线、虚线、细实线。

3）加深图框线、标题栏及表格，并填写其内容及说明。

### 4. 标注尺寸

图线加深后，按国家标准标注尺寸。

### 5. 填写标题栏及其他必要的说明

### 6. 注意事项

1）画底稿的铅笔用 H～3H，线条要轻而细。

2）加深粗实线的铅笔用 HB 或 B，加深细实线的铅笔用 H 或 2H。写字的铅笔用 H 或 HB。加深圆弧时所用的铅芯，应比加深同类型直线所用的铅芯软一号。

3）加深或描绘粗实线时，要以底稿线为中心线，以保证图形的准确性。

## 二、徒手绘图的方法

不用仪器，徒手绘制的图样称为草图。工程技术人员常需徒手迅速准确地表达自己的设计意图，或将所需的技术资料用徒手绘图方法迅速地记录下来。当采用计算机绘图时，常事先徒手画出图形再输入计算机。草图是技术人员交流、记录、构思、创作的有力工具，因此技术人员必须熟练掌握徒手作图的技巧。

草图的"草"字只是指徒手作图而言，并不等于潦草。草图上的线条也要粗细分明，基本平直，方向正确，长短大致符合比例，线型符合国家标准。画草图的铅笔要软些，例如 B 或 2B。

### 1. 画直线

如图 1-31 所示，画水平线，纸可以放斜一点，不要将图纸固定死。画竖直线和斜线一般自上而下，每条线最好一笔画成，对于较长的线，可用数段连续的短直线相接而成。画线时，眼睛看着图线的末端。画短线可用手腕用力，画长线则用手臂用力。

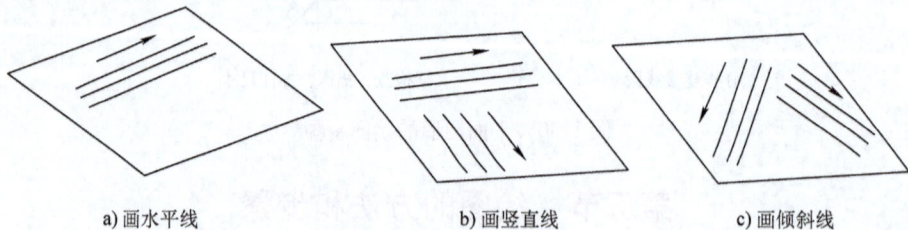

a) 画水平线    b) 画竖直线    c) 画倾斜线

图 1-31 直线的徒手画法

### 2. 画 45°、30°、60° 的斜线

如图 1-32 所示，画 45°、30°、60° 的斜线时，按直角边的近似比例定出端点后，连成直线。

### 3. 画圆

画圆时，先定出圆心的位置，通过圆心定出两条互相垂直的中心线，再在中心线上按直径大小定出四个点，分两半从两边画出；对于半径较大的圆，可定出 6～8 个点，分段逐步完成，如图 1-33 所示。

### 4. 画椭圆

画椭圆时，按长短轴的大小定出四个点，通过长短轴画出矩形 $EFGH$，连矩形的对角线，并在其上取 $P$、$Q$、$K$、$S$ 四个点，使 $EP:PM = FQ:QM = GK:KM = HS:SM = 3:7$，顺次连接 $A$、$P$、$C$、$Q$、$B$、

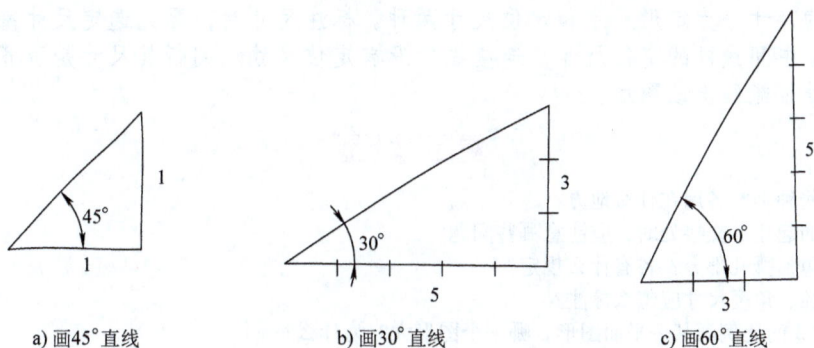

a) 画45°直线     b) 画30°直线     c) 画60°直线

图 1-32　45°、30°、60°斜线的徒手画法

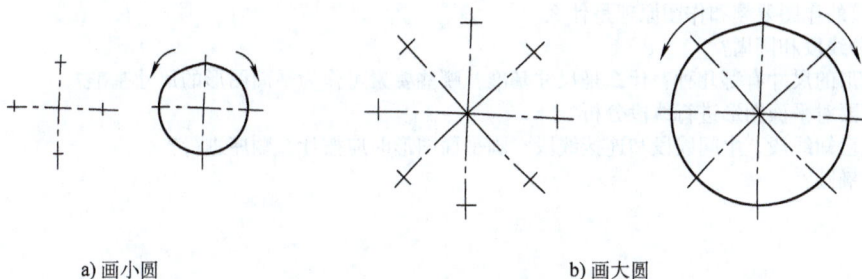

a) 画小圆           b) 画大圆

图 1-33　圆的徒手画法

$K$、$D$、$S$、$A$ 点，即得椭圆，如图 1-34 所示。

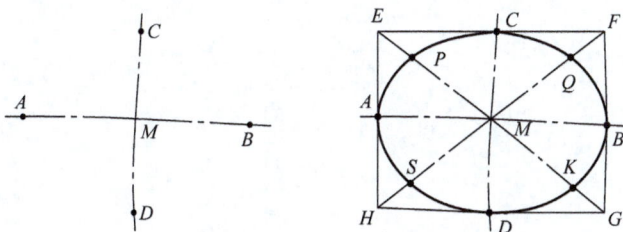

图 1-34　椭圆的徒手画法

　　徒手画平面图形的步骤与用仪器绘图的步骤相同。不要急于画细节部分，先要考虑大局，即要注意图形的长与高的比例，以及图形的整体与局部的比例是否正确。要尽量做到直线平直、曲线光滑、尺寸完整。

　　初学画草图时，最好画在方格（坐标）纸上，图形各部分之间的比例可借助方格数的比例来解决，熟练后可逐步脱离方格纸而在空白的图纸上画出工整的草图。

# 本 章 小 结

　　机械图样是设计和制造机械的重要技术资料，是工程界的技术语言，因此在绘图过程中，必须遵守国家标准《技术制图》《机械制图》和有关的技术标准。

　　本章主要介绍了国家标准《技术制图》《机械制图》中的图纸幅面、图框格式、比例、字体、尺寸标注的有关规定和几何作图的一些基本方法。

　　要熟练掌握等分线段、等分圆周等几何作图的方法。对于圆弧连接，首先要弄清楚基本原理和作图方法，然后根据所给尺寸，分析出已知线段、中间线段、连接线段，最后按已知线段、中间线段、连接线段的顺序画图。进行圆弧连接时，要先准确找出圆心和切点，再画圆弧。

平面图形的尺寸分为定形尺寸和定位尺寸两种。标注尺寸时，要先选定尺寸基准，然后顺序标注已知线段、中间线段的定位尺寸，连接线段没有定位尺寸。判断其尺寸是否齐全，主要看根据给出的尺寸是否能画出该图形。

## 复习思考题

1. 图线有哪些种类？各用在什么地方？
2. 在画图线的起止、交接处时，应注意哪些问题？
3. 完整尺寸包括哪几部分？各有什么规定？
4. 直径、半径、角度尺寸应怎么标注？
5. 以 2∶1、1∶2 的比例画某一平面图形，哪一个图形大？为什么？
6. 零件的真实大小是否与所画图形的大小有关？
7. 斜度和锥度怎么画？在图上怎么标注？
8. 圆弧连接的作图要领和作图原理是什么？
9. 如何等分线段和圆周？
10. 平面图形的尺寸有哪几种？什么是尺寸基准？哪些要素可作为平面图形的尺寸基准？
11. 为什么要对平面图形进行线段分析？
12. 什么是已知线段、中间线段和连接线段？画平面图形时应按什么顺序进行？
13. 如何画椭圆？

# 投 影 基 础

图样是工程界的技术语言，利用投影原理能够把零件表示为图样，工人根据图样可以加工出零件。要看懂已画好的图样，除了要掌握制图的基本知识与技能外，还需要学习正投影法的原理。本章着重介绍：投影法的概念；三视图的形成；立体上点、线、面的投影。

【知识要求】
1）了解投影的一般知识，学习正投影法的基本原理。
2）学习三视图的形成过程及其投影规律。
3）掌握点的投影规律和作图方法。
4）掌握各种位置直线、平面的投影和作图方法。

【技能要求】
1）能根据点的空间坐标，作出点的投影，想象点的空间位置情况。
2）根据直线、平面的投影，想象其空间情形，并能在直线和平面上取点。

## 第一节 认识投影法

### 一、投影法的概念

物体在灯光的照射下，地面或桌面上会出现该物体的影子。人们经过长期的实践，找出影子的形状和物体之间的关系，然后经过科学的抽象，逐步归纳概括，就形成了投影方法，如图2-1a所示。把光源抽象为一点，称为投射中心，把光线抽象为投射线，把地面或桌面抽象为投影面，投射线通过物体，向选定的面投射，并在该面上得到图形的方法，称为投影法，如图2-1b所示。根据投影法所得到的图形称为投影。

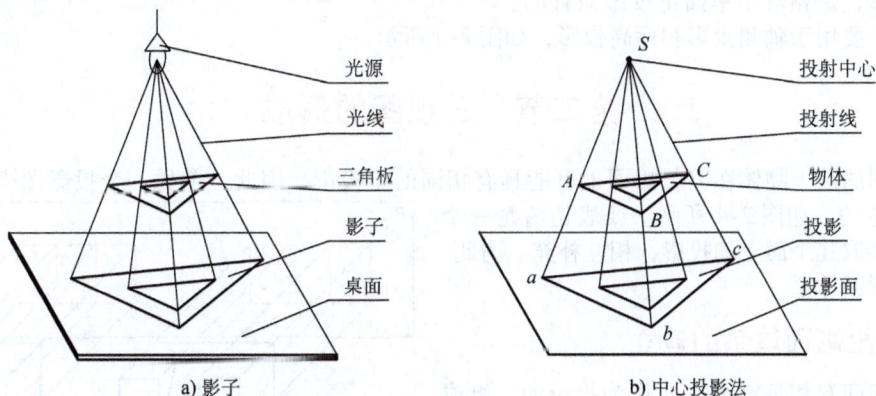

a) 影子　　　　　　　　　　　b) 中心投影法

图 2-1　投影原理

### 二、投影法的分类

根据投射线之间的相互位置（汇交或平行）将投影法分为中心投影法和平行投影法。

#### 1. 中心投影法

当投射中心 S 距离投影面有限远时，所有的投射线都汇交于一点，这种投影方法叫中心投影法，采用这种方法所得到的投影，称为中心投影，如图2-1b所示。物体投影的大小，随物体距离投射中心

$S$ 及投影面 $P$ 的远近的变化而变化，因此，用中心投影法得到的物体投影不能反映该物体真实的形状和大小，不适用于绘制机械图样，但中心投影绘制的图样立体感较强，适用于绘制建筑物的透视图或辅助图样。

**2. 平行投影法**

将投射中心移到无穷远时，所有的投射线相交于无穷远处，即互相平行，这种投影方法叫平行投影法，采用这种方法所得到的投影，称为平行投影。根据投射线和投影面是否垂直，又将平行投影法分为斜投影法和正投影法。

（1）斜投影法　投射线和投影面倾斜的平行投影法叫斜投影法。根据斜投影法得到的图形叫斜投影（斜投影图），如图2-2a 所示。

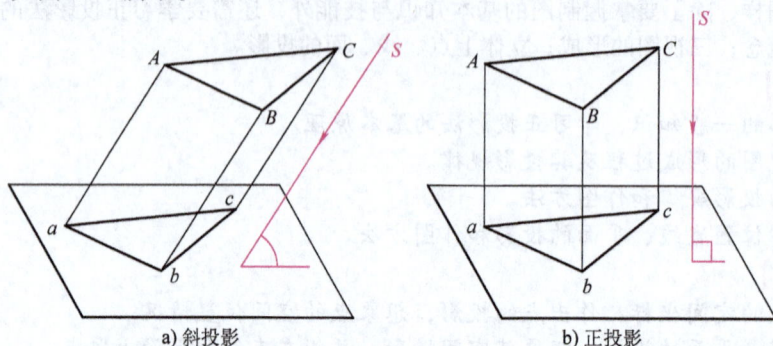

a) 斜投影　　　　　　　　　b) 正投影

图 2-2　斜投影与正投影

（2）正投影法　投射线和投影面垂直的平行投影法叫正投影法。根据正投影法得到的图形叫正投影（正投影图），如图2-2b 所示。当物体的表面平行于投影面时，正投影能完整、真实地反映物体的表面形状尺寸，度量性好，而且作图简便，在工程中得到了广泛的应用。在以后的各章中，如无特殊说明，投影均指正投影。

正投影又可分为单面正投影和多面正投影，多面正投影是物体在两个或多个投影面上得到的投影，是相对于单面正投影而言的。单面正投影主要用于轴测投影和标高投影，如图2-3 所示。

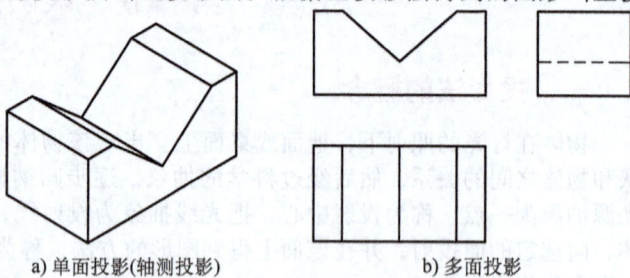

a) 单面投影(轴测投影)　　b) 多面投影

图 2-3　单面投影与多面投影

# 第二节　三视图的形成

形状不同的两个物体在 $P$ 投影面上可能具有相同的正投影，因此，单凭一个投影图来确定物体的形状是不可能的，如图2-4 所示。要表达清楚一个物体，必须多取几个面上的投影，相互补充。为此，设立了三投影面体系。

## 一、三投影面体系的建立

取三个两两互相垂直的平面作为投影面，组成三投影面体系，如图2-5 所示。其中一个投影面放置成水平位置，叫水平投影面，用"$H$"表示，简称水平面或 $H$ 面；另一个放置成正对观察者的位置，叫正立投影面，用"$V$"表示，简称正面或 $V$ 面；其余一个投影面处于侧立位置，叫侧立投影面，用"$W$"表示，简称侧面或 $W$ 面。三个投影面之间的交线称为投影轴，$H$ 面与 $V$ 面之间的投影轴用"$OX$"表示，$H$ 面与 $W$ 面之间的投影轴用"$OY$"表示，$V$ 面与 $W$ 面之间的投影轴用"$OZ$"表示，三

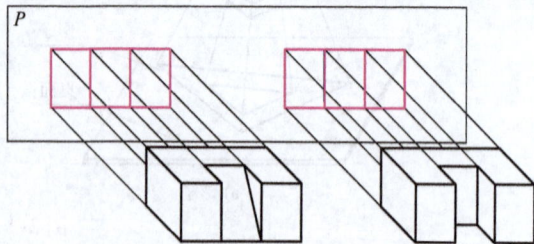

图 2-4　不同形状的物体的单面投影

条投影轴两两互相垂直。

## 二、三视图的形成

在机械图样中，物体向投影面投射所得的图形称为视图。

将物体放置于三投影面体系中，用正投影法进行投射，即可得到三个投影图。从前向后投射，在 $V$ 面得到正面投影，叫主视图；从上向下投射，在 $H$ 面上得到水平投影，叫俯视图；从左向右投射，在 $W$ 面上得到侧面投影，叫左视图，如图 2-6a 所示。

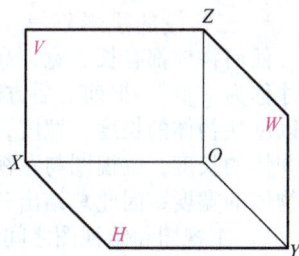

图 2-5 三投影面体系

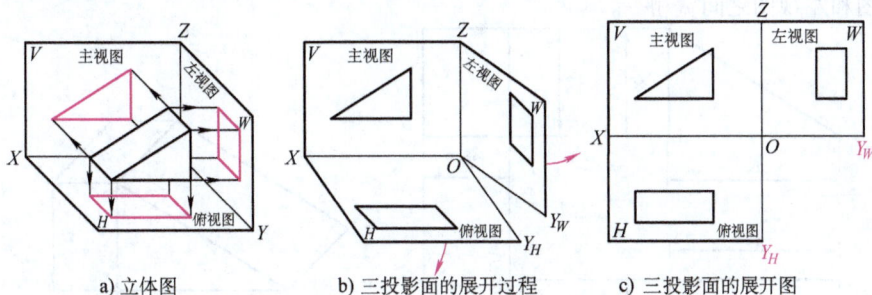

图 2-6 三视图的形成

a) 立体图    b) 三投影面的展开过程    c) 三投影面的展开图

为了使三个投影画在一张二维的图纸上，需将三个投影面上的投影展开在同一个平面上，为此规定：$V$ 面不动，$H$ 面围绕 $OX$ 轴向下旋转 $90°$，$W$ 面围绕 $OZ$ 轴向右旋转 $90°$，这样使三个投影面处于同一个平面内，$Y$ 轴一分为二，一方面随 $H$ 面旋转到 $OZ$ 轴的正下方，用 $Y_H$ 表示；一方面随 $W$ 面旋转到 $OX$ 轴的正右方，用 $Y_W$ 表示，如图 2-6b、c 所示。

三视图的表达重点是物体的投影，不是物体与投影面的相对位置关系，所以，在实际绘图时，在投影图外不必画出投影面的边框，不注写 $H$、$V$、$W$ 字样及视图的名称，也不必画出投影轴（又叫无轴投影），只要按方位关系和投影关系，画出主、俯、左三个视图即可，这就是形体的三视图，如图 2-7a 所示。

需注意：三视图的相对位置是因三投影面体系的展开而确定的，所以在画图时不能随意错开。

## 三、三视图的关系及投影规律

### 1. 三视图的配置

从三视图的形成过程可知：三个视图的位置关系为以主视图为准，俯视图在主视图的正下方，左视图在主视图的正右方。

### 2. 方位关系

任何一个物体都有上、下、左、右、前、后六个方位，每个投影图只能反映其中四个方位，它们之间的对应关系如图 2-7 所示：

$V$ 面投影即主视图，反映形体的上、下和左、右关系。

$H$ 面投影即俯视图，反映形体的前、后和左、右关系。

$W$ 面投影即左视图，反映形体的前、后和上、下关系。

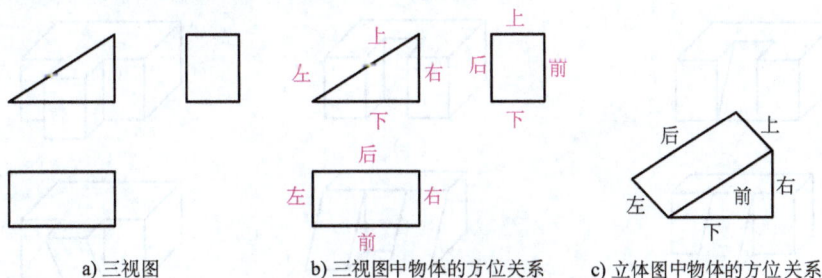

a) 三视图    b) 三视图中物体的方位关系    c) 立体图中物体的方位关系

图 2-7 三视图的方位关系

### 3. 三视图的投影规律

任何物体都有长、宽、高三个方向的尺寸。一般把左、右方向的尺寸称为"长"，把上、下方向的尺寸称为"高"，把前、后方向的尺寸称为"宽"。因此，主视图可以反映物体的长度、高度；俯视图可以反映物体的长度、宽度；左视图可以反映物体的高度、宽度。主视图与俯视图所反映的长为同一个物体的长度，主视图与左视图所反映的高为同一个物体的高度，俯视图与左视图所反映的宽为同一个物体的宽度，因此总结出三视图的投影规律，如图2-8所示，即：

1）主视图和俯视图之间长对正。
2）主视图和左视图之间高平齐。
3）俯视图和左视图之间宽相等。

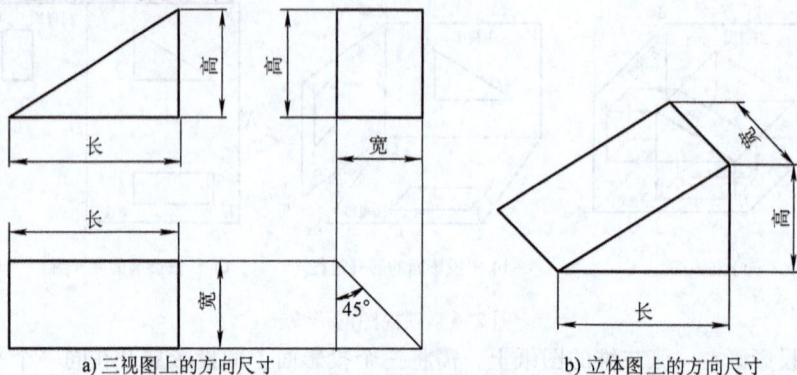

a) 三视图上的方向尺寸        b) 立体图上的方向尺寸

图2-8 三视图的投影规律

这种投影规律称为"三等关系"，也称"三等规律"，是形体三视图之间最基本的投影关系，是画图和读图的基础。应当注意，这种关系无论是对整个物体还是对物体局部的每一点、线、面，均符合。

【练一练】 找出图2-9中的立体图和三视图的对应关系，将三视图下面的字母填入立体图下面的括号中。

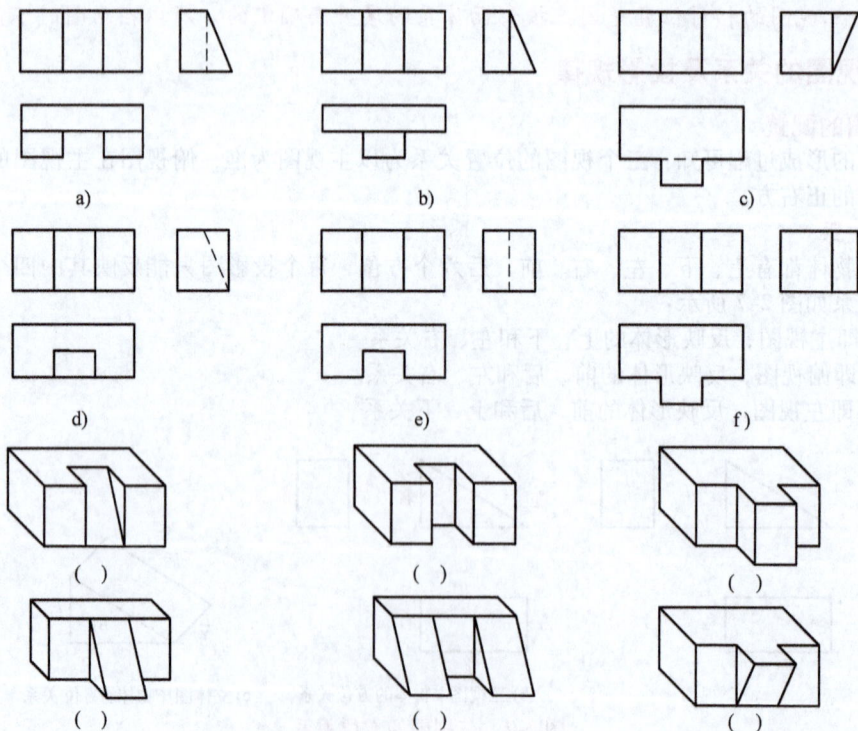

图2-9 找对应关系

## 第三节　立体上点的投影

### 一、立体上点的三面投影

点是组成物体的最基本的几何元素，点的投影仍然为点。

将空间物体三角块放到三投影面体系中，$A$ 点为三角块棱边上的顶点。根据正投影法原理，自 $A$ 分别向 $H$ 面、$V$ 面、$W$ 面作垂线，垂足 $a$（水平投影）、$a'$（正面投影）、$a''$（侧面投影）即为 $A$ 点的三面投影，如图 2-10a 所示。按规定方法，将三个投影面展开，去掉投影面的边界，即得点的三视图，如图 2-10b 所示。

**注意：** *规定空间点用大写的拉丁字母如 $A$、$B$、$C$ 等表示；水平投影用相应的小写字母 $a$、$b$、$c$ 表示；正面投影用相应的小写字母加一撇 $a'$、$b'$、$c'$ 表示；侧面投影用相应的小写字母加两撇 $a''$、$b''$、$c''$ 表示。*

### 二、点的三面投影规律

1）点的正面投影 $a'$ 与侧面投影 $a''$ 的连线垂直于 $OZ$ 轴，即 $a'a'' \perp OZ$。

2）点的水平投影 $a$ 与正面投影 $a'$ 的连线垂直于 $OX$ 轴，即 $aa' \perp OX$。

3）点的水平投影 $a$ 到 $OX$ 轴的距离等于点的侧面投影 $a''$ 到 $OZ$ 轴的距离，即 $aa_X = a''a_Z$。为作图方便，可由 $O$ 点出发作 45°辅助线，以实现这个关系，如图 2-10c 所示。

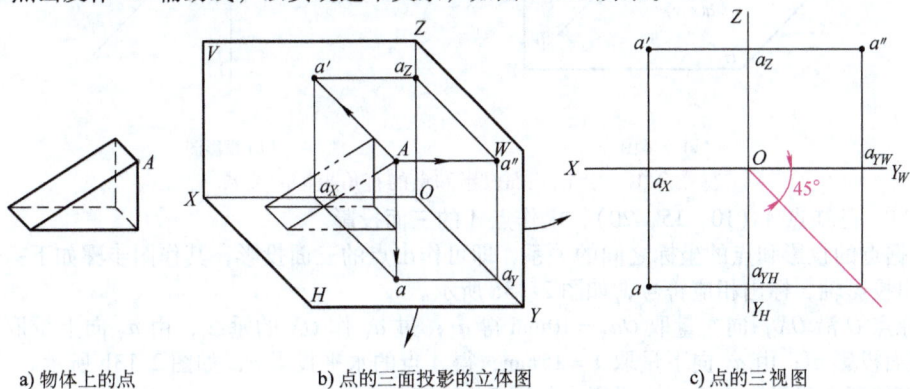

a) 物体上的点　　　b) 点的三面投影的立体图　　　c) 点的三视图

图 2-10　物体上点的三面投影

**【例 2-1】** 已知点 $A$ 的两面投影，求第三面投影，如图 2-11 所示。

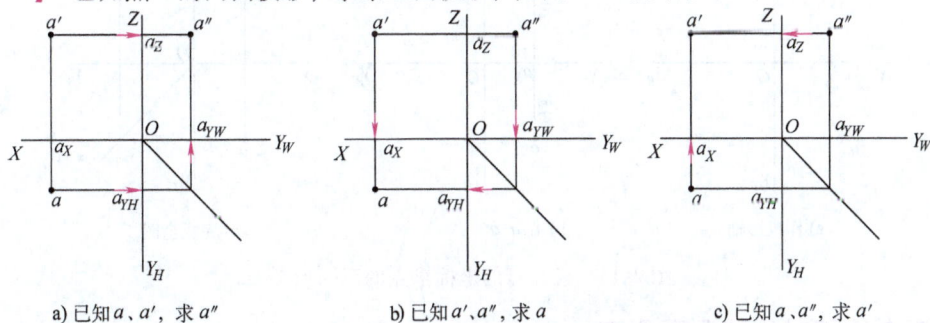

a) 已知 $a$、$a'$，求 $a''$　　　b) 已知 $a'$、$a''$，求 $a$　　　c) 已知 $a$、$a''$，求 $a'$

图 2-11　已知点的两面投影求点的第三面投影

**解**　根据点的投影规律，即可作出点的第三面投影。已知点的正面投影和水平投影，求侧面投影的作图步骤如下：

1）由 $O$ 点出发作 45°辅助线。

2）过点 $A$ 的水平投影 $a$ 作 $OY_H$ 的垂线，使它与45°辅助线相交，自交点作 $OY_W$ 的垂线，与过点 $A$ 的正面投影 $a'$ 所作 $OZ$ 的垂线相交，即得 $A$ 点的侧面投影 $a''$，如图2-11a所示。

采用类似方法可求得如图2-11b所示的 $a$ 和如图2-11c所示的 $a'$。

## 三、点的投影和直角坐标的关系

将三投影面体系看作空间坐标系，$OX$ 投影轴相当于坐标系中的 $X$ 轴，$OY$ 投影轴相当于坐标系中的 $Y$ 轴，$OZ$ 投影轴相当于坐标系中的 $Z$ 轴，点的投影、点的坐标和点到投影面的距离有如下关系：

$A$ 的 $x$ 坐标（$Oa_x$）= $a'a_z$ = $aa_{YH}$ = $A$ 到 $W$ 面的距离（$Aa''$）；

$A$ 的 $y$ 坐标（$Oa_Y$）= $aa_x$ = $a''a_z$ = $A$ 到 $V$ 面的距离（$Aa'$）；

$A$ 的 $z$ 坐标（$Oa_z$）= $a'a_x$ = $a''a_{YW}$ = $A$ 到 $H$ 面的距离（$Aa$）。

空间一点的位置可由它的坐标 $A$（$x$，$y$，$z$）来确定。点的三个投影的坐标分别为 $a$（$x$，$y$），$a'$（$x$，$z$），$a''$（$y$，$z$），如图2-12所示。

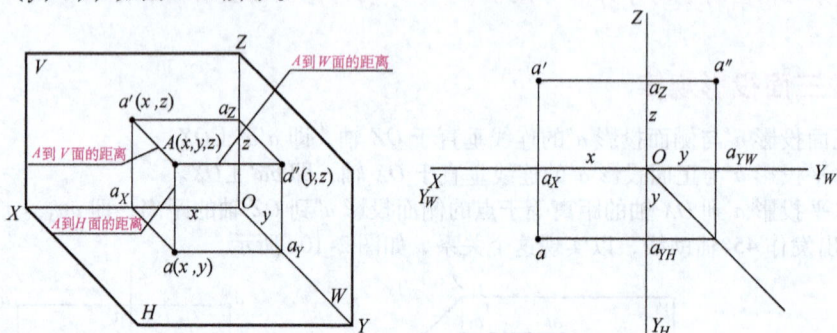

a) 立体图　　　　　　　　　　b) 投影图

图2-12　点的三面投影和点的直角坐标的关系

【例2-2】　已知点 $A$（10，15，20），求作点 $A$ 的三面投影。

**解**　根据点的投影和点的坐标之间的关系，即可作出点的三面投影，其作图步骤如下：

1）画出投影轴，标出相应符号，如图2-13a所示。

2）自原点 $O$ 沿 $OX$，向左量取 $Oa_x$ = 10mm 得 $a_x$；过 $a_x$ 作 $OX$ 的垂线，由 $a_x$ 向上量取 $Z$ = 20mm，得 $A$ 点的正面投影 $a'$；由 $a_x$ 向下量取 $Y$ = 15mm，得 $A$ 点的水平投影 $a$，如图2-13b所示。

3）由点的两个投影作出第三个投影，如图2-13c所示。

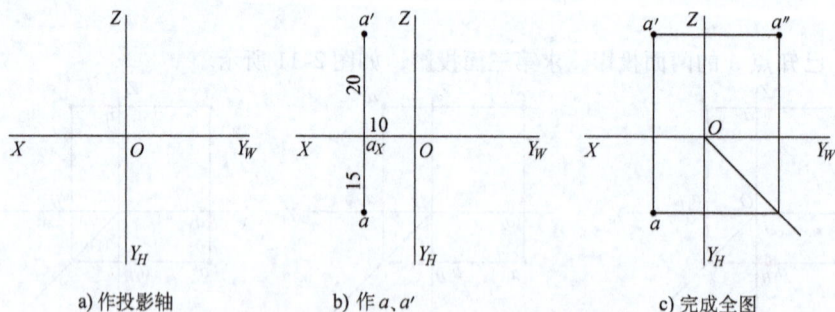

a) 作投影轴　　　　b) 作 $a$、$a'$　　　　c) 完成全图

图2-13　已知点的坐标求点的三面投影

## 四、两点的相对位置及重影点

### 1. 两点的相对位置

两点的相对位置是指这两点在空间的左右、前后、上下三个方向上的相对位置。根据两点各个同面投影（即在同一投影面上的投影）之间的坐标关系，可以判断空间两点的相对位置。如图2-14a、b

所示，点 $A$ 在点 $B$ 的左方 $x_A-x_B$ 处，点 $A$ 在点 $B$ 的后方 $y_B-y_A$ 处，点 $A$ 在点 $B$ 的上方 $z_A-z_B$ 处。即点 $A$ 在点 $B$ 的左、后、上方，反之点 $B$ 在点 $A$ 的右、前、下方。

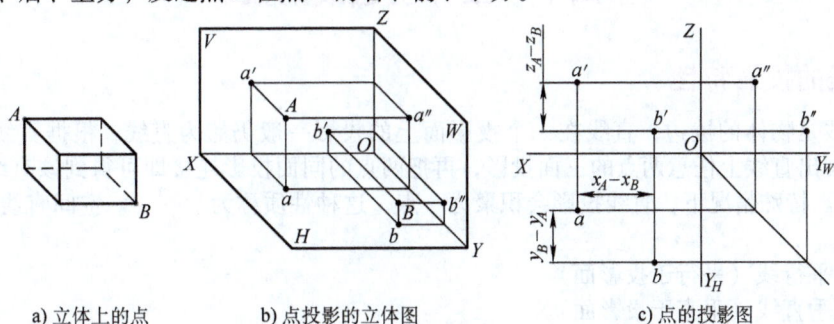

a) 立体上的点　　b) 点投影的立体图　　c) 点的投影图

图 2-14　两点的相对位置

### 2. 重影点及其可见性

如果两点的某两个坐标相同，那么这两点就位于某一投影面的同一条垂线上，这两点在该投影面上的投影重合为一点，则这两点称为该投影面的重影点。

如图 2-15 所示，$A$ 点和 $B$ 点的 $x$ 坐标和 $y$ 坐标相同，水平投影重合为一点，故 $A$、$B$ 两点为 $H$ 面的重影点。由于 $z_A>z_B$，点 $A$ 位于点 $B$ 的正上方，点 $A$ 遮住了点 $B$，$A$ 点可见，$B$ 点不可见。通常规定，不可见点的投影应加括号表示。同理，$C$、$D$ 两点为 $V$ 面的重影点，如图 2-16 所示；$E$、$F$ 两点为 $W$ 面的重影点，如图 2-17 所示。

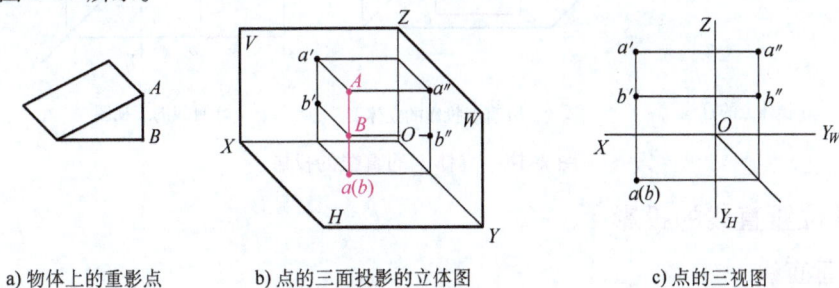

a) 物体上的重影点　　b) 点的三面投影的立体图　　c) 点的三视图

图 2-15　$H$ 面的重影点

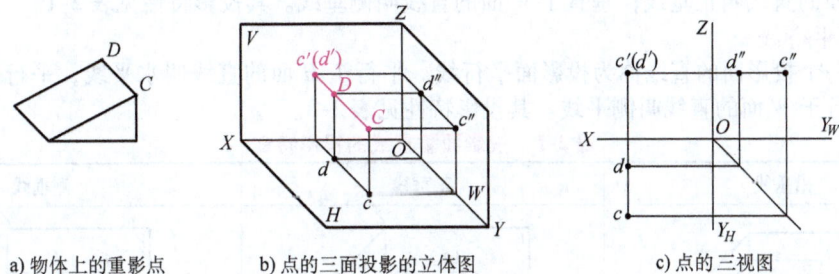

a) 物体上的重影点　　b) 点的三面投影的立体图　　c) 点的三视图

图 2-16　$V$ 面的重影点

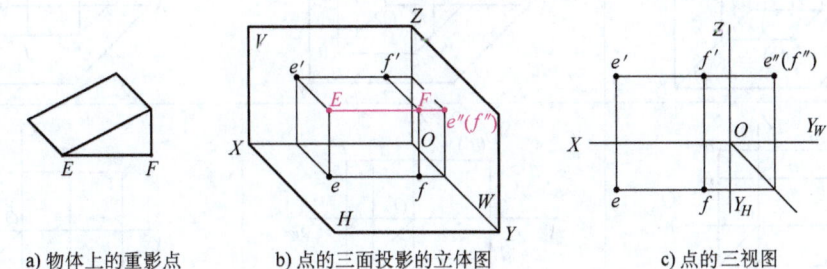

a) 物体上的重影点　　b) 点的三面投影的立体图　　c) 点的三视图

图 2-17　$W$ 面的重影点

## 第四节 立体上直线的投影

### 一、直线的投影特性

常见的直线是物体的棱边，直线在一个投影面上的投影一般仍然为直线，根据直线"两点定线"的特性，只要画出直线上任意两点的三面投影，再把两点的同面投影连接即可得到该直线的三面投影，如图 2-18 所示。特殊情况下，直线投影会积聚为一点，这种性质称为积聚性。空间直线相对于投影面的位置有三种：

1）投影面平行线（平行于投影面）。
2）投影面垂直线（垂直于投影面）。
3）一般位置直线（倾斜于投影面）。

前两种直线称为特殊位置直线。

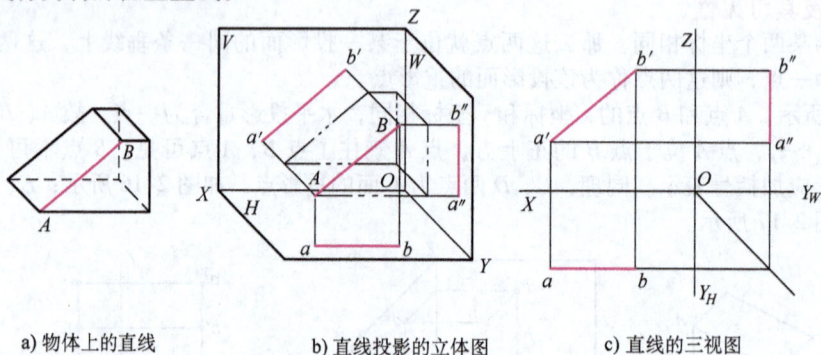

a) 物体上的直线　　　　b) 直线投影的立体图　　　　c) 直线的三视图

图 2-18　立体上的直线的投影

### 二、各种位置直线的投影

#### 1. 投影面垂直线

垂直于某一投影面的直线（平行于另外两投影面）称为投影面垂直线。垂直于 $H$ 面的直线叫铅垂线；垂直于 $V$ 面的直线叫正垂线；垂直于 $W$ 面的直线叫侧垂线。其投影特性见表 2-1。

#### 2. 投影面平行线

只平行于一个投影面的直线称为投影面平行线。平行于 $H$ 面的直线叫水平线；平行于 $V$ 面的直线叫正平线；平行于 $W$ 面的直线叫侧平线。其投影特性见表 2-2。

表 2-1　投影面垂直线的投影特性

| 名称 | 铅垂线 | 正垂线 | 侧垂线 |
|---|---|---|---|
| 立体图 |  |  |  |
| 投影图 |  |  |  |

（续）

| 名称 | 铅垂线 | 正垂线 | 侧垂线 |
|---|---|---|---|
| 立体上的垂直线 | 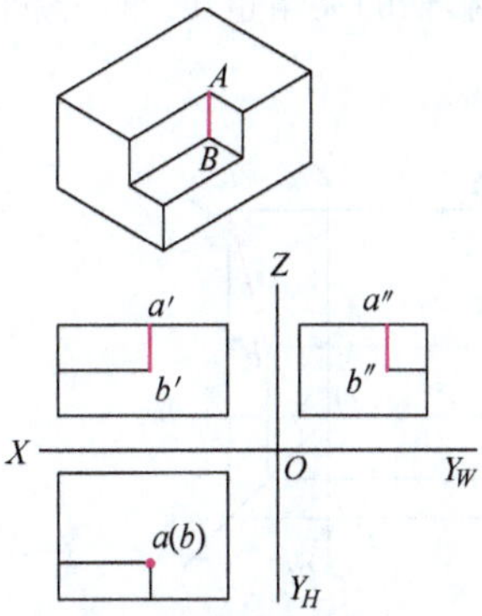 | 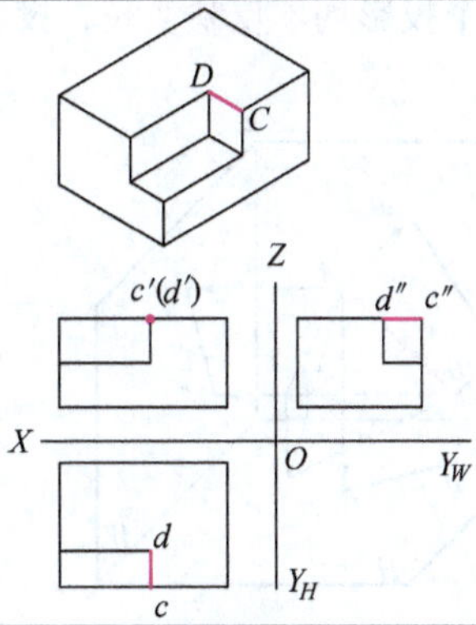 | 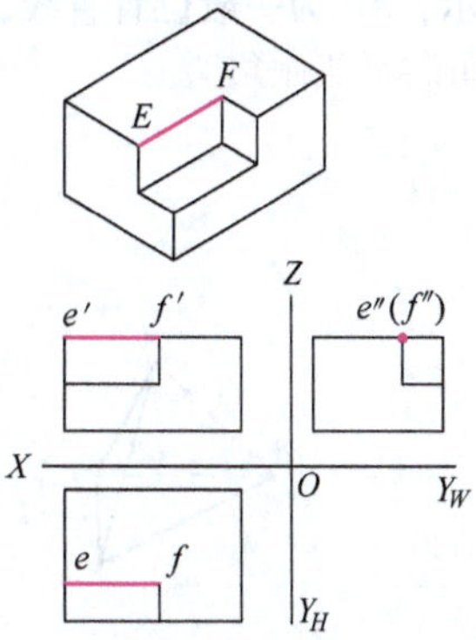 |
| 投影特性 | $a''b'' \perp OY_W$<br>$a'b' \perp OX$<br>$a'b' = a''b'' = AB$<br>水平投影积聚为一点 | $c''d'' \perp OZ$<br>$cd \perp OX$<br>$cd = c''d'' = CD$<br>正面投影积聚为一点 | $ef \perp OY_H$<br>$e'f' \perp OZ$<br>$e'f' = ef = EF$<br>侧面投影积聚为一点 |

**表 2-2 投影面平行线的投影特性**

| 名称 | 正平线 | 水平线 | 侧平线 |
|---|---|---|---|
| 立体图 | 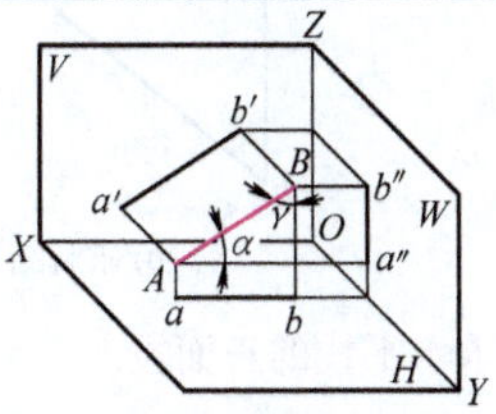 | 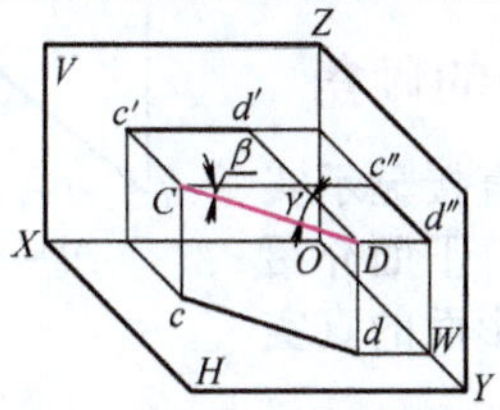 | 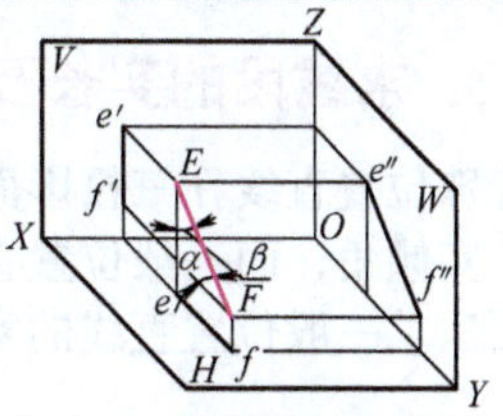 |
| 投影图 | 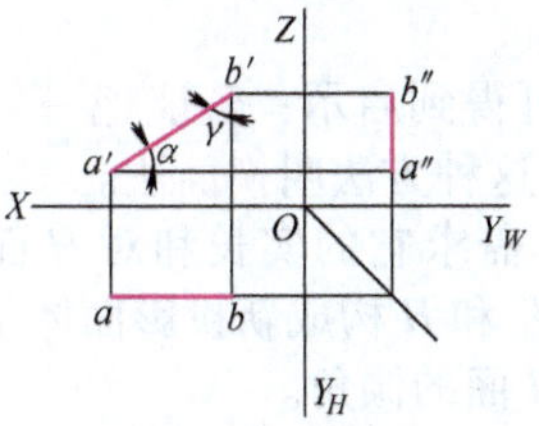 | 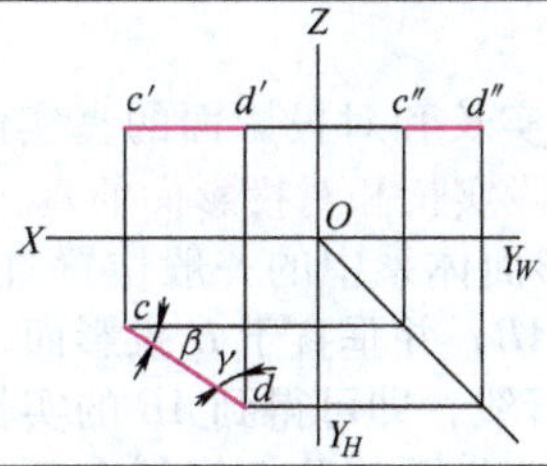 | 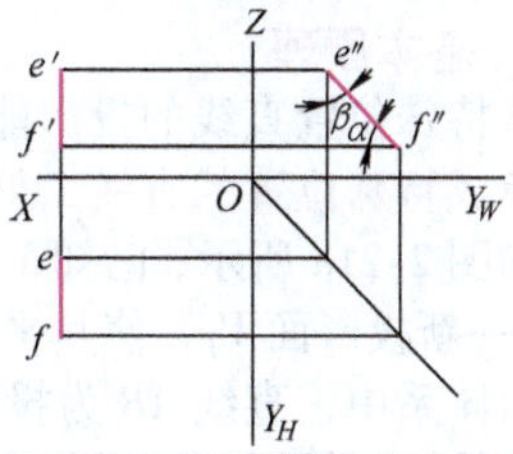 |
| 立体上的平行线 | 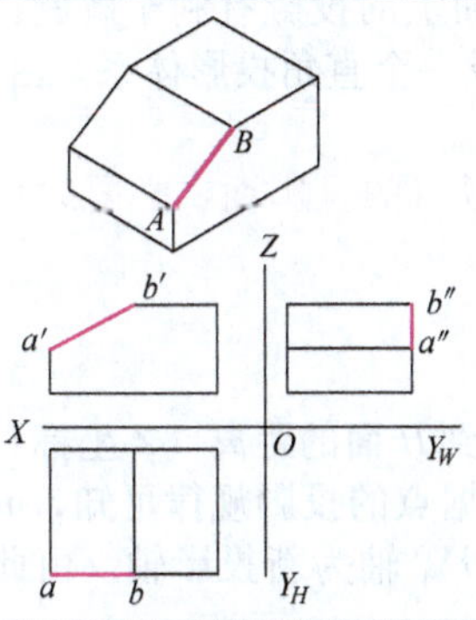 | 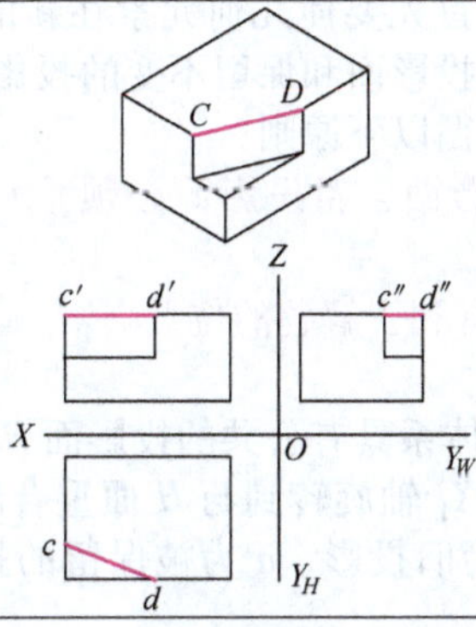 | 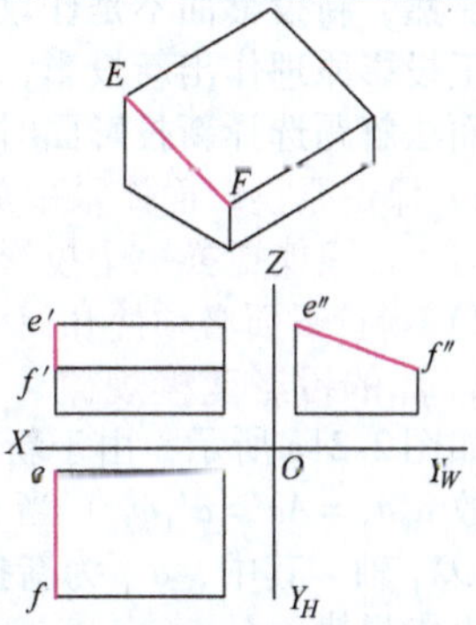 |
| 投影特性 | $a''b'' \parallel OZ$<br>$ab \parallel OX$<br>$a'b' = AB$<br>正面投影和 $OX$ 及 $OZ$ 的夹角分别反映该直线对 $H$ 面和 $W$ 面的夹角 $\alpha$ 和 $\gamma$ | $c''d'' \parallel OY_W$<br>$c'd' \parallel OX$<br>$cd = CD$<br>水平投影和 $OX$ 及 $OY_H$ 的夹角分别反映该直线对 $V$ 面和 $W$ 面的夹角 $\beta$ 和 $\gamma$ | $ef \parallel OY_H$<br>$e'f' \parallel OZ$<br>$e''f'' = EF$<br>侧面投影和 $OZ$ 及 $OY_W$ 的夹角分别反映该直线对 $V$ 面和 $H$ 面的夹角 $\beta$ 和 $\alpha$ |

注：直线与投影面 $H$、$V$、$W$ 的夹角分别用 $\alpha$、$\beta$、$\gamma$ 来表示。

### 3. 一般位置直线的投影

与 $H$、$V$、$W$ 三个投影面既不垂直也不平行（倾斜于三个投影面）的直线叫一般位置直线。如图 2-19 所示，$AB$ 为一般位置直线，它的三个投影均不反映实长，投影与投影轴的夹角也不反映空间直线对投影面的真实倾角。

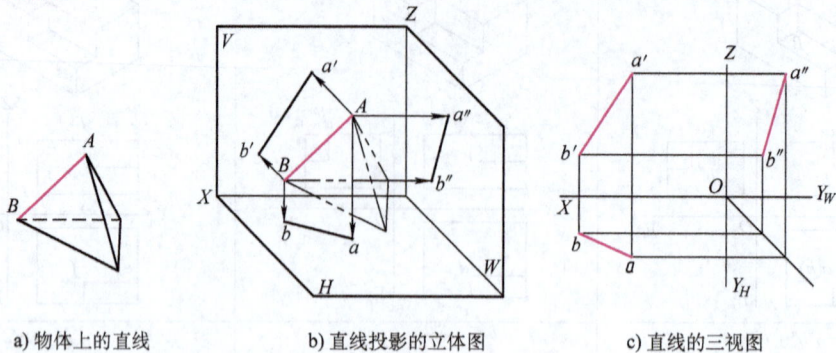

a) 物体上的直线　　　b) 直线投影的立体图　　　c) 直线的三视图

图 2-19　一般位置直线的投影

【例 2-3】 已知水平线 $AB$ 的水平投影 $ab$ 和 $B$ 点的正面投影 $b'$，求 $AB$ 的正面投影，如图2-20a所示。

**解**　由于 $AB$ 为水平线，根据水平线的投影特性即可作出其正面投影，如图 2-20b 所示。

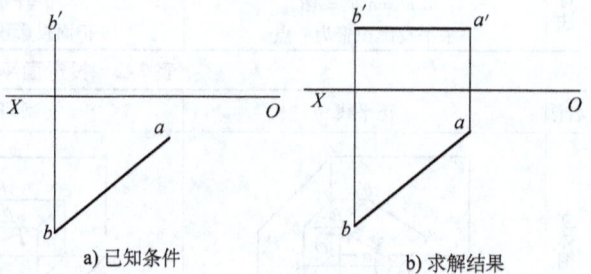

a) 已知条件　　　　　b) 求解结果

图 2-20　求水平线的正面投影

## 三、求线段的实长及对投影面的倾角

特殊位置直线在三投影面体系中能直接显示实长和真实倾角，而一般位置直线则不能。下面介绍用换面法求一般位置直线的实长和对投影面的真实倾角。

### 1. 基本原理

从特殊位置直线的投影能直接反映实长和对投影面的真实倾角，可得到启示：若能把一般位置直线转换成特殊位置的直线，就可求出线段实长和对投影面的真实倾角。这种方法叫换面法。

如图 2-21a 所示，已知 $V$、$H$ 两投影面体系中的一般位置直线 $AB$，需求它的实长和对 $H$ 面的倾角 $\alpha$。取一新投影面 $V_1$，使其平行于直线 $AB$，并垂直于 $H$ 投影面，此时 $V_1$ 和 $H$ 构成新投影面体系。在新投影面体系中，直线 $AB$ 为投影面的平行线，即可得到 $AB$ 的实长和对 $H$ 面的倾角。

显然，新投影面不是任意选择的，首先要使几何元素在新的投影面上的投影有利于解题；为了能利用正投影原理作出新投影，必须使新投影面和保留不变的投影面构成一个直角投影体系。由此可见，用换面法解题选择新投影面时，必须遵循以下原则：

1）保留原投影面体系中的一个投影面，新投影面必须垂直于被保留的投影面。必要时可连续变换，但一次只能更换一个投影面。

2）新投影面必须使几何元素处于有利于解题的位置。

### 2. 点的投影变换规律

如图 2-21a 所示，由于新旧投影面体系具有公共的投影面 $H$，点 $A$ 到 $H$ 面的距离（$Z$ 坐标）是相同的，故 $a'a_x = Aa = a'_1a_{X1}$。当 $V_1$ 面绕 $OX_1$ 轴旋转到与 $H$ 面重合时，根据点的投影规律可知，$aa'_1$ 必垂直于 $OX_1$ 轴。其中，$a'_1$ 为新投影，$a'$ 为旧投影，$a$ 为被保留的投影，$OX_1$ 轴为新投影轴。由此可得出点的投影规律：

1）点的新投影和被保留投影的连线垂直于新投影轴。

2）点的新投影到新投影轴的距离等于旧投影到旧投影轴的距离。

### 3. 求一般位置线段的实长

为了求线段的实长和对 $H$ 面的倾角，可把其变换成投影面的平行线，如图 2-21a 所示：$X_1$ 平行于 $ab$，在投影图中作 $X_1 /\!/ ab$，再根据点的投影变换规律作出新投影 $a'_1$、$b'_1$，从而求出线段实长及对投面的倾角，如图 2-21b 所示。

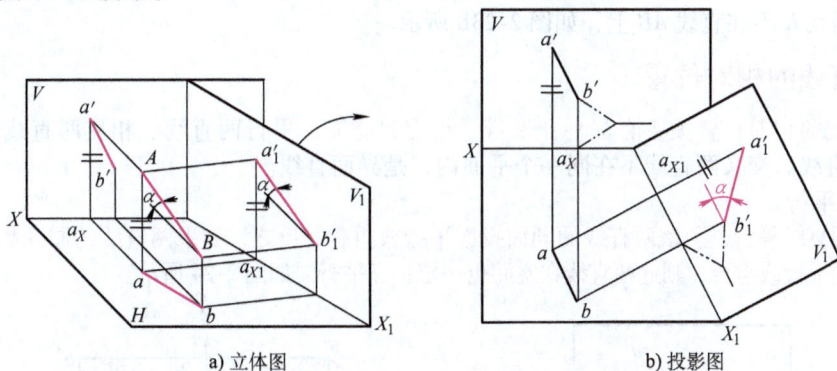

a) 立体图　　　　　　　　b) 投影图

图 2-21　用换面法求一般位置线段的实长及对投影面的倾角

## 四、直线上的点

直线上的点具有以下特性：

（1）从属性　点在直线上，则点的各投影必在直线的同面投影上；反之，点的各投影均在直线的各同面投影上，则点必在该直线上，否则点不在直线上。如图 2-22 所示，点 $K$ 的各投影 $k$、$k'$、$k''$ 均在直线 $AB$ 的 $H$、$V$、$W$ 投影上，所以点 $K$ 在直线 $AB$ 上；点 $D$ 的正面投影 $d'$ 虽在 $a'b'$ 上，但点 $D$ 的水平投影 $d$ 却不在 $ab$ 上，所以点 $D$ 不在直线 $AB$ 上。

（2）定比性　直线上的点分割直线段之比，在投影之后保持不变。如图 2-22 所示，点 $K$ 在直线 $AB$ 上，则 $ak:kb = a'k':k'b' = a''k'':k''b'' = AK:KB$。

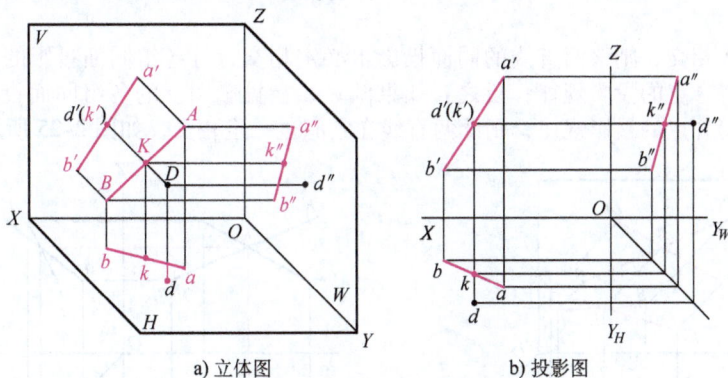

a) 立体图　　　　　　　　b) 投影图

图 2-22　直线上的点

【例 2-4】　已知直线 $AB$ 及点 $K$ 的两面投影，试判断 $K$ 是否在直线 $AB$ 上，如图 2-23a 所示。

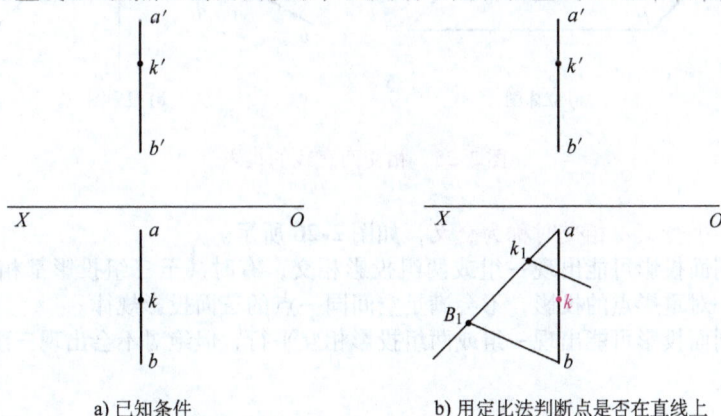

a) 已知条件　　　　　　b) 用定比法判断点是否在直线上

图 2-23　判断点是否在直线上

31

**解**　自 $a$ 任意引一条直线，量取 $aB_1 = a'b'$，在 $aB_1$ 上截取 $ak_1 = a'k'$，过 $k_1$ 作 $bB_1$ 的平行线，发现该线不过 $k$，则点 $K$ 不在直线 $AB$ 上，如图 2-23b 所示。

## 五、两直线的相对位置

空间两直线的相对位置关系有三种：平行、相交、交叉。平行两直线、相交两直线在同一个平面内，属于共面直线。交叉两直线不在同一个平面内，是异面直线。

### 1. 两直线平行

如果空间两直线平行，则该两直线的同面投影平行或重合；反之，如果两直线的同面投影（必须是三面）彼此都分别平行或重合，则此两直线在空间也一定相互平行，如图 2-24 所示。

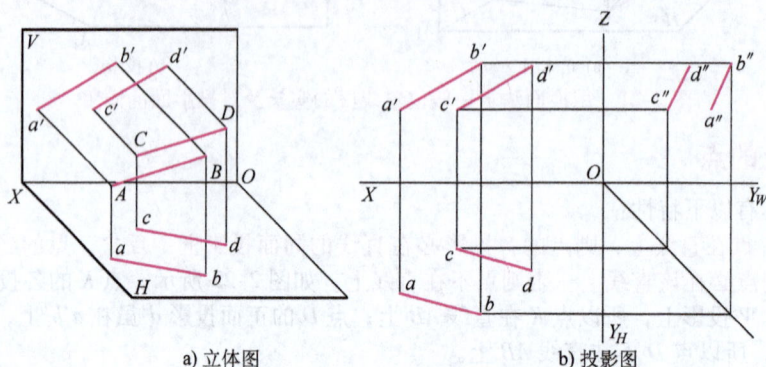

a) 立体图　　　　　b) 投影图

图 2-24　平行两直线的投影

### 2. 两直线相交

如果空间两直线相交，则该两直线的同面投影也必定相交，且各组同面投影的交点是空间两直线交点的三面投影，符合点的投影规律；反之，如果两直线在投影图上的各组同面投影都分别相交，各组同面投影的交点符合点的投影规律，则此两直线在空间也一定相交，如图 2-25 所示。

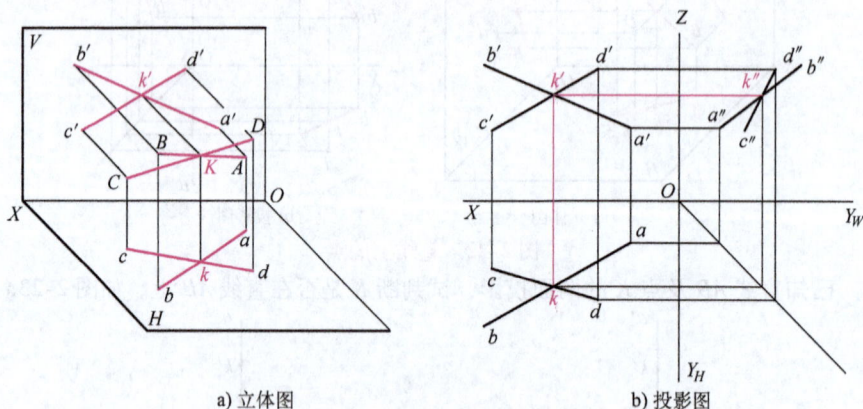

a) 立体图　　　　　b) 投影图

图 2-25　相交两直线的投影

### 3. 两直线交叉

空间两直线既不平行又不相交时称为交叉，如图 2-26 所示。

交叉两直线的同面投影可能出现一组或两组投影相交，有时甚至三组投影都相交，但它们各个投影的交点实际上是一对重影点的投影，不会满足空间同一点的三面投影规律。

交叉两直线的同面投影可能出现一组或两组投影相互平行，但绝对不会出现三组投影都互相平行。

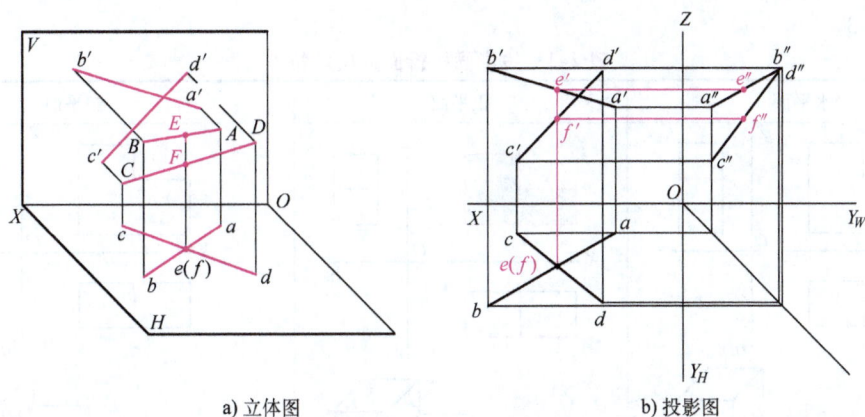

a) 立体图　　　　　　b) 投影图

图 2-26　交叉两直线的投影

# 第五节　立体上平面的投影

立体上的平面是由若干条线围成的平面图形，因此立体上平面的投影是其轮廓线的投影围成的图形。作平面的投影时，可求出决定平面的形状、大小及位置的一系列点的投影，然后连接这些点的同面投影，即得到立体上平面的三面投影。

## 一、平面对一个投影面的投影特性

对一个投影面来说，物体上的平面有：平行、垂直、倾斜三种位置关系。这三种位置的平面在同一个投影面上的投影特点如下：

1）平面 DEFH 平行于投影面，投影为全等形，即投影反映实物平面的真实形状大小——实形性，如图 2-27a 所示。

2）平面 EFNM 倾斜于投影面，投影为类似形，即投影为实物平面的类似形状，实物为四边形，投影也为四边形，只是比原来的小，小的程度取决于倾斜程度——类似性，如图 2-27b 所示。

3）平面 LKMN 垂直于投影面，投影为一直线段，即物体上该平面上任何图形的投影都重叠在一直线上——积聚性，如图 2-27c 所示。

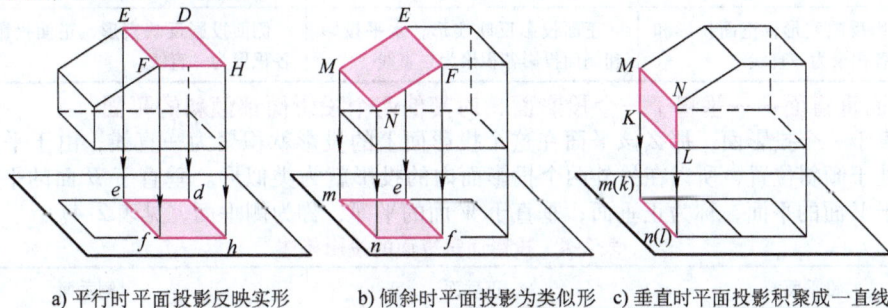

a) 平行时平面投影反映实形　　b) 倾斜时平面投影为类似形　　c) 垂直时平面投影积聚成一直线

图 2-27　平面的投影特性

## 二、平面在三投影面体系中的投影特性

理解了平面对一个投影面的投影特性后，引申到三投影面体系中，可以有三种情况，分别为投影面的平行面、投影面的垂直面、一般位置面。前两类为特殊位置平面。

### 1. 投影面平行面——平行于一个投影面的平面

由于三个投影面是彼此互相垂直的，平行于一个投影面的平面，必然垂直于另外两投影面。根据平面对一个投影面的投影特性，可知：此时平面的一个投影反映实形，另外两个投影积聚为一直线。

平行于 H 面的平面，称为水平面；平行于 V 面的平面，称为正平面；平行于 W 面的平面，称为侧平面,见表 2-3。

表 2-3 投影面平行面的投影特性

| 名称 | 水平面 | 正平面 | 侧平面 |
|---|---|---|---|
| 物体三视图与立体图 | 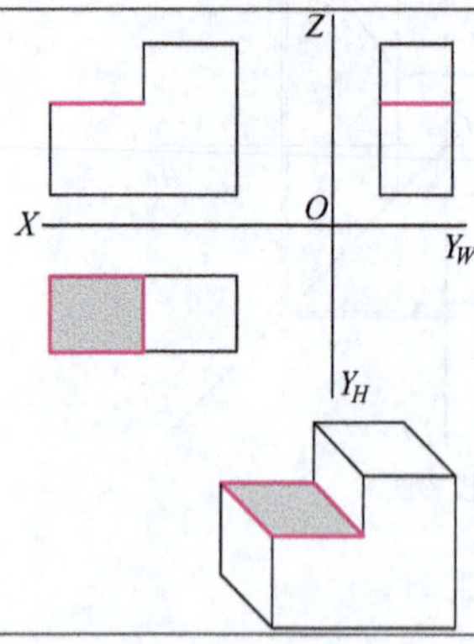 | 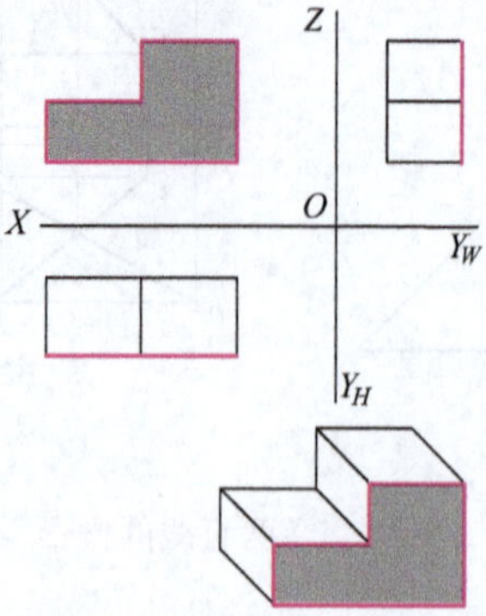 | 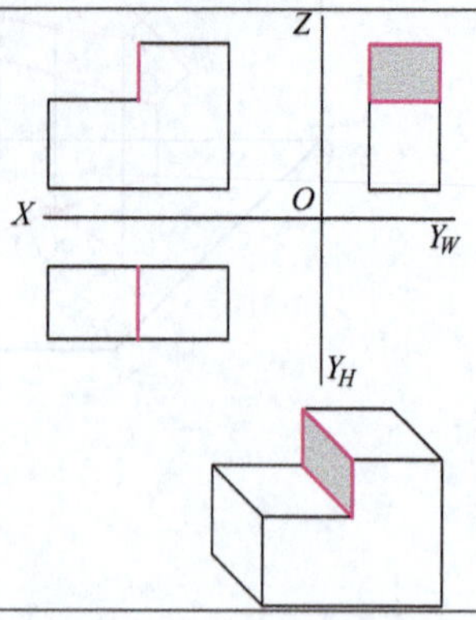 |
| 平面投影的立体图 | 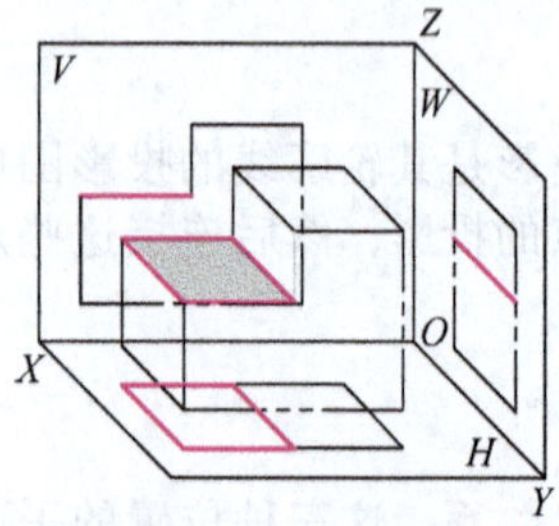 | 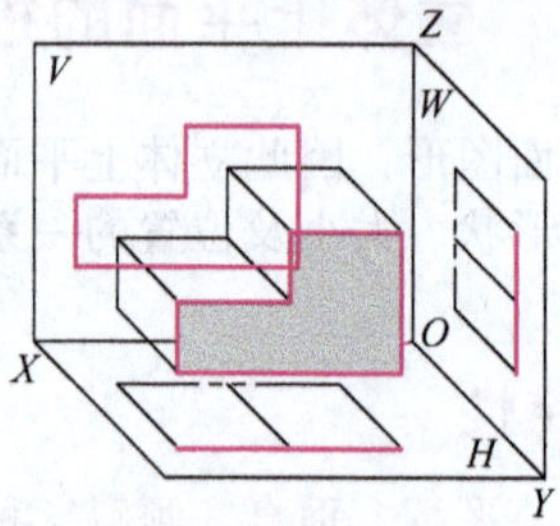 | 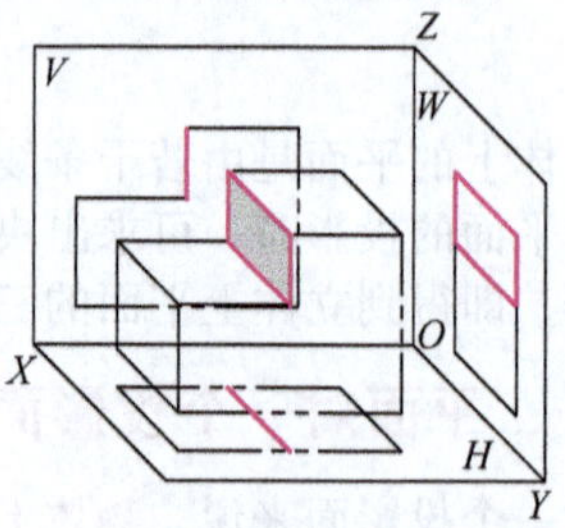 |
| 平面的投影图 | 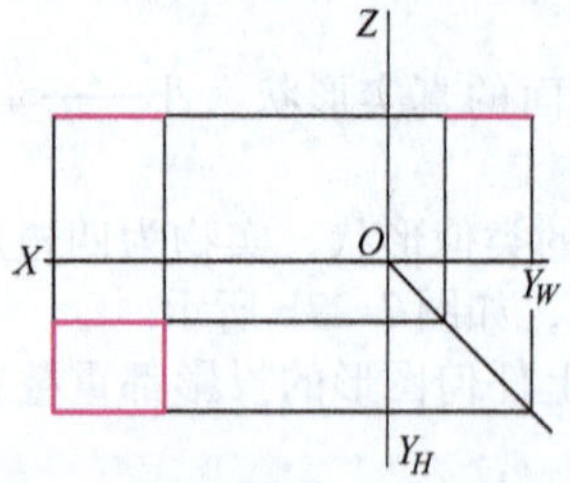 | 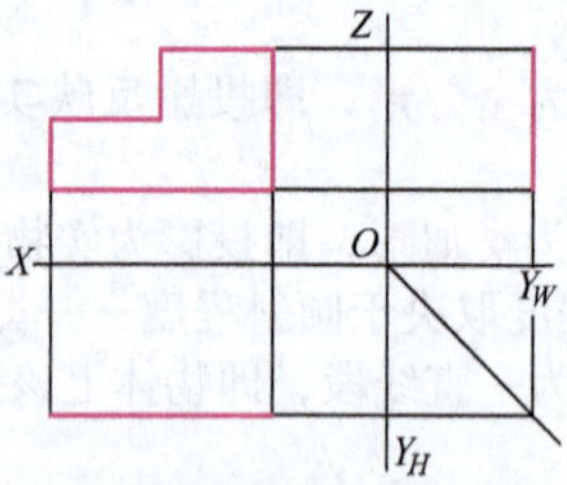 | 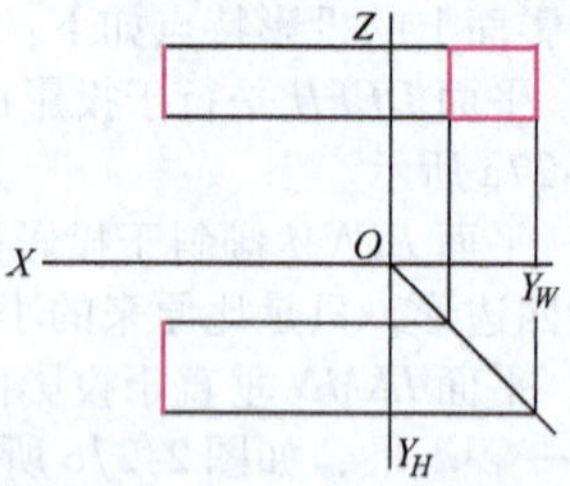 |
| 投影特性 | 水平投影反映实形,正面投影和侧面投影各积聚为一直线 | 正面投影反映实形,水平投影和侧面投影各积聚为一直线 | 侧面投影反映实形,正面投影和水平投影各积聚为一直线 |

**2. 投影面垂直面——垂直于一个投影面,对其他两个投影面都倾斜的平面**

平面垂直于一个投影面,那么该平面在这个投影面上的投影就积聚为一直线,由于平面对另外两个投影面是处于倾斜位置,所以在另外两个投影面内的投影就为类似形。垂直于 $H$ 面的平面,称为铅垂面;垂直于 $V$ 面的平面,称为正垂面;垂直于 $W$ 面的平面,称为侧垂面,见表 2-4。

表 2-4 投影面垂直面的投影特性

| 名称 | 铅垂面 | 正垂面 | 侧垂面 |
|---|---|---|---|
| 物体三视图与立体图 | 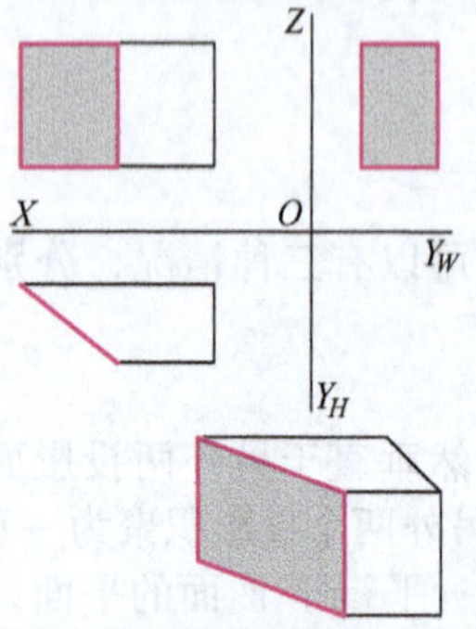 | 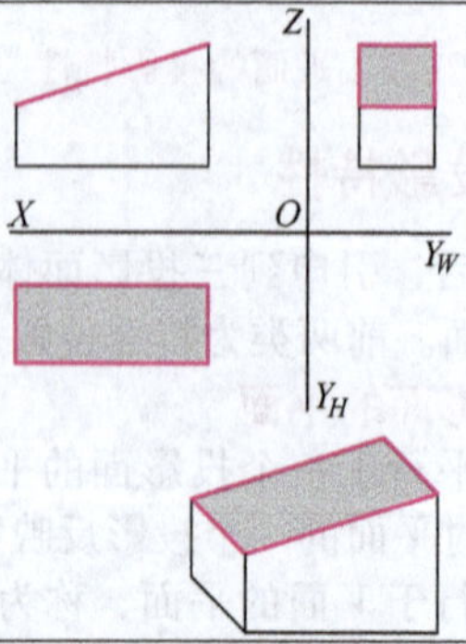 | 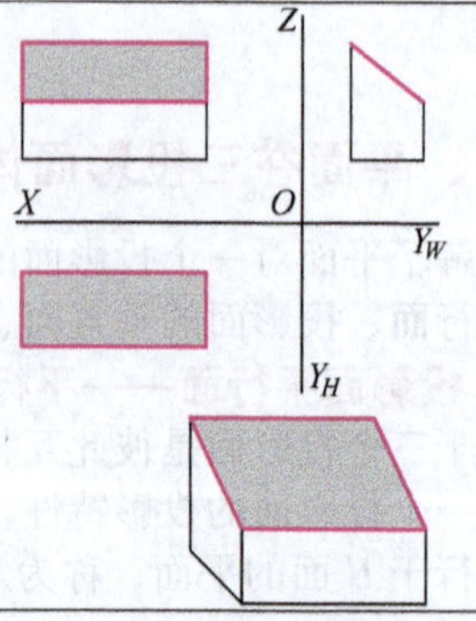 |

（续）

| 名称 | 铅垂面 | 正垂面 | 侧垂面 |
|---|---|---|---|
| 平面投影的立体图 | | | |
| 平面的投影图 | | | |
| 投影特性 | 水平投影积聚为一直线，积聚线和 $OX$ 及 $OY_H$ 的夹角分别反映该平面对 $V$ 面和 $W$ 面的夹角 $\beta$ 和 $\gamma$，正面投影和侧面投影为类似形 | 正面投影积聚为一直线，积聚线和 $OX$ 及 $OZ$ 的夹角分别反映该平面对 $H$ 面和 $W$ 面的夹角 $\alpha$ 和 $\gamma$，水平投影和侧面投影为类似形 | 侧面投影积聚为一直线，积聚线和 $OZ$ 及 $OY_W$ 的夹角分别反映该直线对 $V$ 面和 $H$ 面的夹角 $\beta$ 和 $\alpha$，水平投影和正面投影为类似形 |

注：平面与投影面 $H$、$V$、$W$ 的夹角分别用 $\alpha$、$\beta$、$\gamma$ 来表示。

### 3. 一般位置平面的投影

对与三个投影面都倾斜的平面，称为一般位置平面。如图 2-28 所示，$\triangle ABC$ 平面与三个投影面都倾斜，为一般位置平面，它的三个投影均不反映实形，都为类似形。

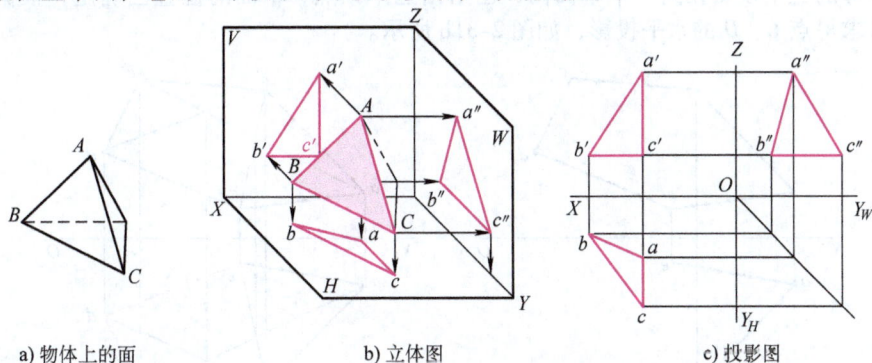

a) 物体上的面　　　　b) 立体图　　　　c) 投影图

图 2-28　一般位置平面的投影

## 三、平面上的点和线

### 1. 平面上的直线

直线在平面上的条件是：如果直线通过平面上的两点，或通过一点，且平行于平面上的某一直线，则此直线在该平面上。因此，在平面上取线，必须通过平面上的两点，或通过平面上的一点，且平行于该平面上的某一直线。如图 2-29 所示，$M$、$N$ 两点分别在平面 $ABC$ 上的直线 $AB$ 和 $BC$ 上，则直线 $MN$ 必在平面 $ABC$ 上，$C$ 点为平面 $ABC$ 上的一点，过点 $C$ 作 $CD /\!/ AB$，则直线 $CD$ 必在面 $ABC$ 上。

### 2. 平面上的点

点在平面上的条件是：如果点在平面内的任一直线上，则此点必在该平面上。因此，在平面上取点，必须在平面的直线上定点。如图 2-30 所示，$K$ 点在平面 $ABC$ 的直线 $AN$ 上，则 $K$ 点在平面 $ABC$ 上。

【例 2-5】　补全平面五边形的水平投影，如图 2-31a 所示。

a) 立体图　　　　　　b) 投影图

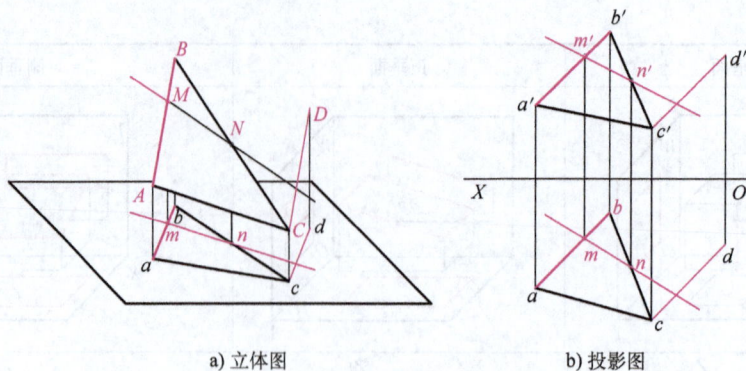

图 2-29　平面上的直线

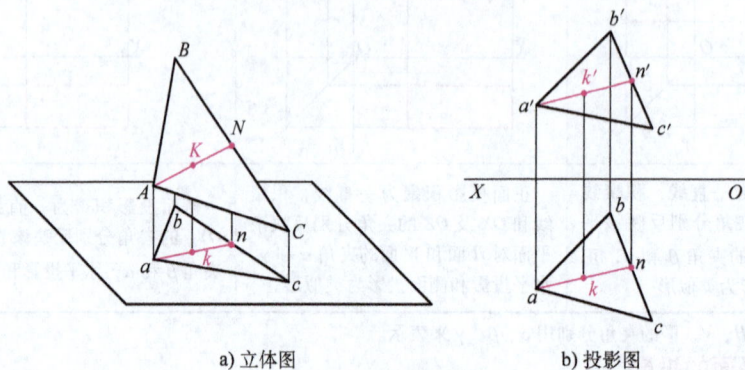

扫描看动图

a) 立体图　　　　　　b) 投影图

图 2-30　平面上的点

**解**　五边形的五个顶点在同一个平面内，已给出三个顶点，平面的位置已确定，根据平面上取点的方法，即可求得点 C、D 的水平投影，如图 2-31b 所示。

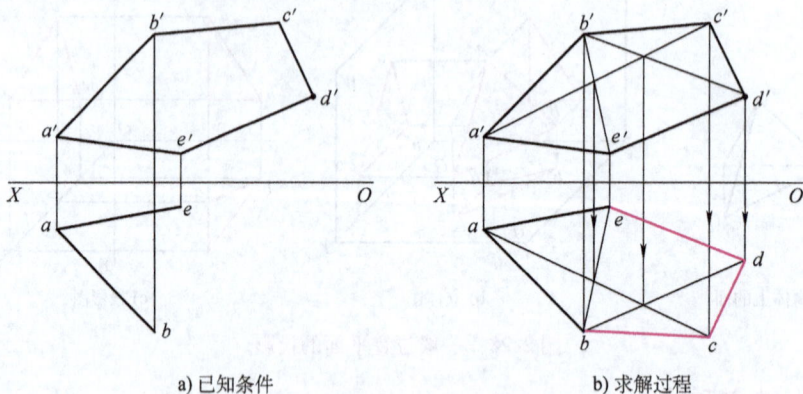

a) 已知条件　　　　　　b) 求解过程

图 2-31　补全平面五边形的投影

# 本章小结

**1. 投影法的概念**

中心投影法和平行投影法是两种投影方法。在机械制图中主要采用"正投影法"绘制机械图样，由于其作图简便，度量性好，在生产中广泛使用。

**2. 三视图的形成及其投影规律**

三视图的投影规律可归纳为"长对正、高平齐、宽相等"。在画图和读图时一定要遵循这个规律。

3. 点的投影

点的投影仍是点,点的投影规律为:点的正面投影和水平投影的连线与 $OX$ 轴垂直;点的正面投影和侧面投影的连线与 $OZ$ 轴垂直;点的水平投影到 $OX$ 轴的距离等于点的侧面投影到 $OZ$ 轴的距离。

点的投影和点的坐标具有一定的关系,点的水平投影反映点的 $x$ 坐标和点的 $y$ 坐标;点的正面投影反映点的 $x$ 坐标和点的 $z$ 坐标;点的侧面投影反映点的 $z$ 坐标和点的 $y$ 坐标。点的 $x$ 坐标反映点到侧投影面的距离;点的 $y$ 坐标反映点到正投影面的距离;点的 $z$ 坐标反映点到水平投影面的距离,给定点的三个坐标就可作出点的投影图。

4. 直线的投影

(1) 直线的投影特性　直线的投影一般仍为直线,直线的投影特性可简单地归纳为:直线倾斜于投影面,投影成缩短线;直线垂直于投影面,投影积聚为一点;直线平行于投影面,投影是实长线。

(2) 直线上点的投影特性　直线上的点具有从属性和定比性,作图时经常要用到。

(3) 直线在三投影面体系中的位置及其投影特性　按直线与投影面的关系可将直线分为三大类七小类,要根据空间情况分析清楚各种位置关系的投影特性。

(4) 换面法求线段的实长　对于一般位置的直线可通过换面法求出其实长。

(5) 两直线的相对位置　两直线有三种位置关系:相交、平行、交叉,搞清它们的关系有助于提高空间想象力。

5. 平面的投影

(1) 平面的投影特性　平面的投影特性可简单地归纳为:平面倾斜于投影面,投影成类似形;平面垂直于投影面,投影积聚为直线;平面平行于投影面,投影成真实形。

(2) 平面在三投影面体系中的位置及其投影特性　按平面与投影面的关系也可将平面分为三大类七小类,要根据空间情况分析清楚各种位置关系平面的投影特性。

(3) 平面上取点画线　根据点、直线在平面上的条件,学会在平面上取点画线的方法。

<h2 style="color:red;text-align:center">复习思考题</h2>

1. 中心投影法和平行投影法有何区别?正投影和斜投影有何区别?
2. 三视图的投影规律是什么?根据视图怎样判断物体的前后、左右、上下?
3. 给定点的坐标,如何作出点的投影图?投影图中哪些线段表示了空间点到 $H$ 面、$V$ 面、$W$ 面的距离?
4. 点在投影轴上和投影面上时,各有何特性?
5. 重影点的概念是什么,如何判断重影点的可见性?
6. 画图说明水平线和铅垂线的投影特性。如果一直线的正面投影和侧面投影都垂直丁 $OZ$ 轴,则该直线是什么位置的直线?直线上的点有什么投影特性?
7. 换面法的基本原理是什么?如何求一般位置直线的实长?
8. 画图说明正平面和正垂面的投影特性。
9. 如何在平面上取点画线?如何根据投影,判断点是否在平面上?

# 第三章

# 基 本 体

在生产实际中，我们会接触到各种形状的机件，这些机件的形状虽然复杂多样，但都可以看成是由一些简单的立体按一定的方式组合而成的，我们把这些形状简单且规则的立体称为基本几何体，简称为基本体。本章主要介绍：基本体三视图的画法及其表面取点、尺寸标注；平面截切基本体三视图的画法。

**【知识要求】**

1）掌握基本体三视图的投影特点和画法及其表面取点的方法。

2）掌握平面截切基本体后产生的截交线的画法。

3）学习基本体及截切基本体的尺寸标注方法。

**【技能要求】**

1）能正确绘制基本体及其截切基本体的三视图。

2）能在基本体及截切基本体的视图上正确标注尺寸。

## 第一节　认识基本体

日常见到的文具盒是长方体，螺母是六方形的，乒乓球是球形的，杯子是圆柱形的，这些形体都是基本体。基本体是由简单平面或规则曲面围成的，按其围成表面性质的不同可分为平面立体和曲面立体。由平面围成的立体称为平面立体（简称平面体），工程中常用的平面体是棱柱（主要是直棱柱）和棱锥（包括棱台），如图 3-1 所示。

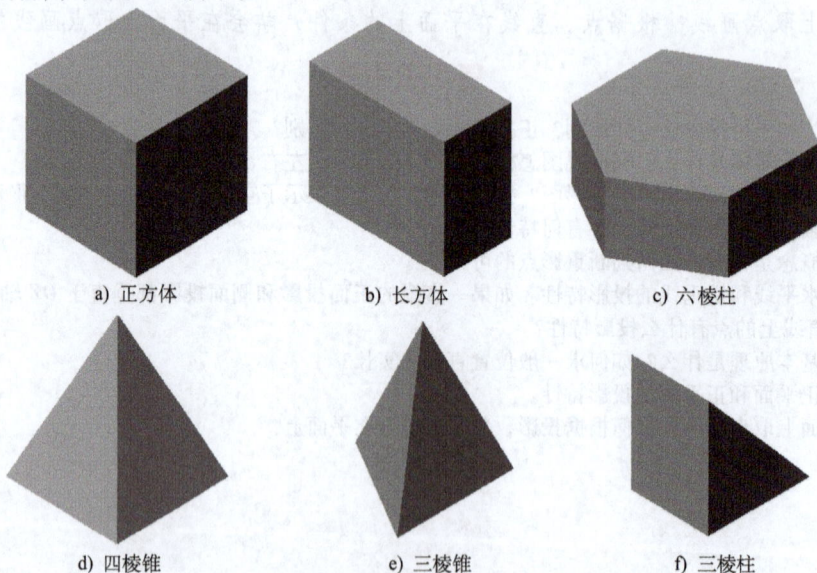

a) 正方体　　　　b) 长方体　　　　c) 六棱柱

d) 四棱锥　　　　e) 三棱锥　　　　f) 三棱柱

图 3-1　常见平面体

由曲面或是由曲面与平面共同围成的立体称为曲面立体（简称曲面体），如图 3-2 所示的圆柱、圆锥、球等为曲面体。

工程上常见的曲面体是回转体（例如圆柱、圆锥、球）。一动线绕与它共面的一条定直线回转一周，形成回转面，这条定直线称为轴线，动线称为回转体的母线，任一位置的母线称为素线。由回转

a) 球                          b) 圆柱                          c) 圆锥

图 3-2　常见回转体

面或回转面和平面围成的体称为回转体。

# 第二节　平面立体的三视图

平面立体是由若干个多边形平面所围成的，因此绘制平面立体的投影可归纳为绘制围成它的各表面的投影，也就是绘制这些多边形的边和顶点的投影。作图时，要注意判别其可见性，把可见边的投影画成粗实线，不可见边的投影画成细虚线。

## 一、棱柱

### （一）棱柱的三视图

棱柱是由侧面和上下底面围成的，相邻面的交线称为棱边，侧面也叫棱面。现以正六棱柱为例说明棱柱三视图的形成。正六棱柱（图 3-3a）是由两个正六边形的底面和六个长方形侧面围成的，将正六棱柱放置在三投影面体系中，使其上、下底面平行于水平投影面，前、后侧面平行于正投影面，如图 3-3b 所示。画出正六棱柱的三视图，如图 3-3c 所示。

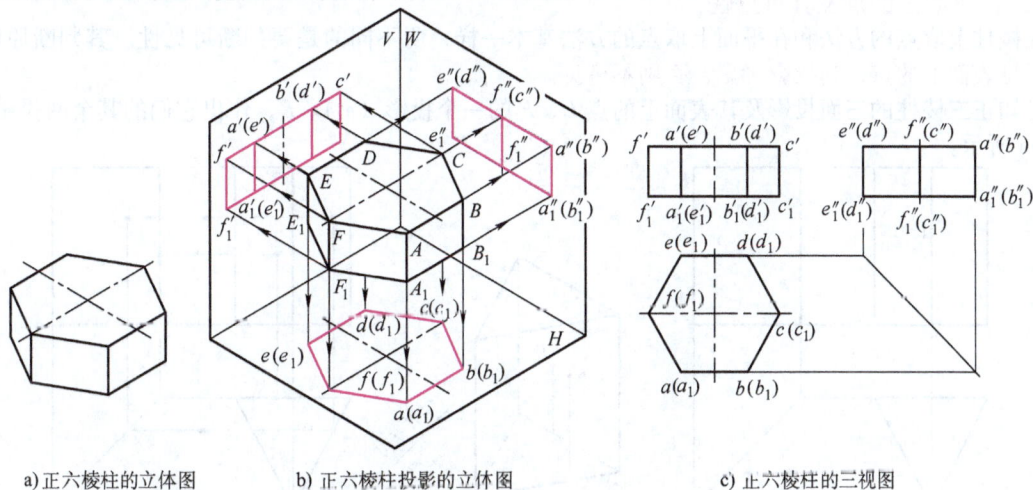

a) 正六棱柱的立体图        b) 正六棱柱投影的立体图        c) 正六棱柱的三视图

图 3-3　正六棱柱的三视图

### 1. 正六棱柱三视图的分析

正六棱柱的主视图为三个相连的矩形线框。中间的矩形线框是前、后两个侧面的投影，反映实形；左、右四个侧面分别重合在左、右两个较小的线框上，它们为类似形。上下底面为水平面，积聚为两直线。

正六棱柱的左视图为两个相连且大小相等的矩形线框，分别为左、右四个侧面的投影，前、后两个侧面和上、下底面各积聚为一直线。

正六棱柱的俯视图为正六边形，它为上、下底面的投影，反映实形，六个侧面的投影各积聚为一直线。

## 2. 作图步骤

画六棱柱的投影图时，一般先画基准线（中心线、底面基准线、对称线），然后画上、下底面的三个投影，最后根据投影关系画侧面的投影，如图3-4所示。

扫扫看

a) 画基准线          b) 画上、下底面

c) 画六个侧面          d) 检查、加深图线

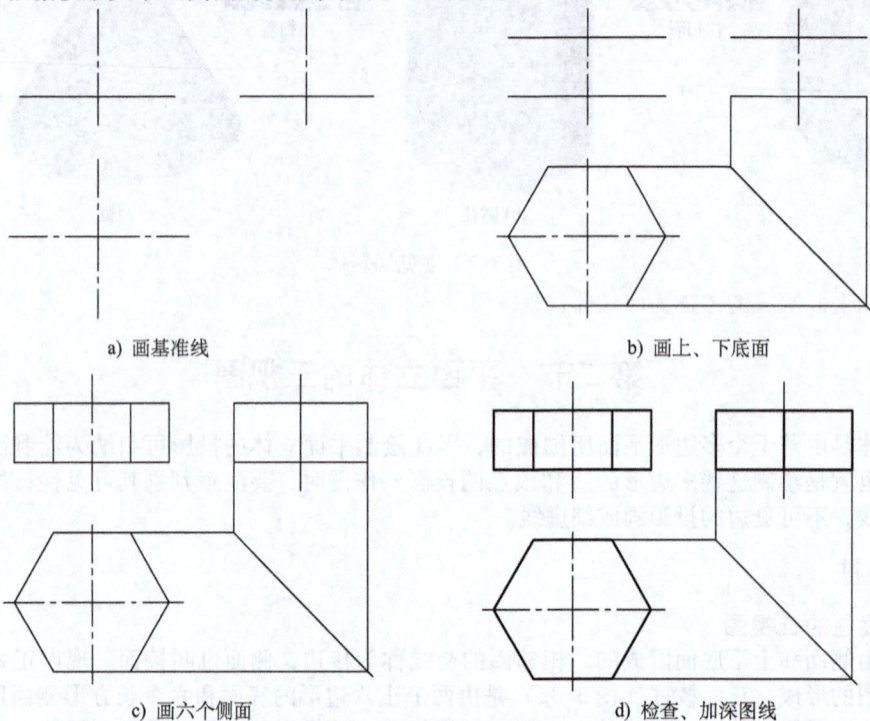

图3-4　正六棱柱三视图的画图步骤

## （二）表面上的点及其可见性

在棱柱上取点的方法和在平面上取点的方法基本一样，所不同的是要判断可见性。其判断原则是：位于可见表面上的点，其投影可见，否则不可见。

已知正三棱柱的三面投影及其表面上的点 $E$、$F$ 的一个投影 $(e')$、$f''$，作出它们的其余两投影，如图3-5a所示。

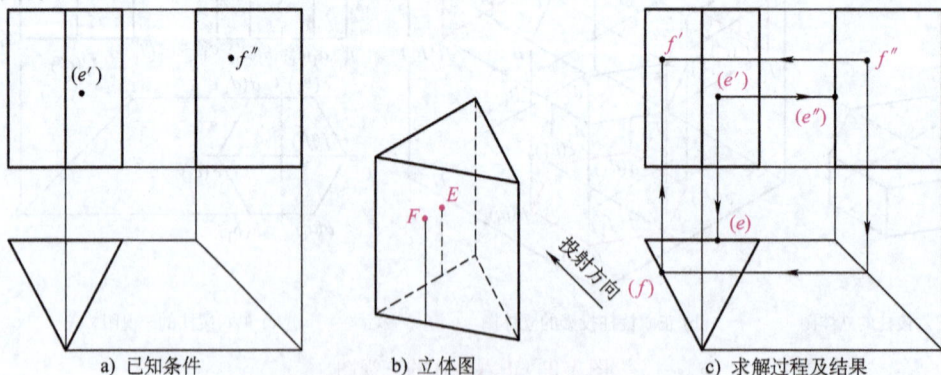

a) 已知条件          b) 立体图          c) 求解过程及结果

图3-5　正三棱柱表面上点的投影

分析：1）投影的作法：从图3-5a可知，$E$ 点的正面投影不可见，$E$ 点位于后侧面上，如图3-5b所示，该侧面的侧面投影和水平投影都积聚为一直线，故 $E$ 点的侧面投影和水平投影可根据积聚性直接作出；同理可作出 $F$ 点的其余两个投影，如图3-5c所示。

2）可见性判断：$E$ 点位于后侧面，它的侧面投影 $(e'')$ 和水平投影 $(e)$ 都不可见；$F$ 位于左侧面，所以侧面投影 $(f'')$ 可见，水平投影 $(f)$ 不可见。

## 二、棱锥

### （一）棱锥的三视图

棱锥是由侧面和底面围成的。现以正四棱锥为例说明棱锥三视图的形成。正四棱锥是由一个正四边形的底面和四个三角形侧面围成的，将正四棱锥放置在三投影面体系中，使其底面平行于水平投影面，底面四边形的两对边分别垂直于另外两个投影面，如图 3-6a 所示，得到的三视图如图 3-6b 所示。

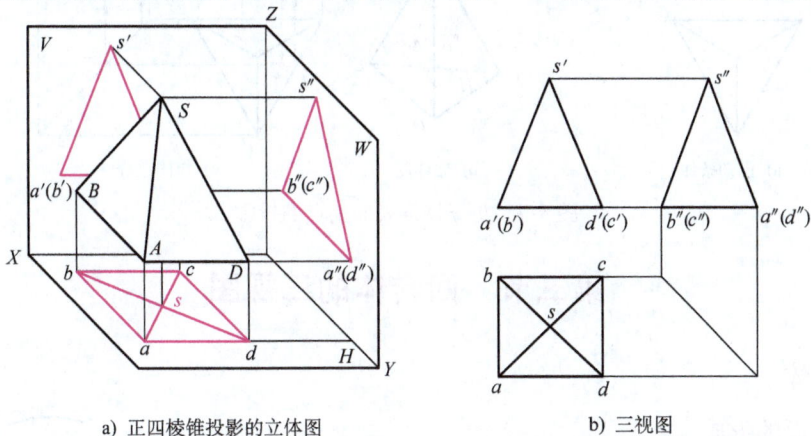

a) 正四棱锥投影的立体图        b) 三视图

图 3-6   正四棱锥的三视图

### 1. 正四棱锥三视图的分析

正四棱锥俯视图上的正四边形 $abcd$ 是底面 $ABCD$ 的投影，反映实形。正四棱锥锥顶 $S$ 的水平投影位于底面对角线的交点上。四条侧棱边的投影 $sa$、$sb$、$sc$、$sd$ 和底面正方形的四条边组成四个等腰三角形，为四个侧面的投影。

正四棱锥的主视图为一三角形线框。三角形线框为前、后两个侧面的投影，是类似形。三条边分别为底面和左、右两个侧面的积聚性投影。

正四棱锥的左视图也为一三角形线框。三角形线框为左、右两个侧面的投影，是类似形。三条边分别为底面和前、后两个侧面的积聚性投影。

### 2. 作图步骤

画棱锥的投影图（如四棱锥）时，一般先画底面和锥顶的三个投影，然后根据投影关系画侧面的投影。

### （二）表面上的点

已知正三棱锥的三面投影及其表面上的点 $A$、$B$ 的一个投影 $a'$、$(b')$，作出它们的其余两投影，如图 3-7a 所示。

分析：$A$ 点位于左前侧面上，根据平面上取点的方法，在左前侧面上连接 $SA$ 作一直线，与底边 $CD$ 交于 $F$，作出该直线的投影，即可求得其水平投影和侧面投影。$B$ 点的正面投影不可见，所以 $B$ 点位于后侧面上。利用后侧面的积聚性可作出 $B$ 点的侧面投影，再根据点的投影特性，可作出 $B$ 点的水平投影。其作图步骤如下：

1）连接 $s'a'$，延长 $s'a'$ 交 $c'd'$ 于 $f'$。

2）作辅助线 $SF$ 的水平投影 $sf$。

3）根据直线上点的投影特性，求出 $a$。

4）由 $a'$ 和 $a$，求出 $a''$。

5）点 $B$ 所在的面具有积聚性，由 $b'$ 可求得 $b''$。

6）由 $b'$ 和 $b''$ 可求得 $b$。

7）可见性判断：$A$、$B$ 两点所在平面的水平投影可见，所以它们的水平投影也可见；$A$ 所在平面的侧面投影可见，所以 $a''$ 可见，$B$ 所在平面的侧面投影有积聚性，$B$ 点的侧面投影不可见。如图 3-7b 所示。作图过程如图 3-7c 所示。

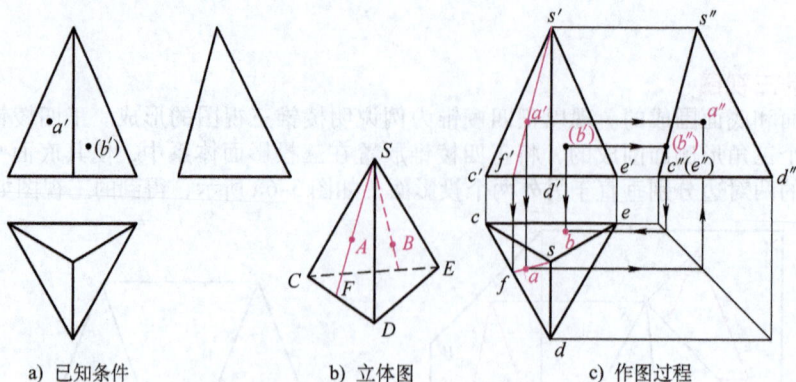

a) 已知条件      b) 立体图      c) 作图过程

图3-7 正三棱锥表面上点的投影

# 第三节 回转体的三视图

## 一、圆柱体

### （一）圆柱面的形成

以直线 $AB$ 为母线，绕与它平行的直线 $CD$ 回转一周所形成的面为圆柱面。圆柱面和垂直于轴线的上、下底面围成圆柱体，简称圆柱，如图3-8所示。

### （二）圆柱的三视图

将圆柱放在三投影面体系中，使其轴线垂直于水平投影面，如图3-9a所示，画出的三视图如图3-9b所示。

**1. 圆柱的视图分析**

俯视图为一圆形。它既是两底面的重合投影（实形），又是圆柱面的积聚投影。

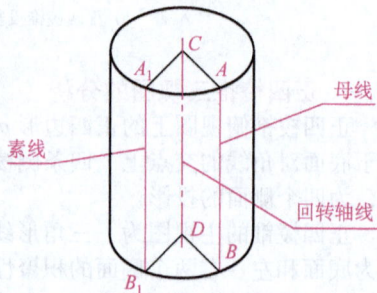

图3-8 圆柱的形成

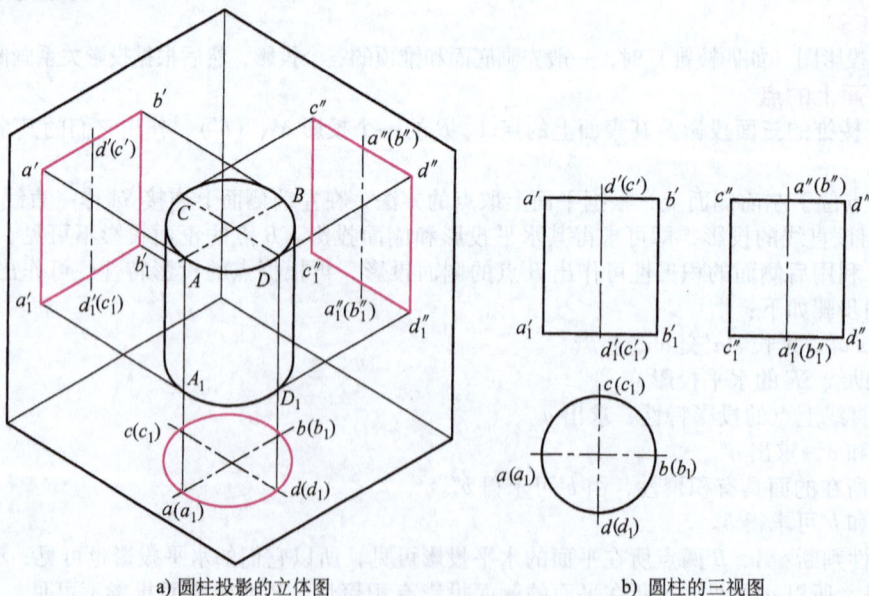

a) 圆柱投影的立体图      b) 圆柱的三视图

图3-9 圆柱的投影

主视图为一矩形。该矩形的上、下两条边为圆柱上、下两底面的积聚投影，而左、右两条边线则是圆柱面的左、右两条轮廓素线（转向轮廓线）$AA_1$、$BB_1$ 的投影。以圆柱的左、右两条轮廓素线 $AA_1$、$BB_1$ 为界，前半圆柱面可见，后半圆柱面不可见。

左视图为一矩形。该矩形上、下两条边为圆柱上、下两底面的积聚投影，而左、右两条边线则是圆柱面的前、后两条轮廓素线（转向轮廓线）$DD_1$、$CC_1$ 的投影。以前、后两条轮廓素线 $DD_1$、$CC_1$ 为界，左半圆柱面可见，右半圆柱面不可见。

### 2. 作图步骤

圆柱三视图的画法如下：

1）画出轴线的正面投影和侧面投影，并画出水平投影中圆的中心线。

2）画出上、下底面圆的三面投影。先画反映实形的水平投影，再画具有积聚性的正面投影和侧面投影。

3）画出圆柱面的外视转向轮廓线的投影。正面投影上，画出主视方向上正视转向轮廓线 $AA_1$、$BB_1$ 的正面投影；侧面投影上，画出侧视方向上侧视转向轮廓线 $CC_1$、$DD_1$ 的侧面投影。

### （三）表面上的点

如图 3-10a 所示，已知圆柱的三面投影及圆柱面上的两点 $A$、$B$ 的正面投影 $a'$、$(b')$，求作它们的水平投影和侧面投影。

分析：由 $A$ 点的正面投影可见，又在回转轴线的左面，由此判断 $A$ 点在左前半圆柱面上，侧面投影可见，水平投影不可见。

$B$ 点的正面投影不可见，又在回转轴线的右面，由此判断 $B$ 点在右后半圆柱面上，侧面投影不可见，水平投影不可见。求解过程如图 3-10b 所示。

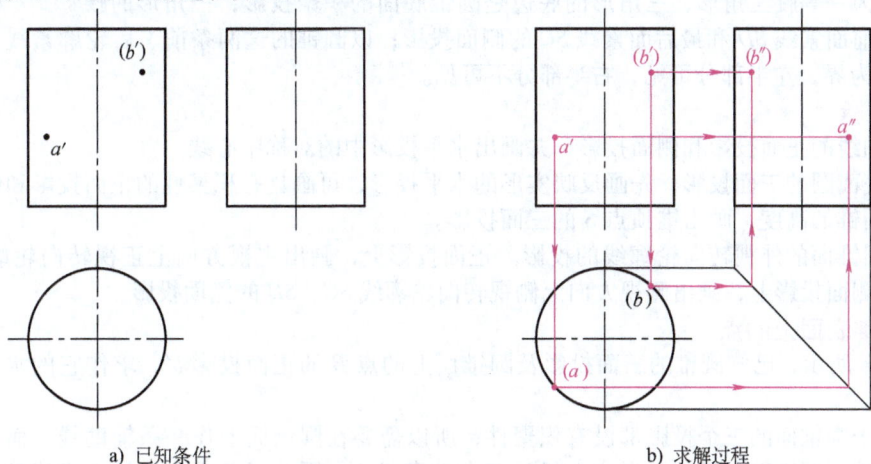

a) 已知条件　　　　　　　　　b) 求解过程　　　　　扫扫看

图 3-10　圆柱表面上点的投影

## 二、圆锥

### （一）圆锥面的形成

以直线为母线，绕与它相交的直线回转一周所形成的面为圆锥面。圆锥面和垂直于轴线的底面围成圆锥体，简称圆锥，如图 3-11 所示。

图 3-11　圆锥的形成

### （二）圆锥的三视图

### 1. 视图分析

将圆锥放在三投影面体系中，使其轴线垂直于水平投影面，如图 3-12a 所示，画出的三视图如图 3-12b 所示。

俯视图为一圆形，是圆锥底面和圆锥面的重合投影。

主视图为一等腰三角形，三角形的底边是圆锥底面的积聚投影，三角形的腰 $s'a'$ 和 $s'b'$ 分别是圆锥面上最左边素线 $SA$ 和最右边素线 $SB$ 的正面投影；以圆锥的这两条左、右轮廓素线（转向轮廓线）$SA$ 和 $SB$ 为界，前半部分可见，后半部分不可见。

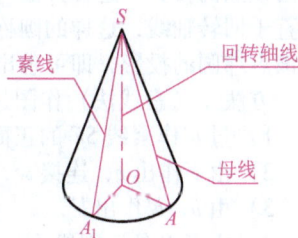

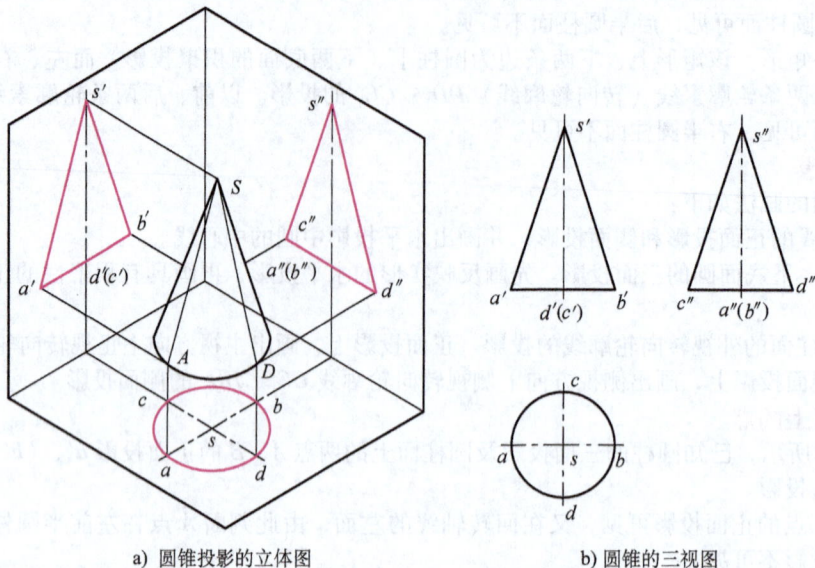

a) 圆锥投影的立体图  b) 圆锥的三视图

图 3-12 圆锥表面上点的投影

左视图也为一等腰三角形，三角形的底边是圆锥底面的积聚投影，三角形的腰 $s''d''$ 和 $s''c''$ 分别是圆锥面上最前面素线 $SD$ 和最后面素线 $SC$ 的侧面投影；以圆锥的这两条前、后轮廓素线（转向轮廓线）$SC$ 和 $SD$ 为界，左半部分可见，右半部分不可见。

**2. 作图步骤**

1）画出轴线的正面投影和侧面投影，并画出水平投影中的对称中心线。

2）画出底面圆的三面投影，先画反映实形的水平投影，再画具有积聚性的正面投影和侧面投影。

3）依据圆锥的高度，画出锥顶点 $S$ 的三面投影。

4）画出圆锥面的外视转向轮廓线的投影。正面投影上，画出主视方向上正视转向轮廓线 $SA$、$SB$ 的正面投影；侧面投影上，画出侧视方向上侧视转向轮廓线 $SC$、$SD$ 的侧面投影。

**（三）圆锥表面上的点**

如图 3-13a 所示，已知圆锥的三面投影及圆锥面上的点 $B$ 的正面投影 $b'$，求作它的水平投影和侧面投影。

分析：由于圆锥面的三个投影都没有积聚性，所以需要在圆锥面上作一条辅助线，而圆锥面是由若干素线组成的，圆锥面上任一点必定在经过该点的素线上，因此只要求出过该点素线的投影，即可求出该点的投影，这种方法叫**素线法**。由回转面的形成可知，母线上任意一点的运动轨迹为圆，该圆垂直于回转轴线，这样的圆称为**纬圆**。圆锥面上任一点必然在与其高度相同的纬圆上，因此只要求出过该点纬圆的投影，即可求出该点的投影，如图 3-13b 所示。

方法一（素线法）作图过程为：

1）过 $b'$ 作素线 $SE$ 的正面投影 $s'e'$，即连接 $s'$ 和 $b'$，与底圆的正面投影相交于 $e'$。

2）由 $e'$ 作出 $e$，连接 $se$，即为素线 $SE$ 的水平投影。过 $b'$ 作连线 $b'b$，交 $se$ 于 $b$。

3）由 $b$、$b'$ 作出 $b''$。

4）由于 $B$ 位于圆锥面的右前部分，所以 $b''$ 不可见，圆锥面的水平投影 $b$ 可见，如图 3-13c 所示。

方法二（纬圆法）作图过程为：

1）过 $B$ 点作一水平辅助圆（纬圆），该圆的水平投影为圆，正面投影、侧面投影均积聚为一直线，$B$ 点的投影一定在该纬圆的同面投影上，即过 $b'$ 作直线段 $1'2'$ 垂直于回转轴线，$1'2'$ 为纬圆的正面投影。

2）以 $s$ 为圆心，$s1$ 为半径画出纬圆的水平投影，由 $b'$ 求出 $b$。

3）由 $b$、$b'$ 作出 $b''$。

4）判断可见性，同方法一，如图 3-13d 所示。

a) 已知条件    b) 立体图

c) 素线法    d) 纬圆法    扫扫看

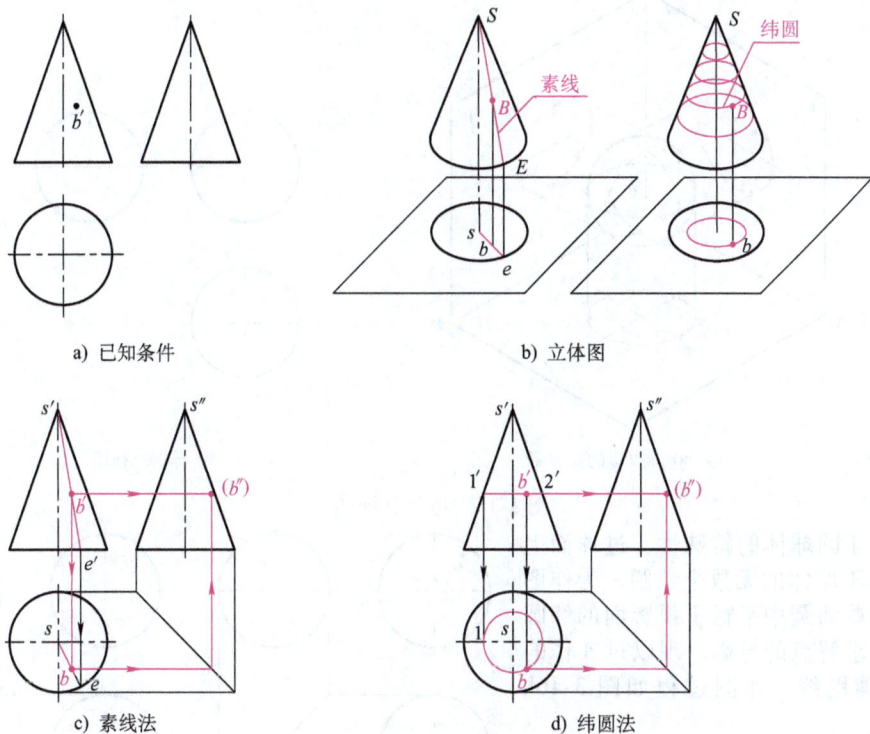

图 3-13　圆锥表面上点的投影

## 三、球

### （一）球面的形成

以半圆为母线，以它的直径为轴线，回转一周所形成的面是球面，球面围成球体，简称球，如图 3-14 所示。

### （二）球的三视图

#### 1. 视图分析

如图 3-15a 所示，球的三个视图均为半径相等的圆，半径的大小与球的半径相等。它们是球体在三个不同方向的轮廓线的投影，并不是球面上某一个圆的三个投影，分别称为俯视转向轮廓线的投影、正视转向轮廓线的投影、侧视转向轮廓线的投影。

俯视图的圆是球面上平行于 $H$ 面的最大圆的投影，以这个圆为界，将球面分为上、下两部分，上半部分可见，下半部分不可见。

主视图的圆是球面上平行于 $V$ 面的最大圆的投影，以这个圆为界，将球面分为前、后两部分，前半部分可见，后半部分不可见。

左视图的圆是球面上平行于 $W$ 面的最大圆的投影，以这个圆为界，将球面分为左、右两部分，左半部分可见，右半部分不可见。

图 3-14　球的形成

#### 2. 作图步骤

如图 3-15b 所示，具体作图步骤如下：

1）画出确定球心的三个大圆的中心线。

2）以球心为圆心，画出对三个投影面的转向轮廓线圆的投影，它们的直径与球体直径相等。

### （三）表面上的点

如图 3-16a 所示，已知球的三面投影及球面上点 $A$ 的正面投影 $a'$，求作它的水平投影和侧面投影。

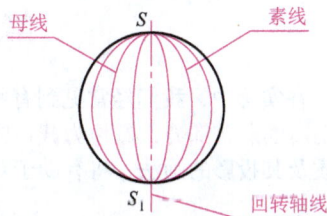

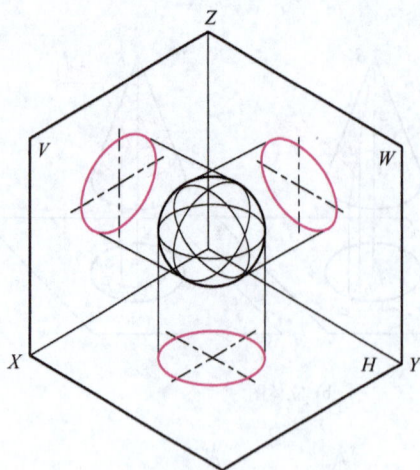

a) 球投影的立体图　　　　　　　　b) 球的三视图

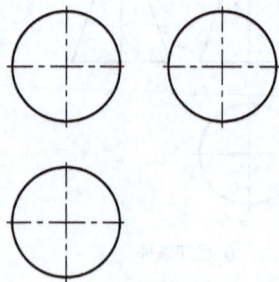

图 3-15　球的三视图

分析：由于圆球体的特殊性，过球面上一点可以作属于球体的无数个纬圆，为作图方便，常以这些纬圆中平行于投影面的纬圆作为辅助线，求解点的投影。现以过 A 作的水平纬圆为辅助线，作图过程如图 3-16b 所示。

1）通过 a′ 作纬圆的正面投影（为一直线）；

2）求出纬圆的水平投影。

3）由 a′ 求出 a，由 a′ 及 a 求出 a″。

4）判别可见性。由于 A 位于左上半圆球面上，所以 a 和 a″ 都可见。

a) 已知条件　　　　　　b) 求解过程

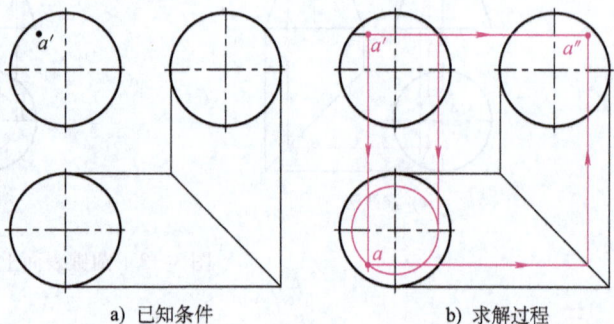

图 3-16　球表面上点的投影

## 第四节　平面截切基本体的画法

在实际中，我们经常见到有些物体是由基本体被平面切割后形成的，如图 3-17 所示。基本体被平面截切后的剩余部分，就称为截切体。基本体被平面截切后，会在表面上产生相应的截交线。了解截交线的性质及其投影的画法，将有助于对机件形状结构的正确分析与表达。

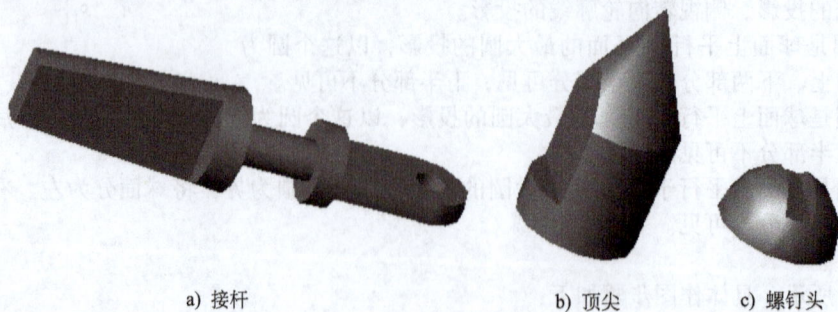

a) 接杆　　　　　b) 顶尖　　　　　c) 螺钉头

图 3-17　基本体截切的实例

## 一、截交线的概念

如图 3-18 所示，圆锥被平面 P 截切为两部分，其中用来截切立体的平面称为截平面；立体被截切后的剩余部分称为截切体；立体被截切后的断面称为截断面；截切所产生的截断面的轮廓，即截平面与立体表面的交线称为截交线。截交线具有以下基本性质：

### 1. 共有性

截交线是截平面与立体表面的共有线，既在截平面上，又在立体表面上，是截平面与立体表面共有点的集合，共有性是求截交线的重要依据。

### 2. 封闭性

由于立体表面是有范围的，所以截交线一般是封闭的平面图形（平面多边形或曲线）。

### 3. 截交线的形状

截交线的形状取决于基本体本身的形状和截平面与基本体的相对位置。要准确画出截切体的三视图，关键是画出截交线的投影。画截交线的投影时，如果截交线的投影中有直线段，只需求其两端点的投影，再连成直线；如果截交线的投影是圆，那么要找出圆心和半径，再画圆；如果是非圆曲线，则必须找出适当数量点的投影，再光滑连接。

画截切立体的三视图，既要画出截切立体表面的截交线的投影，又要画出截切后剩余立体轮廓的投影。

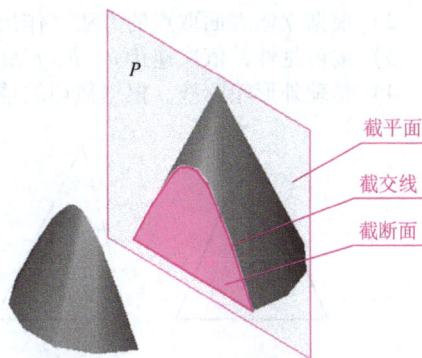
图 3-18　截交线的形成

## 二、平面截切平面体

平面截切平面体，形成的截交线是一个平面多边形，多边形的顶点大多是平面体的棱线与截平面的交点，多边形的每条边是平面立体的棱面与截平面的交线。

### 1. 截切棱柱

【例 3-1】　如图 3-19 所示，求被截切后正四棱柱的三视图。

解　截平面为一正垂面，它与四个棱面相交，因此截交线为四边形，只要求出截平面与四条棱边的交点，即可求得截交线。其作图步骤如下：

1）从正面投影直接得到截平面与四条棱边交点的正面投影 $e'$、$f'$、$g'$、$h'$，如图 3-19c 所示。

2）根据直线上点的投影特性，作出四个点的水平投影和侧面投影 $e$、$g$、$h$ 及 $e''$、$f''$、$g''$、$h''$。

3）按可见性，依次连接 $e$、$f$、$g$、$h$ 及 $e''$、$f''$、$g''$、$h''$。

4）整理外形轮廓线。根据截切的情况，加深截切后的外形轮廓线，擦去不要的图线，如图 3-19d 所示。

### 2. 截切棱锥

【例 3-2】　如图 3-20a 所示，补全被截切后正三棱锥的三视图。

解　截平面为一正垂面，它与三个棱面相交，因此截交线为三角形，只要求出截平面与三条棱边的交点，即可求得截交线（图 3-20b）。其作图步骤如下：

1）从正面投影直接得到截平面与三棱边交点的正面投影 $a'$、$b'$、$c'$。

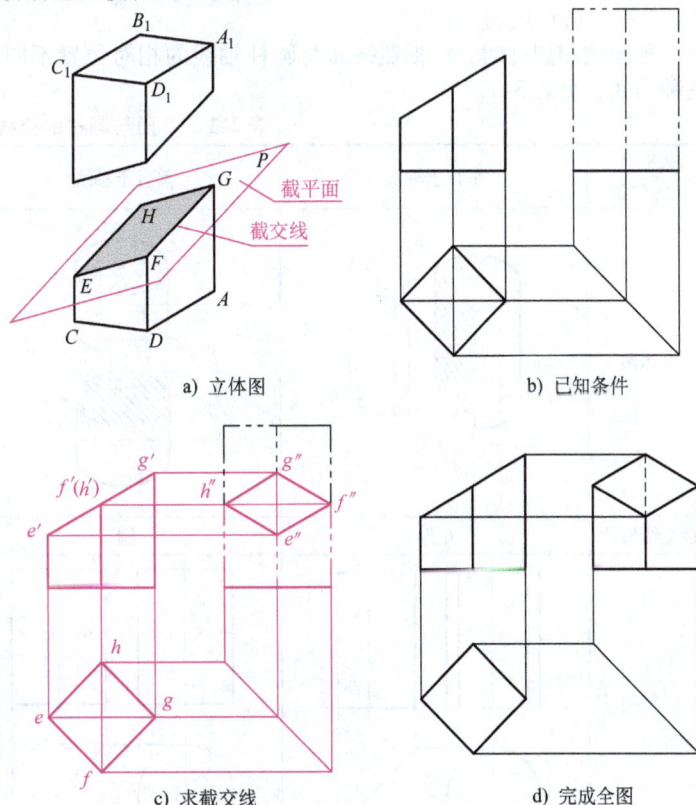
a) 立体图

b) 已知条件

c) 求截交线

d) 完成全图

图 3-19　正四棱柱的截切

2) 根据立体表面取点的方法，作出三点的水平投影和侧面投影 $a$、$b$、$c$ 及 $a''$、$b''$、$c''$。

3) 按可见性，依次连接 $a$、$b$、$c$ 及 $a''$、$b''$、$c''$，如图 3-20c 所示。

4) 整理外形轮廓线。根据截切的情况，加深截切后的外形轮廓线。

a）已知条件　　　　　　b）立体图　　　　　　c）完成全图

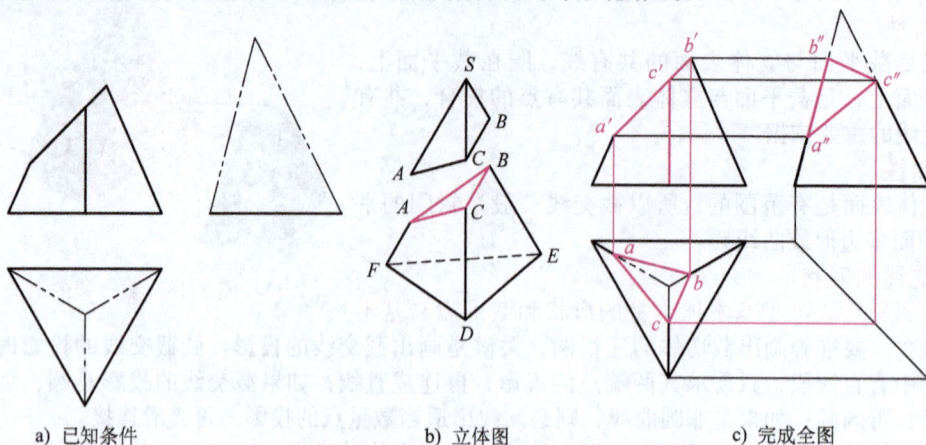

图 3-20　正三棱锥的截切

## 三、平面截切回转体

平面截切回转体时，产生的截交线一般情况下是一封闭的平面曲线，或是由平面曲线和直线组合而成的平面图形，特殊情况下也可能是一多边形，截交线的形状取决于回转体表面的形状及截平面与回转体的相对位置。曲面体截交线上的每一点都是截平面和曲面体表面的共有点，求出足够的共有点，依次光滑连接，即得截交线。

### （一）截切圆柱

平面截切圆柱时，根据截平面与圆柱轴线的相对位置不同，所得截交线的形状有圆、矩形、椭圆三种形式，见表 3-1。

表 3-1　平面与圆柱的交线

| 截平面 P 的位置 | 平行于轴线 | 垂直于轴线 | 倾斜于轴线 |
|---|---|---|---|
| 立体图 |  |  |  |
| 截交线形状 | 矩形 | 圆 | 椭圆 |
| 三视图 |  |  |  |

【例3-3】　如图3-21a所示，已知斜切圆柱的主视图和俯视图，求左视图。

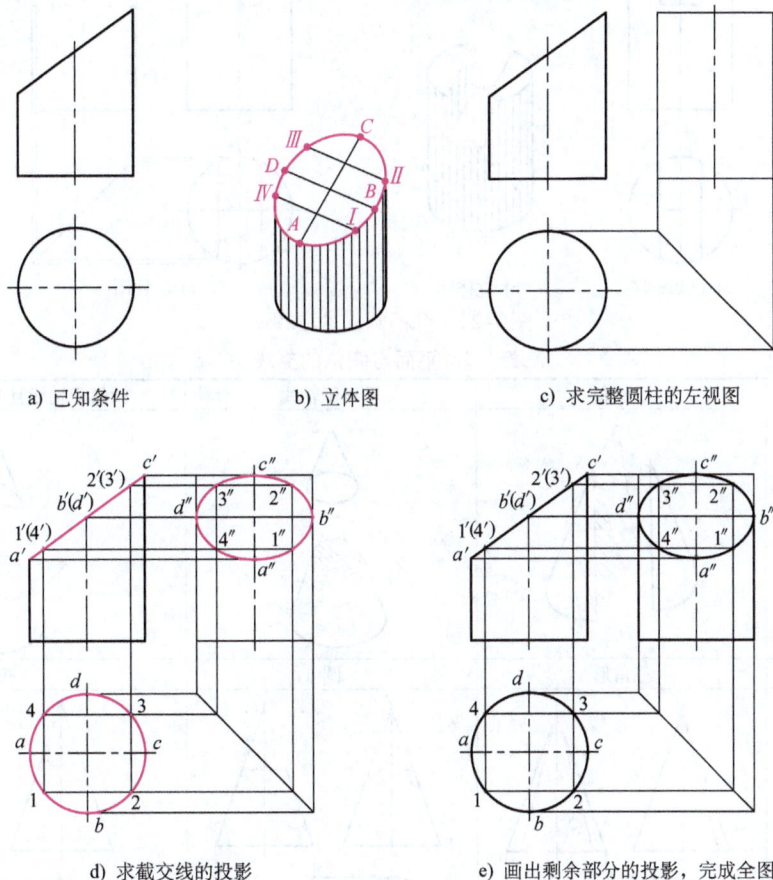

a) 已知条件　　　　　　b) 立体图　　　　　c) 求完整圆柱的左视图

d) 求截交线的投影　　　　　e) 画出剩余部分的投影，完成全图

图3-21　斜切圆柱

解　圆柱被平面斜切，截断面形状为椭圆平面，如图3-21b所示，截交线的正面投影积聚为一直线，水平投影为圆，侧面投影为椭圆，但不反映实形。其作图步骤如下：

1）画出完整圆柱的侧面投影，如图3-21c所示。

2）求截交线的侧面投影，如图3-21d所示。

①求特殊点（指截交线的最低、最高、最左、最右、最上、最下和外视转向轮廓线上的点）。这里的特殊点是 A、B、C、D 四个点，从主视图上标出这四个点的正面投影，按表面上取点的作图方法，求出其余两个投影。

②求一般点。在截交线的适当位置处取几个一般点，这里取的是Ⅰ、Ⅱ、Ⅲ、Ⅳ，求点的方法同①。

③连线。判断好可见性后，依次光滑连接各点的投影（可见的用粗实线、不可见的用细虚线）。

3）整理外形轮廓线。根据截切的情况，加深外形轮廓线的投影，如图3-21e所示。

【例3-4】　如图3-22a所示，求开槽圆柱的左视图。

解　圆柱被开了一槽，槽是由三个面围成的，如图3-22b所示，左右对称的两个面是侧平面，在左视图上反映实形，另外一个面是水平面，在左视图上积聚为一直线。其作图步骤如下：

1）画出完整圆柱的侧面投影。

2）求出三个截平面的侧面投影。

3）整理外形轮廓线。根据截切的情况，加深外形轮廓线的投影，如图3-22c所示。

**（二）截切圆锥**

平面截切圆锥时，根据截平面与圆锥轴线的相对位置不同，投影有六种形式，见表3-2。

扫扫看

a) 已知条件　　　　b) 立体图　　　　　c) 三视图

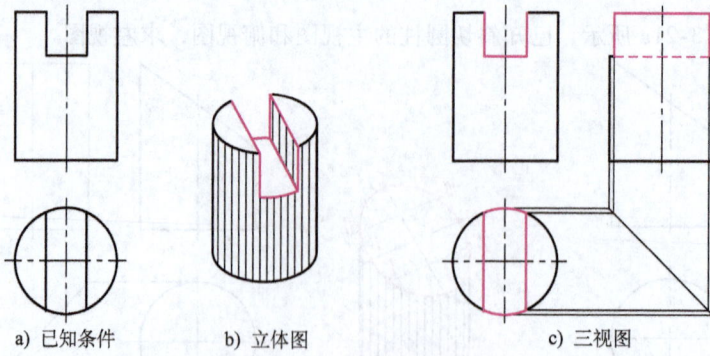

图 3-22　开槽圆柱的三视图

表 3-2　平面与圆锥的交线

| 截平面 P 的位置 | 过锥顶 | 垂直于轴线 | 倾斜于轴线且与所有素线相交 |
|---|---|---|---|
| 立体图 |  |  |  |
| 截交线形状 | 三角形 | 圆 | 椭圆 |
| 投影图 |  |  |  |
| 截平面 P 的位置 | 倾斜于轴线且平行于一条素线 | 平行于轴线 | 倾斜于轴线且平行于两条素线 |
| 立体图 |  |  |  |
| 截交线形状 | 抛物线加直线 | 双曲线加直线 | 双曲线加直线 |
| 投影图 |  |  |  |

**【例3-5】** 如图3-23a所示，已知截切圆锥的主视图，求其余视图。

**解** 截平面过锥顶，截交线为等腰三角形，如图3-23b所示。两腰为截平面与圆锥面的截交线，底为截平面与圆锥底面的截交线，截交线的正面投影积聚为一直线，水平投影和侧面投影为类似形（三角形）。其作图步骤如下：

1）画出完整圆锥的水平投影和侧面投影。

2）求出截平面即截交线的三个投影。

3）整理外形轮廓线。根据截切的情况，加深外形轮廓线的投影，如图3-23c所示。

a）已知条件　　b）立体图　　c）三视图

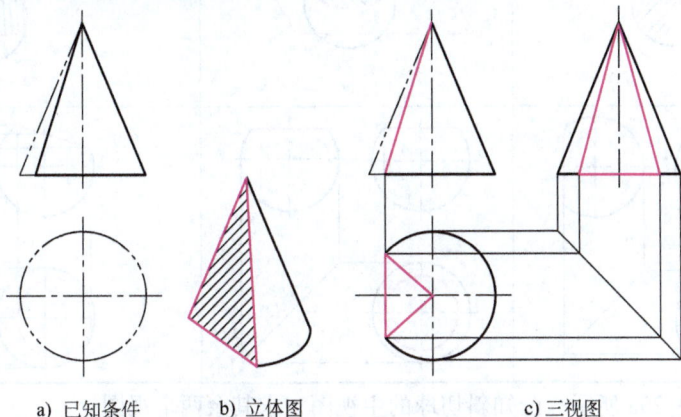

图3-23　过锥顶的平面截切圆锥

**【例3-6】** 如图3-24a所示，已知截切圆锥的主视图，求其余视图。

**解** 因截平面与圆锥轴线平行，故截交线是双曲线；截交线的正面投影和水平投影积聚为一直线；截交线的侧面投影反映实形，如图3-24b所示。作图步骤如下：

1）画出完整圆锥的左视图和俯视图。

2）求截交线。按圆锥表面取点的方法作出一系列截交线上的点（包括特殊点和一般点），然后光滑连接。

3）整理外形轮廓线。根据截切的情况，加深外形轮廓线的投影，如图3-24c所示。

扫扫看

a）已知条件　　b）立体图　　c）三视图

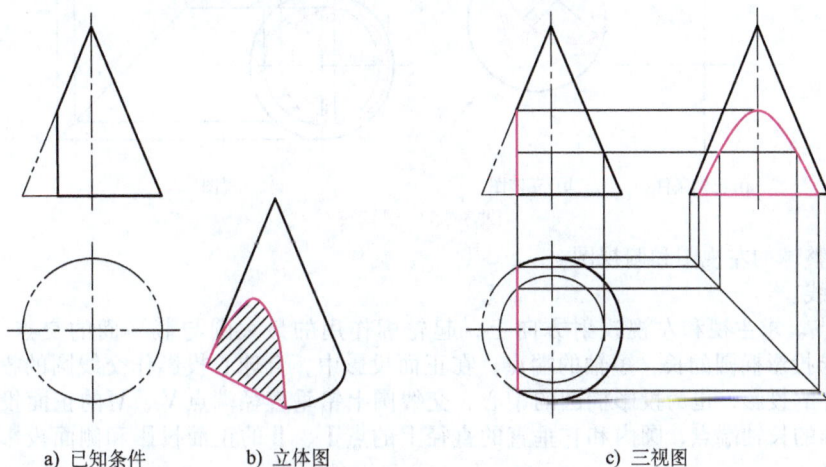

图3-24　平行于回转轴线的平面截切圆锥

**（三）截切球**

平面与球的截交线总是圆，根据截平面与投影面的相对位置的不同，截交线的投影也不相同。截平面平行于投影面时，截交线的投影为圆；截平面垂直于投影面时，截交线的投影积聚为直线；截平面倾斜于投影面时，截交线的投影为椭圆。常见的截切圆球的投影有三种形式，见表3-3。

表3-3 平面与圆球的截交线

| 截平面 $P$ 的位置 | 平行于投影面 | | 垂直于投影面 |
|---|---|---|---|
| | 正平面 | 水平面 | 正垂面 |
| 立体图 | | | |
| 三视图 | | | |

【例3-7】 如图3-25a所示,已知斜切球的主视图,求其余两个视图。

解 如图3-25b所示,截平面垂直于正投影面,截交线的形状为圆,正面投影积聚为一直线,水平投影和侧面投影均为椭圆。作图步骤如下:

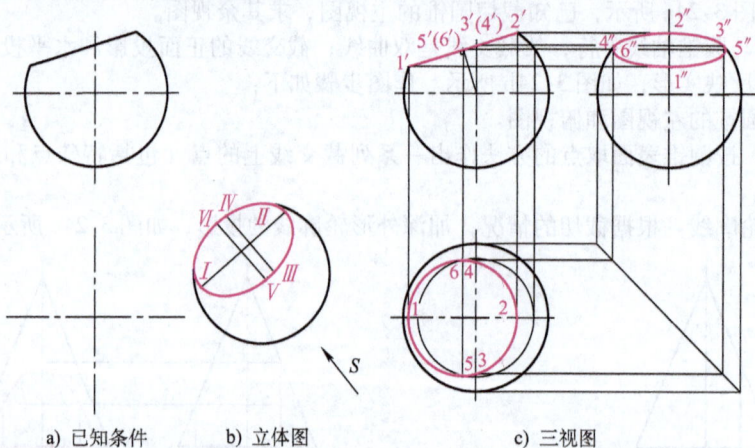

图 3-25 斜切球

a) 已知条件    b) 立体图    c) 三视图

1)画出完整球的左视图和俯视图。

2)求截交线。

① 求特殊点。求主视和左视投射方向上,起轮廓作用的最大圆与截平面的交点(Ⅰ、Ⅱ、Ⅲ、Ⅳ)的投影。求投影椭圆的长、短轴的端点,在正面投影中,自球心投影作交线圆的投影的垂线,垂足为交线圆圆心的投影,也为投影椭圆的中心,交线圆上铅垂直径端点Ⅴ、Ⅵ的正面投影和侧面投影为两个投影椭圆的长轴端点,圆内和它垂直的直径上的点Ⅰ、Ⅱ的正面投影和侧面投影即为两个投影椭圆的短轴端点。

② 求一般点。可在截交线的适当位置处取几个一般点,利用表面上取点的方法作出其他两个投影。

③ 连线。判断好可见性之后,依次连接各点水平投影和侧面投影,即得截交线的投影。

3)整理外形轮廓线。根据截切的情况,加深外形轮廓线的投影,如图3-25c所示。

【例3-8】 已知开槽半球的主视图,如图3-26a所示,求其余两个视图。

解 如图3-26b所示,球被开了一槽,槽是由三个面围成的,左右对称的两个面是侧平面,在左

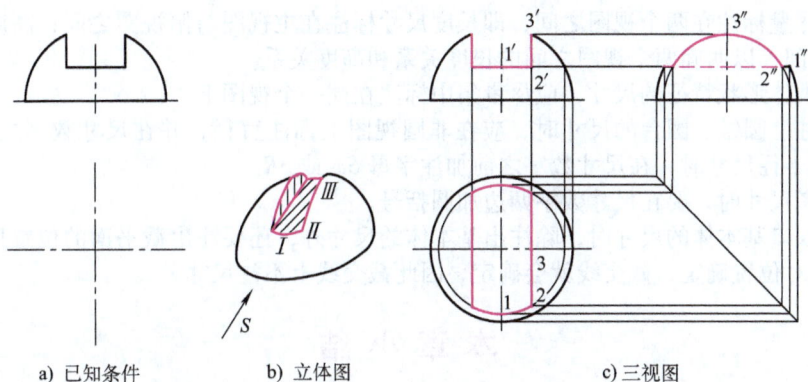

a) 已知条件　　　b) 立体图　　　c) 三视图

图 3-26　开槽半球

视图上反映实形，另外一个面是水平面，在左视图上积聚为一直线。其作图步骤如下：

1）画出完整半球的水平和侧面投影。

2）求出三个截平面的水平投影和侧面投影。

3）整理外形轮廓线。根据截切的情况，加深外形轮廓线的投影，如图 3-26c 所示。

**注意**：要搞清立体和投影中的Ⅰ、Ⅱ、Ⅲ三个点的位置。

# 第五节　基本体的尺寸标注

视图只能表示物体的形状，其大小则由所标注的尺寸来确定，平面体一般要标长、宽、高三个方向的尺寸，回转体一般要标径向和轴向两个方向的尺寸。典型基本体的尺寸标注见表 3-4 和表 3-5。

表 3-4　常见平面体的尺寸标注

| 平面体 | 长方体 | 直角三棱柱 | 正四棱锥 | 正六棱柱 | 棱台 |
|---|---|---|---|---|---|
| 尺寸标注 |  |  |  |  |  |
| 尺寸数量 | 3 | 3 | 3 | 2 | 5 |

表 3-5　常见回转体的尺寸标注

| 回转体 | 球 | 圆锥 | 圆台 | 圆柱 | 截切圆柱 |
|---|---|---|---|---|---|
| 尺寸标注 |  |  |  |  |  |
| 尺寸数量 | 1 | 2 | 3 | 2 | 3 |

在标注尺寸时，除了遵守第一章介绍的尺寸标注的有关规定外，还要注意以下几点：

1）尺寸应尽量标注在两个视图之间，即长度尺寸标注在主视图与俯视图之间；高度尺寸标注在主视图与左视图之间，以明确两个视图之间的长度关系和高度关系。

2）反映基本体形状特征的尺寸，应尽量集中标注在同一个视图上。

3）标注圆柱、圆锥、圆台的尺寸时，应在非圆视图上标注直径，并在尺寸数字之前加注字母 $\phi$；标注球的直径或半径尺寸时，在尺寸数字之前加注字母 $S\phi$ 或 $SR$。

4）标注参考尺寸时，要在尺寸数字两边加圆括号。

5）标注带缺口基本体的尺寸时，除注出基本体的尺寸外，还要注出截平面的位置尺寸。只要截平面和基本体的相对位置确定，截交线就会确定，因此截交线上不注尺寸。

## 本 章 小 结

本章主要学习了各种基本体及截切基本体视图的投影特点和作图方法及尺寸标注。基本体可分为平面体和曲面体，常见的曲面体是回转体，要搞清楚基本体的三视图上各条线的含义。

在基本体表面取点的方法，是以在平面上取点、画线的方法为基础的。在基本体表面取点的方法是画截交线的基础，要深入理解和熟练掌握。

画截切基本体的视图时，注意一方面要画出截交线的投影，另一方面要整理好外形轮廓线的投影。

基本体的尺寸标注，对平面体要注出长、宽、高三个方向的尺寸，对回转体则需注出轴向和径向两个方向的尺寸。

## 复习思考题

1. 绘制平面体的投影图时，要绘制平面体表面上哪些几何元素的投影？

2. 怎样在平面体表面上取点？取点的意义何在？

3. 绘制回转体的投影图时，要绘制回转体表面上哪些几何元素的投影？画图解释说明回转面的转向轮廓线的概念。

4. 圆柱、圆锥、球的投影特点各如何？

5. 怎样在回转体表面上取点？

6. 什么是截交线？它有什么特性？

7. 平面与圆柱的截交线有哪几种？

8. 平面与圆锥的截交线有哪几种？

9. 平面与球的截交线有哪几种？

10. 画带缺口的基本体视图时，应按什么步骤画？

11. 如何标注基本体和截切基本体的尺寸？

# 第四章

# 轴 测 图

三视图能完整准确地表达物体的形状和大小，而且作图简便，度量性好，所以在工程中被广泛采用，但这种图不直观，要有一定的读图能力才能看懂。图 4-1a 所示为一物体的三视图，每个视图只反映出长、宽、高三个方向中两个方向的尺寸，缺乏立体感，不容易看懂。如果画出它的轴测图，如图 4-1b 所示，则能同时反映出物体的长、宽、高三个方向的尺寸，且富有立体感，更容易看懂。但是轴测图不能确切地反映物体的形状，作图也比较麻烦，因此在生产用的图样中，常作为辅助图样，用以帮助理解三视图。

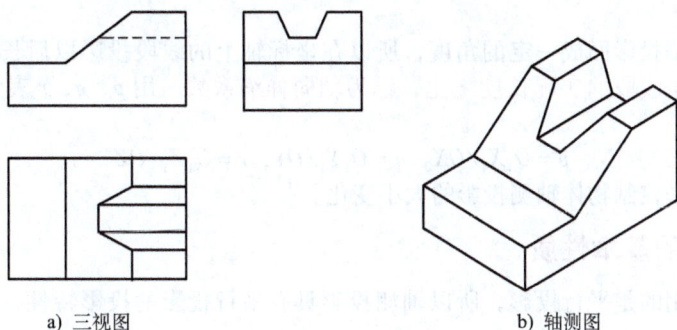

a) 三视图            b) 轴测图

图 4-1　三视图与轴测图

【知识要求】

1）了解轴测投影的概念、用途和分类。

2）熟悉轴测投影的投影特性。

3）学习并掌握正等测图的轴间角、轴向伸缩系数和画法。

4）学习并掌握斜二测图的轴间角、轴向伸缩系数和画法。

【技能要求】

根据较简单物体的三视图，绘制其轴测图。

## 第一节　认识轴测图

### 一、轴测投影图的形成

如图 4-2 所示，将物体（如正方体）和确定它空间位置的坐标系，用平行投影法沿不平行于任一坐标轴的方向 $S$ 投影到平面 $P$ 上，得到的投影图称为轴测投影图，简称轴测图。平面 $P$ 称为轴测投影面。各坐标轴 $OX$、$OY$、$OZ$ 在 $P$ 面上的投影称为轴测投影轴，简称轴测轴，用 $O_1X_1$、$O_1Y_1$、$O_1Z_1$ 表示。空间 $A$ 点在轴测投影面上的投影称为轴测投影，用 $A_1$ 表示。

### 二、轴间角和轴向伸缩系数

#### 1. 轴间角

在轴测投影面 $P$ 上，各轴测轴 $O_1X_1$、$O_1Y_1$、$O_1Z_1$ 之间的夹角 $\angle X_1O_1Y_1$、$\angle Y_1O_1Z_1$、$\angle Z_1O_1X_1$ 称为轴间角。用轴间角来控制物体轴测投影的形状变化。

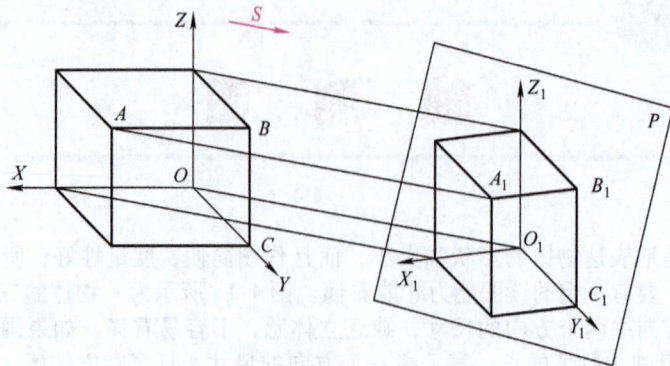

图 4-2　轴测投影图的形成

### 2. 轴向伸缩系数

由于坐标轴与轴测投影面成一定的角度，所以在坐标轴上的线段投影以后长度会发生变化。轴测轴方向线段的长度与该线段的实际长度之比，称为轴向伸缩系数。用 $p$、$q$、$r$ 表示 $X$、$Y$、$Z$ 轴的轴向伸缩系数。

$$p = O_1X_1/OX, \quad q = O_1Y_1/OY, \quad r = O_1Z_1/OZ$$

用轴向伸缩系数来控制物体轴测投影的大小变化。

## 三、轴测投影的基本性质

由于轴测投影所用的是平行投影，所以轴测投影具有平行投影的投影特性，应用这些性质，可使作图简便、迅速。

1）平行于某一坐标轴的空间直线，投影以后平行于相应的轴测轴。例如图 4-2 中 $BC$ 平行于 $OZ$ 轴，轴测投影 $B_1C_1$ 平行于 $O_1Z_1$；线段的轴测投影与线段实长之比等于相应的轴向伸缩系数。

2）空间互相平行的两直线，投影以后仍互相平行。

3）若点在直线上，则点的轴测投影在直线的轴测投影上。

## 四、轴测投影的种类

根据投射方向与轴测投影面的关系可把轴测投影分为正轴测投影和斜轴测投影。

### （一）正轴测投影

投射方向垂直于轴测投影面时得到的投影，称为正轴测投影。根据轴向伸缩系数的不同，把正轴测投影又分为以下三类：

1）正等轴测投影。轴向伸缩系数 $p = q = r$。

2）正二等轴测投影。轴向伸缩系数 $p = q \neq r$。

3）正三等轴测投影。轴向伸缩系数 $p \neq q \neq r$。

### （二）斜轴测投影

投射方向倾斜于轴测投影面时得到的投影，称为斜轴测投影。根据轴向伸缩系数的不同，把斜轴测投影又分为以下三类：

1）斜等轴测投影。轴向伸缩系数 $p = q = r$。

2）斜二等轴测投影。轴向伸缩系数 $p = q \neq r$。

3）斜三轴测投影。轴向伸缩系数 $p \neq q \neq r$。

在实际工作中，正等轴测投影、斜二等轴测投影用的比较多，正、斜三轴测投影作图麻烦，很少采用。

## 第二节　正等轴测图及其画法

### 一、正等轴测投影的轴向伸缩系数和轴间角

在正轴测投影中，当把空间三个坐标轴放置成与轴测投影面成相等倾角时，通过几何计算，可以得到各轴的轴向伸缩系数均为 0.82，即 $p = q = r = 0.82$，这时得到的投影就为正等轴测投影。正等轴测投影的三个轴间角相等，都等于 120°，为了作图方便，常将轴向伸缩系数进行简化，取 $p = q = r = 1$，称为轴向简化系数，如图 4-3 所示。采用简化系数画出的图，叫正等测图。在轴向尺寸上，正等测图较物体原来的真实轴测投影放大 1.22（1/0.82）倍，但不影响物体的形状。

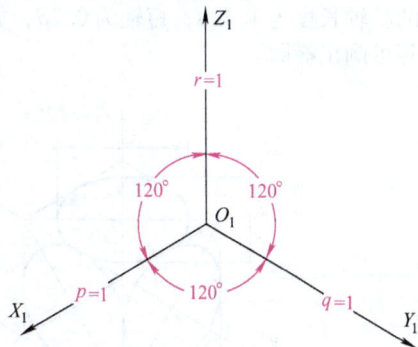

### 二、平面立体正等测图的画法

给定物体的三视图，画其轴测图时，应先根据物体

图 4-3　正等轴测图的轴间角和轴向伸缩系数

的具体形状，在投影图中设定好直角坐标系，即选好 X 轴、Y 轴、Z 轴。然后量出各点的坐标，作出轴测轴，根据轴向伸缩系数画出各点的轴测图，从而作出轴测图，这种方法叫坐标法。坐标法是画平面立体轴测图的基本方法。一般选物体的对称面作为一坐标面，对称中心作为坐标轴的原点。

【例 4-1】　如图 4-4a 所示，已知正六棱柱的正面投影和水平投影，试作其正等测图。

**解**　作图步骤：

1）在投影图中选坐标轴 OX、OY、OZ，如图 4-4a 所示。

2）作轴测轴 $O_1X_1$、$O_1Y_1$、$O_1Z_1$。

3）作上底面。在 $O_1X_1$ 上量取 $O_1A_1 = O_1D_1 = Oa$ 得 $A_1$、$D_1$，在 $O_1Y_1$ 上量取 $O_1M_1 = O_1N_1 = Om$ 得 $M_1$、$N_1$，过 $M_1$、$N_1$ 两点作 $O_1X_1$ 的平行线 $B_1C_1$、$E_1F_1$，并量取 $M_1B_1 = M_1C_1 = bm$、$N_1E_1 = N_1F_1 = nf$，得 $B_1$、$C_1$、$E_1$、$F_1$，顺次连接 $A_1$、$B_1$、$C_1$、$D_1$、$E_1$、$F_1$，得上底面的轴测图，如图 4-4b 所示。

4）作侧棱。过上底面各顶点，作平行于 $O_1Z_1$ 的直线，并向下量取六棱柱高 h，得各侧棱，画出可见的侧棱，如图 4-4c 所示。

5）作下底面。作出各可见的下底面的各边。

6）描深，完成全图，如图 4-4d 所示。

a) 视图　　b) 作六棱柱的上底面　　c) 作六棱柱的可见侧棱　　d) 作下底面、完成全图

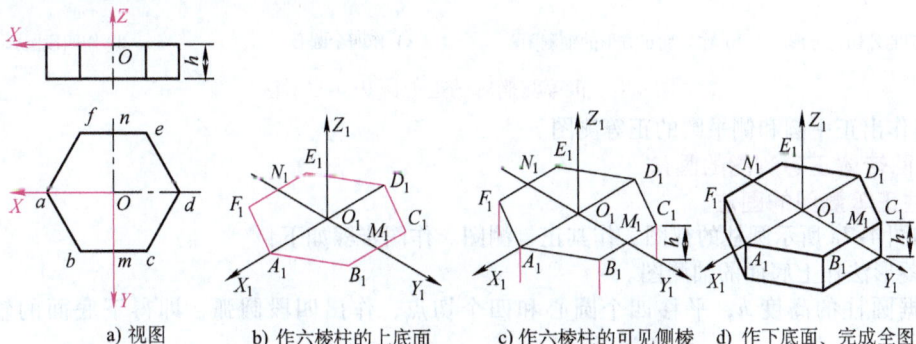

图 4-4　正六棱柱的正等测图的作图步骤

### 三、回转体正等测图的画法

#### （一）坐标面或平行于坐标面的平面上圆的投影

坐标面或平行于坐标面平面上的圆，其正等轴测投影为椭圆。通过几何分析可以证明：投影椭圆的长轴方向垂直于不属于此坐标面的第三根轴的轴测投影，长轴的长度等于圆的直径 $d$，短轴方向平行于不属于此坐标面的第三根轴，其长度等于 $0.58d$。按简化的轴向伸缩系数（$p = q = r = 1$）作图，此时椭圆的长轴长度为 $1.22d$，短轴为 $0.7d$，如图 4-5 所示。已知长短轴的长度和方向，采用四心圆法、菱形法等可画出椭圆。

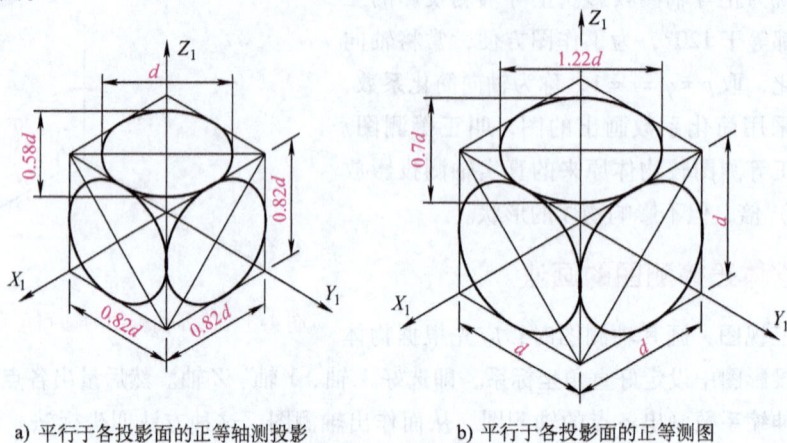

a) 平行于各投影面的正等轴测投影    b) 平行于各投影面的正等测图

图 4-5 平行于各投影面的正等轴测投影和正等测图

以菱形法为例说明水平圆的正等测图的画法。

1）过圆心 $O$ 作坐标轴 $OX$、$OY$，交圆于 $a$、$b$、$c$、$d$。

2）以 $a$、$b$、$c$、$d$ 为切点，作圆的外切正方形，如图 4-6a 所示。

3）画轴测轴 $O_1X_1$、$O_1Y_1$，并画切点及外切正方形的轴测图——菱形，如图 4-6b 所示。

4）过切点分别作菱形各边的垂线，得四个交点 $M_1$、$M_2$、$M_3$、$M_4$，如图 4-6c 所示。

5）分别以交点 $M_1$、$M_2$ 为圆心，作圆弧 $C_1D_1$、$A_1B_1$，以 $M_3$、$M_4$ 为圆心，作圆弧 $A_1D_1$、$B_1C_1$，如图 4-6d 所示。

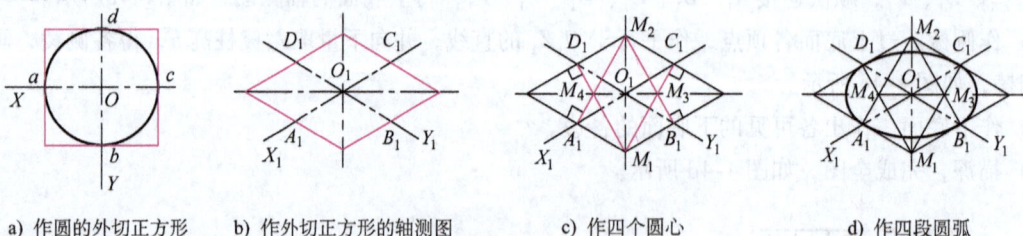

a) 作圆的外切正方形  b) 作外切正方形的轴测图  c) 作四个圆心  d) 作四段圆弧

图 4-6 正等测椭圆的近似画法（菱形法）

同理可作出正平圆和侧平圆的正等测图。

#### （二）回转体正等测图的画法

**1. 圆柱正等测图的画法**

根据如图 4-7a 所示圆柱的视图，作其正等测图。作图步骤如下：

1）用菱形法作上底面的轴测图。

2）根据圆柱的高度 $h$，平移四个圆心和四个切点，作出四段圆弧，即得下底面的轴测图，如图 4-7b 所示。

3）作两椭圆的外公切线，即为圆柱轴测图的转向轮廓线，擦去多余的线，加深、完成全图，如图 4-7c 所示。

a) 视图　　　　　　b) 作上、下底面　　　　　　c) 完成全图

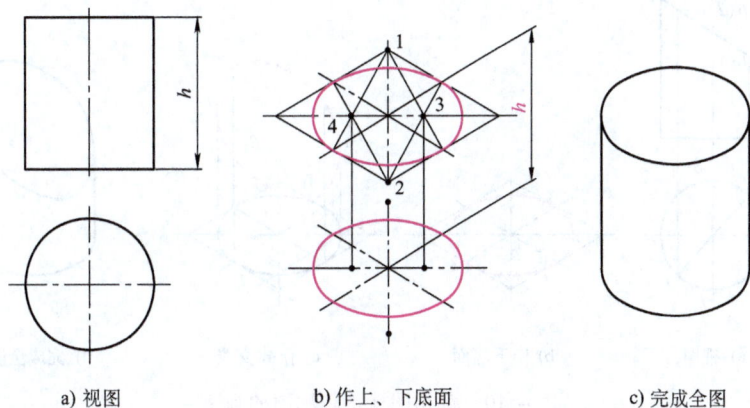

图 4-7　圆柱正等测图的画法

## 2. 圆台正等测图的画法

画法步骤类似于圆柱，如图 4-8 所示。

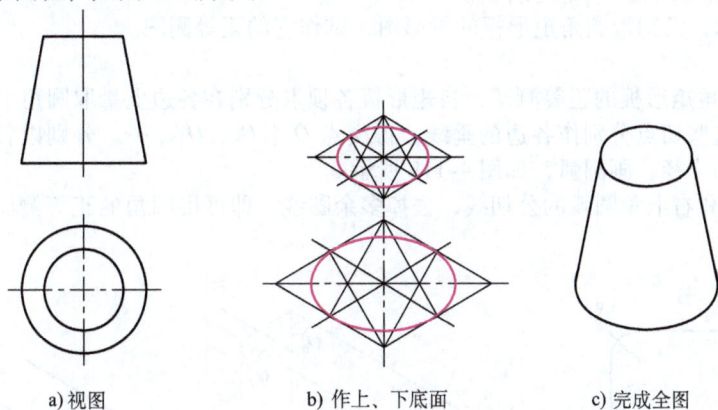

a) 视图　　　　　　b) 作上、下底面　　　　　　c) 完成全图

图 4-8　圆台正等测图的画法

## 3. 圆球的正等测图的画法

圆球的正等测投影为与圆球的直径相等的圆，采用简化系数画出的圆球的轴测图为直径等于 1.22d 的圆，为增加立体感，可画出过球心的平行于三个坐标面的圆的轴测图，如图4-9b所示。

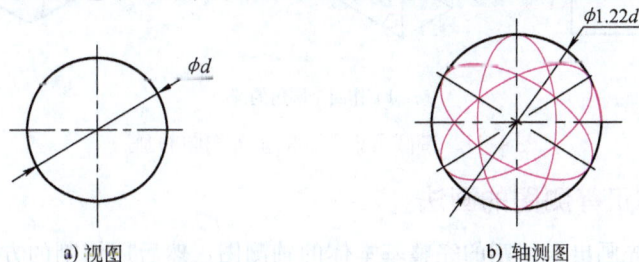

a) 视图　　　　　　b) 轴测图

图 4-9　圆球正等测图的画法

## 4. 截切圆柱的正等测图的画法

如图 4-10a 所示，已知截切圆柱的投影图，试作它的正等测图。

作图过程如下：

1）画圆柱的下底面。确定圆心后，作中心线分别平行于轴测轴，画外切菱形，用菱形法作出下底面的轴测图，如图4-10b所示。

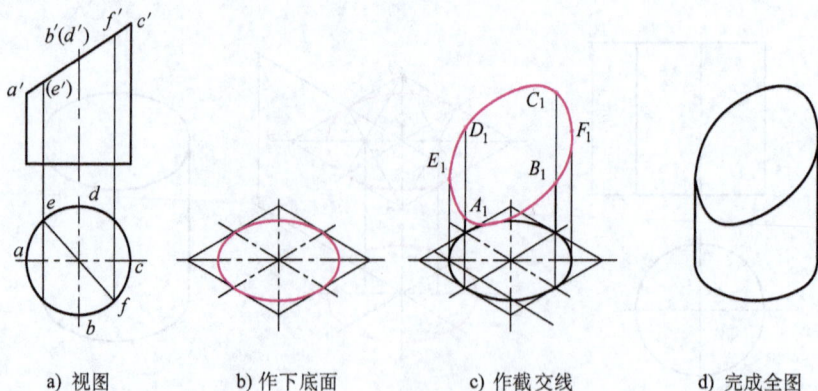

a) 视图      b) 作下底面      c) 作截交线      d) 完成全图

图 4-10 截切圆柱正等测图的画法

2）画截交线。根据截交线上点的 $X$ 坐标、$Y$ 坐标作出各点的轴测图，光滑连接各点，即得截交线，如图 4-10c 所示。

3）画轴测图上的转向轮廓线，擦去多余的线，加深、完成全图，如图 4-10d 所示。

**5. 带圆角的矩形板的正等测图的画法**

如图 4-11a 所示，已知带圆角矩形板的投影图，试作它的正等测图。

作图过程如下：

1）先画没有圆角矩形板的正等测图，自矩形板各顶点分别在各边上量取圆角半径 $R$ 得到的各点即为圆弧的切点，过这些切点分别作各边的垂线，得交点 $O_1$、$O_2$、$O_3$、…，分别以各交点为圆心，以各交点到各边的距离为半径，画圆弧，如图 4-11b 所示。

2）作出左下角和右上角圆弧的公切线，去掉多余图线，即可得圆角的正等测图，最后加深所需图线，如图 4-11c 所示。

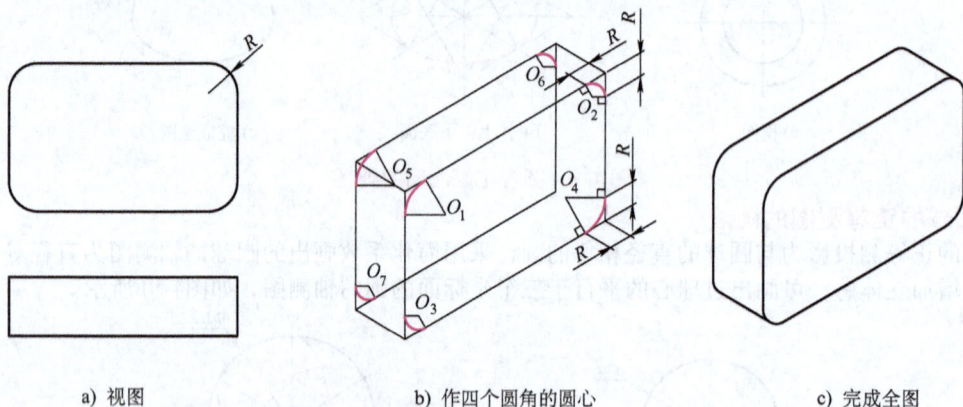

a) 视图      b) 作四个圆角的圆心      c) 完成全图

图 4-11 带圆角矩形板的正等测图的画法

## 四、截切基本体正等测图的画法

对于截切基本体，先画出未切割的完整基本体的轴测图，然后用切割的方法画出其切割的部分，这种方法称为切割法。

**【例 4-2】** 根据如图 4-12a 给出的三视图，画出其轴测图。

**解** 作图过程如下：

1）在视图上，确定坐标轴 $OX$、$OY$、$OZ$。

2）作轴测轴及完整长方体的轴测图，如图 4-12b 所示。

3）根据尺寸 $h$、$g$ 切去前上角的一块，如图 4-12c 所示。

4）根据尺寸 $c$、$d$、$e$ 切去中间的一块，如图 4-12d 所示。

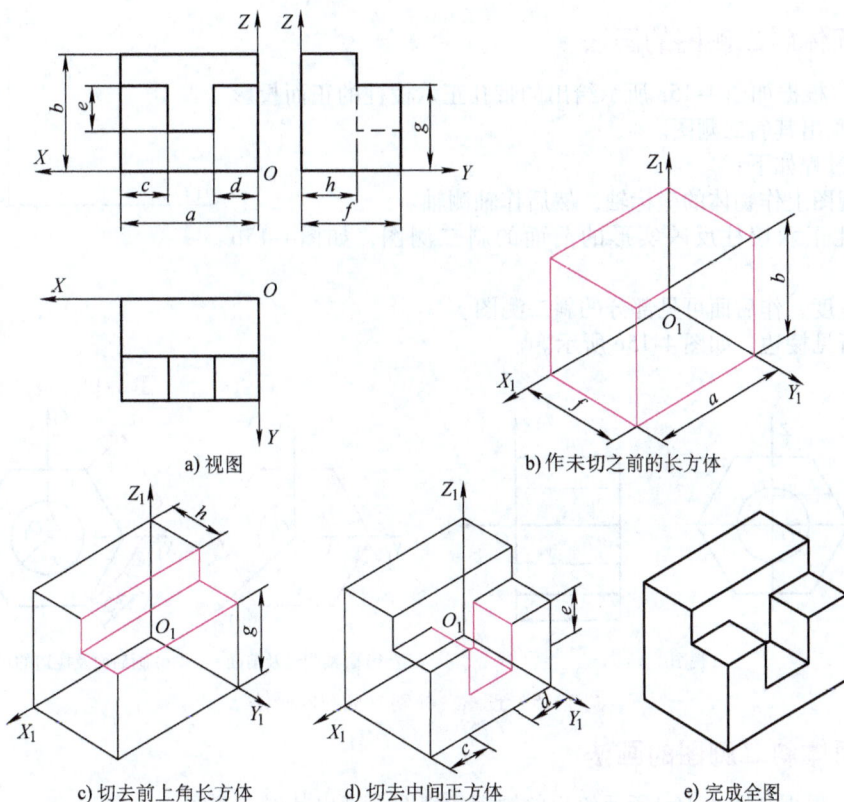

a) 视图  b) 作未切之前的长方体

c) 切去前上角长方体  d) 切去中间正方体  e) 完成全图

图 4-12　用切割法画截切体的正等测图

5）擦去多余的图线、加深、完成全图，如图 4-12e 所示。

## 五、正二测投影

当选定 $p = r = 2q$ 时，所得的正轴测投影，称为正二测投影。经过几何计算，可得 $p = r = 0.94$，$q = 0.47$，$\sigma \approx 97°$，$\varphi \approx 131°$，如图 4-13 所示。正二测投影也比较常用，它的立体感比较强，但作图较麻烦。实际作图时，采用简化系数 $p = r = 1$，$q = 0.5$，$\sigma = 97°$，$\varphi = 131°$ 进行作图，得到正二测图，这时各轴向长度扩大 1.06 倍。

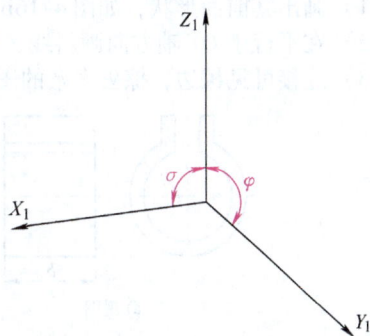

图 4-13　正二测轴测轴

# 第三节　斜二测图及其画法

## 一、斜二测图的轴间角和轴向伸缩系数

在斜二测图中，由于坐标面 $XOZ$ 平行于轴测投影面，所以坐标轴 $OX$、$OZ$ 投影成的轴测轴 $O_1X_1$ 和 $O_1Z_1$ 之间的夹角反映真实夹角，即 $\angle X_1O_1Z_1 = 90°$，坐标轴 $OX$、$OZ$ 投影成的轴测轴 $O_1X_1$ 和 $O_1Z_1$ 的伸缩系数都为 1，即 $p = r = 1$，也就是说，物体上平行于坐标面 $XOZ$ 的平面，其轴测投影反映实形，这个特性使斜二测图的作图较为方便，尤其对于有较复杂侧面的形体，这个特点更为显著。国家标准 GB/T 4458.3—2013 规定，斜二测图的轴间角为 $\angle X_1O_1Z_1 = 90°$、$\angle X_1O_1Y_1 = 135°$、$\angle Y_1O_1Z_1 = 135°$，伸缩系数为 $p = r = 1$，$q = 0.5$，如图 4-14 所示。

## 二、平面体斜二测图的画法

【例4-3】 根据如图4-15a所示给出的带孔正六棱柱的正面投影和侧面投影，画出其斜二测图。

**解** 作图过程如下：

1）在三视图上作物体的坐标轴，然后作轴测轴。

2）作带孔正六棱柱反映实形的前面的斜二测图，如图4-15b所示。

3）根据宽度，作后面可见部分的斜二测图。

4）连接可见棱边，如图4-15c所示。

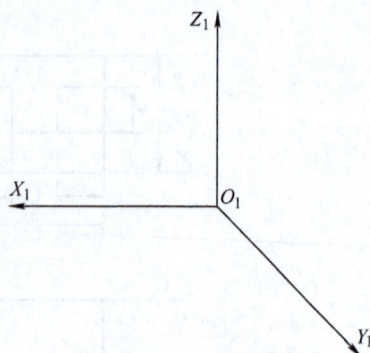

图 4-14 斜二测轴测轴

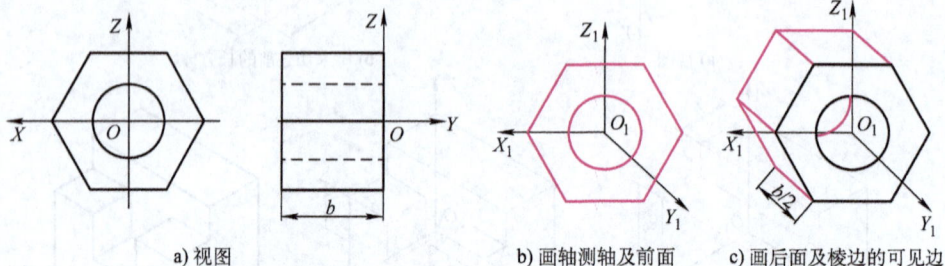

a) 视图    b) 画轴测轴及前面    c) 画后面及棱边的可见边

图 4-15 正六棱柱斜二测图的画法

## 三、曲面体斜二测图的画法

【例4-4】 根据如图4-16a所示给出的铁箍的视图，画出其斜二测图。

**解** 其作图过程如下：

1）画出其前面形状，如图4-16b所示。

2）在平行于 $OY$ 轴方向画斜线，量取尺寸 $b/2$，画出其后面可见部分的斜二测图，如图4-16c所示。

3）连接可见棱边，擦去多余的图线完成全图，如图4-16d所示。

a) 视图    b) 画前面    c) 画后面及棱边    d) 完成全图

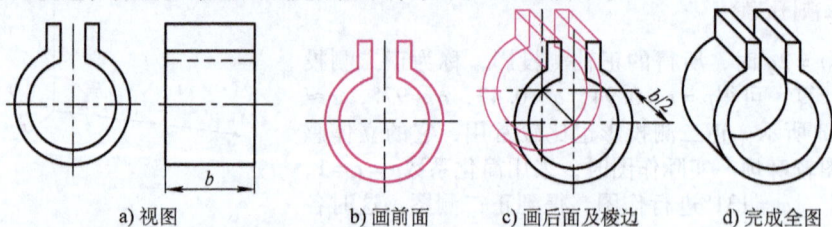

图 4-16 铁箍斜二测图的画法

【例4-5】 根据如图4-17a所示给出的滑块的视图，画出其斜二测图。

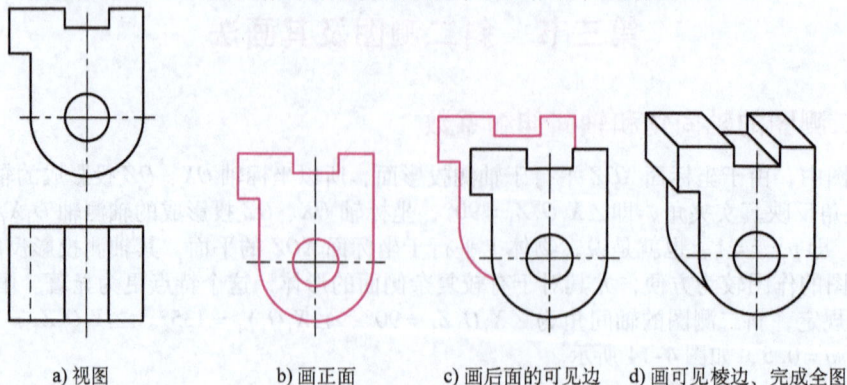

a) 视图    b) 画正面    c) 画后面的可见边    d) 画可见棱边、完成全图

图 4-17 滑块斜二测图的画法

**解** 如图 4-17 所示，作图步骤与例 4-5 类同。

# 本 章 小 结

在工程上常采用具有立体感的轴测图作为辅助图样，帮助说明零部件的形状。常用的轴测图有两种：正等测图和斜二测图。

1. 轴测图的投影特性

1）空间互相平行的线段，轴测投影也是互相平行的。平行于某一坐标轴的空间直线，投影以后平行于相应的轴测轴。

2）平行于某一坐标轴的空间直线，按该轴的轴向伸缩系数度量，与轴测轴倾斜的不能按轴向伸缩系数度量。

3）点在直线上，点的轴测投影在直线的轴测投影上。

2. 轴测图的选用原则

选用轴测图时，既要考虑立体感强，又要考虑作图方便。

1）正等测图的轴间角 $\angle X_1 O_1 Z_1 = \angle X_1 O_1 Y_1 = \angle Y_1 O_1 Z_1 = 120°$，轴向伸缩系数 $p = q = r = 1$，作图较为简便，应用广泛，适用于各个面都有圆的物体。

2）斜二测图的轴间角 $\angle X_1 O_1 Z_1 = 90°$、$\angle X_1 O_1 Y_1 = 135°$、$\angle Y_1 O_1 Z_1 = 135°$，轴向伸缩系数 $p = r = 1$，$q = 0.5$。当物体的一个面上的圆或圆孔较多时，采用斜二测图作图较为简便。

# 复习思考题

1. 轴测投影是如何形成的？轴测轴和坐标轴之间的对应关系如何？
2. 轴测投影有何投影特性？试述轴测投影的分类。
3. 什么是轴向伸缩系数？什么是轴间角？
4. 在画回转体的正等测图时，如何确定各坐标面上椭圆的长、短轴的方向？
5. 正等测图的轴向伸缩系数和轴间角各是多少？
6. 斜二测图的轴间角和轴向伸缩系数各为多少？在什么情况下，采用斜二测图较为简单？
7. 什么是简化系数？采用简化系数后，坐标面上的圆的投影——椭圆的变化如何？

# 第五章

# 组 合 体

任何复杂的零件都是由若干基本体组合而成的。由两个或两个以上的基本体按照一定的方式组合而成的形体称为组合体。本章主要介绍：组合体三视图的画法、读法，组合体三视图的尺寸标注。

【知识要求】

1) 了解组合体的组合形式，掌握相邻表面连接关系的画法。
2) 掌握正交圆柱相交的基本形式和相贯线的变化趋势。
3) 学习并掌握组合体三视图的画法和读法。
4) 学习并掌握组合体的尺寸标注方法。

【技能要求】

1) 根据较简单组合体模型或立体图正确绘制其三视图。
2) 能读懂组合体三视图上所标注的尺寸。
3) 能根据组合体所给视图，想象其形状，正确地进行补画视图和补画视图中所缺图线。

## 第一节　组合体的组合方式及表面关系

组合体是由基本体组合而成的，这些基本体可以是棱柱、棱锥、圆柱、圆锥、球等，也可以是不完整的几何基本体，或如图 5-1 所示的简单组合体。

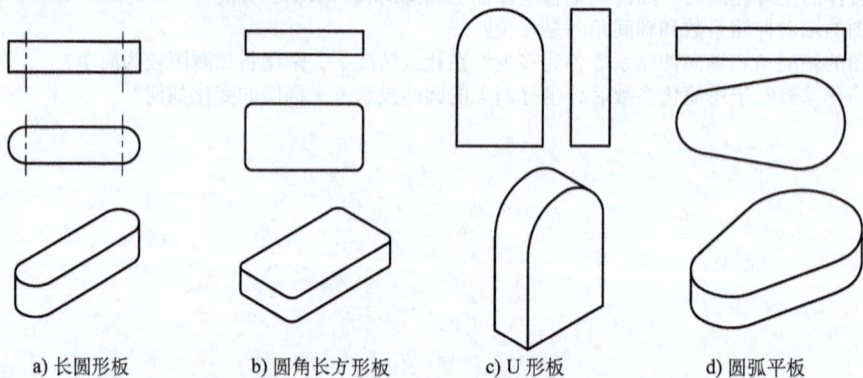

a) 长圆形板　　　　b) 圆角长方形板　　　　c) U 形板　　　　d) 圆弧平板

图 5-1　简单组合体及其投影

### 一、组合体的组合形式

组合体的形状多种多样，千差万别。就其组合形式而言，可分为叠加、切割、综合三种类型。

（1）叠加型　叠加型是将各基本体以平面接触相互堆积、叠加而形成组合体的组合形式。图5-2a 所示的物体可以看成是由一个圆台、一个圆柱、一个长方体和两个 U 形板叠加而成的。

（2）切割型　切割型是在基本体上进行切块、开槽、穿孔等切割后形成组合体的组合形式。图 5-2b 所示的物体可以看成是在一个长方体上穿了一个半圆孔和开了一方槽。

（3）综合型　综合型是既有叠加又有切割形成组合体的组合形式。图 5-2c 所示的组合体可看成是一个 U 形板和两个长方体先叠加，然后穿一个圆孔和开一个 U 形槽而形成的。在组成过程中，既有叠加，又有切割，是以上两种形式的综合。

a) 叠加型组合体　　　　b) 切割型组合体　　　　c) 综合型组合体

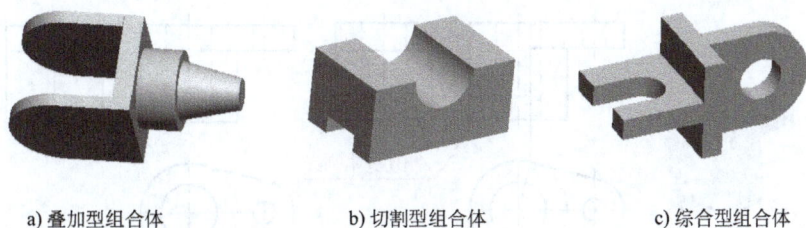

图 5-2　组合体的组合形式

## 二、组合体表面间的相对位置

组合体表面间的相对位置有以下几种情况。

### 1. 平齐与不平齐

组成组合体时，常常有两基本体中的两平面相贴合，贴合后两基本体联成一体。对于相互贴合的基本体，如果其端面平齐而成为一个平面时，则两表面之间的分界线不再存在，在视图中不能画线。如图 5-3c 所示 U 形板的前端面和长方形底板的前端面互相平齐，不存在分界线。两端面间不平齐时，连接处有分界线割开，在视图中应画线。如图 5-4c 所示 U 形板的前端面和长方形底板的前端面相互错开，连接处有分界线。

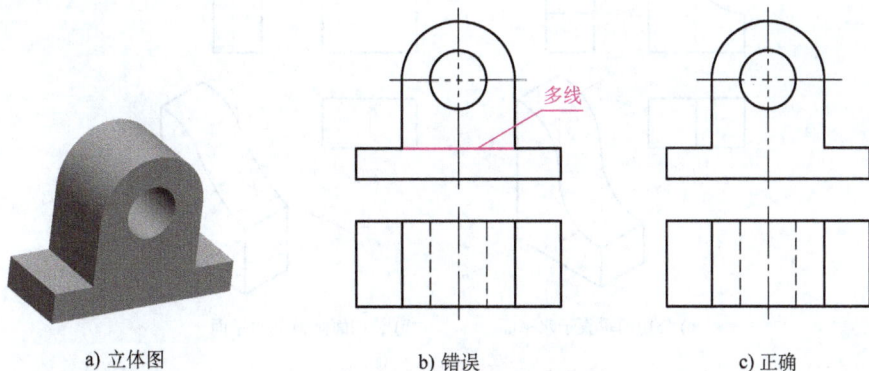

多线

a) 立体图　　　　b) 错误　　　　c) 正确

图 5-3　叠加式组合体表面平齐正误对比

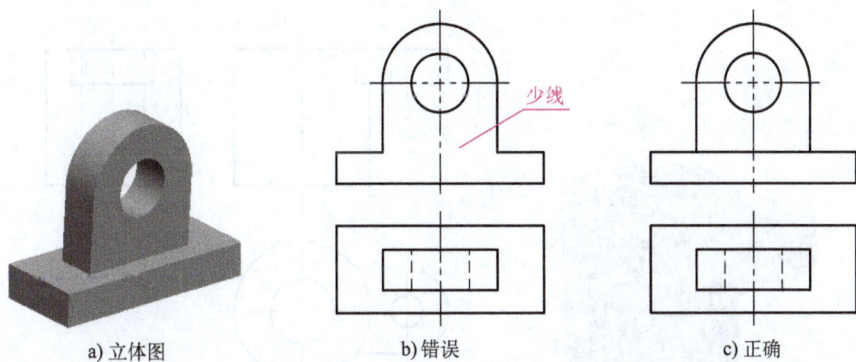

少线

扫扫看

a) 立体图　　　　b) 错误　　　　c) 正确

图 5-4　叠加式组合体表面不平齐正误对比

### 2. 相切

组成组合体时，两基本体的表面之间相切时，在相切处为光滑过渡，不存在分界线，故一般不画线，如图 5-5 所示。

a) 立体图          b) 错误          c) 正确

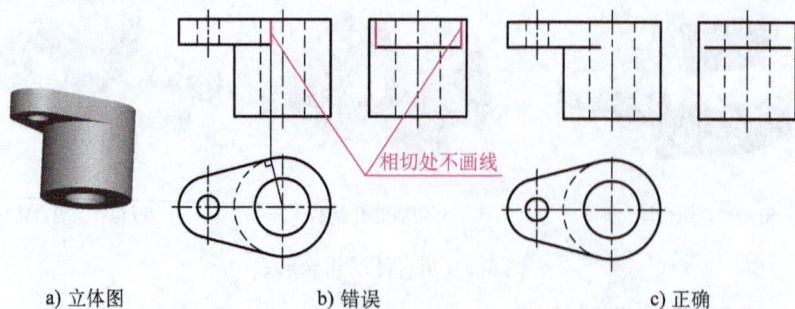

图 5-5    表面相切时的画法

只有在平面与曲面或曲面与曲面之间才会出现相切的情况。在曲面与曲面相切时，如果它们的公切面垂直于某一投影面，则切线在这个投影面内的投影要画出，其余的不画，如图 5-6 所示。

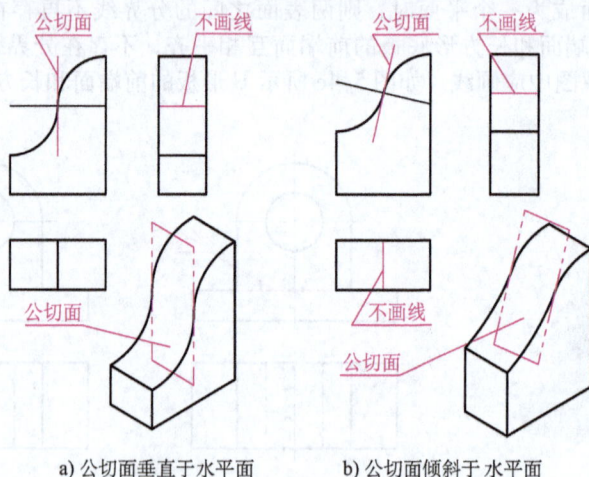

a) 公切面垂直于水平面          b) 公切面倾斜于水平面

图 5-6    表面相切时的投影处理

### 3. 相交

组成组合体时，两基本体的两表面之间彼此相交，在相交处有交线，交线在视图中应画出，如图 5-7 所示。

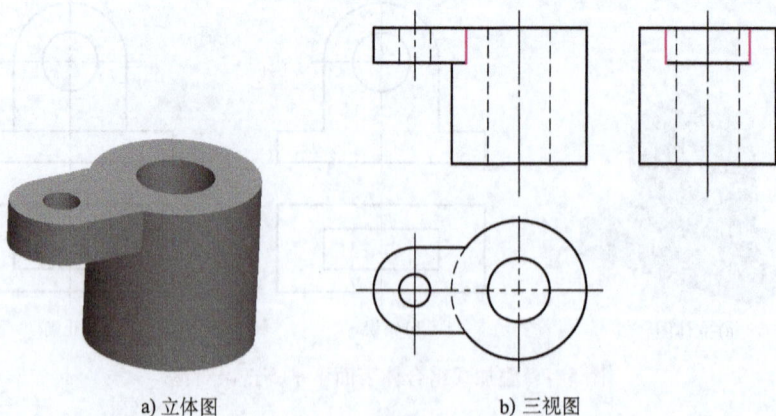

扫扫看

a) 立体图          b) 三视图

图 5-7    表面相交时的画法

## 第二节　常见两基本体相交的交线形状及画法

形体叠加必然存在基本形体相交问题。两立体相交又叫相贯，它们之间的交线称为相贯线。相贯线具有以下性质：

1）**共有性**——相贯线是相交两立体表面的共有线，是两立体表面一系列共有点的集合，同时也是两立体表面的分界线。

2）**封闭性**——由于立体占有一定的空间范围，所以相贯线一般是封闭的空间曲线，特殊情况下是平面曲线或直线。相贯线的形状由相贯两立体的形状、大小和它们的相对位置所决定。

### 一、相贯线的作图步骤

根据相贯线的性质，求相贯线，可归纳为求相交两立体表面上一系列共有点的问题。具体分以下几步：

1）分析形体的相交特性。

2）求出相贯线上特殊点的投影。相贯线上的特殊点包括：可见性分界点，曲面投影转向轮廓线上的点，极限位置点（最高、最低、最左、最右、最前、最后）等的投影。

3）求出相贯线上一定数量一般点的投影。

4）将各点按照位置顺序依次光滑连接起来，可见的用粗实线，不可见的用细虚线。相贯线各段投影的可见性，由两个基本体交出这段相贯线的表面可见性所决定。只有当交出这段相贯线的两个基本体表面都是可见时，相贯线的投影才可见，否则相贯线的投影不可见。

### 二、平面体与回转体相贯

平面体与回转体相贯所形成的相贯线是平面体的棱面和回转体的表面相交而成的，是由若干段平面曲线和直线组成的空间线。

**【例5-1】**　求方柱与圆柱相贯形成的相贯体的三视图，如图5-8所示。

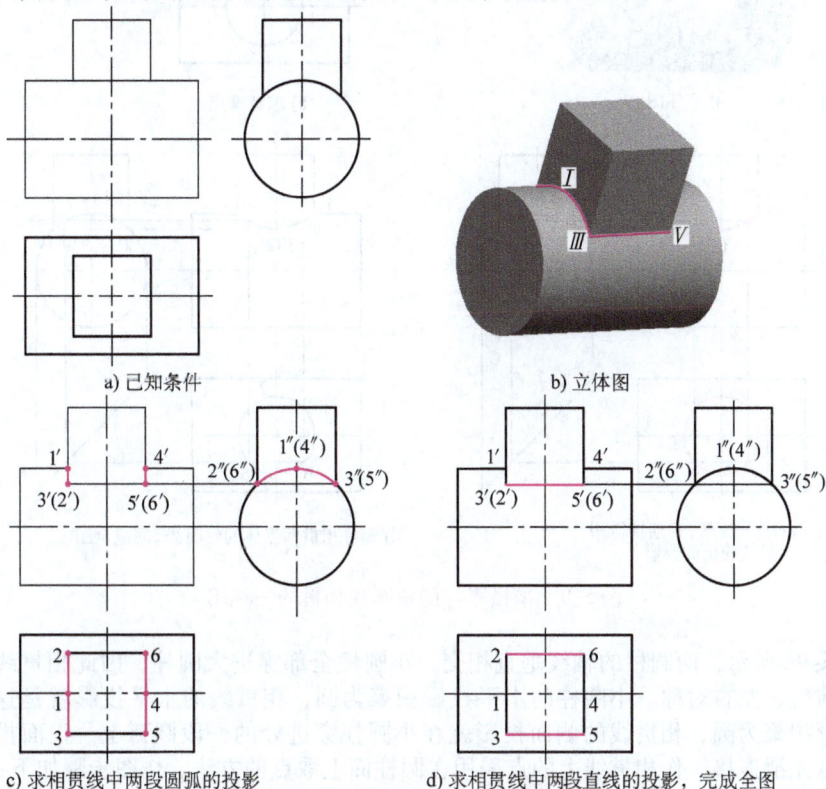

扫扫看

a) 已知条件　　　　b) 立体图

c) 求相贯线中两段圆弧的投影　　　d) 求相贯线中两段直线的投影，完成全图

图5-8　方柱与圆柱相贯的三视图

67

**解** 相贯线是相贯两立体的分界线，是相贯体的轮廓线。因此画相贯体的三视图时，既要画出相贯线的投影，又要画出相贯两立体轮廓线的投影。方柱与圆柱相贯形成的相贯线是由两段圆弧和两段直线组成的空间线。根据相贯线的共有性可知，相贯线的水平投影积聚在方柱的水平投影正方形上，侧面投影积聚在圆柱的侧面投影圆周上，是一段圆弧，需要求的是正面投影。作图步骤如下：

1）求相贯线的正面投影，相贯线中两段圆弧的正面投影各积聚为一直线段，找到左端最高点Ⅰ和最低点Ⅱ、Ⅲ的投影连接即可，最高点Ⅰ可看成是圆柱的最上轮廓素线与方柱的左侧面的交点，这样就能直接找到它的三个投影，最低点Ⅱ、Ⅲ可看成是方柱的左面两条棱边与圆柱面的交点，也能直接找到它的三个投影。同理画出右端圆弧的正面投影。前后两段直线段的正面投影重合，连接Ⅲ、Ⅴ点的正面投影即可。

2）整理好相贯两立体的轮廓线。把相贯两立体看成一个整体，画出相贯两立体轮廓线在三个视图中的投影，圆柱的正视轮廓线左边的画到1′，右边的画到4′。

## 三、两圆柱正交

相交两圆柱的回转轴线垂直相交，称为两圆柱正交。

### 1. 回转半径不等的两圆柱正交

【例5-2】 如图5-9所示，求半径不等的两圆柱相贯形成的相贯体的三视图。

扫扫看

a）立体图

b）求特殊点

c）求一般点，并连接得相贯线的正面投影

d）画好相贯两立体的轮廓线，完成全图

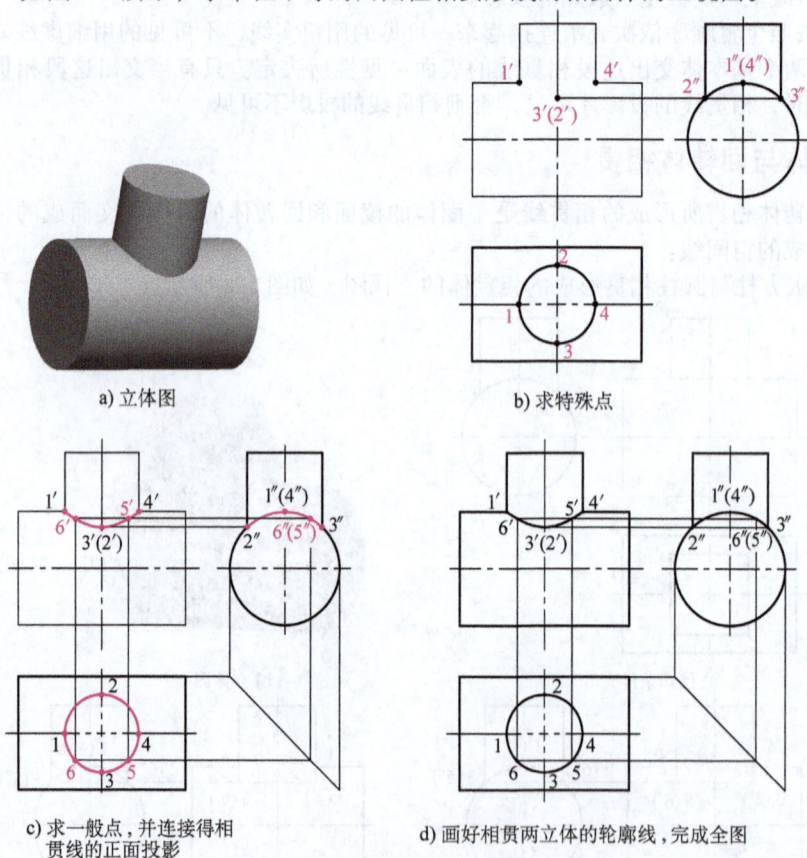

图5-9 半径不等的两圆柱相贯的三视图

**解** 如图5-9a所示，两圆柱的轴线垂直相交，小圆柱全部穿进大圆柱，因此相贯线是一封闭的空间曲线，并且前后、左右对称。小圆柱的水平投影积聚为圆，相贯线的水平投影就是这个圆，同理大圆柱的侧面投影积聚为圆，相贯线的侧面投影就在小圆柱穿进处的一段圆弧上，正面投影通过取若干个相贯线上的点光滑连接，作相贯线上的点采用在圆柱面上取点的方法。作图步骤如下：

1）求特殊点。先在水平投影上定出最左、右、前、后点Ⅰ、Ⅳ、Ⅲ、Ⅱ的水平投影1、4、3、2，把这四个点看成是大圆柱面上的点，根据宽相等作出它的侧面投影 1″、4″、3″、2″，然后求出正面投影 1′、4′、3′、2′，如图 5-9c 所示。

2）求一般点。在相贯线上取适当数量的一般点如Ⅴ、Ⅵ，先在水平投影上定出Ⅴ、Ⅵ的水平投影 5、6，把Ⅴ、Ⅵ点看成是大圆柱面上的点，根据宽相等作出它的侧面投影 5″、6″，然后求出正面投影 5′、6′。

3）连线。按相贯线在水平投影中所显示的各点的顺序，连接各点的正面投影。

4）整理好相贯两立体的轮廓线。把相贯两立体看成一整体，大圆柱上面的正视轮廓线左面画到 1′，右面画到 4′，中间没有线，如图5-9d所示。

## 2. 两圆柱正交相贯的基本形式

逐渐改变如图 5-9 所示的直立放置圆柱的半径，得到两圆柱正交相贯的基本形式见表 5-1。

表 5-1　两圆柱正交时相贯线的基本形式

| 两圆柱直径的相对大小 | 立 体 图 | 三 视 图 | 相贯线的形状 |
|---|---|---|---|
| 直立圆柱小 | 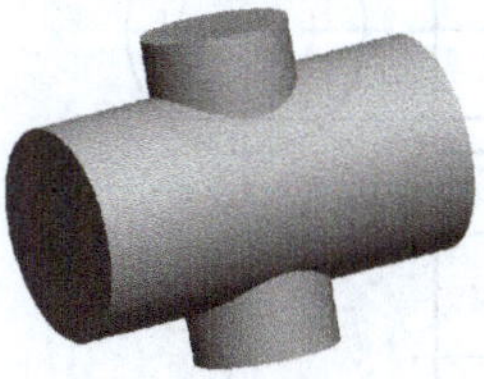 | 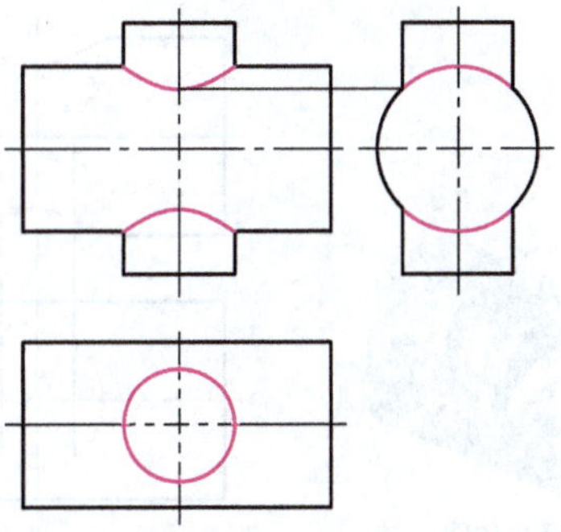 | 上下两条空间曲线 |
| 两圆柱相等 | 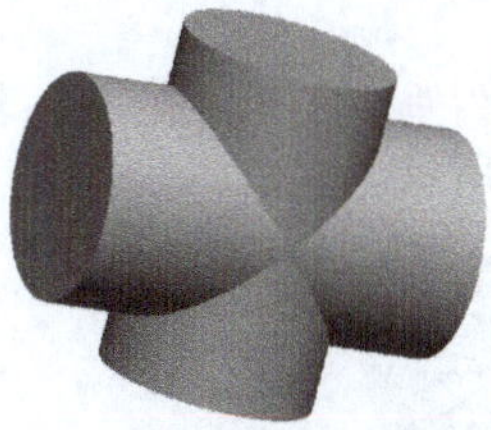 | 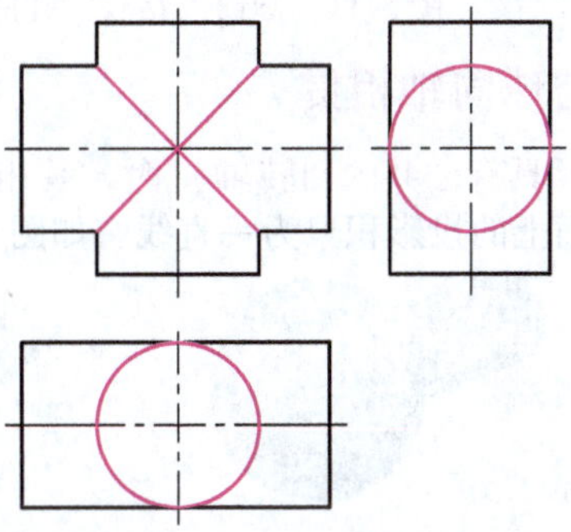 | 两个椭圆 |
| 直立圆柱大 | 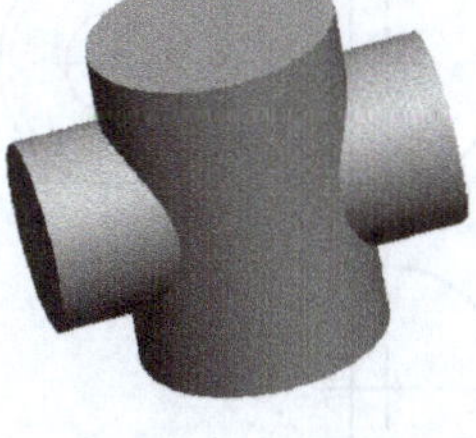 | 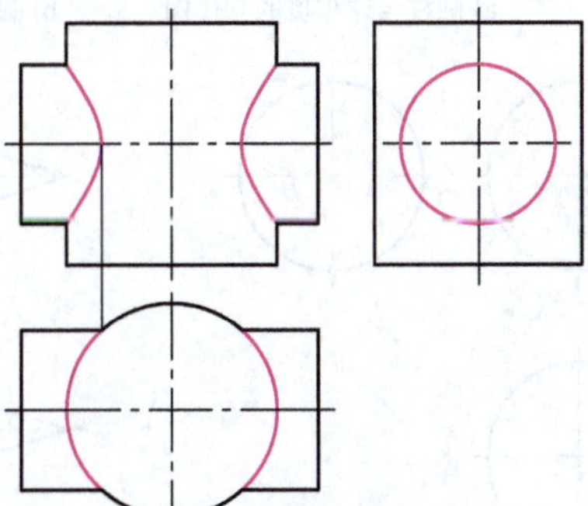 | 左右两条空间曲线 |

半径不等两圆柱正交形成的相贯线，总是由小圆柱向大圆柱的轴线弯曲，半径相差越小时，越弯近于大圆柱的轴线。

### 3. 两圆柱内外圆柱面相交

1）在圆柱上钻孔的三视图，如图5-10所示。

扫扫看

a) 立体图　　　　　　　　　b) 三视图

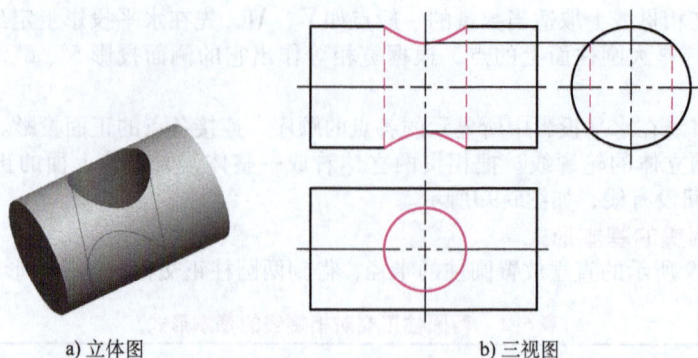

图5-10　圆柱上钻孔的三视图

2）在圆筒上钻较大孔的三视图如图5-11所示。

扫扫看

a) 立体图　　　　　　　　　b) 三视图

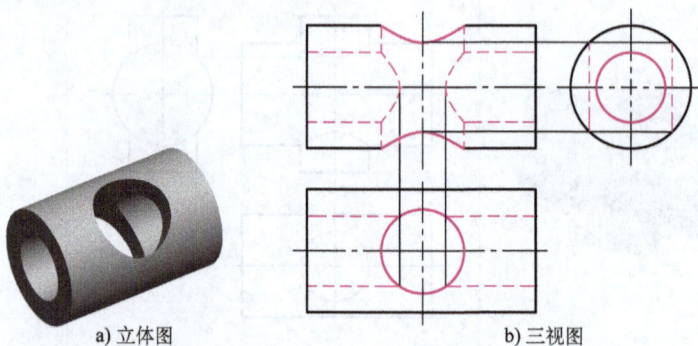

图5-11　圆筒上钻较大孔的三视图

## 四、圆柱（圆锥）与球同轴相贯

当两相贯的回转体同轴（具有公共的回转轴）时，其相贯线为垂直于轴线的圆，若轴线平行于某投影面，则相贯线在该投影面上的投影积聚为一直线，如图5-12所示。

扫扫看

a) 圆柱与球相贯的立体图　　　　b) 圆锥与球相贯的立体图

c) 圆柱与球相贯的三视图　　　　d) 圆锥与球相贯的三视图

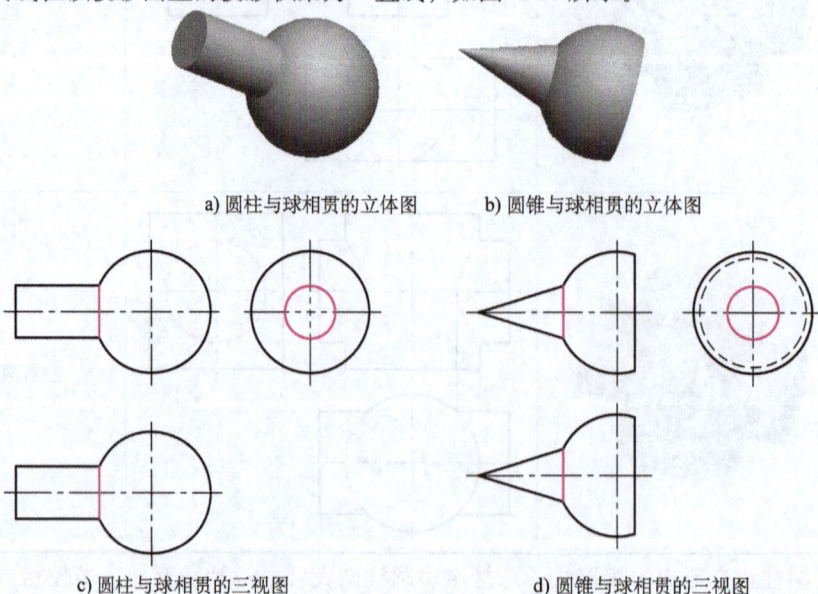

图5-12　同轴相贯

画图时要注意：相贯体实际上是一个实心的整体，只是在形体分析时，作为两个基本体分析，一个基本体位于另一个基本体内的部分不存在立体表面的分界线。所以不应画出一个主体在另一个主体内部的轮廓线或曲面投影的转向轮廓线。两立体相交的问题是作出整个相贯体的投影。

## 五、圆柱与圆锥正交

当圆柱与圆锥垂直相交，圆柱的直径变化时，相贯线的形状也随着变化，其变化情况见表 5-2。

表 5-2　圆柱与圆锥正交时相贯线的基本形式

| 圆柱与圆锥的相对大小 | 立 体 图 | 三 视 图 | 相贯线的形状 |
|---|---|---|---|
| 圆柱贯穿圆锥 | 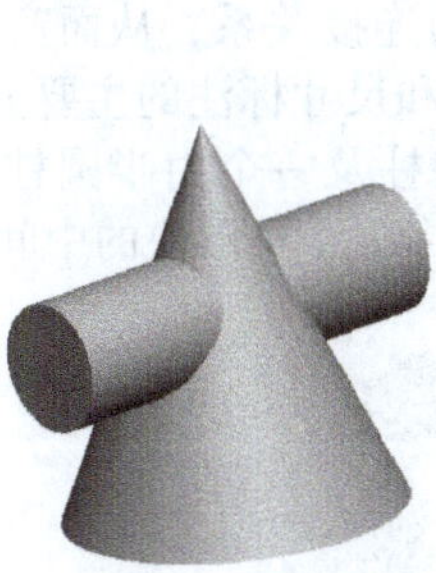 | 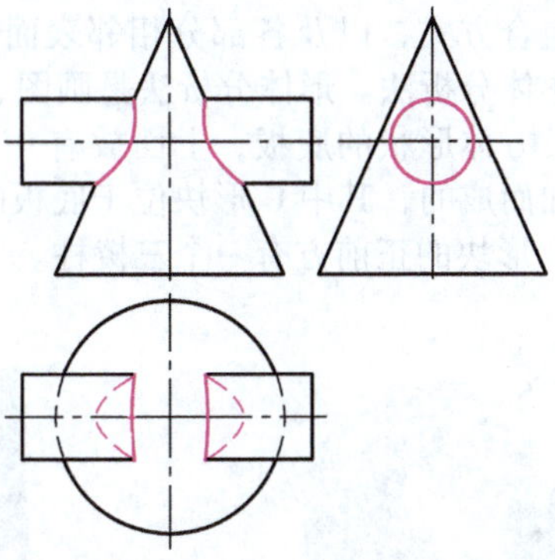 | 左右两条空间曲线 |
| 圆柱与圆锥公切于球 | 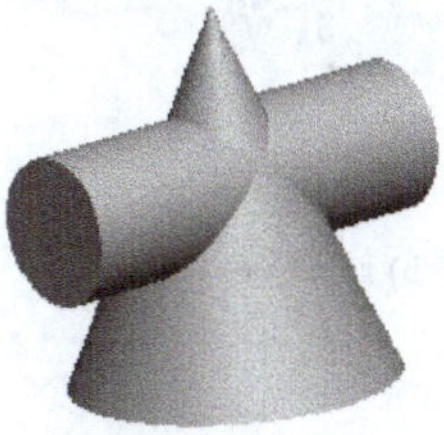 | 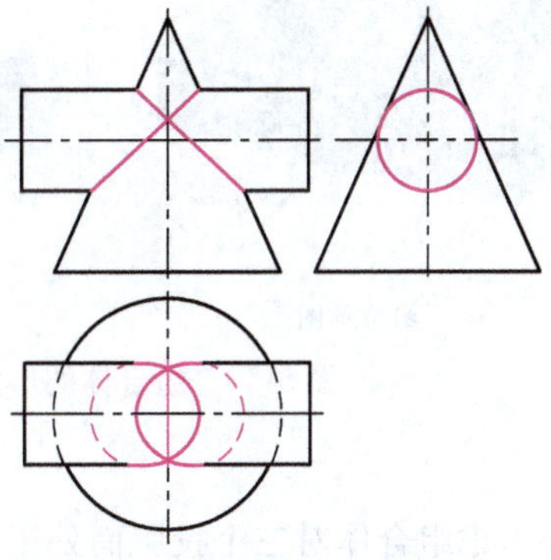 | 两个椭圆 |
| 圆锥贯穿于圆柱 | 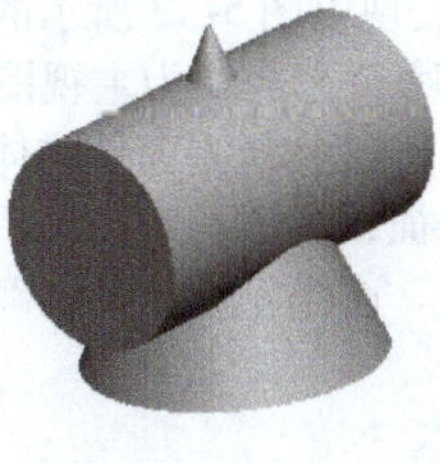 | 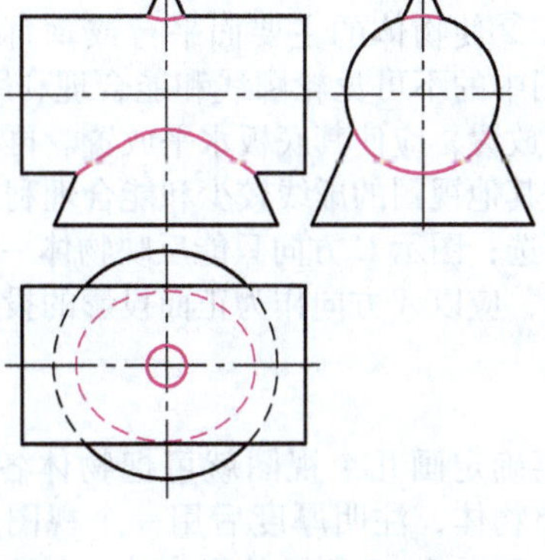 | 上下两条空间曲线 |

## 第三节　组合体视图的画法

在画组合体的视图时，一般按以下步骤进行：

1）进行形体分析。
2）确定组合体的安放位置。
3）确定视图数量。
4）画视图。

### 一、形体分析

组合体可以看成是由基本体组合而成的。如果假想将组合体分解成若干个基本体，然后分析它们各自的形状及它们之间的组合方式，以及各部分相邻表面之间的连接关系，从而产生对整个组合体的完整概念，这种方法称为形体分析法。形体分析法是画图、读图和尺寸标注的主要方法。图5-13a所示的组合体，可看成由一个长方体形状的底板，上面放有一个三棱柱及一个由半圆柱和四棱柱形成的U形块，这几部分之间是叠加而成的，其中U形块位于底板的中间靠后，U形块的中间挖去一圆柱形的通孔，如图5-13b所示，在U形块的正前方有一个三棱柱。

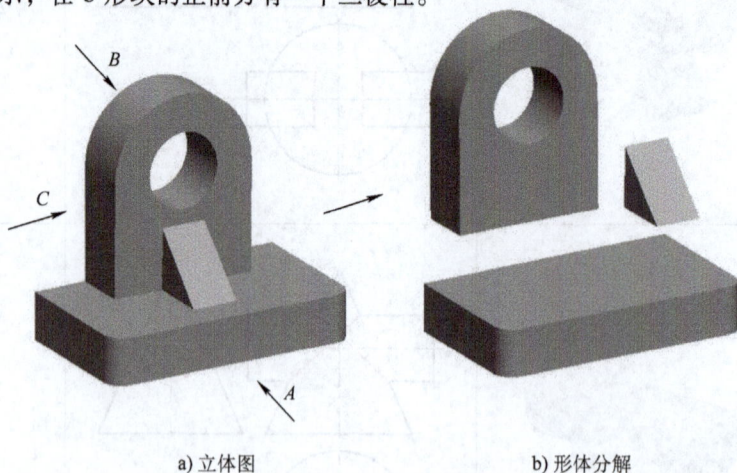

a) 立体图　　　　　　　　b) 形体分解

图5-13　组合体的形体分析

### 二、确定安放位置

确定安放位置，就是要考虑组合体对三个投影面处于怎样的位置。位置确定之后，它在三个投影面上的投影就确定了。由于主视图是三个视图中最主要的投影，因此在确定主视图时，要以反映物体形状特征最多的方向作为正面投影的投射方向。为了读图和作图方便，在放置物体时，应使物体放置成正常位置，且使它的主要面与投影面平行或垂直。具体来讲，确定安放位置时有以下几项要求：①必须使物体处于正常位置；②使物体的主要面平行或垂直于投影面；③使主视图能反映物体的较多特征；④应尽可能减少各视图中的不可见轮廓线和能合理利用图纸。现以图5-13所示的组合体为例，说明如何确定安放位置。要正常放置，应使其底板水平放置。再考虑以哪个方向作为主视图的投射方向，可反映物体的特征最多，并能使其他视图的虚线较少和能合理利用图纸。图示B方向从物体的背后投影，不能反映物体的形状特征，不可选；图示C方向只能反映物体一部分特征，也不可选；图示A方向可反映物体的大部分特征。对比分析后，应以A方向作为正面投影的投射方向。这样安放位置就确定了。

### 三、确定视图数量

确定视图数量，就是要确定画几个视图就可把物体各部分特征均能反映清楚。对于不同的物体，投影的数量是不同的，简单物体，注明厚度后用一个视图就能表达清楚。对于复杂的物体可能需两个或两个以上的视图来表达，如图5-13所示的组合体，就需三个投影才能反映清楚。

## 四、画视图

### 1. 选比例、定图幅

应尽可能选用1:1的比例,以便能直接看出物体的大小。对于大而简单的物体,可选缩小的比例;小而复杂的物体可选放大的比例。按选定的比例,根据组合体的长、宽、高计算出各个视图所占的面积,并在视图之间留出标注尺寸的位置和适当的间距,据此选用合适的标准图幅。

### 2. 布图、画基准线

先固定好图纸,然后根据各视图的大小,合理布置好各视图的位置,画出基准线。这里的基准线是指画图的基准线,即画图时测量尺寸的基准,每个视图有两个基准线,一般以物体的对称中心面、轴线、较大的平面的投影作为基准线,如图5-14a所示。

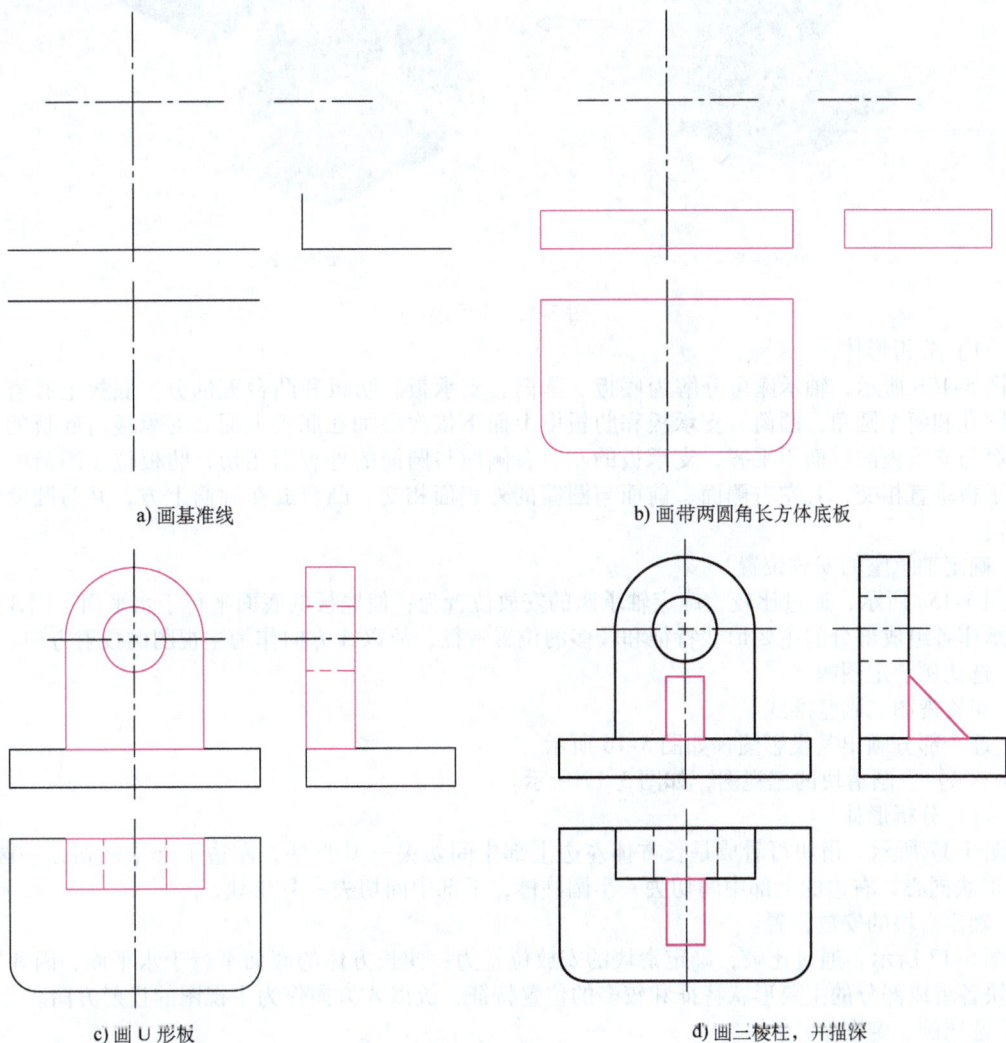

a) 画基准线

b) 画带两圆角长方体底板

c) 画U形板

d) 画三棱柱,并描深

图5-14 组合体视图的画图步骤

### 3. 逐个画出各基本体的投影,完成底稿

对于各基本体,一般先从反映实形的投影开始画。画形体的顺序:一般先大(大形体)后小(小形体);先实(实形体)后空(挖去的形体);先轮廓后细节;三个投影联系起来画,如图5-14b、c所示。

### 4. 检查、描深

底稿画完后,逐个基本体检查,按标准图线描深,如图5-14d所示。

## 5. 标注尺寸

图样上必须标注尺寸，至于如何标注尺寸，将在后面的章节中介绍。

## 6. 全面检查

最后再进行一次全面检查。

**【例5-3】** 画轴承座的三视图，如图5-15所示。

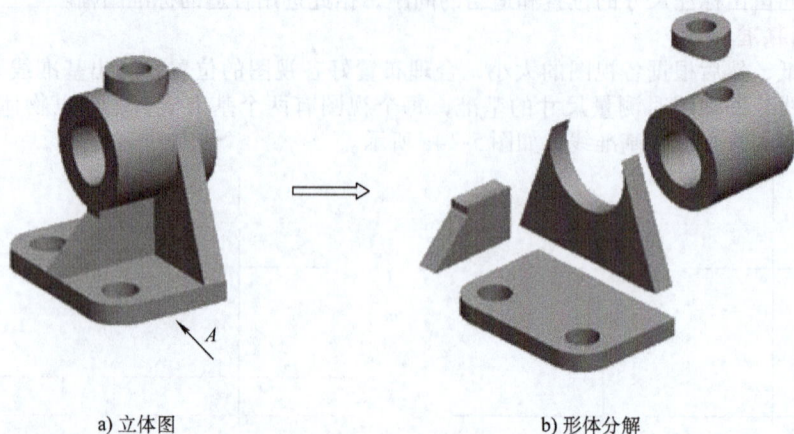

a) 立体图      b) 形体分解

图 5-15 轴承座

**解** 1）分析形体。

如图5-15b所示，轴承座可分解为底板、圆筒、支承板、肋板和凸台五部分。底板上有直径相等的两个圆孔和两个圆角，圆筒、支承板和肋板由上而下依次叠加在底板上面。支承板与底板的后面平齐，圆筒与支承板的后面不平齐，支承板的左、右侧面与圆筒的外表面相切，肋板位于圆筒的正下方并与支承板垂直相交，其左右侧面、前面与圆筒的外表面相交，凸台放在圆筒上方，并与圆筒内外圆柱面相贯。

2）确定轴承座的安放位置。

如图5-15a所示，通过比较，确定轴承座的安放位置为：使底板的底面平行于水平面，因A方向能反映轴承座各组成部分的主要形状特征和较多的位置特征，故以A方向作为主视图的投射方向。

3）选比例、定图幅。

4）布置视图、画基准线。

5）逐个部分画出其投影图，如图5-16所示。

**【例5-4】** 画滑块的三视图，如图5-17所示。

**解** 1）分析形体。

如图5-17所示，滑块可看成是长方体左边上部中间切去一U形块，左边下部中间切去一圆柱体，并与U形块同心，右边的上部中间切去一半圆柱体，下部中间切去一U形块。

2）确定滑块的安放位置。

如图5-17所示，通过比较，确定滑块的安放位置为：使长方体的底面平行于水平面，因A方向能反映滑块各组成部分的主要形状特征和较多的位置特征，故以A方向作为主视图的投射方向。

3）选比例、定图幅。

4）布置视图、画基准线。

5）分步作图，逐一切割，画出其投影图，如图5-18所示。

**画图时应注意：**

对每一部分应先画出反映形状特征的视图，再画其他视图，三个视图应配合画出，各部分之间注意保持"长对正、高平齐、宽相等"三等关系；在作图过程中，注意每增加一个组成部分，就要分析该部分与其他部分之间的相对位置关系和表面连接关系，同时注意被遮挡部分应随手改为虚线，避免画图时出错。

a) 画基准线

b) 画带两圆角长方体底板

c) 画圆筒

d) 画支承板

e) 画助板

f) 画凸台并检查

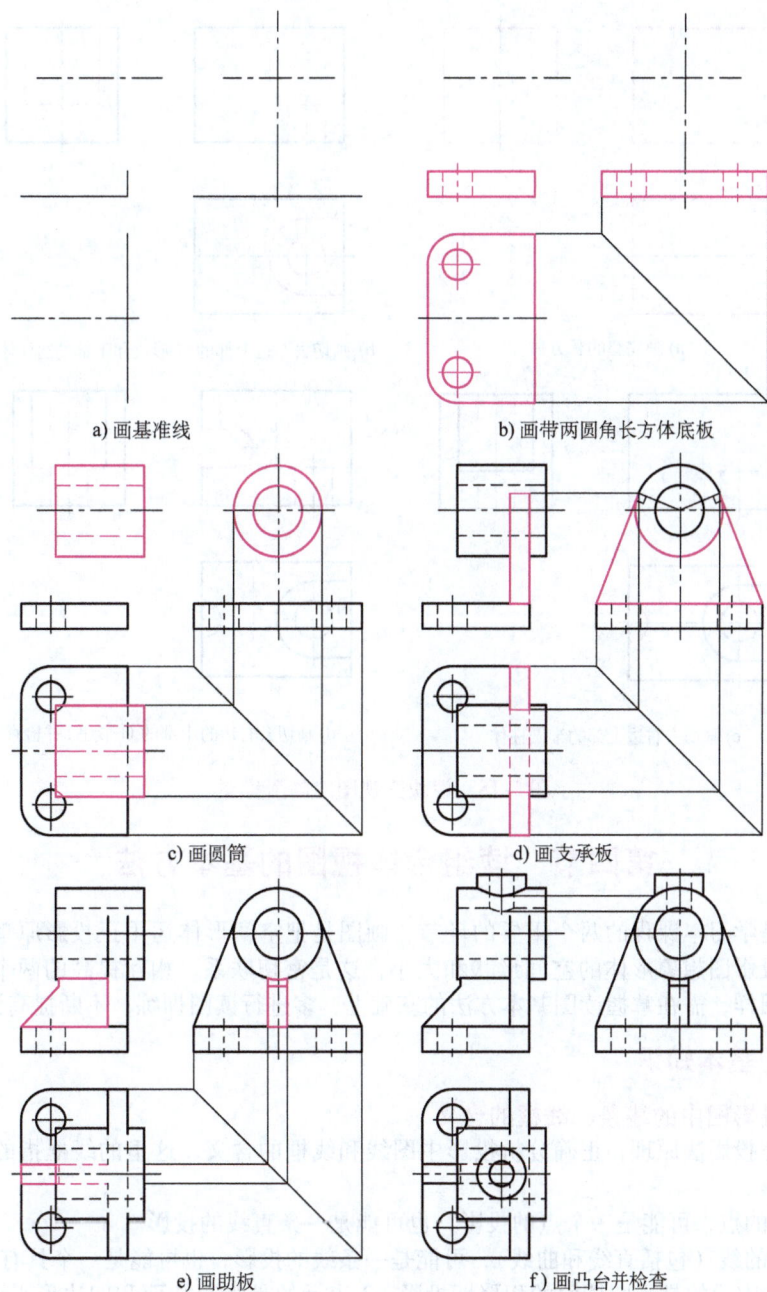

图 5-16  轴承座视图的画图步骤

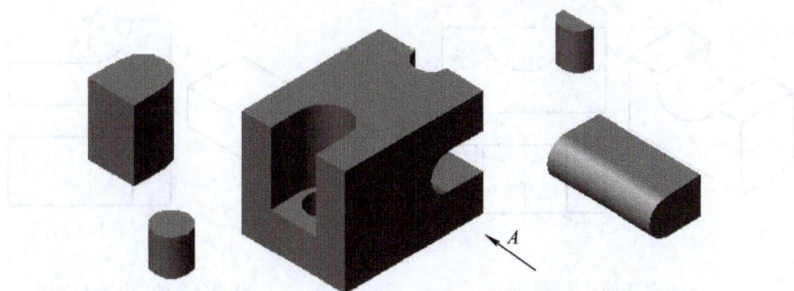

扫扫看

图 5-17  滑块的形体分析

**75**

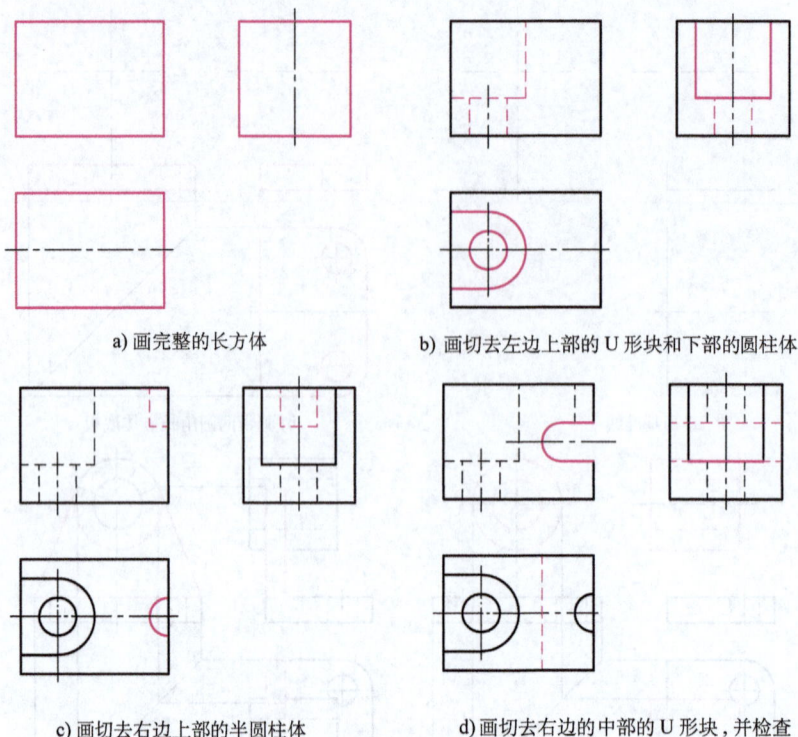

a) 画完整的长方体                    b) 画切去左边上部的 U 形块和下部的圆柱体

c) 画切去右边上部的半圆柱体          d) 画切去右边的中部的 U 形块, 并检查

图 5-18    滑块三视图的画图步骤

# 第四节   读组合体视图的基本方法

读图和画图是学习本课程的两个重要的环节, 画图是把空间形体运用正投影原理画在图纸上, 读图是根据给出的投影图想象形体的空间形状和大小, 这是密切联系、相互提高的两个过程。要做到迅速、准确地读懂图样, 需在掌握读图基本方法的基础上, 多进行读图训练, 不断提高读图能力。

## 一、读图的基本知识

### (一) 明确投影图中的线条、线框的含义

读图时根据正投影法原理, 正确分析投影中图线和线框的含义, 这里的线框指的是投影图中由图线围成的封闭图形。

1) 投影图中的点, 可能是一个点的投影, 也可能是一条直线的投影。

2) 投影图中的线 (包括直线和曲线), 可能是一条线的投影, 也可能是一个具有积聚性面的投影。如图 5-19a 中的 1 表示的是半圆柱面的积聚性投影, 3 表示的是半圆柱面和四边形平面的交线, 4 表示的是平面。

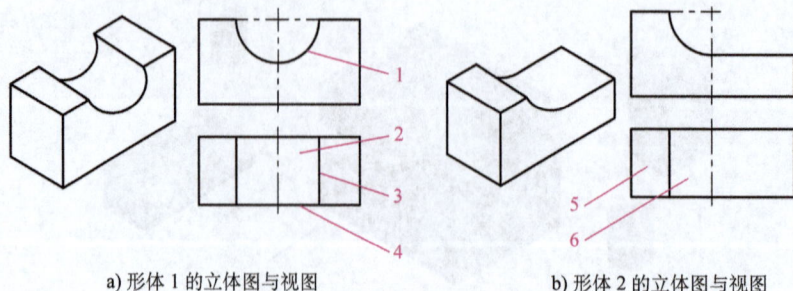

a) 形体 1 的立体图与视图          b) 形体 2 的立体图与视图

图 5-19    组合体中的图线和线框

3）投影中的封闭线框，可能是一个平面或者是一个曲面的投影，也可能是一个平面和一个曲面构成的光滑过渡面。如图5-19a中的2表示的是半圆孔回转曲面，如图5-19b中5表示的是一个四边形平面，6表示的是圆柱面和四边形构成的光滑过渡面。

4）封闭线框中的封闭线框，可能是凸出来或凹进去的一个面或是穿了一个通孔，要区分清楚它们之间的前后、高低或相交等的相互位置关系。如图5-20a中的封闭线框表示凹进去的一平面。如图5-20b表示的是凸出来的一个平面，如图5-20c中表示穿了一个通孔。

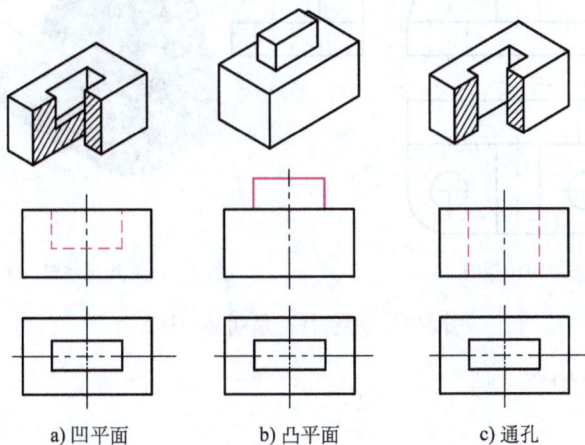

| a) 凹平面 | b) 凸平面 | c) 通孔 |

图 5-20 表面之间的相互位置关系

## （二）读图的注意点

### 1. 要把几个视图联系起来看

通常一个视图不能确定形体的形状和相邻表面之间的相互位置关系，图5-20中的水平投影均相同，但表示的不是同一个形体。有时，两个视图也不能唯一确定一个形体，如图5-21中的主、俯视图都一样，左视图不同，表示的就是不同的形体。由此可见，必须把几个投影联系起来看，切忌只看一个视图就下结论。读图时，要把给出的几个投影联系起来，反复对照，直至每个投影都和想出的形体投影相符，才能下结论。

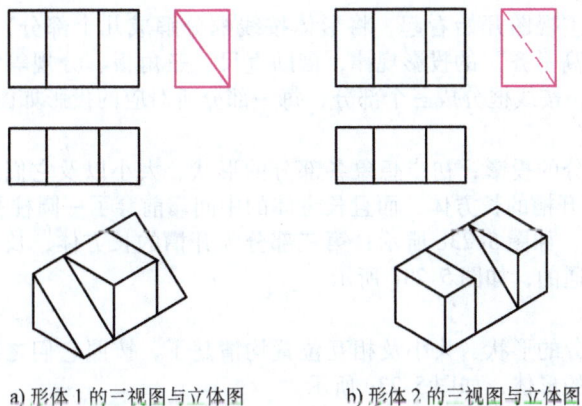

a) 形体1的三视图与立体图    h) 形体2的三视图与立体图

图 5-21 两个投影不能确切表示某一组合体举例

### 2. 要从反映形状特征的视图看起

画图时，主视图是以最能反映形体特征的方向，作为投射方向，因此读图时从主视图看起，可了解形体的大部分特征，这样，识别形体就容易了。有时组合体的各组成部分的形状和位置特征不一定全部集中在主视图上。如图5-22所示的支架，由三个基本体叠加而成，主视图反映了该组合体的形状特征，同时，也反映了形体Ⅰ的形状特征；左视图主要反映形体Ⅱ的形状特征；俯视图主要反映形体Ⅲ的形状特征。分析各部分的形状时，应当找到反映该部分形状和位置特征的视图，从此视图看起。

如分析形体Ⅰ时，应从主视图看起；分析形体Ⅱ时，应从左视图看起；分析形体Ⅲ时，应从俯视图看起。

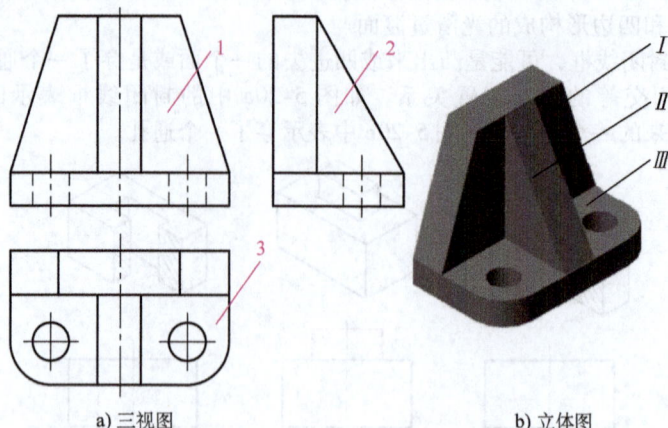

a) 三视图　　　　　　　　　　　　　　　　　　b) 立体图

图 5-22　形状特征最明显的视图

## 二、读图的方法和步骤

### （一）形体分析法

画图时运用形体分析法把组合体的投影画出来，读图时也要应用形体分析法，按照三面投影的投影规律，从图上逐个识别出构成组合体的每一部分，进而确定它们之间的组合方式和相邻表面之间的相互位置。最后综合想象出组合体的完整形状。

以图 5-23a 所示的组合体为例，说明运用形体分析法读图的具体步骤。

**1. 认识视图、抓特征**

根据给出的视图，分析清楚每个视图的投射方向，找出反映形体特征最多的视图，从此视图看起，一般情况下，主视图就为特征投影。图 5-23a 中，主视图反映形体的形状和相互位置比较多，主视图为特征视图。

**2. 分出线框、对投影**

利用形体分析法，从主视图开始看起，将形体按线框分解成几个部分，把每一部分的其他投影，根据"长对正、宽相等、高平齐"的投影规律，借助直尺、三角板、分规等绘图工具把各部分的投影分离出来。在图 5-23a 中，按线框分成三个部分，每一部分所对应的投影如图 5-23b、c、d 所示。

**3. 认识形体、定位置**

根据分离出的每一部分的投影，初步想象各部分的形状、大小以及它们之间的相互位置，如图 5-23 所示。第一部分为后面开槽的长方体，而且长方体的中间靠前穿了一圆柱孔；如图5-23b所示；第二部分为穿圆柱孔的 U 形块，如图 5-23c 所示；第三部分为开槽的长方体，长方体的后面和底部均开了一方槽，而且这两槽是相通的，如图 5-23d 所示。

**4. 综合起来、想整体**

由以上几步，每一部分的形状、大小及相互位置均清楚了，按照它们之间的相互位置，再把它们组合起来，最终想出整个的形体，如图 5-23e 所示。

**5. 仔细校对、定整体**

把想出的形体与已给的视图进行反复对照、校对，验证给定的每个视图与想象中组合体的视图是否一致，当发现二者不一致时，则要进行分析调整，直至各个视图都相符为止。图 5-23e 的形体与所给投影图完全相符，最后确定图 5-23a 所给出的视图表示图 5-23e 所示的形体。这一步是保证读图准确无误的一个重要环节，是读图不可忽略的一项读图步骤。

### （二）线面分析法

对于一些比较复杂的形体，尤其是切割型的物体，在形体分析的基础上，还要借助线、面的投影特点，进行投影分析，如分析组合体的表面形状、表面交线、以及它们之间的相对位置，最后确定组

a) 根据给定视图，划分线框

b) 形体 I 的投影及立体形状

c) 形体 II 的投影及立体形状

d) 形体 III 的投影及立体形状

e) 支架的整体形状

扫扫看

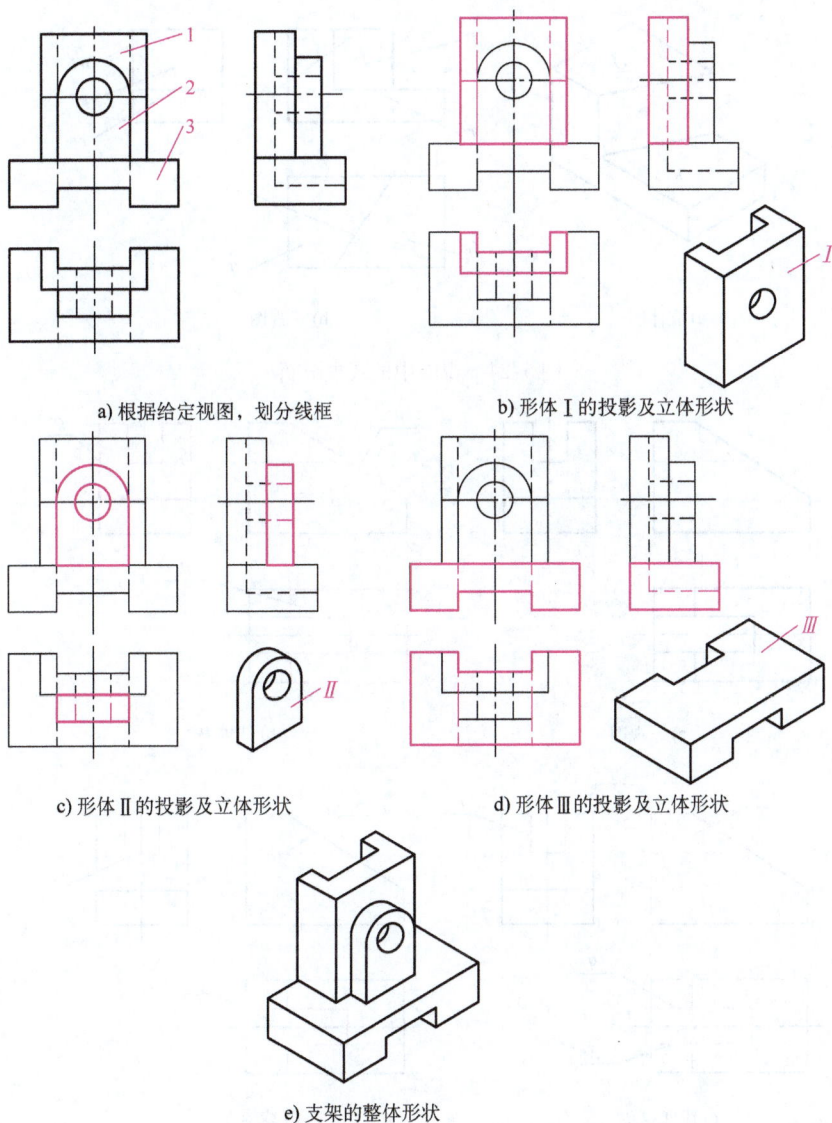

图 5-23 用形体分析法读图

合体的具体形状，这种方法称为线面分析法。

线面分析时要善于利用线面的真实性、积聚性、类似性的投影特性读图。一个线框一般情况下表示一个面，如果它表示一个平面，那么在其他投影中就能找着该平面的类似形投影，若找不着，则它一定是积聚成一直线。如图 5-24 中的平面 $P$、$Q$、$R$ 反映了这种投影特性，图 5-24b 中有一线框 $p'$，在侧面投影中能找到对应的类似形 $p''$，在水平投影中找不着对应的类似形，则它在水平投影中积聚为一直线 $p$，它们所表示的平面为铅垂面。在水平投影中有两线框 $q$、$r$，在正面投影和侧面投影中都找不到对应的类似形，这两平面在正面投影和侧面投影中分别都积聚为一直线 $q'$、$r'$ 和 $q''$、$r''$，很明显，这两平面为水平面。

在分析投影图中的直线时，要联系其他投影中的对应投影来识别其含义。线面分析法的读图特点是：从面出发，在视图上分析线框。

【例 5-5】 试根据图 5-25a 给出的投影，想象组合体的形状。

解 先分析整体形状，从三个视图的轮廓看，它的原始形体是长方体。再分析细节部分，由主视图可知，长方体的左上角切去一三角块，左视图看出，长方体的中上部开了一方槽。具体的分析过程如下：

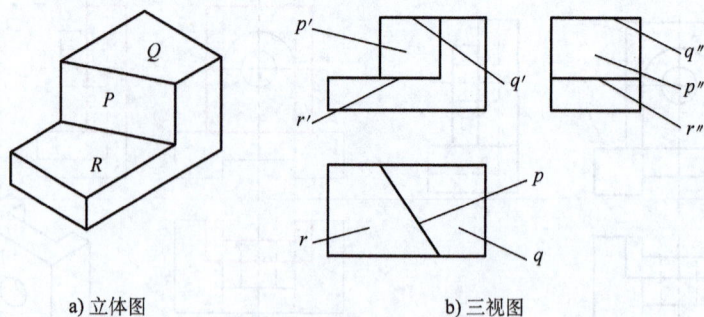

a) 立体图　　　　　　　　　　b) 三视图

图 5-24　视图中的线框分析

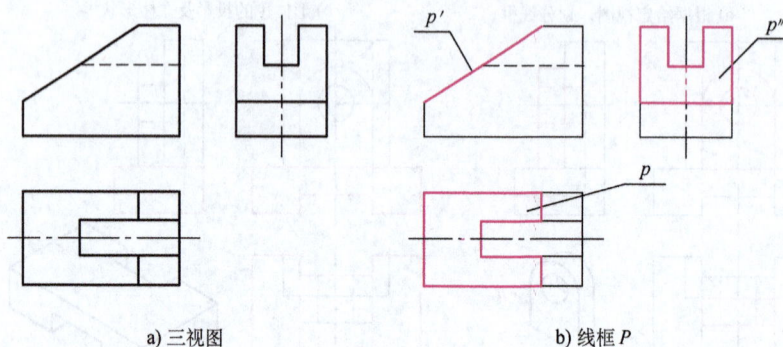

a) 三视图　　　　　　　　　　b) 线框 P

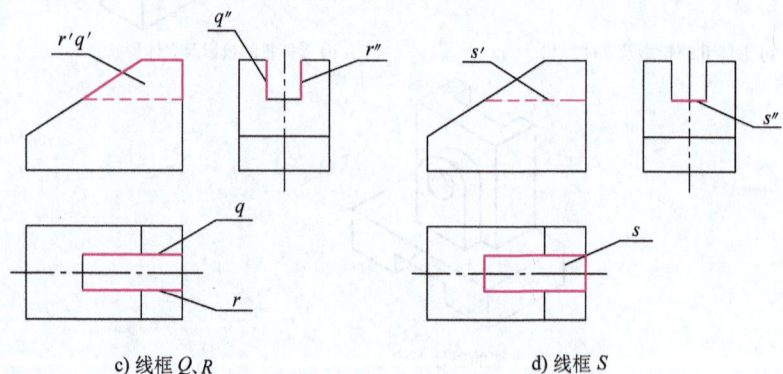

c) 线框 Q、R　　　　　　　　　d) 线框 S

e) 整体形状

图 5-25　用线面分析法读图

（1）分析左上角的切口　正面投影为一斜线 $p'$，按三等关系找出另两投影中的对应投影 $p$、$p''$，为一线对两框，所以左上角是用一正垂面切割的，它的正面投影积聚为一直线，如图 5-25b 所示，水平投影和侧面投影为类似形，从侧面投影和水平投影可知，它为一八边形，这些边是由相邻的面相交而成的。

（2）分析中上部的方槽 它是由三个平面组合切割而成的，前后两个平面在侧面投影中为一直线 $q''$、$r''$，据对应关系找出其水平投影是一直线 $q$、$r$，正面投影是一四边形线框 $q'$、$r'$，为两线对一框，所以为正平面。另一平面的侧面投影和正面投影是一直线 $s''$、$s'$，水平投影是一四边形线框 $s$，所以该平面为水平面，如图 5-25c、d 所示。最后综合起来，想象出形体的形状，如图 5-25e 所示。

## 第五节 补画视图和补画缺线

### 一、补画视图

由已知的两视图，补画第三视图是制图中检查是否读懂图的一种手段。在两个视图已经确定形体的条件下，根据想象的形体画出第三个视图，是一种读图和画图相结合的综合练习。补画视图时，要根据给定的投影，利用前面所讲的读图方法进行分析，想象出所表示形体的形状，再根据所想形状和投影关系，画第三个投影。根据各组成部分逐步进行画图，对叠加型组合体，先画局部后画整体。对切割型组合体，先画整体后切割。并按先实后虚，先外后内的顺序进行。

下面以图 5-26 所示组合体为例，说明已知组合体的主、俯视图，补画左视图的方法和步骤。

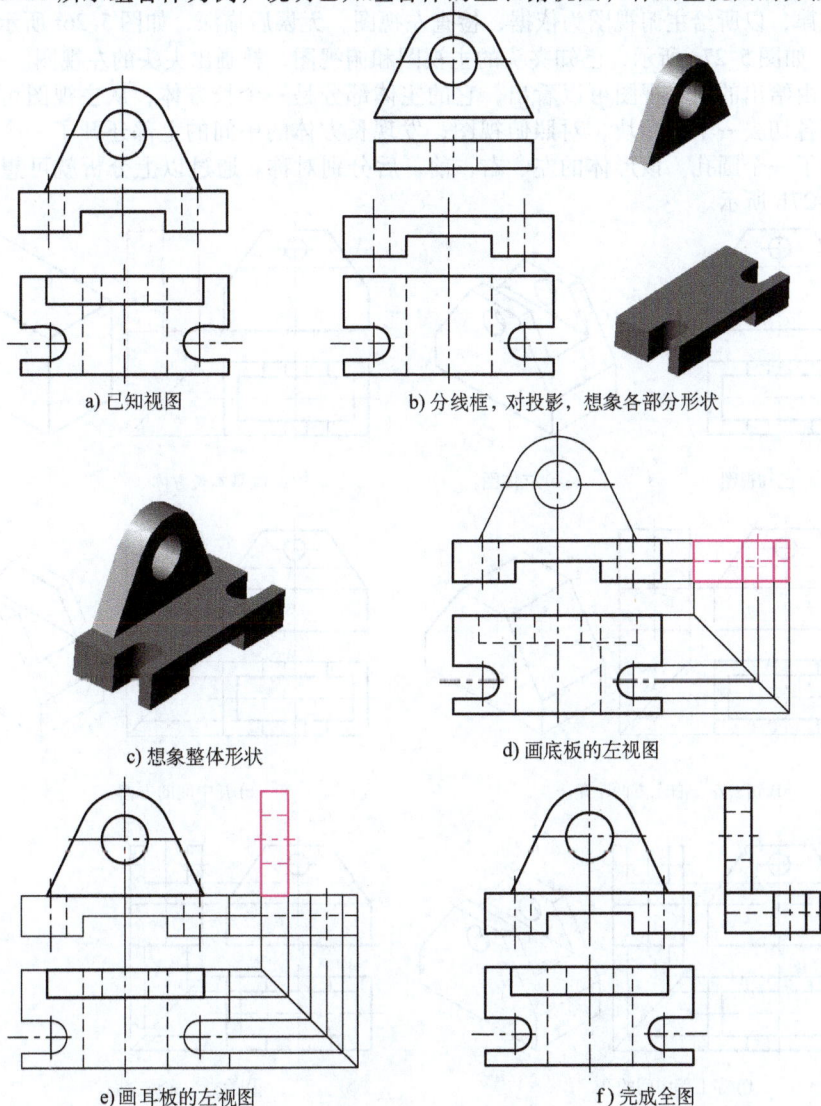

a) 已知视图

b) 分线框，对投影，想象各部分形状

c) 想象整体形状

d) 画底板的左视图

e) 画耳板的左视图

f) 完成全图

图 5-26 补画视图的方法和步骤

**1. 分线框，对投影，想象各部分形状**

把主视图按线框分成上、下两部分，运用"长对正"分别从这两个线框出发，在俯视图上找出其对应部分。根据所对投影，可知组合体为上小下大，中间偏上部分有一带圆弧的耳板，耳板上穿一圆柱通孔；下面部分为带有长方形通槽和两个 U 形槽的长方形底板，长方形通槽位于底板下部中间，两个 U 形槽位于底板前部的左、右两侧，两部分形状如图 5-26b 所示。

**2. 定位置，看关系，组合各部分**

由主视图可知：耳板在上，长方形底板在下，且两板的前表面前后错开。从俯视图可知：耳板在底板的后部，两板的后表面平齐。从两视图可看出，两板的左右对称面重合在一起。

先将想象出的底板按视图所示的位置放置，再把耳板拼装在底板的上面，并使两板的后表面平齐，想象出的组合体整体形状如图 5-26c 所示。

**3. 逐一补画视图**

根据所想出的形体和主、俯视图上对出的对应部分，应用"高平齐、宽相等"分别画出下面的底板和上面的耳板的左视图。注意它们之间的相对位置，正确处理好有、无线的问题，如图 5-26d、e 所示，从而得到整个组合体的左视图。

**4. 检查、描深**

应用投影规律，以所给主俯视图为依据，检查左视图，无误后描深，如图 5-26f 所示。

**【例 5-6】** 如图 5-27a 所示，已知夹头的主视图和俯视图，补画出夹头的左视图。

**解** 分析：由给出的两个视图可以看出，它的主体部分是一个长方体，从主视图可知，长方体的左上部和右上部各切去一个三角块，对照俯视图，发现长方体的中间的上部还开了一个方槽，另外中间的前后部，穿了一个圆孔。该形体的左、右，前、后分别对称。通过以上分析就可想象出这个形体的形状，如图 5-27b 所示。

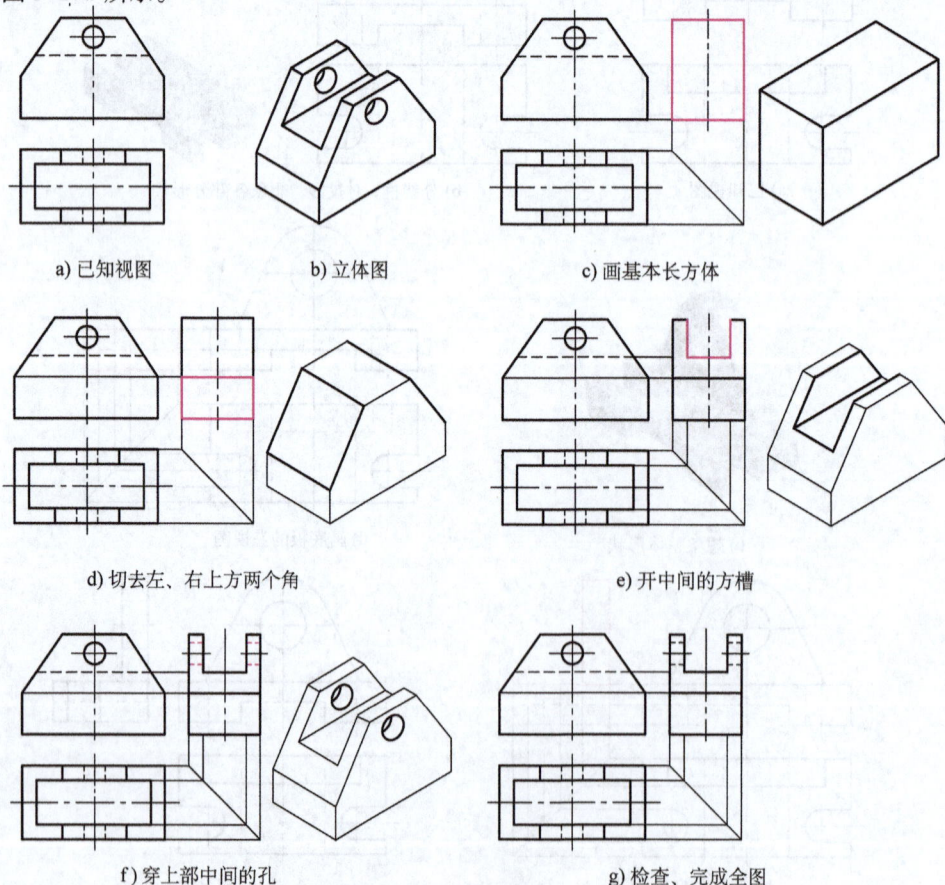

a) 已知视图　　　　b) 立体图　　　　c) 画基本长方体

d) 切去左、右上方两个角　　　　　　e) 开中间的方槽

f) 穿上部中间的孔　　　　　　g) 检查、完成全图

扫扫看

图 5-27 补画夹头的左视图

作图过程如下：

1）先画出没有截切的长方体的侧面投影，如图 5-27c 所示。

2）画切去左上部、右上部两角的投影，如图 5-27d 所示。

3）画中上部的方槽的侧面投影，如图 5-27e 所示。

4）画中间前后部的圆孔，如图 5-27f 所示。

5）最后检查，完成全图，如图 5-27g 所示。

**【例 5-7】** 如图 5-28a 所示，已知架体的主视图和俯视图，补画出架体的左视图。

**解** 分析：根据已知视图，运用形体分析法想象物体形状，将主视图分出三个线框，1′、2′、3′，在俯视图中寻找对应投影；由于找不到对应的类似线框，可假设与直线段 1、2、3 对应，说明三个封闭线框所表示的平面为三个正平面；以这三个正平面为前端面，将架体分为前、中、后三层，分别对应俯视图中的三个距离相等的直线，从高度方向看，又分为上、中、下三层；由中部的小圆孔的起止位置可知，面Ⅱ位于中层，中部的上方被挖去较大的半圆柱孔，中部的上、下方都挖去一半径较小且相等的半圆槽，一个在前，一个在后；其投影在俯视图和主视图上都可见，说明上面的应该靠后，下面的应该靠前，这样便可想象出整个架体的形状，如图 5-28d 所示。

其左视图的作图过程如下：

1）先画出架体外轮廓的侧面投影。

2）画下部切去的半圆柱槽的侧面投影，如图 5-28b 所示。

3）画上部切去的半圆柱槽的侧面投影，如图 5-28c 所示。

扫扫看

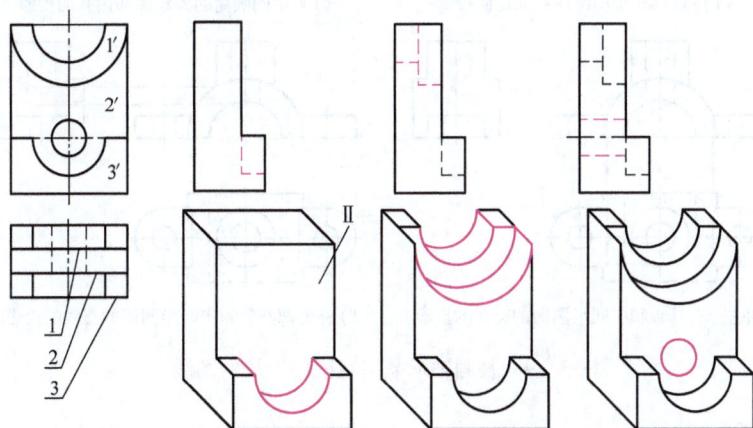

a) 已知条件　　b) 切去下部的半圆柱槽　c) 切去上部的半圆柱槽　d) 切去中部的圆孔

图 5-28　补画架体的左视图

4）画中后部的圆孔，如图 5-28d 所示。

5）最后检查、描深，完成全图。

## 二、补画缺线

补画缺线是用形体分析和线面分析法，根据已给视图，进行补充完整视图中遗漏的图线，使视图表达正确完整。

**【例 5-8】** 如图 5-29a 所示，补画轴承盖三视图中所缺的图线。

**解** 分析：根据所给的不完整视图，可初步看出轴承盖是由中间的半圆筒、左右的带孔耳板和上部中间的圆筒形凸台构成，如图 5-29b 所示。很明显，中间半圆筒在主视图和俯视图中的投影都不完整；耳板的内圆孔投影不完整；从主视图可看出，半圆筒与左右的带孔耳板之间是相交的，俯视图中缺少交线的投影，半圆筒与凸台之间也是相交的，左视图中缺少交线。

扫扫看

a) 已知视图                              b) 立体图

c) 补 U 形耳板内圆柱孔的正面投影          d) 补中间圆筒的外轮廓和内孔的投影

e) 补左、右耳板和中间半圆筒的交线的投影    f) 补上部凸台和中间半圆筒的交线的投影

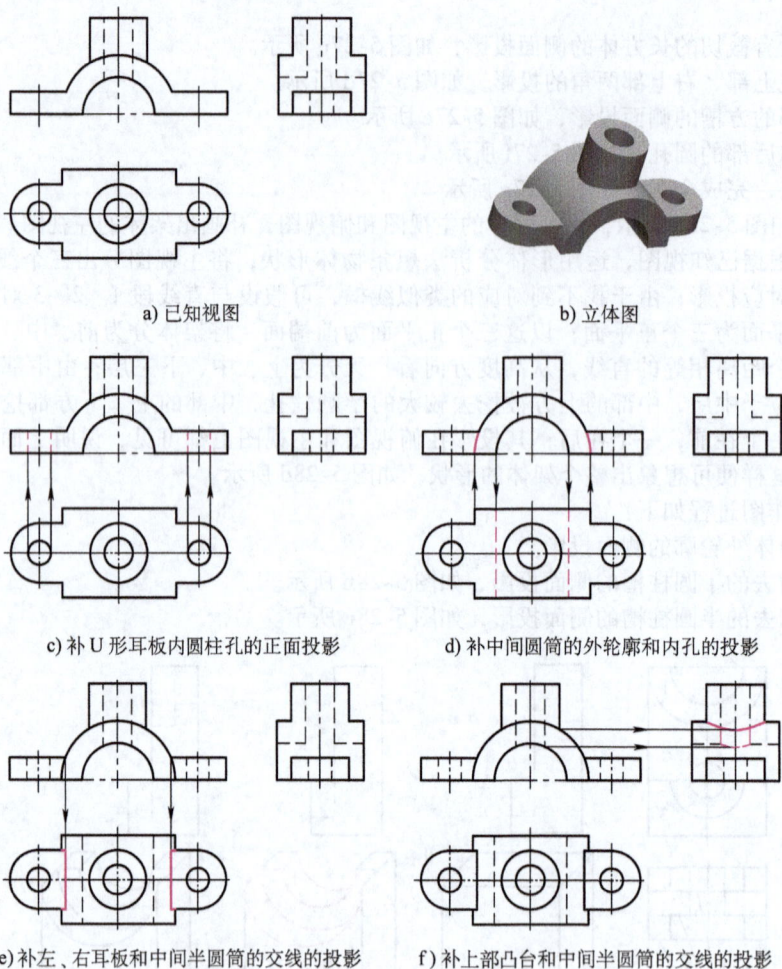

图 5-29   补画轴承盖三视图中所缺的图线

其作图步骤如下：

1）补全左、右的带孔耳板的正面投影，如图 5-29c 所示。

2）补全中间半圆筒的正面投影和水平投影，如图 5-29d 所示。

3）补全左、右的带孔耳板与中间的半圆筒的交线的投影，如图 5-29e 所示。

4）补全上部中间的圆筒形凸台与中间的半圆筒的交线的投影，如图 5-29f 所示。

【例 5-9】  如图 5-30a 所示，补画夹铁三视图中所缺的图线。

解  分析：根据所给的不完整视图，可初步看出夹铁的主体形状是在长方体的基础上，四周切去四个面形成的梯形棱台，然后在底部中间切出一燕尾槽，最后又在中间穿一圆柱孔，如图5-30b所示。很明显，中间圆柱孔的正面投影和燕尾槽的正面投影和水平投影没画出。对照主、左视图可知，梯形棱台的前、后两个面为侧垂面，左、右两个面为正垂面，这两正垂面和燕尾槽相交，可根据正垂面的投影特性进行作图。

其作图步骤如下：

1）根据正垂面的投影特性——两框对一线，补全被燕尾槽截切后的左、右侧面的水平投影，如图 5-30c 所示。

2）补画燕尾槽的正面投影，补画中间圆柱孔的正面投影，完成全图，如图 5-30d 所示。

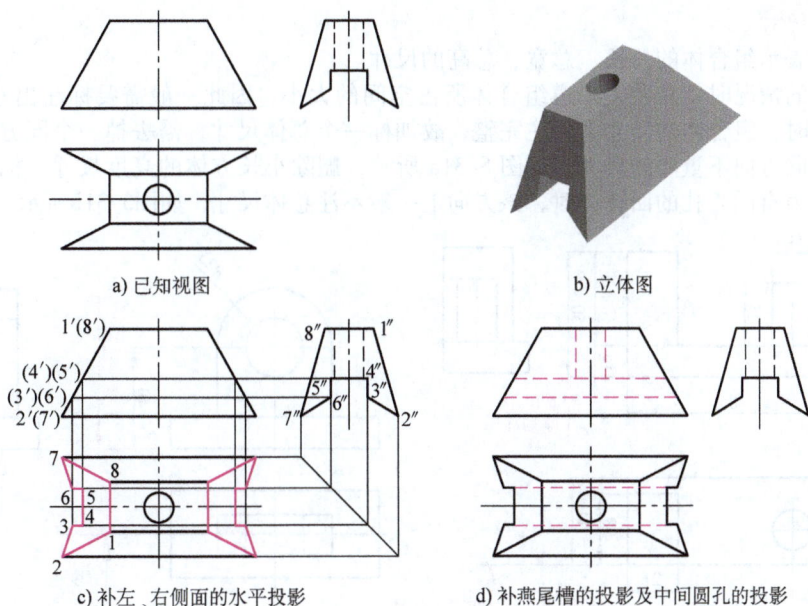

扫扫看

a) 已知视图                           b) 立体图

c) 补左、右侧面的水平投影        d) 补燕尾槽的投影及中间圆孔的投影

图 5-30　补画夹铁三视图中所缺的图线

# 第六节　组合体的尺寸标注

视图只能表达物体的形状，它的大小和各部分之间的相对位置需由标注的尺寸来确定。因此，正确标注尺寸非常重要，标注组合体尺寸的基本要求是正确、完整、清晰。正确是标注的尺寸数值应准确无误，标注方法要符合国家标准中有关尺寸注法的基本规定。本节主要介绍如何使尺寸标注完整和清晰。

## 一、标注尺寸要完整

根据形体分析，组合体可看成由若干基本体组成，如果标出这些基本体的定形尺寸及各基本体之间的定位尺寸，即可完全确定组合体。标注尺寸必须能唯一确定组成组合体的形状、大小和各组成部分的相对位置，做到无遗漏，不重复。从形体分析出发，可将组合体的尺寸分为定形尺寸、定位尺寸、总体尺寸。

### （一）定形尺寸

确定各基本体大小、形状的尺寸称为定形尺寸。各种基本体的定形尺寸数量是一定的，标注时，要做到不能多，也不能少，但要注意基本体在与其他形体组合形成组合体时，若有同长、同高、同宽之一时，要省略一个尺寸，若有两个或两个以上的基本体成规律布置时，只标一个基本体的定形尺寸。

### （二）尺寸基准和定位尺寸

#### 1. 尺寸基准

尺寸基准就是标注尺寸的起点，简称为基准。基准可分为主要基准和辅助基准。组合体是一具有长、宽、高三个方向尺寸的空间形体，每个方向应各有一个主要基准。一般选较大的平面、对称面、回转体的轴线作为主要基准，如图 5-31 所示。当形体复杂时，允许有一个或几个辅助基准，辅助基准与主要基准之间要有尺寸联系。如图 5-31a 中，圆柱体的定位尺寸 17 是从辅助基准出发进行标注的。它们之间的联系尺寸是 85。

#### 2. 定位尺寸

定位尺寸是确定各组成部分在组合体中相对位置的尺寸。标注定位尺寸时，应首先选择好尺寸基准。基本体的定位尺寸最多有三个，若基本体在某方向上处于叠加、平齐、对称、同轴之一时，应省略该方向上的一个定位尺寸。如图 5-31a 中，底板上面长方体的长度和宽度方向的定位尺寸均省略。

### （三）总体尺寸

总体尺寸是表示组合体的总长、总宽、总高的尺寸。

在研究空间的情况时，总希望知道组合体所占空间的大小，因此一般需要标注出总体尺寸，但是在标注总体尺寸时，组合体的尺寸已标注完整，故加标一个总体尺寸，需去掉一个同方向的其他尺寸，一般要去掉一个同方向不重要的尺寸。如图 5-31a 所示，删除小长方体的高度尺寸，标注总高。另外，当组合体的一端为有同心孔的回转体时，该方向上一般不注总体尺寸，如图5-31b所示。

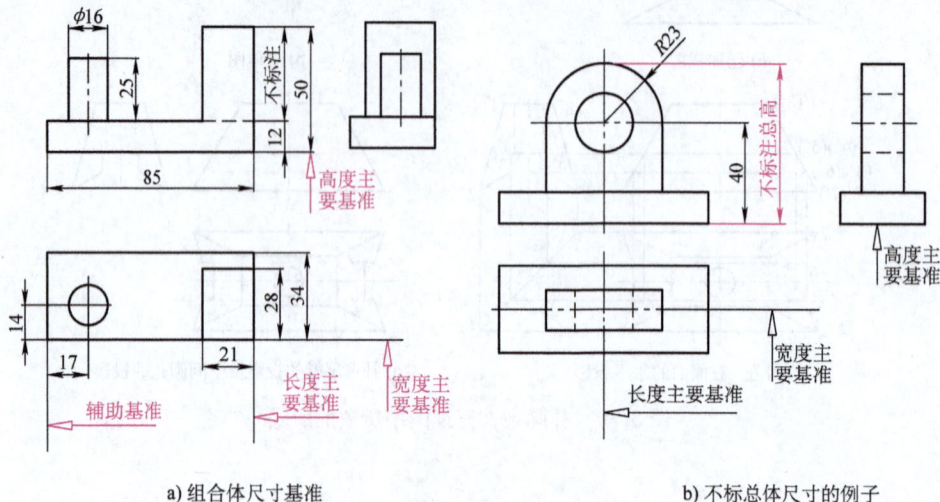

a) 组合体尺寸基准　　　　　　　　　　　　　　b) 不标总体尺寸的例子

图 5-31　组合体尺寸标注情况

## 二、标注尺寸要清晰

为了便于读图和查找相关尺寸，在标注尺寸时，除了完整之外，还要使所标的尺寸清晰，排列整齐。为此，在标注尺寸时应注意以下几点：

1）遵守标准，布局整齐。一般应将尺寸注写在图形轮廓线之外，若所引尺寸界线太长或多次与图线交叉，可注在图形之内适当的空白处；互相平行的尺寸应小尺寸在内，大尺寸在外，以免尺寸线与尺寸界线相交，各尺寸线之间的间隔应大致相等。同一方向上连续尺寸标注如图5-32所示。

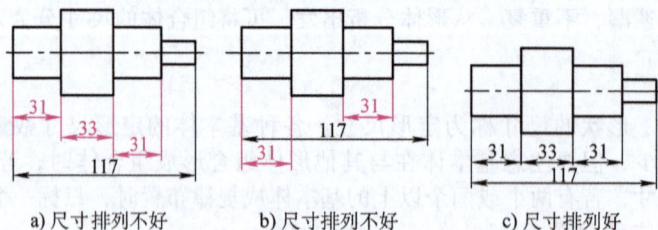

a) 尺寸排列不好　　　　　　b) 尺寸排列不好　　　　　　c) 尺寸排列好

图 5-32　同一方向上的连续尺寸

2）突出特征，集中标注。一般将尺寸尽量集中标注在最能反映各部分形状特征的视图上。如图5-33所示，底板的各部分的定形、定位尺寸都集中标注在反映该部分形状特征的特征视图——俯视图上。

## 三、标注尺寸的步骤

标注尺寸时，一般先对组合体进行形体分析，选定三个方向的尺寸基准，标注出定形尺寸和定位尺寸，然后标总体尺寸，调整其他尺寸，最后检查。

以图 5-13 所示组合体为例说明标注尺寸的步骤如下：

（1）进行形体分析　如图 5-13 所示，将组合体分成三个部分，分析它们之间的组成方式及相邻表面的相对位置。

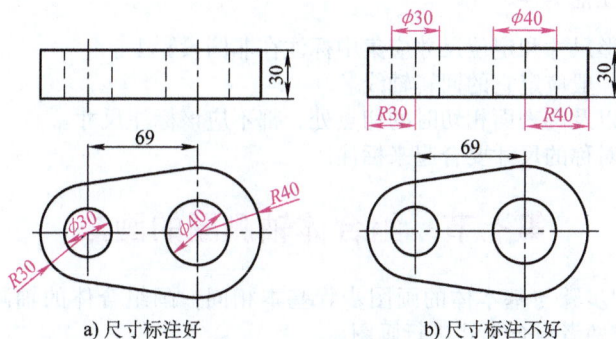

a) 尺寸标注好  b) 尺寸标注不好

图 5-33  尺寸标注比较

（2）选定尺寸基准  选底板的底面和后端面作为高度方向和宽度方向的尺寸基准，由于形体左右对称，所以以对称面作为长度方向的尺寸基准，如图 5-34a 所示。

（3）标注定形尺寸和定位尺寸  逐个形体，先标出其定形尺寸，然后标出其定位尺寸。一般从组合体的尺寸基准出发，标出各基本体的定位尺寸，如图 5-34b、c、d 所示。

以 U 形块为例，先标定形尺寸，$\phi24$、$R26$、19 为 U 形块的定形尺寸，高度方向的定形尺寸可计算出（54 – 14），不标。然后标定位尺寸，长度方向对称居中，此方向上的定位尺寸为零，不标注，宽度方向后平面和底板的后平面平齐，则省略该方向的定位尺寸（因此时的定位尺寸也为零），高度方向上的定位尺寸为 54。

（4）标注总体尺寸  总长、总宽和底板的长、宽分别相等，不用再标。对于一端为回转体的形体，一般不标总体尺寸，因此不标总高。

（5）检查  检查尺寸是否标注齐全，有没有多标尺寸，如图 5-34d 所示。

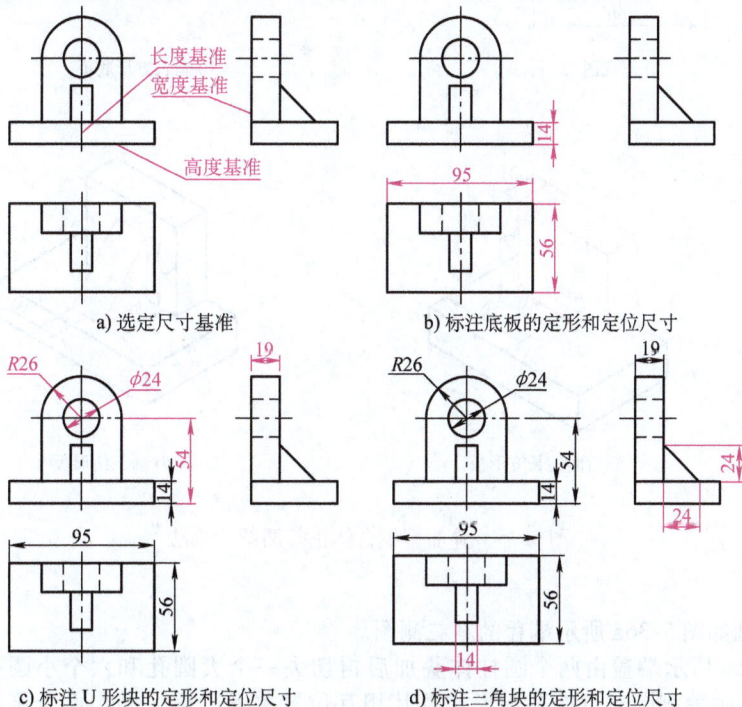

a) 选定尺寸基准  b) 标注底板的定形和定位尺寸

c) 标注 U 形块的定形和定位尺寸  d) 标注三角块的定形和定位尺寸

图 5-34  组合体的尺寸标注

## 四、标注尺寸的注意事项

1）圆柱和圆锥的定形尺寸和定位尺寸应集中标注在非圆投影上。
2）定回转体的位置一般应定它的回转轴线。
3）截交线与相贯线以及两表面相切时的切点处，都不应该标注尺寸。
4）对某个尺寸基准对称的尺寸要合起来标注。

# 第七节 组合体轴测图的画法

组合体轴测图的画图步骤与基本体的画图步骤基本相同，画组合体的轴测图时应进行形体分析，根据组合体叠加、切割或两者组合形式进行画图。

【例5-10】 画如图5-35a所示组合体的正等测图。

**解** 如图5-35a所示组合体由三个基本体叠加而成，画轴测图时可按叠加形式及其相互位置关系，逐一画出每个基本体的轴测图。具体作图步骤如图5-35b、c、d所示。

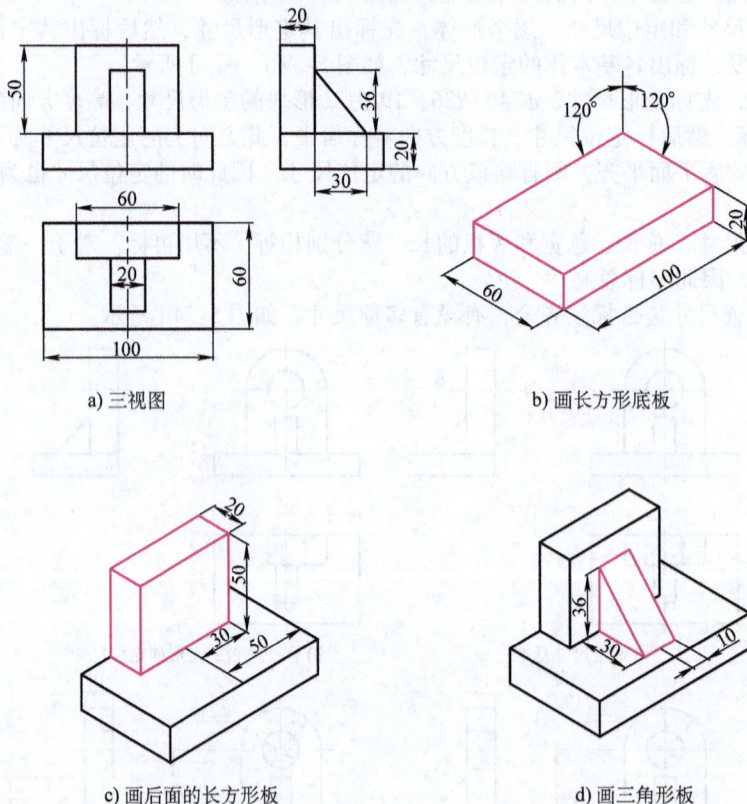

a) 三视图  b) 画长方形底板

c) 画后面的长方形板  d) 画三角形板

图5-35 叠加型组合体正等测图的画法

【例5-11】 画如图5-36a所示端盖的斜二测图。

**解** 如图5-36a所示端盖由两个圆柱体叠加后再切去一个大圆孔和六个小圆孔而形成的，属于综合式的组合体。画轴测图时可按叠加形式及其相互位置关系，逐一画出两个圆柱体的轴测图，再按切割形式及其相互位置关系切去六个圆孔。具体作图步骤如图5-36b、c、d、e所示。

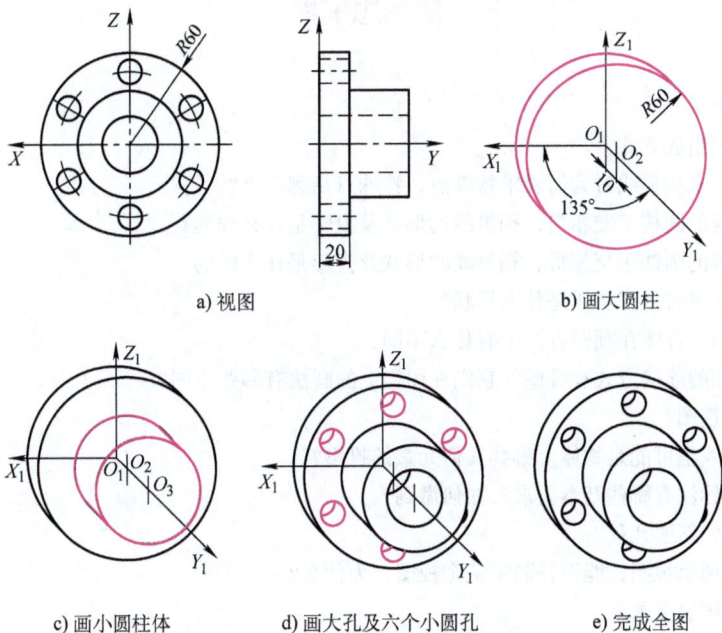

a) 视图                b) 画大圆柱

c) 画小圆柱体      d) 画大孔及六个小圆孔      e) 完成全图

图 5-36    端盖的斜二测图画法

# 本 章 小 结

本章主要讨论了组合体的画图、读图、尺寸标注方法和轴测图的画法。为后续绘制零件图、装配图作准备。

1. 两基本体相交称为相贯，在表面会产生相贯线，求相贯线的步骤如下：

1）分析基本体的表面性质，根据基本体的投影，求出相贯线的特殊点，以确定相贯线的范围。

2）求一定数量的中间点。

3）根据相贯线在基本体上的位置，判断可见性。

4）根据可见性，可见的用粗实线，不可见的用细虚线，依次连接各点的同面投影，即得相贯线的投影。

2. 用形体分析法画组合体的视图就是将比较复杂的组合体分解成若干个基本体，按其相互位置和相邻表面的连接关系，逐个画出各基本体的视图，将这些基本体组合起来，即可得整个组合体的视图。

3. 用形体分析法读组合体的视图就是通过形体分析把组合体视图分解成若干个基本体的视图，并分别想象它们的形状，再按其相互位置将这些基本体组合起来，从而想象组合体的整体形状。

4. 用形体分析法标注组合体的尺寸就是将组合体分解成若干个基本体后，逐个标出其定形和定位尺寸，然后标出组合体的总体尺寸。通常遗漏的是定位尺寸，因此在标注尺寸时要特别注意，但也不要多标注尺寸。

5. 形体分析法是组合体画图、读图、标注尺寸的主要方法。由于组成组合体的各部分经常是不完整的基本体，有表面交线出现，因此除用形体分析法外，还要从表面交线入手，运用线面分析法进行分析。并应注意画图时画交线，读图时分析交线，标注尺寸时交线上不标尺寸。

6. 画组合体的轴测图时也要应用形体分析法进行分析，根据组合体的组合方式进行绘制。

## 复习思考题

1. 什么是组合体？
2. 什么是形体分析法？
3. 组合体有哪几种组成方式？
4. 什么是相贯线？求相贯线时为何要求特殊点，特殊点指哪些点？
5. 两回转半径不等的圆柱正交相贯，相贯线的形状及投影是什么样的？
6. 两回转半径相等的圆柱正交相贯，相贯线的形状及投影是什么样的？
7. 圆锥与球同轴相贯时的相贯线是什么形状？
8. 叠加型、切割型组合体在画图方法上有什么不同？
9. 组合体相邻表面的连接方式有哪些？它们在图样上的画法有哪些不同？
10. 如何看组合体视图？
11. 视图中的封闭线框可能是物体上哪些几何元素的投影？
12. 组合体的尺寸标注有哪些基本要求？如何做到？
13. 组合体的尺寸包括哪几种？
14. 已知组合体的两个视图，能否补画第三个视图，为什么？
15. 组合体的轴测图怎么画？

# 第六章

# 机件的表达方法

在工程实际中，机件（包括零件、部件、机器）的结构形状千变万化，有繁有简，用三视图有时难以表达清楚机件的内外形结构，为此，国家标准《机械制图》（GB/T 4458.6—2002）、《技术制图》（GB/T 17451—1998）中规定了视图的画法，《机械制图》（GB/T 4458.6—2002）、《技术制图》（GB/T 17452—1998）中规定了剖视图和断面图的画法。绘图时可根据具体情况适当选用。本章主要介绍视图、剖视图、断面图的画法和简化画法。

【知识要求】
1) 学习基本视图、向视图、局部视图、斜视图的形成及用途，掌握其画法和相关标注。
2) 重点掌握各种剖视图、断面图的概念、画法和标注，特别是全剖视图、半剖视图、局部剖视图和移出断面图。
3) 熟悉常见的简化画法及其规则。
4) 了解第三角投影。

【技能要求】
1) 能灵活运用各种表达方法正确清晰地表达物体的结构。
2) 能根据物体所给视图想象其形状。

## 第一节　视　　图

机件向投影面投射所得的图形称为视图。视图主要用于表达机件的外部结构形状，一般只画出机件的可见部分，必要时才画出其不可见部分，不可见部分用虚线表示。视图可分为：基本视图、向视图、局部视图、斜视图。

### 一、基本视图

对于复杂的机件，为了清楚地反映出机件上、下、左、右、前、后六个方向的形状，在原有三个投影面的对面，再增添三个互相垂直的投影面，如同一个六面体盒子，这个六面体的六个面称为基本投影面。将机件放在这个盒子的中央，分别向各基本投影面投射，所得到的六个视图称为基本视图。除了前面已经介绍过的主、俯、左视图外，还有从右向左投射所得的右视图，从下向上投射所得的仰视图，从后向前投射所得的后视图。

基本投影面的展开方法：保持 V 面不动，俯视图向下旋转90°，仰视图向上旋转90°，右视图向左旋转90°，后视图先向右旋转90°，然后随左视图一起向右旋转90°，如图 6-1 所示。

六个基本投影面的配置关系，如图6-2所示。它们之间的投影关系要满足"长对正、高平齐、宽相等"的原则，即主、俯、仰、后视图之间保持长对正；主、左、右、后视图之间保持高平齐；俯、仰、左、右视图之间保持宽相等。除后视图外，各视图靠近主视图的一侧均表示机件的后面；

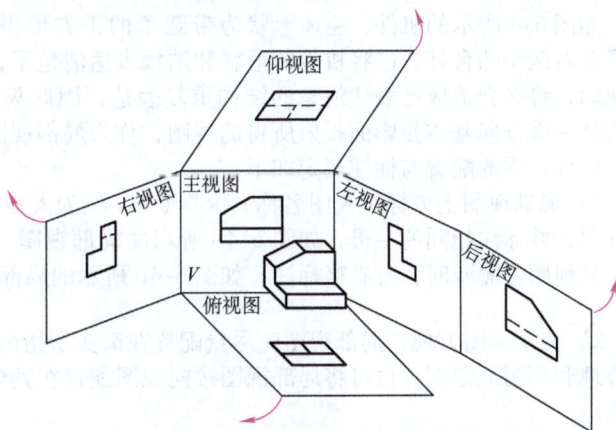

图 6-1　六个基本视图的形成及其展开方法

各视图远离主视图的一侧均表示机件的前面，后视图的左侧表示机件的右面，右侧表示机件的左面。

六个基本视图若画在同一张图纸上，并按图 6-2 所示的规定位置配置时，一律不标注视图名称。基本视图主要用于表达机件在基本投射方向上的外形，实际绘图时，应根据机件外形的复杂程度选择必要的视图。

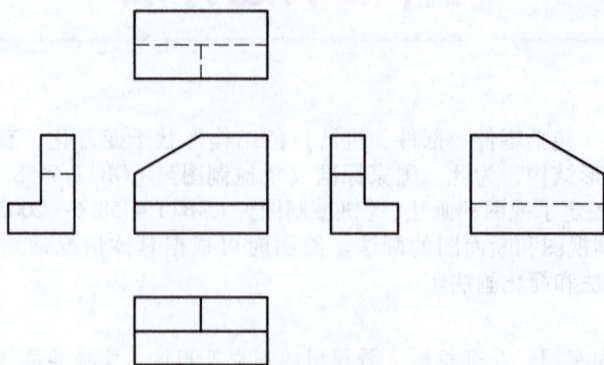

图 6-2　六个基本视图的配置关系

## 二、向视图

向视图是可以自由配置的视图。有时根据专业的需要，或为了合理地利用图纸的幅面，视图可以不按规定位置配置，这时，可以用向视图来表示。按向视图配置的视图要进行标注，即在向视图的上方正中位置标注"×"（"×"为大写拉丁字母），在相应的视图附近用箭头指明投射方向，并标注相同的字母，如图 6-3 所示。

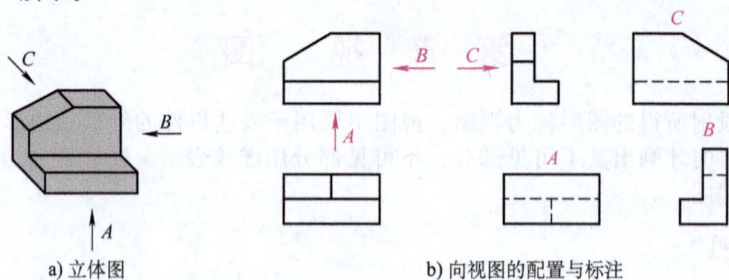

a) 立体图　　　　　　　　b) 向视图的配置与标注

图 6-3　向视图

## 三、局部视图

如图 6-4 所示的机件，主体形状为带圆角的正方形平板上叠加同轴的圆筒，采用主、俯视图后，除了左右两个凸台外，已将机件的形状和结构表达清楚了，如果为了表达这两个凸台，画出完整的左、右视图，势必会造成已表达清楚的结构重复表达，因此只需将凸台部分向基本投影面投影，这种将机件的某一部分向基本投影面投射所得的视图，称为局部视图。

局部视图的配置与标注规定如下：

1）局部视图上方标出视图名称"×"（"×"为大写拉丁字母），在相应的视图附近用箭头指明投射方向，并标注相同的字母，如图 6-4b 所示的局部视图"B"。当局部视图按投影关系配置，中间又没有其他图形隔开时，可省略标注，如图 6-4b 所示的局部左视图。

2）为了读图方便，局部视图应尽量配置在箭头所指的一侧，并与原基本视图保持投影关系。但为了合理利用图纸幅面，也可将局部视图按向视图配置在其他适当的位置，如图 6-4b 中的局部视图"B"所示。

3）局部视图的断裂边界用波浪线表示，如图 6-4b 所示的局部左视图。但当所表达的部分是与其

a) 立体图　　　　　　b) 正确的局部视图　　　　　b) 波浪线的错误画法

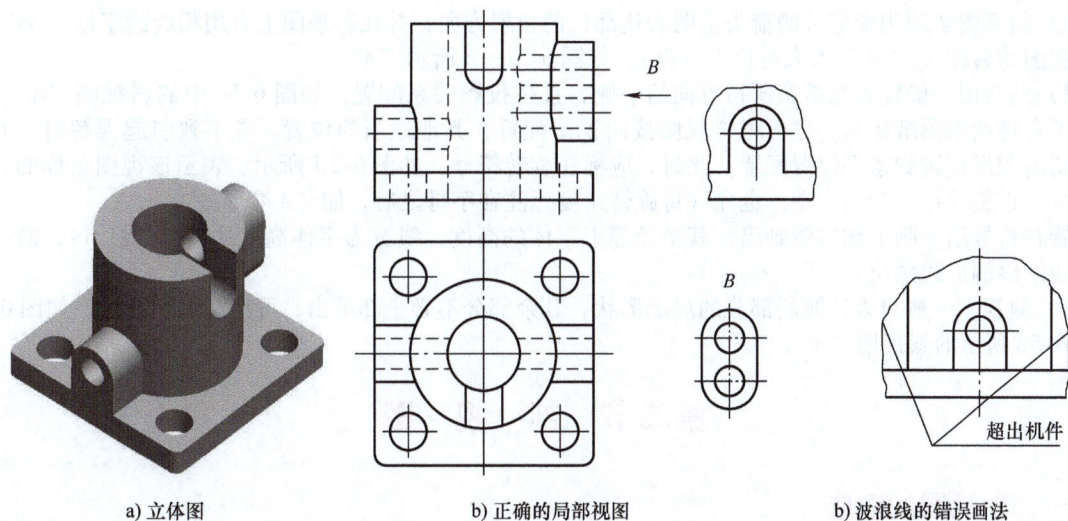

图 6-4　局部视图的配置与标注

他部分截然分开的完整结构，且外轮廓线自成封闭时，波浪线可以省略不画，如图 6-4b 所示的局部视图"B"。画波浪线时应注意：①不应与轮廓线重合或画在其他轮廓线的延长线上；②不应超出机件的轮廓线；③不应穿空而过。

### 四、斜视图

当机件上某部分的倾斜结构不平行于任何基本投影面时，这部分结构在基本视图中的投影将会失真，如图 6-5a 所示。为反映该部分的实形，可增设一个新的辅助投影面，使其与机件的倾斜部分平行，且垂直于某一个基本投影面，如图 6-5b 所示。将机件上的倾斜部分向新的辅助投影面 P 投射，再将新投影面按箭头所指方向，旋转到与其垂直的基本投影面重合的位置，即可得到反映该部分实形的视图。这种将机件向不平行于基本投影面的平面投射所得的视图，称为斜视图。

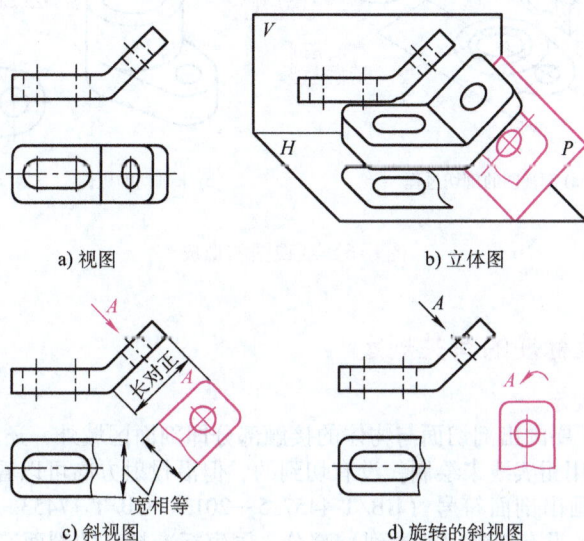

a) 视图　　　　　　　　　b) 立体图

c) 斜视图　　　　　　　d) 旋转的斜视图

图 6-5　斜视图

斜视图的配置与标注规定如下：

1）斜视图必须用带字母的箭头指明表达部位的投射方向，并在斜视图上方用相同的字母"×"标注斜视图的名称（"×"为大写拉丁字母），如图6-5c、d所示"A"。

2）斜视图一般配置在箭头所指方向的一侧，且按投影关系配置，如图6-5c中的斜视图"A"。有时为了合理利用图纸幅面，也可将斜视图按向视图配置在其他适当的位置。在不致引起误解时，允许将倾斜的图形旋转到水平位置配置，此时，应标注旋转符号，如图6-5d所示。表示该视图名称的大写字母应靠近旋转符号的箭头端。也允许将旋转角度标注在字母之后，如"A 45°↷"。

旋转符号用半圆形细实线画出，其半径等于字体的高度，线宽为字体高度的1/10或1/14，箭头按尺寸线的终端形式画出。

3）斜视图一般只表达倾斜部分的局部形状，其余部分不必全部画出，可用波浪线断开，如图6-5c和图6-5d所示的斜视图"A"。

# 第二节　剖　视　图

## 一、剖视图的形成

前面画机件的视图时，机件上不可见的轮廓线用细虚线来表示，如果机件的内部结构越复杂，虚线就越多，必然会形成虚、实线交错，混淆不清，既不便于标注尺寸，又容易产生差错，给画图、读图带来许多不便。如果假想用一个平面将机件切开，让它的内部结构显露出来，使机件看不见的部分变成了看得见，这样就可以解决上述问题。

如图6-6a所示，用平面P将形体剖开，把处于观察者和平面P之间的部分移走，将形体的剩余部分向平行于平面P的投影面投射，所得图形称为剖视图，如图6-6c所示。用来剖切的平面P称为剖切面。剖切面和机件的接触部分，即截交线围成的平面图形称为剖面区域。

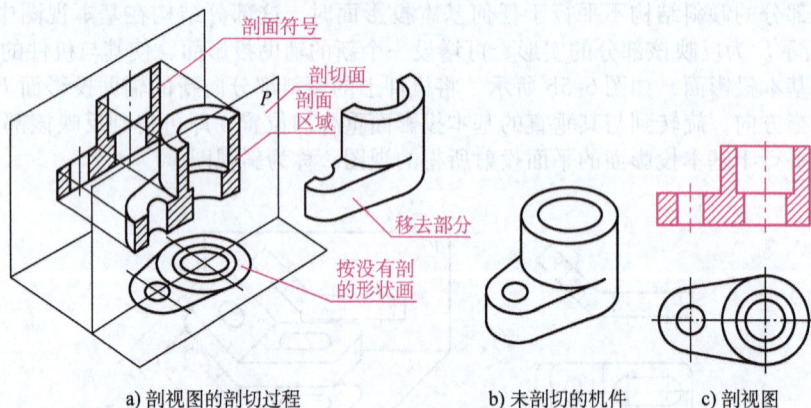

a) 剖视图的剖切过程　　　　b) 未剖切的机件　　c) 剖视图

图6-6　剖视图的形成

## 二、剖视图画法及标注的有关规定

### 1. 画剖视图的有关规定

1）画剖视图时，除了要画出剖切面与物体的接触部分即剖面区域外，还要画出沿投射方向看到的部分。剖面区域的轮廓线用粗实线来绘制，没有切到的，但沿投射方向可以看到的也要用粗实线绘制。

2）在剖面区域内要画出剖面符号（GB/T 4457.5—2013、GB/T 17453—2005），以区分剖面区域（剖到的）和非剖面区域（没有剖到但能看到）部分。国家标准规定的剖面符号见表6-1。

表 6-1　各种材料的剖面符号（GB/T 4457.5—2013）

| 名　称 | 剖面符号 | 名　称 | 剖面符号 |
|---|---|---|---|
| 金属材料（已有规定剖面符号者除外） |  | 木质胶合板（不分层数） |  |
| 非金属材料（已有规定剖面符号者除外） |  | 基础周围的泥土 | 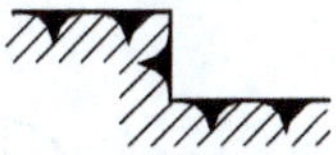 |
| 线圈绕组元件 | 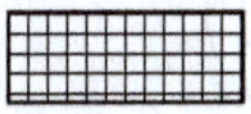 | 混凝土 | 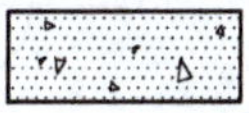 |
| 转子、电枢、变压器和电抗器等的叠钢片 | 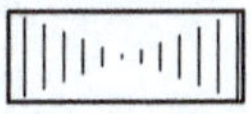 | 钢筋混凝土 | 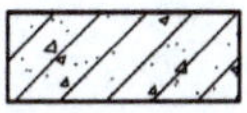 |
| 型砂、填沙、粉末冶金、陶瓷刀片、硬质合金刀片等 |  | 砖 |  |
| 玻璃及供观察用的其他透明材料 | 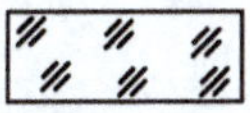 | 格网（筛网、过滤网等） | |
| 木材 纵剖面 | 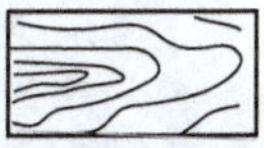 | 液体 | 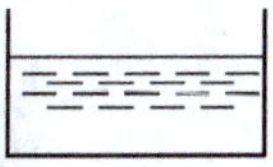 |
| 木材 横剖面 |  | | |

在机械制图中，表示金属材料的剖面符号为简单易画的平行细实线，这种符号通常也称为剖面线。绘制时要注意同一零件的各个剖面区域，剖面线的画法应一致，即方向相同、间距相等。剖面线的间隔要按剖面区域的大小进行选定，其方向最好与主要轮廓或剖面区域的对称线成45°角。

**2. 剖视图的标注**

为了便于读图，在画剖视图时，要指明剖切面的位置和指示视图间的投影关系。剖视图的标注有三个要素：

1）剖切线：指示剖切面位置的线，用细点画线表示。剖视图中通常省略不画此线。

2）剖切符号：用以指示剖切面的起讫和转折位置（用粗短画表示）及投射方向（用箭头表示）的符号。

3）字母：表示剖视图的名称（用大写拉丁字母表示）。

剖视图的具体标注方法如下：

1）剖切位置：用线宽$(1\sim1.5)b$、长 $5\sim10$mm 的粗实线（粗短画）表示剖切面的起、讫和转折位置，如图 6-7b 所示。为了不影响图形的清晰，剖切符号中的短粗画应避免与轮廓线相交或重合。

2）投射方向：在表示剖切平面起、讫的粗短画外侧画出与其垂直的箭头，表示剖切后的投射方向，如图 6-7a 所示。

3）剖视图名称：在表示剖切平面起、讫和转折位置的粗短画外侧写上相同的大写拉丁字母"×"，并在相应的剖视图上方正中位置用同样的字母标注出剖视图的名称"×—×"，字母一律按水平位置书写，字头朝上，如图 6-7a、b 所示。在同一张图样上，同时有几个剖视图时，其名称应顺序编写，不得重复。

标注的注意事项：

1）当剖视图处于基本视图的位置，且按投影关系配置，中间又没有其他的图形隔开时可省略箭头，如图 6-7b 所示。

2）当单一剖切平面通过对称平面或基本对称的平面，且剖视图按投影关系配置，中间又没有其他的图形隔开时，不必标注，如图 6-7c 所示。

a) 完整标注的剖视图　　　b) 省略箭头时　　　c) 不标注时

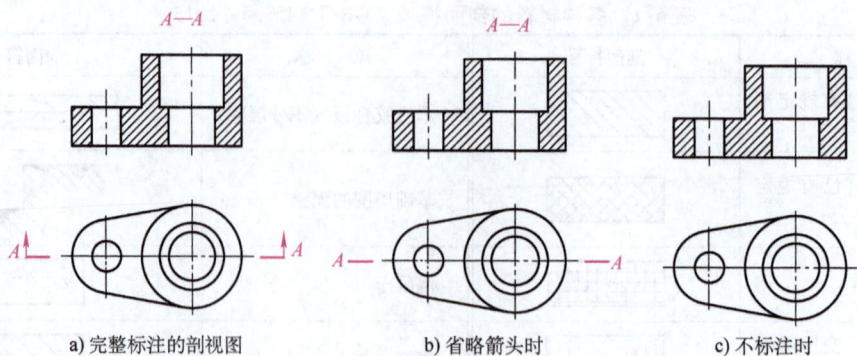

图 6-7　剖视图的标注

### 三、剖视图的画图步骤

#### 1. 剖视图的画图步骤

以图 6-8a 所示的摇臂为例说明画剖视图的步骤。

扫扫看

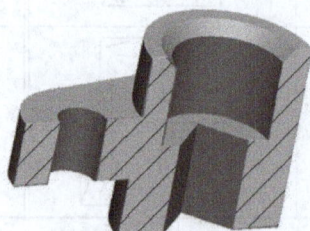

a) 完整摇臂的立体图　　　b) 假想切开的摇臂的立体图

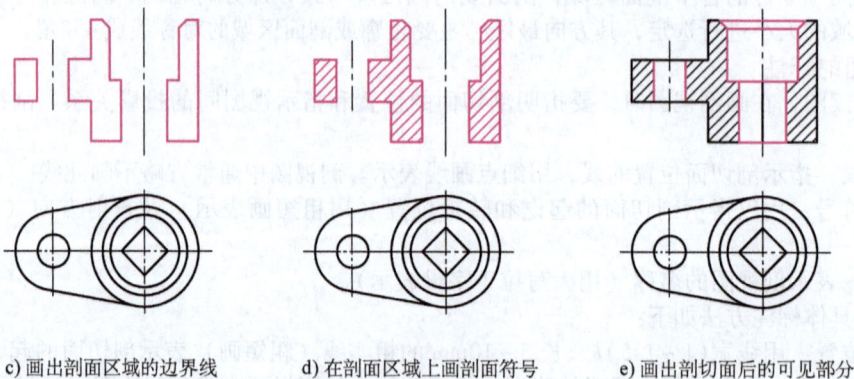

c) 画出剖面区域的边界线　　d) 在剖面区域上画剖面符号　　e) 画出剖切面后的可见部分

图 6-8　剖视图的画图步骤

1）确定剖切位置，为使剖切的结构能反映实形，剖切平面一般通过孔、洞、槽等结构的中心线或对称中心线，剖切平面应平行于投影面，本例取过孔中心线的平面作为剖切平面，如图6-8b所示。

2）画出剖面区域的边界，并在剖面区域上画上相应材料的剖面符号，如图 6-8c、d 所示。

3）画出剖切后机件的所有可见部分，如图 6-8e 所示。

4）用剖切符号标注出剖切平面的位置和投射方向以及剖视图的名称。本图属于省略标注的第二种情况，不作标注。检查全图，进行不可见部分的取舍处理。

#### 2. 画剖视图应注意的事项

1）剖切是为了表达清楚机件而采用的一种假想的画法，因此除了画剖视图外，其他的视图还按原来不剖时的完整机件画出。如图 6-9 中的俯视图只画一半是错误的。

2）如果几个视图同时采用剖视图，它们之间相互独立、各有所用、互不影响。

3）剖切平面后的所有可见部分都要用粗实线画出，不得遗漏。剖切面之前的已剖去部分的轮廓线不画。如图 6-9 中的主视图中，漏画了剖切面之后的可见部分：圆锥和圆柱的交线、四棱柱后面的棱边、圆柱和四棱柱之间的台阶面的投影。多画了剖切面之前的剖去部分。

4）剖视图中一般不画不可见的轮廓线，只有当必须在剖视图上表达某些结构，否则就得增加视图数量时，才画上某些必要的虚线。如图 6-10 中相互垂直的两条虚线。

5）为反映实形，剖切平面应通过机件的对称面或孔、槽的中心线，应避免剖切出不完整的要素或不反映实形的剖面区域。

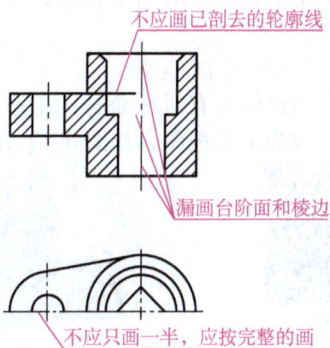

不应画已剖去的轮廓线

漏画台阶面和棱边

不应只画一半，应按完整的画

图 6-9 剖视图中的错误

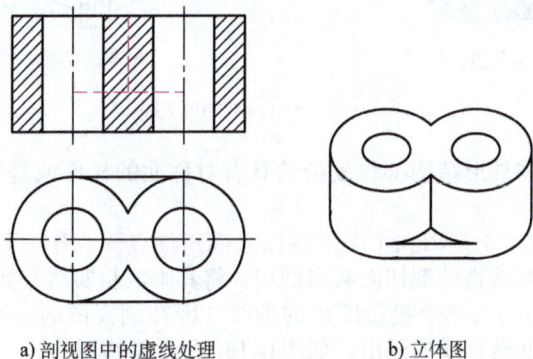

扫扫看

a) 剖视图中的虚线处理      b) 立体图

图 6-10 画剖视图的注意事项

## 四、剖视图的分类

根据机件表达需要和剖切范围，剖视图分为全剖视图、半剖视图、局部剖视图三种。

### （一）全剖视图

将机件用剖切平面完全地剖开，画出的剖视图称为全剖视图。如图 6-11 中泵盖的主视图和左视图就是全剖视图。

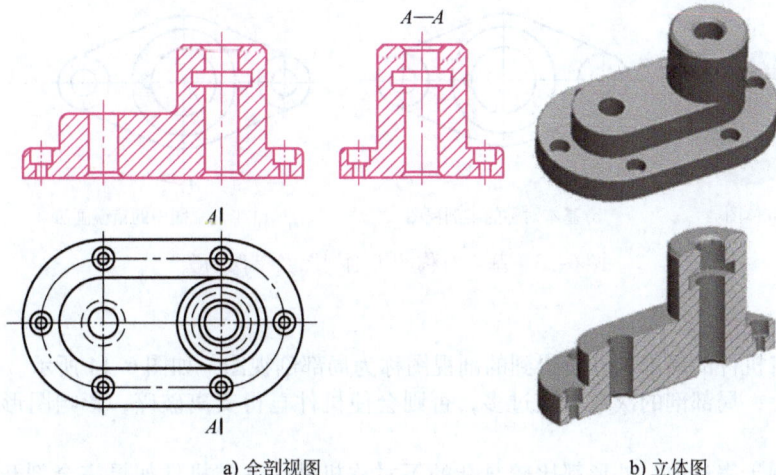

$A—A$

扫扫看

a) 全剖视图      b) 立体图

图 6-11 泵盖的全剖视图

全剖视图一般用于表达外形比较简单或外形结构在其他投影中已表达清楚、内部结构较复杂的机件。

### （二）半剖视图

当形体具有对称面时，在垂直于对称面的投影面上，可以画出由半个视图和半个剖视图拼成的图形，称为半剖视图，如图6-12所示。

a) 立体图　　　　b) 半剖视图

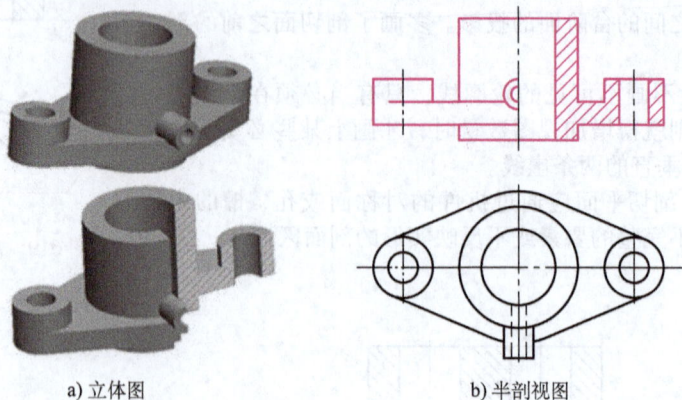

图6-12　连杆的半剖视图

半剖视图一般用于表达内外形结构都较复杂的具有对称面的机件或基本对称的机件。画半剖视图时要注意以下几点：

1）在半剖视图中，规定半个视图和半个剖视图之间用细点画线作为分界线。不能画成其他图线，更不能理解为机件被两个相互垂直的剖切面共同剖切，将其画成粗实线，如图6-13c所示是错误的。

2）在表达机件的外形结构的半个投影图中的虚线，因在剖视图的一半已表达清楚，不需画出虚线，但对称结构的中心线、回转轴线应画出，如图6-13c所示是错误的。

3）半剖视图的标注和全剖视图的标注完全相同，如图6-13c所示是错误的。

4）半剖视图的尺寸标注要注出完整的尺寸大小，尺寸线的一端画箭头，一端不画箭头，不画箭头的一端要略超过对称中心线，如图6-13b所示。

a) 立体图　　　b) 基本对称的半剖视图　　　c) 半剖视图中的错误画法

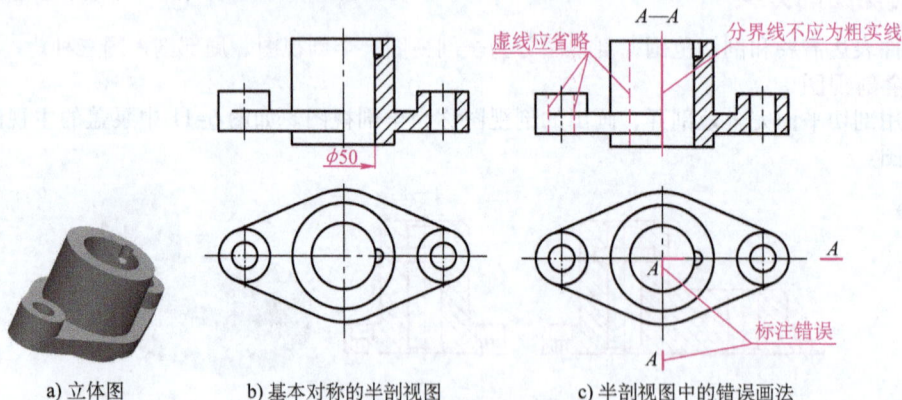

图6-13　基本对称的半剖视图及错误画法

### （三）局部剖视图

用剖切平面将机件的局部剖开所得到的剖视图称为局部剖视图，如图6-14所示。

在一个视图上，局部剖的次数不宜过多，否则会使机件显得支离破碎，影响图形的清晰性和形体的完整性。

局部剖视图用于表达内、外形都比较复杂的不对称机件，这类机件如果完全剖开，就无法表达其外形结构；也适用于不宜用半剖视图表达的对称机件（分界线上出现轮廓线的投影），如图6-15所示。

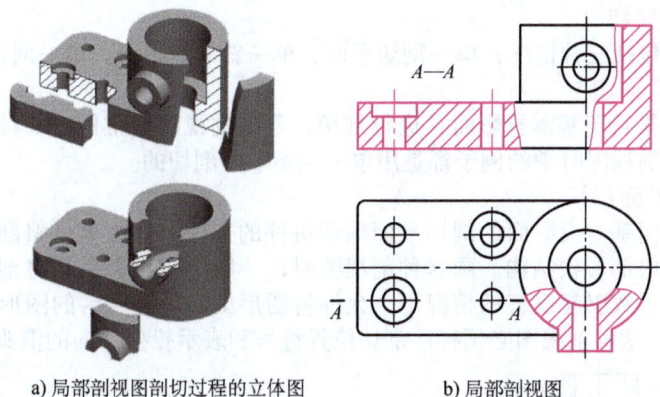

a) 局部剖视图剖切过程的立体图　　　b) 局部剖视图

图 6-14　局部剖视图

画局部剖视图应注意以下几点：

1）剖视图部分和视图部分之间用波浪线作为分界线。

2）波浪线不得与视图的轮廓线重合，也不要画在其他图线的延长线上。

3）波浪线表示机件断裂处的边界线，因此波浪线不得通过孔、洞等中空的地方，也不能超出图形的轮廓线，如图 6-16 所示。

当单一剖切平面的位置明显时，局部剖视图不必标注。但当剖切位置不明显或局部剖视图未按投影关系配置时，则需标注。

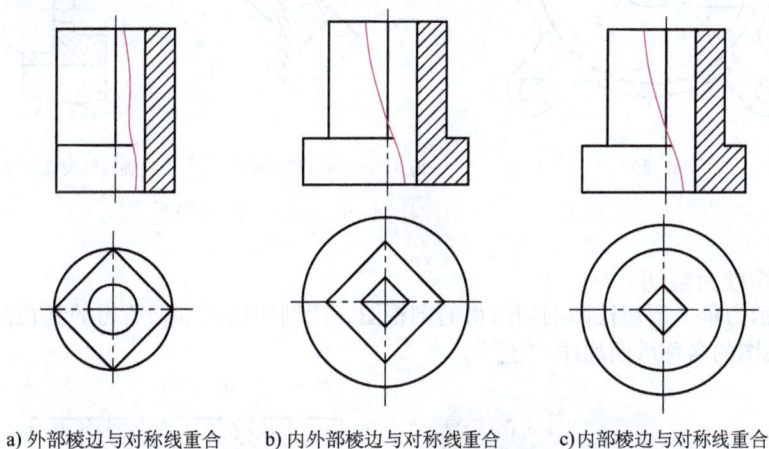

a) 外部棱边与对称线重合　　b) 内外部棱边与对称线重合　　c) 内部棱边与对称线重合

图 6-15　局部剖视图的用途

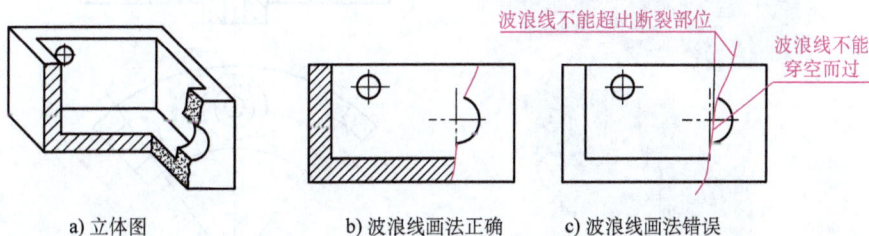

a) 立体图　　b) 波浪线画法正确　　c) 波浪线画法错误

图 6-16　局部剖视图中的波浪线的画法

## 五、剖切面的种类

由于机件的内部结构各种各样，故剖切方法也不同。为此国家标准规定可采用下列方法剖切：

**（一）单一剖切面剖切**

用单一剖切面剖切包括三种情况：单一剖切平面、单一斜剖切平面、单一剖切柱面。

**1. 用单一剖切平面剖切**

用单一剖切平面（平行于基本投影面）进行剖切，是画剖视图最常用的一种方法。前面介绍全剖视图、半剖视图、局部剖视图时举的例子都是用单一剖切平面剖切的。

**2. 用单一斜剖切平面剖切**

用一个不平行于任何基本投影面的剖切平面剖切机件的方法，称为单一斜剖切平面剖切，常用来表达机件上倾斜部分的内部形状结构。画这种剖视图时，一般应按投影关系将剖视图配置在箭头所指的一侧的对应位置。在不致引起误解的情况下，允许将图形旋转。旋转后的图形要在其上方标注旋转符号（画法同斜视图）。这种剖视图必须标注剖切位置符号和表示投射方向的箭头，如图6-17所示。

扫扫看

a) 视图        b) 未旋转的局部剖视图        c) 旋转的局部剖视图

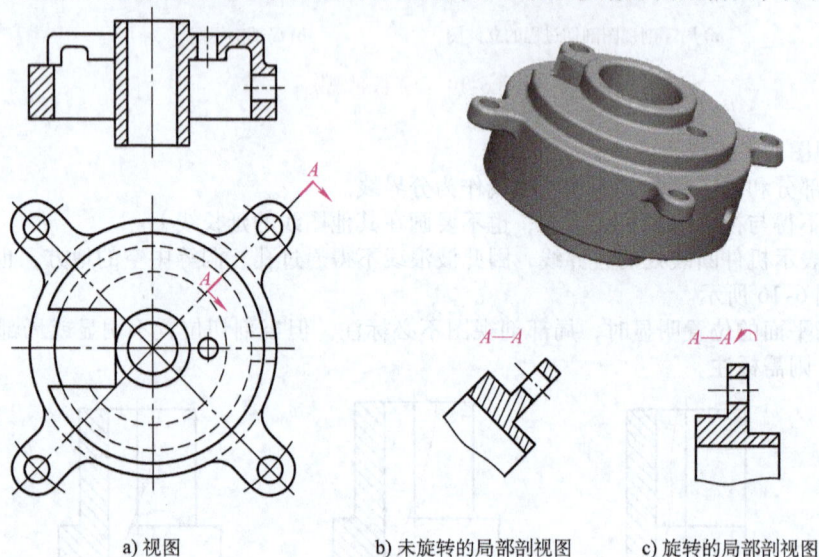

图6-17    单一斜剖切平面剖的局部剖视图

**3. 用单一剖切柱面剖切**

如图6-18所示为单一剖切柱面剖切所得的剖视图。用剖切柱面剖切所得的剖视图一般采用展开画法，此时应在剖视图的名称后面加注"⌒"。

扫扫看

a) 立体图            b) 沿柱面剖切的立体图

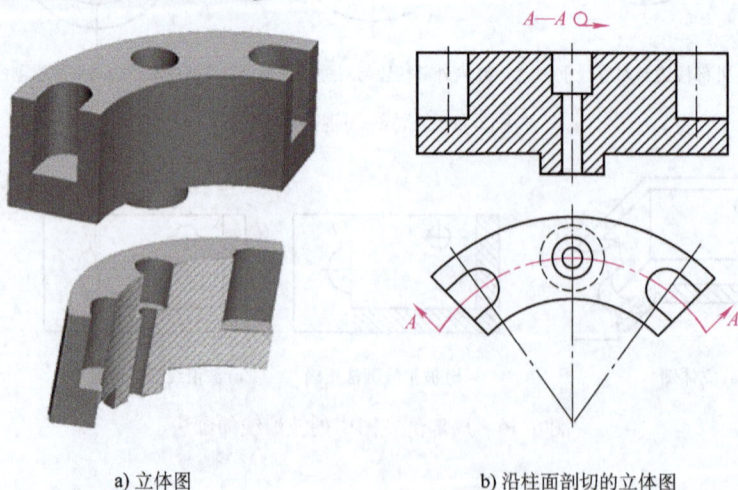

图6-18    沿柱面剖切得到的全剖视图

## （二）几个平行的剖切平面剖切

用两个或两个以上平行的剖切平面剖切。当用一个剖切平面不能将机件上需要表达的内部结构全部剖开时，可将剖切平面转折成两个或两个以上互相平行的剖切平面，沿着机件需要表达的地方剖开。如图 6-19c 所示就是采用两个平行的剖切平面剖切的，这样用一个剖视图就把机件的内部结构都反映清楚了。

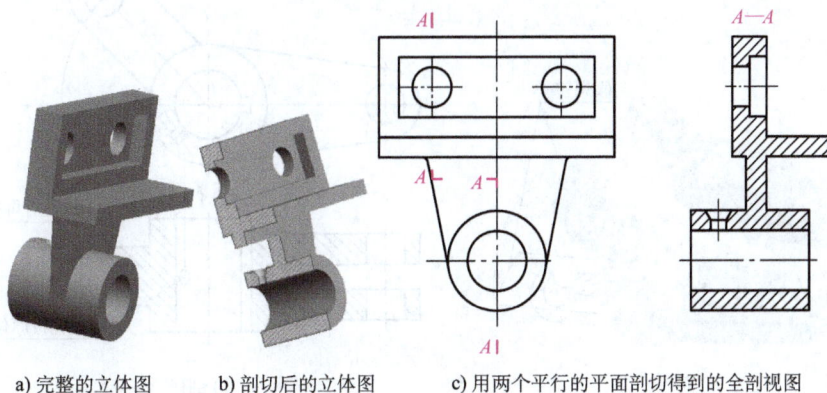

a) 完整的立体图　　　b) 剖切后的立体图　　　c) 用两个平行的平面剖切得到的全剖视图

扫扫看

图 6-19　用两个平行的平面剖切得到的全剖视图

采用这种剖切方法剖切机件画剖视图时，要注意以下几点：

1）各剖切平面剖切后得到的是一个图形，不要在剖视图中画出两剖切面的分界线，如图6-20c 是错误的。

2）画剖切符号时，在剖切平面的起、讫和转折处均应标出剖切符号，如图 6-20b 所示。

转折处不画线

不能剖出不完整结构

a) 视图　　　　　　b) 正确的剖视图　　　　　　c) 错误的剖视图

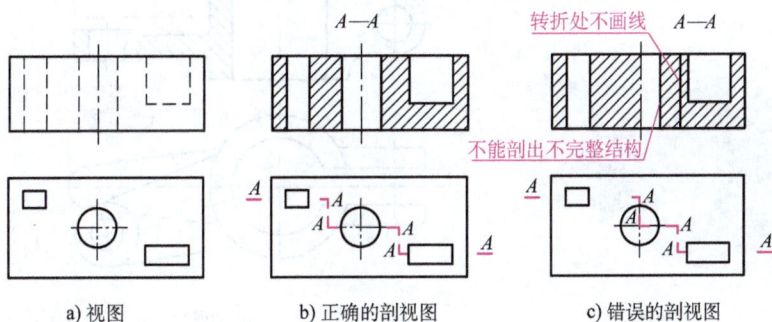

图 6-20　用三个平行的平面剖切的剖视图正误比较

3）采用这种方法画剖视图时，在图形内不应出现不完整的要素，如图 6-20c 所示。仅当两个要素在图形上具有公共对称中心线或轴线时，可以各画一半，此时应以对称中心线或轴线为界，如图 6-21 所示。

4）在视图中标注转折的剖切位置符号时必须相互垂直。表示剖切位置起讫、转折处的剖切符号和字母必须标注。当视图之间投影关系明确，没有任何图形隔开时，可以省略标注箭头，如图 6-19 和图 6-20 所示。

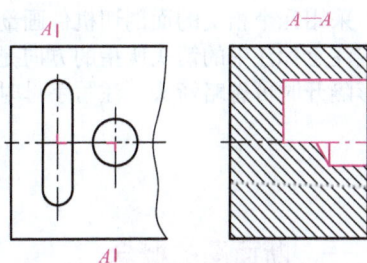

图 6-21　各剖一半的剖视图

## （三）几个相交的剖切面（交线垂直于某一投影面）剖切

如图 6-22 所示的形体，如果采用单一剖切面和几个平行的剖切面进行剖切，剖切后都不能表达清楚其内部结构，而采用两个相交的正垂剖切平面，沿 A—A 剖开就可在一个剖视图中反映出形体内部孔的结构。画这种剖视图时，先假想地按剖切位置剖开机件，然后将被剖切平面剖切后的结构连同有关

**101**

部分，沿两剖切平面的交线旋转到与选定的平面平行后，再投射画剖视图，在剖切平面后的其他结构仍按原来位置投射，如图6-22b中的小孔。当剖切后产生不完整要素时，应将该部分按不剖绘制，如图6-23a所示。

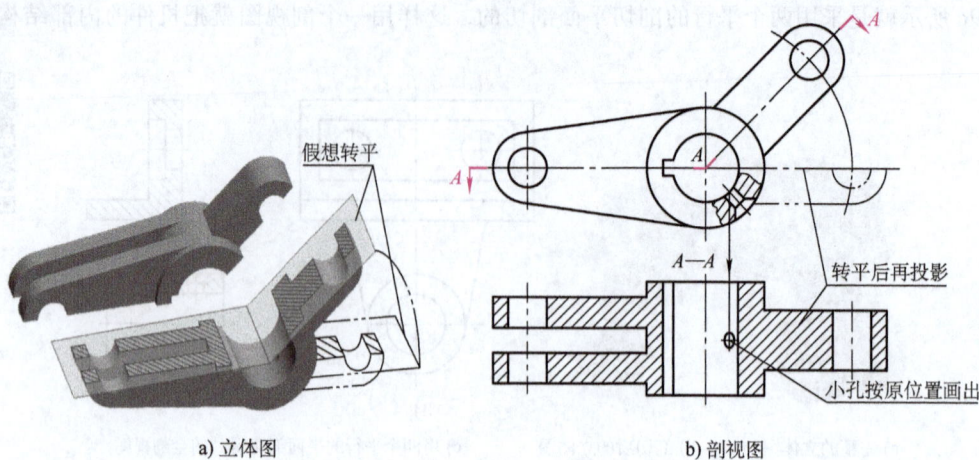

图 6-22    用两个相交的平面剖切得到的剖视图

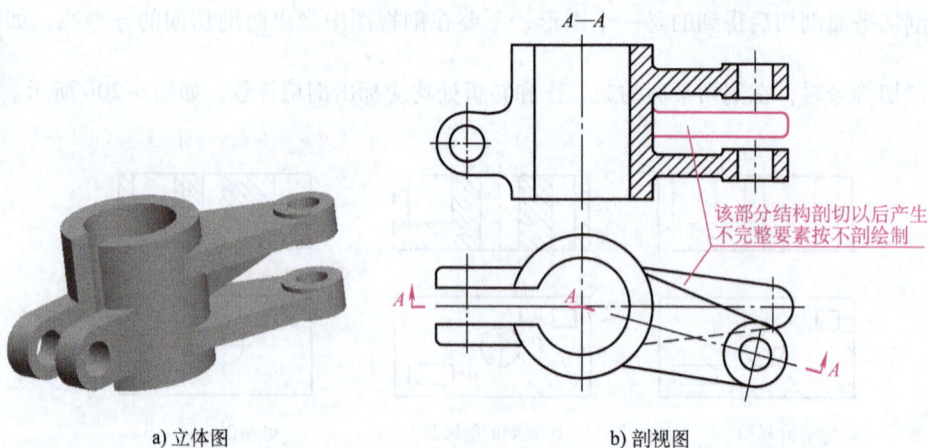

图 6-23    剖到不完整要素的画法

采用几个相交的面剖切机件画剖视图时必须标注，其标注方法与用几个平行的剖切平面剖切相同。但应注意标注中的箭头所指的方向是与剖切平面垂直的投射方向，而不是旋转方向。当视图之间没有图形隔开时可省略箭头。注写字母时一律按水平位置书写，字头朝上。

# 第三节　断　面　图

## 一、断面图的概念

假想用一个剖切面将机件的某处切断，然后只把断面投射到与它平行的投影面上，所得的图形称为断面图。如图6-24所示，假想用一个剖切平面 $P$ 将机件切开，然后画出断面的投影，并在剖面区域上画出剖面符号，得到断面图。断面图常用来表达机件上某一局部结构的断面形状，如机件上的肋板、轮辐、键槽、小孔、杆件和型材的断面等。

断面图和剖视图的区别在于：断面图仅画出机件被剖开后断面的投影，是一个平面图形的投影；

a) 立体图　　　　　　　　　　b) 断面图

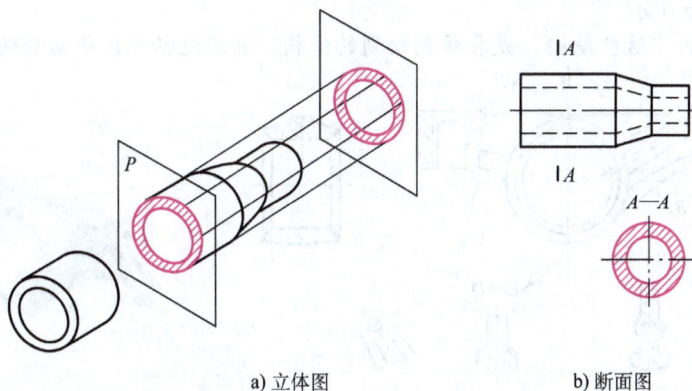

图 6-24　断面图的形成

而剖视图除了画出断面的投影之外，还要画出它后面结构的投影，是剖切后剩余部分机件的投影，如图 6-25 所示。

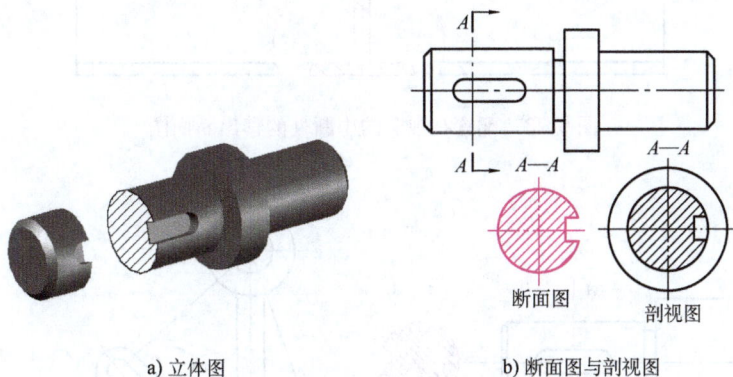

扫扫看

a) 立体图　　　　　　　　　　b) 断面图与剖视图

图 6-25　断面图与剖视图的区别

根据断面图配置的位置不同，断面图可分为移出断面图和重合断面图。

## 二、移出断面图的画法及标注

如图 6-25b 所示，画在视图轮廓线之外的断面图称为移出断面图。

### （一）移出断面图的画法

1）移出断面的轮廓用粗实线绘制，并在剖面区域画上剖面符号，如图 6-25 所示。

2）移出断面通常配置在剖切线的延长线上，如图 6-26 所示。必要时也可配置在其他适当的位置，在不引起误解时，允许将图形旋转，如图 6-27 "B—B" "D—D" 所示。

3）对于比较长但形状无变化的杆件结构，如果其断面对称时，移出断面图也可画在杆件的中断处，如图 6-28 所示。

4）当剖切平面通过回转面构成的凹坑或孔等的轴线时，则这些结构应按剖视图要求绘制，如图 6-29a 所示。

5）当剖切平面通过非回转面，但会导致出现完全分离的两个剖面区域时，则这些结构应按剖视图

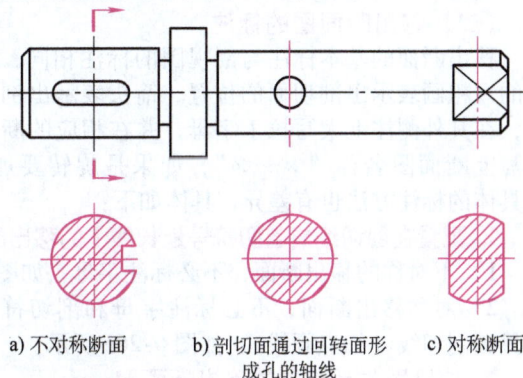

a) 不对称断面　　b) 剖切面通过回转形　　c) 对称断面
成孔的轴线

图 6-26　配置在剖切线延长线上的移出断面图

要求绘制，如图 6-29b 所示。

**需要注意**：这里的"这些结构"是指被剖切到的结构，并不包括剖切平面后的其他结构。

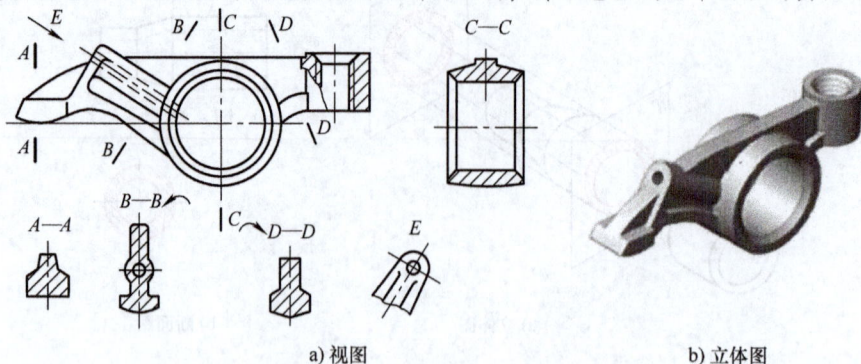

a) 视图　　　　　　　　　b) 立体图

图 6-27　配置在适当位置处的移出断面图

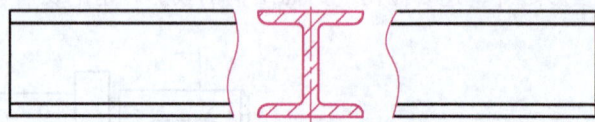

图 6-28　配置在视图的中断处的移出断面图

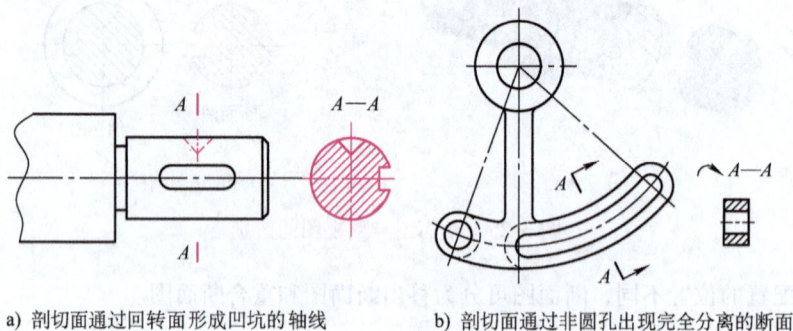

a) 剖切面通过回转面形成凹坑的轴线　　b) 剖切面通过非圆孔出现完全分离的断面

图 6-29　按剖视图要求绘制的移出断面图

6）由两个（或多个）相交的剖切平面剖切得到的移出剖视图，可以画在一起，但中间必须用波浪线隔开，如图 6-30 所示。

**（二）移出断面图的标注**

移出断面的基本标注与剖视图的标注相同，即用剖切符号中的短粗画表示出剖切面的位置，箭头表示出剖切后的投射方向，在其外侧注上大写拉丁字母，并在相应的断面图上方的中间写上断面图名称"×—×"，如果是旋转要加注旋转符号。但具体的标注方法也有差异，具体如下：

**1. 配置在剖切线或剖切符号延长线上的移出断面图**

1）不对称的移出断面，不必标注字母，如图 6-26a 所示。

2）对称移出断面，不必标注字母和剖切符号，在剖切部位只画剖切线（细点画线），如图 6-26c 所示。

**2. 按投影关系配置的移出断面图**

不论是对称的还是不对称的移出断面，都不必标注箭头，

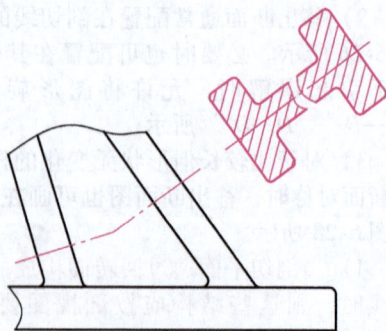

图 6-30　断开的移出断面图

如图 6-27 中的 "C—C" 和图 6-29a 中的 "A—A" 所示。

**3. 配置在其他位置处的移出断面**

1）对称的移出断面，不必标注箭头，如图 6-27 中的 "B—B"、"D—D" 所示。

2）不对称的移出断面，作完全标注，如图 6-25b 所示。

**4. 配置在视图中断处的移出断面**

1）对称的移出断面，不必标注。如图6-28 所示。

2）不对称的移出断面，不得画在视图中断处。

### 三、重合断面图的画法及标注

画在视图轮廓线范围之内的断面图称为重合断面图。

**1. 重合断面的画法**

重合断面的轮廓线用细实线绘制，如图 6-31 所示。当重合断面的图形与视图中的轮廓线重合时，视图的轮廓线仍应连续画出，不可间断，如图 6-32 所示。

**2. 重合断面的标注**

对称的重合断面不必标注，如图 6-31 所示。不对称的重合断面，在不致引起误解时，可省略标注，如图 6-32b 所示。

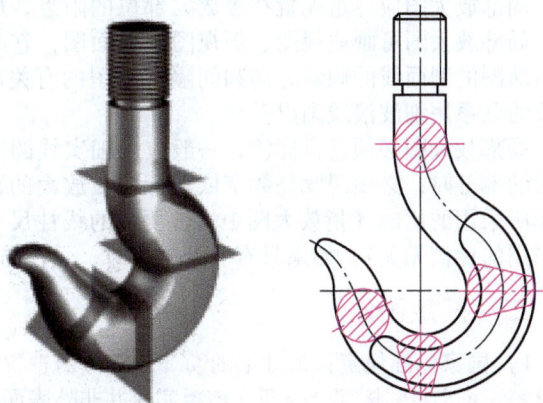
图 6-31　对称的重合断面图

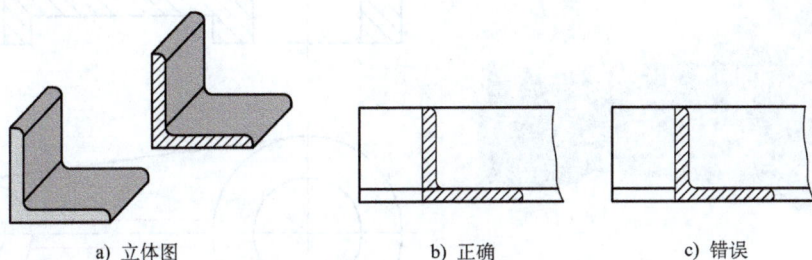

a) 立体图　　　b) 正确　　　c) 错误

图 6-32　不对称的重合断面图

## 第四节　其他表达方法

### 一、局部放大图

当机件上某些细小结构，在原图形中表达不清或不便标注尺寸时，可将这些结构用大于原图形所采用的比例画出，这种图形称为局部放大图，如图 6-33 所示。

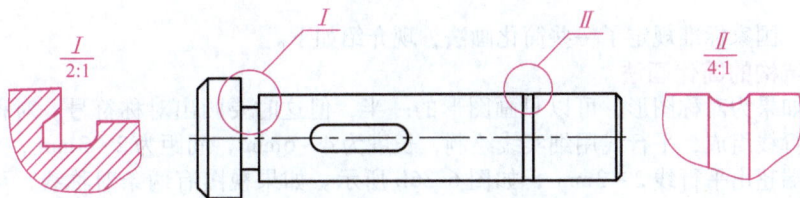
图 6-33　局部放大图

局部放大图应尽量配置在被放大部位的附近，局部放大图的投射方向与被放大部位的投射方向一致，局部放大图可画成视图、剖视图或断面图，它与被放大部分所采用的表达方式无关，画成剖视图或断面图的剖面线的倾斜方向和间隔与原图的有关剖面线的倾斜方向和间隔一致。局部放大图与整体部分的联系用细波浪线画出。

局部放大图必须进行标注，一般应用细实线圆或长圆圈出被放大的部位。当同一机件上有几处被放大的部分时，必须用罗马数字依次标明被放大的部位，并在局部放大图的上方标注出相应的罗马数字和所采用的比例（指放大图中机件要素的线性尺寸与实际机件相应要素的线性尺寸之比，与原图形所采用的比例无关）。如果只有一处放大时，只在局部放大图的上方注明所采用的比例即可。

## 二、规定画法

1）国家标准规定：机件上的肋、轮辐、薄壁等结构，如纵向剖切，这些结构都不画剖面符号，而用粗实线将它与邻接部分分开（该粗实线并非外表面的交线，而是理论轮廓线）。当剖切平面沿横向剖切时，这些结构仍需画上剖面符号。如图 6-34 所示的拨叉，拨叉的左右用水平板连接，中间有起加强作用的肋板，全剖视图中的肋板就是按这种规定画出的。

扫扫看

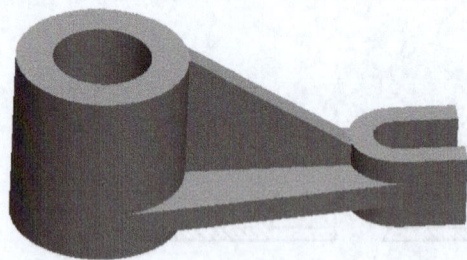
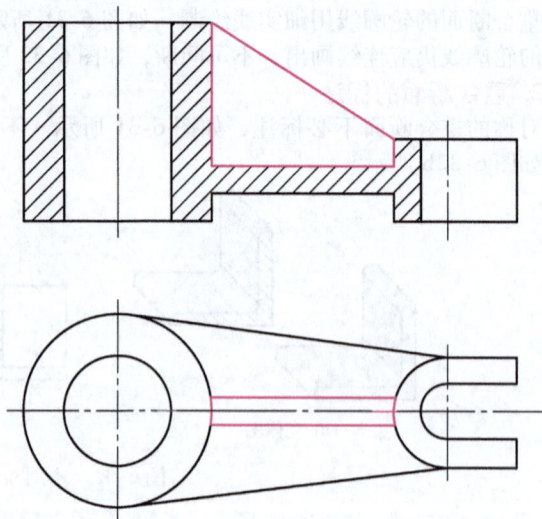

a) 立体图          b) 视图

图 6-34 肋板的画法

2）当机件回转体上均匀分布的肋、轮辐和孔等结构不处于剖切平面上时，可将这些结构旋转到剖切平面上，按对称形式画出，如图 6-35 所示。

## 三、简化画法

为方便画图，国家标准规定了一些简化画法，现介绍如下。

### （一）对称结构的简化画法

机件的视图如果为对称图形，可以只画图形的一半，但这时要画出对称符号。对称符号由对称线和两端的两对平行线组成，平行线用细实线绘制，长度为 4～6mm，间距为 2～3mm，对称线垂直平分两对平行线，两端超出平行线 2～3mm，如图 6-36b 所示。如果视图有两条对称线，可以只画图形的1/4，如图 6-36c 所示。

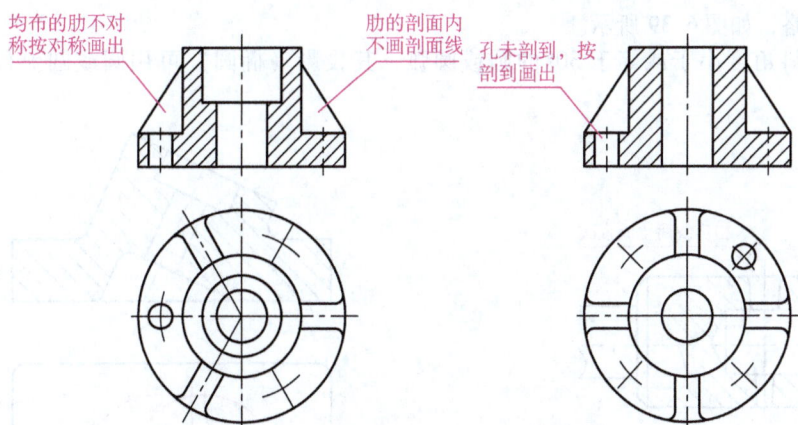

均布的肋不对
称按对称画出

肋的剖面内
不画剖面线

孔未剖到，按
剖到画出

扫扫看

图 6-35　回转体上均布的孔和肋板的画法

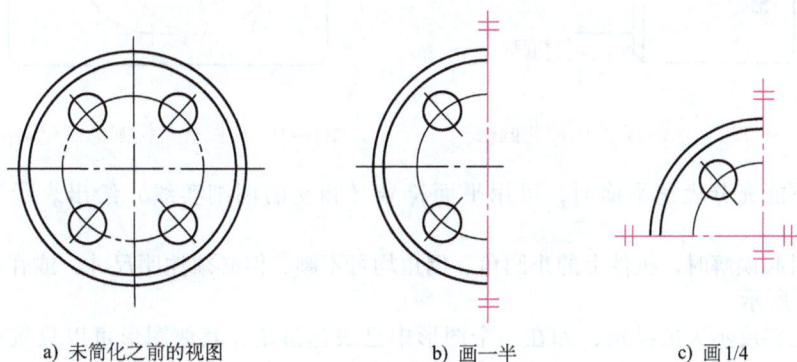

a) 未简化之前的视图　　　b) 画一半　　　c) 画1/4

图 6-36　对称图形的简化画法

### （二）相同要素的简化画法

当机件上具有若干直径相同且成规律分布的孔，可以仅画出一个或几个，其余用细点画线或"＋"表示其中心位置，如图 6-37a 所示。机件上有多个形状结构完全相同、而且连续排列的要素时，可以仅在两端或适当位置处画出一个或几个完整形状，其余用细实线连接，但必须在图上注明该结构的总数，如图 6-37b 所示。

### （三）长机件的简化画法

沿长度方向上，形状相同或按一定规律变化的较长构件，可中间断开，省略绘制，断开处用双点画线或波浪线画出，如图 6-38 所示。对于较大机件断开处可用双折线画出。

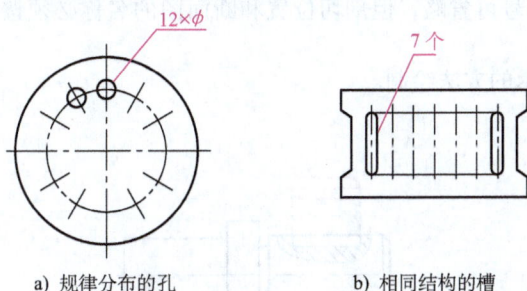

12×φ

7个

a) 规律分布的孔　　　b) 相同结构的槽

标注总长度

图 6-37　相同结构的简化画法　　　　图 6-38　较长机件的简化画法

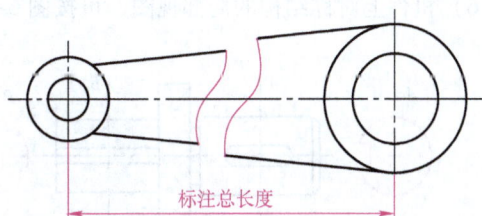

### （四）某些投影的简化画法

1）机件上较小结构所产生的交线（截交线、相贯线），如在一个视图中已表达清楚时，可在其他图形中简化或省略，如图6-39所示。

与投影面倾斜角度小于或等于30°的圆或圆弧，其投影（椭圆）可用圆或圆弧代替，如图6-40所示。

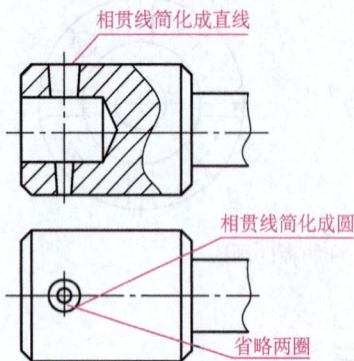

图6-39　小结构交线的简化画法

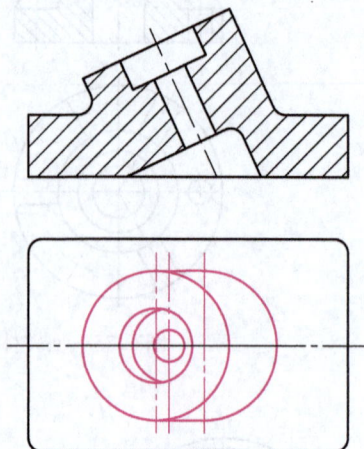

图6-40　以圆代替椭圆的简化画法

2）当图形不能充分表达平面时，可用平面符号（相交的两细实线）绘出表示平面，如图6-41所示。

3）在不致引起误解时，机件上的小圆角、倒角均可不画，但必须注明尺寸，或在技术要求中加以说明，如图6-42所示。

4）对机件上斜度不大的结构，如在一个图形中已表达清楚，其他图形可以只按小端画出，如图6-43所示。

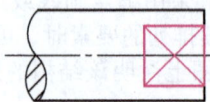

图6-41　平面的表示法

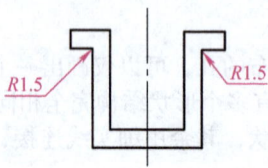

图6-42　小圆角简化

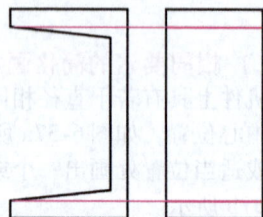

图6-43　按小端画出

5）在不致引起误解的情况下，移出断面的剖面符号可省略，但剖切位置和断面图的名称必须按规定进行标注，如图6-44所示。

6）机件上对称结构的局部视图，可按图6-45所示的方法绘制。

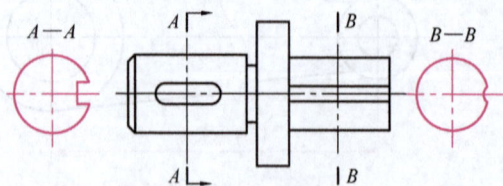

图6-44　剖面符号的省略

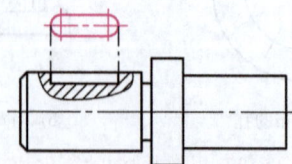

图6-45　对称结构的局部视图

7）圆柱形法兰和类似零件上均匀分布的孔，可按图6-46所示方法表示。

8）当需要表示剖切平面前已剖去的部分结构时，这些结构可用双点画线按假想轮廓画出，如图6-47所示。

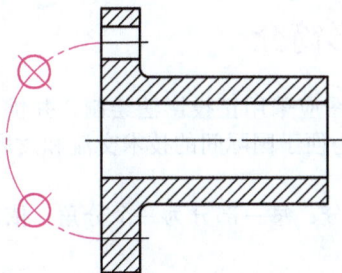

图6-46　均匀分布孔的简化画法

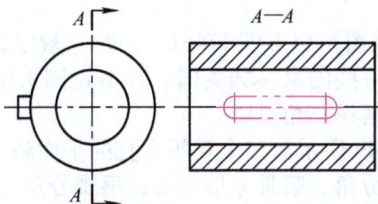

图6-47　假想画法

## 第五节　读剖视图的方法和步骤

### 一、读剖视图的方法

要想很快读懂剖视图，首先应具有读组合体视图的能力，其次应熟悉各种视图、剖视图、断面图及其表达方法的用途、标注与规定。读图时应以形体分析法为主，线面分析法为辅，并根据机件的结构特点，从分析机件的表达方法入手，由表及里逐步分析和了解机件的内外形状和结构，从而想象出机件的整体形状和结构。

### 二、读剖视图的步骤

下面以图6-48所示机件的剖视图为例，说明读剖视图的步骤。

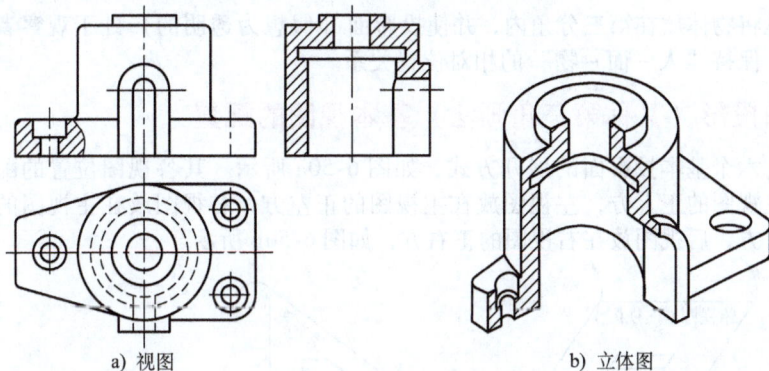

扫扫看

a) 视图　　　　　　　　　　　　　　　　　b) 立体图

图6-48　机件

1）分析所采用的表达方法，了解机件的大致形状。

所给机件采用了三个基本视图。主视图采用了局部剖视图，视图部分表达了机件主体的外形，剖视部分表达底板上孔的阶梯形状。因为机件不对称，左视图采用了全剖视，表达机件内部的结构形状及半圆拱形凸台和空腔的贯通情况。俯视图主要表达机件的外形和底板上的三个孔的相对位置。

2）以形体分析法为主，看懂机件的主体结构形状。

从三个视图可以看出，机件的主体是一平板，上方有一圆柱形体，并有柱形空腔；主体前面有半圆拱形凸台，并且半圆拱形孔与空腔相通。

3）看懂各个细部结构，想象机件的整体形状。

对照俯视图和主视图，想象底板的形状及其上面三个连接孔的具体形状；对照俯视图和左视图，可以找出剖切位置，左视图表达了内部空腔的具体形状、前方半圆拱形凸台孔和空腔内部的连接情况及其相互位置。

通过逐步分析，了解剖切关系及表达意图，从而想象出机件的内外部形状和结构，综合起来思考，进而想象出机件的整体形状，如图 6-48b 所示。

# 第六节　第三角投影简介

《技术制图》（GB/T 17451—1998）规定，我国的技术制图应采用正投影法绘制，并优先采用第一角投影。但有些国家（如美国、日本）则采用第三角投影，为便于国际间的技术交流和发展国际贸易，我们应该了解第三角投影。

如图 6-49 所示，三个互相垂直的平面将空间分为 8 个部分，每一部分为一个分角，依次称为第 I 分角、第 II 分角、第 III 分角、…、第 VIII 分角。

第一角投影是将物体放在第一分角内，并使物体处于观察者与投影面之间而得到的多面正投影，保持"人 – 物 – 面"的相对位置关系。

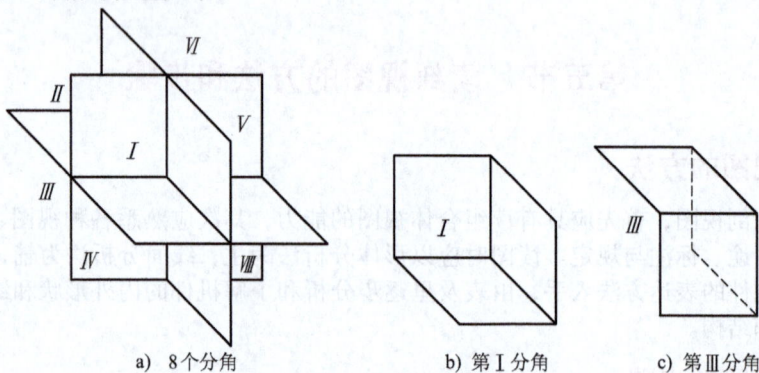

a) 8 个分角　　　b) 第 I 分角　　　c) 第 III 分角

图 6-49　8 个分角的划分

第三角投影是将物体放在第三分角内，并使投影面（假想为透明的）处于观察者与物体之间而得到的多面正投影，保持"人 – 面 – 物"的相对位置关系。

## 一、第三角投影（又称第三角画法）基本视图的配置

第三角投影的六个基本投影面的展开方式，如图 6-50a 所示。其各视图位置的配置是：主视图不动，俯视图放在主视图的正上方，左视图放在主视图的正左方，右视图放在主视图的正右方，仰视图放在主视图的正下方，后视图放在右视图的正右方，如图 6-50b 所示。

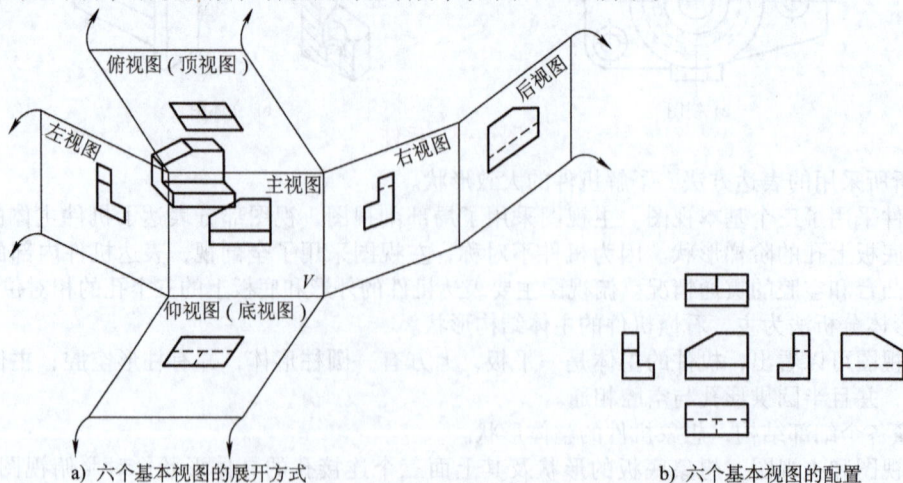

a) 六个基本视图的展开方式　　　b) 六个基本视图的配置

图 6-50　第三角投影六个基本视图的形成及配置

## 二、第一、三角投影的识别符号

国家标准中规定，可以采用第一角投影，也可以采用第三角投影，为了区别这两种投影，规定在标题栏中专设格栏，在该格栏内用规定的识别符号表示。GB/T 14692—2008 中规定的识别符号，如图 6-51 所示。

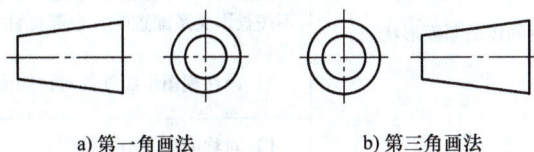

a) 第一角画法　　　　　b) 第三角画法

图 6-51　投影法的识别符号

我国优先采用第一角画法，当采用第三角画法时，必须在图样中画出第三角投影的识别符号。

# 本 章 小 结

本章着重介绍了视图、剖视图、断面图的画法与标注规定。对于这些图样画法，一方面要搞清楚它们的基本概念和用途，并且搞清楚是如何剖切、怎样投射、有哪些规定，熟练掌握它们的画法及标注；另一方面要搞清楚它们各自的应用范围，对具体情况作具体分析，出发点是将机件的各个方向的内外形结构表达清楚，作图简便。

1）机械制图的常用表达方法归纳见表 6-2。

2）画图时，对物体结构要做详细的形体分析，选择合适的表达方案。选择原则是：应首先考虑读图方便，并在完整清晰地表达物体内外形各部分结构的前提下，力求作图简便。

3）使用断面图时，要注意几种特殊按剖视要求画法绘制的情况。画剖视图时，要注意肋板等的画法。

表 6-2　视图、剖视图、断面图的比较

| 分类 | | 适用情况 | 配置及标注 |
|---|---|---|---|
| 视图 | 基本视图 | 用于表达物体的外形 | 各视图按规定位置配置，不标注 |
| | 向视图 | | 可自由配置，要标注。标注时应在视图的上方标注"×"，在相应的视图附近用箭头指明投射方向，并标注相同的字母 |
| | 斜视图 | 用于表达物体倾斜部分外形 | 可按向视图的配置形式配置并标注 |
| | 局部视图 | 用于表达物体局部外形 | 可按基本视图或向视图的配置形式配置并标注 |
| 剖视图 | 全剖视图 | 用于表达物体的内部结构 | 1）一般应在剖视图的上方中间标注剖视图的名称"×—×"，在相应的视图上用剖切符号表示剖切面的位置和投射方向，并标注相同的字母<br>2）当单一剖切平面通过物体的对称平面或基本对称平面，其剖视图按投影关系配置，中间又无其他图形隔开时，可省略标注<br>3）当剖视图按投影关系配置，中间又无其他图形隔开时，可省略箭头<br>4）当单一剖切平面的剖切位置明显时，局部剖视图的标注可省略 |
| | 半剖视图 | 用于表达物体有对称平面的外形和内部结构 | |
| | 局部剖视图 | 用于表达物体的局部内形 | |

（续）

| 分类 | | 适用情况 | 配置及标注 |
|---|---|---|---|
| 断面图 | 移出断面图 | 用于表达物体的断面形状 | 1）配置在剖切符号或剖切线的延长线上时：断面对称的不标注，要用点画线画剖切线；断面不对称的，要标剖切符号和箭头<br>2）移位配置时：断面对称的画剖切符号，省箭头，标注字母；断面不对称的按投影关系配置，画剖切符号，省箭头，标注字母，不按投影关系配置的，全部标注（即画剖切符号，箭头，标注字母）<br>3）画在视图中断处的对称剖面不必标注 |
| | 重合断面图 | | 1）对称的断面不必标注<br>2）不对称的断面，在不致引起误解时，可省略标注 |

## 复习思考题

1. 基本视图是如何形成的？基本视图在图样上应如何配置及标注？
2. 是否对每个物体都要使用六个基本视图？
3. 视图分哪几种？各用在什么地方？剖视图分哪几种？它们各用在什么地方？
4. 剖切面有哪几种？各用在什么地方？
5. 局部剖视图和局部视图有何区别和联系？
6. 半剖视图的一半外形和一半剖视之间用什么线作为分界线？画半剖视图时应注意什么？
7. 表示局部剖视图的范围画什么线？要注意什么？
8. 断面图主要表达什么？和剖视图有什么区别和联系？断面图有哪几种？各用在什么地方？
9. 什么是局部放大图？
10. 画肋板、轮辐、薄壁时，应注意哪些问题？
11. 向视图、剖视图与断面图如何标注？在什么情况下可省略标注？

# 第 七 章

# 零件的结构分析及尺寸标注

零件是机器中最基本的组成单元，零件质量好坏直接影响到机器的工作性能和寿命。零件图是制造零件的依据，本章主要介绍零件图的内容、机械零件的常见结构、绘制零件图的视图选择原则、尺寸标注。

**【知识要求】**

1）了解零件图在机械工程中的应用，掌握零件图的内容。

2）学习机械零件常见结构的画法。

3）掌握零件图的视图选择原则及尺寸标注方法。

**【技能要求】**

能对中等复杂零件进行视图表达方案的合理选择和正确标注尺寸。

## 第一节　零件图的内容

一部机器或一个部件大都是由若干零件构成的。如图 7-1 所示的球阀，是由阀体、手柄、阀杆、阀芯、密封套、螺母、阀座、阀盖等零件组合装配而成的。表示一个零件的工程图样称为零件图。

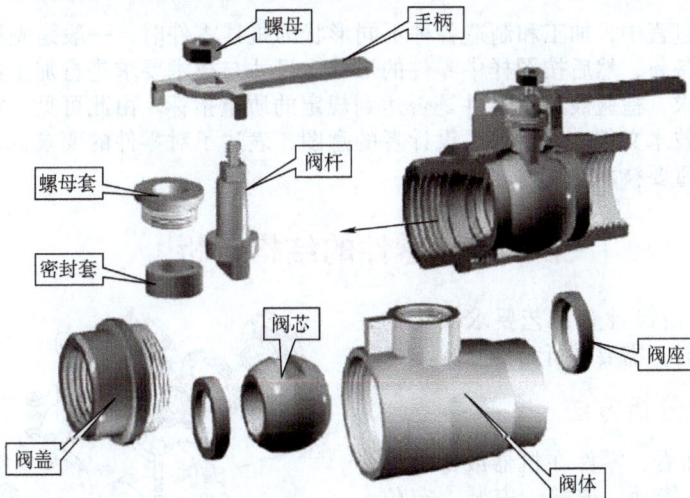

图 7-1　球阀的构成

### 一、零件图的内容

球阀中的阀芯的零件图如图 7-2 所示，从图中可以看出，零件图应包括以下四方面的内容：

（1）一组视图　把零件的各部分形状表达清楚。

（2）完整的尺寸　把零件的各部分的大小和位置确定下来。

（3）技术要求　说明零件在制造和检验时应达到的一些要求，如表面结构要求、尺寸公差、几何公差、热处理要求等。

（4）标题栏　说明零件名称、材料、数量、画图比例、设计者及单位等。

扫扫看

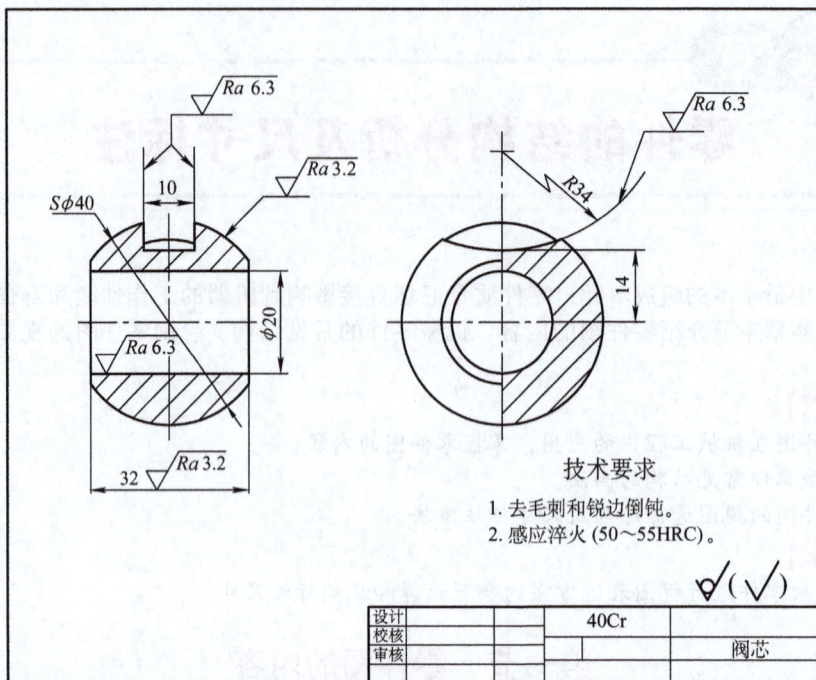

图 7-2 阀芯零件图

## 二、零件图的功用

在机械产品的生产过程中，加工和制造各种不同形状的机器零件时，一般是先根据零件图对零件材料和数量的要求进行备料，然后按图样中零件的形状、尺寸与技术要求进行加工制造，同时还要根据图样上的全部技术要求，检验被加工零件是否达到规定的质量指标。由此可见，零件图是设计部门提交给生产部门的重要技术文件，它反映了设计者的意图，表达了对零件的要求，是生产中进行加工制造与检验零件质量的重要技术性文件。

# 第二节 零件的结构分析

零件的结构形状是由设计和工艺要求决定的，在画零件图和读零件图时，需要进行结构分析。

## 一、零件的结构分析方法

1）从设计要求方面看，零件在机器或部件中，可以起到支撑、容纳、传动、连接、安装、定位、密封、防松等一项或几项功用，这是决定零件主要结构形状的依据，如图 7-3 所示的减速器。

2）从工艺要求方面看。为使零件从毛坯制造、加工、测量到装配、调整顺利进行，零件的结构上要有倒角、起模斜度、铸造圆角等结构，这是决定零件局部结构的依据。

3）从实用和美观方面看，要求结构轻便、经济、外形好看。

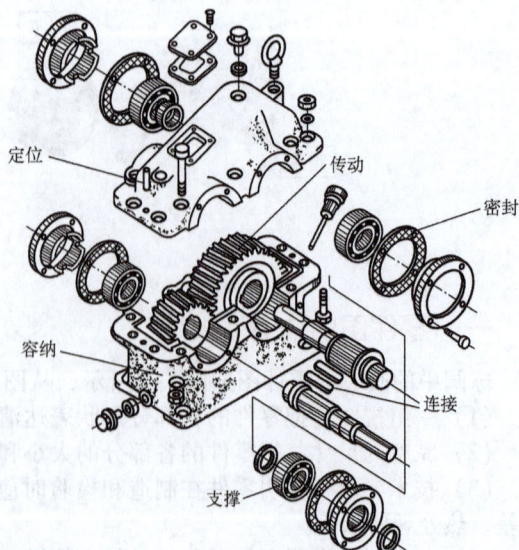

图 7-3 减速器

## 二、零件的结构分析举例

以减速器中的从动轴为例，分析零件的结构形成，见表7-1。减速器中的从动轴装在轴承中，主要起支撑齿轮，传递转矩或动力，并与外部设备连接的作用。

表7-1 减速器从动轴结构形成过程

| 结构形成过程 | 考 虑 因 素 | 结构形成过程 | 考 虑 因 素 |
|---|---|---|---|
| | 为与其他设备连接，伸出轴颈，并开键槽 | | 为支撑齿轮和右端用轴承支撑轴，又制一轴颈 |
| | 为用轴承支撑，又制一轴颈 | | 为连接齿轮，传递动力，右端作一键槽 |
| | 为固定齿轮，又制一稍大的凸肩 | | 为装配方便，多处作出倒角和退刀槽 |

## 三、零件的常见工艺结构

零件的结构除了满足功能要求外，还要符合制造和加工时工艺方面的一些要求。因此，在画零件图时，应使零件的结构既满足使用上的要求，又要方便加工制造。

### （一）铸造工艺对零件结构的要求

**1. 起模斜度**

用铸造的方法制造零件的毛坯时，为了将模型从砂型中顺利取出来，常在模型起模方向设计成1:20的斜度，这个斜度称为起模斜度，如图7-4a所示。起模斜度在图样上一般不画出和不予标注。必要时，可以在技术要求中用文字说明。

**2. 铸造圆角**

铸件表面相交处应有圆角，以免铸件冷却时产生缩孔或裂纹，同时防止起模时砂型落砂，如图7-4b所示。

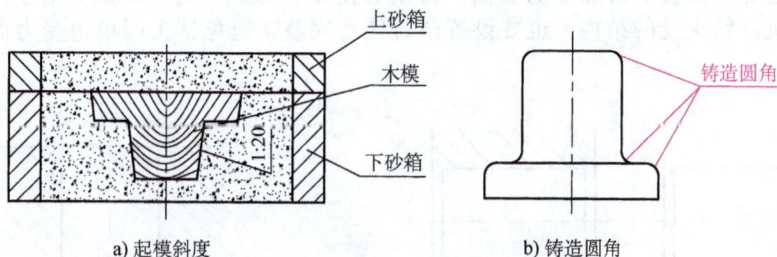

a) 起模斜度
b) 铸造圆角

图 7-4 起模斜度与铸造圆角

**3. 铸件壁厚**

铸件的壁厚如果不均匀，则冷却的速度就不一样。薄的部位先冷却凝固，厚的部位后冷却凝固，凝固收缩时没有足够的金属液来补充，就容易产生缩孔和裂纹。因此铸件壁厚应尽量均匀或采用逐渐过渡的结构，如图7-5所示。

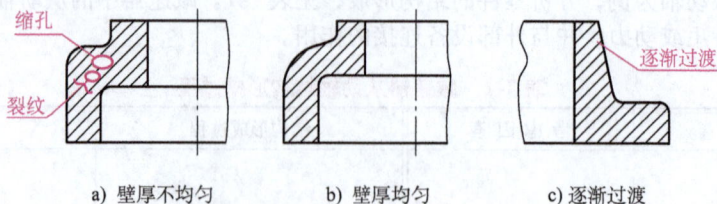

a) 壁厚不均匀　　　　b) 壁厚均匀　　　　c) 逐渐过渡

图7-5　铸件壁厚

#### 4. 过渡线

铸件两个非切削表面相交处一般均做成过渡圆角，所以两表面的交线就变得不明显。这种交线称为过渡线。当过渡线的投影和面的投影重合时，按面的投影绘制；当过渡线的投影不与面的投影重合时，过渡线按其理论交线的投影用细实线绘出，但线的两端要与其他轮廓线断开。如图7-6所示，两外圆柱表面均为非切削表面，相贯线为过渡线。在俯视图和左视图中，过渡线与柱面的投影重合；而在主视图中，相贯线的投影不与任何表面的投影重合，所以，相贯线的两端与轮廓线断开。当两个柱面直径相等时，在相切处也应该断开。

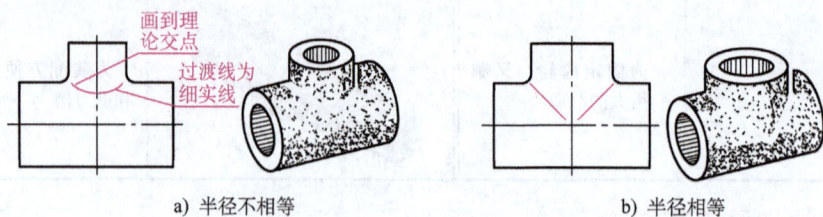

a) 半径不相等　　　　　　　　　　b) 半径相等

图7-6　过渡线的画法

#### （二）机械加工对零件的结构要求
#### 1. 倒圆和倒角

阶梯的轴和孔，为了避免在轴肩、孔肩处出现应力集中，常以圆角过渡，称为倒圆。为了便于装配和操作安全，一般在轴和孔的端部上加工出一圆台面，称为倒角。零件上倒角尺寸全部相同时，可在图样统一注明"全部倒角 $C \times$（×为倒角的轴向尺寸）"，如图7-7所示；当零件倒角尺寸无一定要求时，则可在技术要求中注明"锐边倒钝"。

#### 2. 钻孔结构

钻不通孔时，孔的尾部有120°的锥面，孔的深度不包含这一部分。如图7-8所示，孔深为 $H$。钻孔时，钻头的轴线应尽量垂直于被加工的表面，否则会使钻头弯曲，甚至折断。对于零件上的倾斜面，可设置凸台或凹坑。钻头处的结构，也要设置凸台使孔完整，避免钻头因单边受力而折断，如图7-9所示。

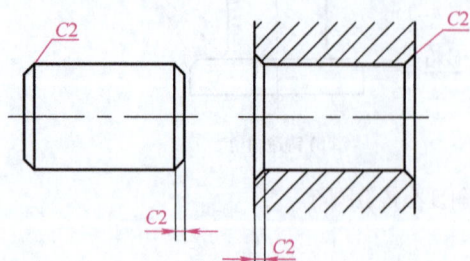

图7-7　倒角的画法和标注

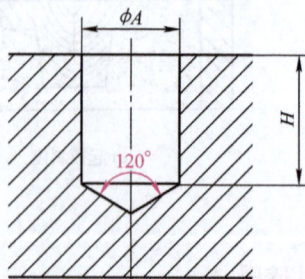

图7-8　钻不通孔的尾部

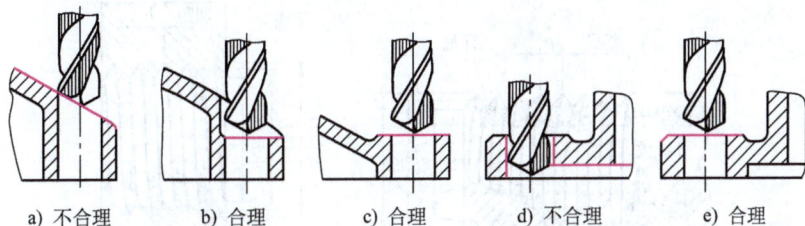

图 7-9 钻孔结构

### 3. 退刀槽和越程槽

在切削加工中，为了使刀具易于退出，并在装配时容易与有关零件靠紧，常在加工表面的台肩处先加工出退刀槽或越程槽，如图 7-10 和图 7-11 所示。常见的有螺纹退刀槽、砂轮越程槽、刨削越程槽等，槽的尺寸数据可从相关的标准中查取。

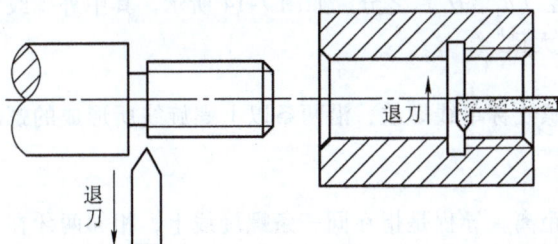

图 7-10 退刀槽

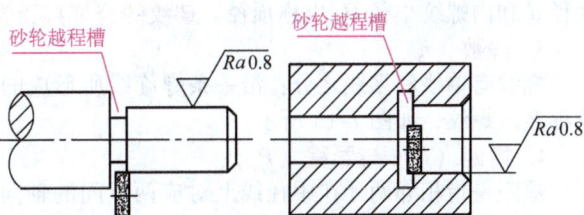

图 7-11 越程槽

### 4. 凸台和凹坑

为保证配合面接触良好，减少切削加工面积，通常在铸件上设计出凸台和凹坑，如图 7-12 所示。

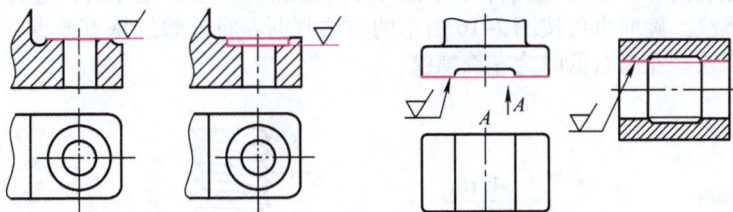

图 7-12 凸台和凹坑

## 第三节 零件上的螺纹结构

螺纹是零件中常见的结构，螺纹是在圆柱（或圆锥）表面上沿着螺旋线所形成的螺旋体，具有相同轴向断面的连续凸起和沟槽。在圆柱（或圆锥）外表面上所形成的螺纹称为外螺纹；在圆柱（或圆锥）内表面上所形成的螺纹称为内螺纹，如图 7-13 所示。

### 一、螺纹的五要素

#### 1. 牙型

沿螺纹轴线剖切的断面轮廓形状称为牙

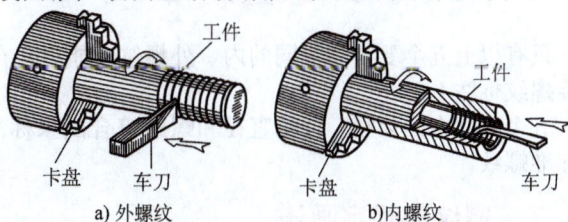

图 7-13 在车床上加工螺纹

型。图 7-14 所示为三角形牙型的内、外螺纹。此外，还有梯形、锯齿形和矩形等牙型。

117

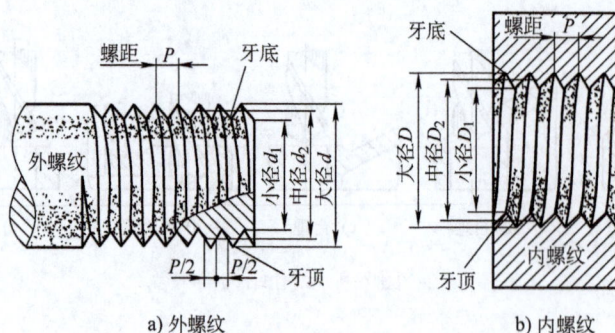

a) 外螺纹　　　　　　　b) 内螺纹

图7-14　内、外螺纹各部分的名称和代号

**2. 直径**

螺纹直径有大径（$d$、$D$）、中径（$d_2$、$D_2$）和小径（$d_1$、$D_1$）之分，如图7-14所示。其中外螺纹大径 $d$ 和内螺纹小径 $D_1$ 也称顶径。螺纹的公称直径为大径。

**3. 线数（$n$）**

螺纹有单线和多线之分：沿一条螺旋线所形成的螺纹称单线螺纹；沿两条以上螺旋线所形成的螺纹称多线螺纹，如图7-15所示。

**4. 螺距（$P$）与导程（$P_h$）**

螺距是指相邻两牙在中径线上对应两点间的轴向距离。导程是指在同一条螺旋线上，相邻两牙在中径线上对应两点的轴向距离，如图7-15所示。

螺距、导程、线数三者之间的关系式：单线螺纹的导程等于螺距，即 $P_h = P$；多线螺纹的导程等于线数乘以螺距，即 $P_h = nP$。

**5. 旋向**

螺纹有右旋与左旋两种。顺时针旋转时为旋入方向的螺纹，称右旋螺纹；逆时针旋转时为旋入方向的螺纹，称左旋螺纹。旋向也可按图7-16所示的方法判断：将外螺纹垂直放置，螺纹的可见部分是右高左低时为右旋螺纹，左高右低时为左旋螺纹。

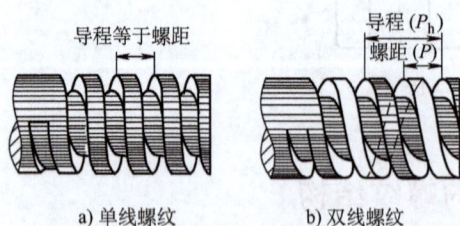

a) 单线螺纹　　　　　　b) 双线螺纹

图7-15　螺纹的线数

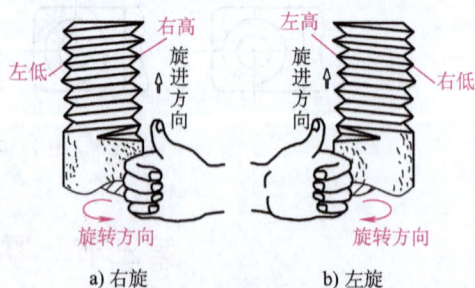

a) 右旋　　　　　　b) 左旋

图7-16　螺纹的旋向

只有以上五个要素都相同的内、外螺纹才能旋合在一起。工程上常用右旋螺纹。右旋螺纹不标注，左旋螺纹标注 LH。

五个要素中的牙型、公称直径和螺距符合国家标准的称为标准螺纹；牙型不符合国家标准的称为非标准螺纹。

## 二、螺纹的规定画法

螺纹按其真实投影来画比较麻烦，应按国家标准规定的画法绘制。

**（一）外螺纹的画法**

螺纹的大径用粗实线表示，小径用细实线表示（按大径的 0.85 倍绘制），并画入倒角区，螺纹终止线画成粗实线，如图7-17a所示。在剖视图中的螺纹终止线按图7-17b主视图的画法绘制。剖面线要画到表示大径投影的粗实线处为止。

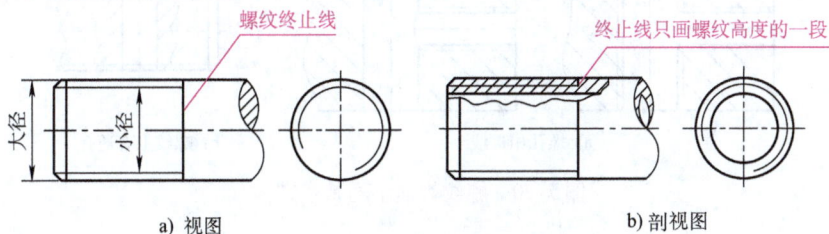

a) 视图　　　　　　　　　　b) 剖视图

图7-17　外螺纹的画法

在垂直于螺纹轴线的投影面的视图中，表示小径的细实线只画约3/4圈，两端应与中心线错开。为清楚表示螺纹，倒角的投影不画出。

## （二）内螺纹的画法

内螺纹一般用剖视图表示，这时内螺纹的小径用粗实线表示，大径用细实线表示，螺纹终止线用粗实线表示，剖面线应画到表示小径的粗实线处。绘制不穿通的螺孔时，应将钻孔深度和螺孔深度分别画出，如图7-18a主视图所示。

在垂直于螺纹轴线的投影面的视图上，表示大径的细实线只画约3/4圈，表示倒角的投影不画出。当螺纹为不可见时，螺纹的所有图线用虚线画出，如图7-18b所示。

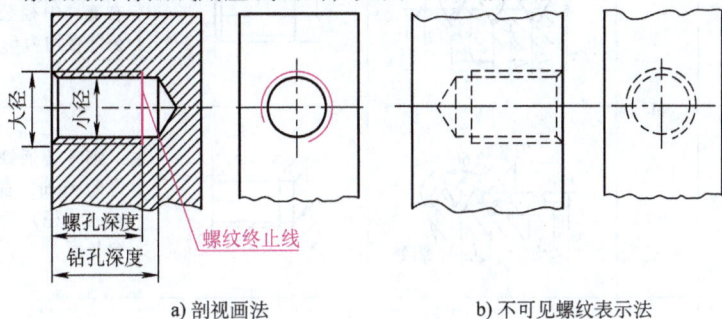

a) 剖视画法　　　　　　　　b) 不可见螺纹表示法

图7-18　内螺纹的画法

## （三）螺纹连接的画法

在剖视图中，内、外螺纹旋合的部分应按外螺纹的画法绘制，其余部分按各自的画法画出，如图7-19所示。必须注意：

1）表示内、外螺纹大径的细实线和粗实线，以及表示内、外螺纹小径的粗实线和细实线应分别对齐。

2）螺纹连接时，内螺纹剖开画，外螺纹如果为实心杆件则按不剖绘制，如图7-19a所示。

3）相邻两零件剖面线方向要相反，如图7-19b所示。

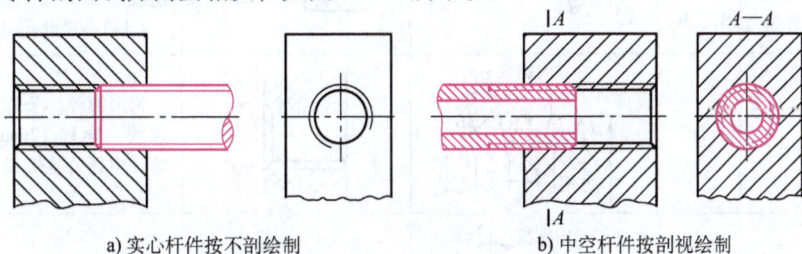

a) 实心杆件按不剖绘制　　　　b) 中空杆件按剖视绘制

图7-19　螺纹连接的画法

## （四）螺纹表面上有其他结构时的画法

螺纹表面上有相贯线或其他结构时，这些结构不应影响螺纹的表达，如图7-20所示。

a) 螺孔相贯线      b) 螺纹上有通孔

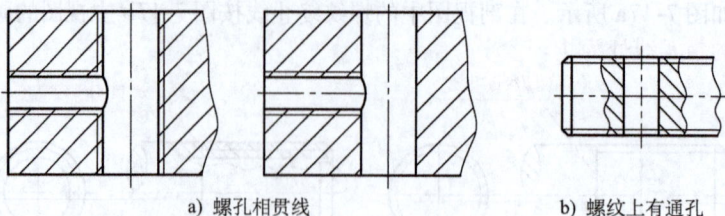

图 7-20 螺纹表面上的某些结构

### 三、螺纹的种类与标注

#### 1. 常用标准螺纹的种类、牙型与标注

常用标准螺纹的种类、牙型与标注见表 7-2。

表 7-2 常用标准螺纹的种类、牙型与标注

| 螺纹类型 | | 特征代号 | 牙型略图 | 标注示例 | 说 明 |
|---|---|---|---|---|---|
| 连接螺纹 | 普通螺纹 | 粗牙普通螺纹 | M |  | M16—6g | 粗牙普通螺纹，公称直径 16mm，右旋。中径公差带和顶径（大径）公差带均为 6g。中等旋合长度 |
| | | 细牙普通螺纹 | |  | M16×1—6H | 细牙普通螺纹，公称直径 16mm，螺距 1mm，右旋。中径公差带和顶径（小径）公差带均为 6H。中等旋合长度 |
| | 管螺纹 | 55°非密封管螺纹 | G |  | G1A、G1 | 55°非密封管螺纹<br>G—螺纹特征代号<br>1—尺寸代号<br>A—外螺纹公差带代号 |
| | | 55°密封管螺纹 | 圆锥内螺纹 Rc<br>圆柱内螺纹 Rp<br>圆锥外螺纹 R₁、R₂ |  | Rc1½、R₂1½ | 55°密封管螺纹<br>R₁—与圆柱内螺纹配合的圆锥外螺纹<br>R₂—与圆锥内螺纹配合的圆锥外螺纹<br>1 1/2—尺寸代号 |
| 传动螺纹 | | 梯形螺纹 | Tr |  | Tr36×12(P6)—7H | 梯形螺纹，公称直径 36mm，双线螺纹，导程 12mm，螺距 6mm，右旋。中径公差带 7H。中等旋合长度 |
| | | 锯齿形螺纹 | B |  | B70×10LH—7e | 锯齿形螺纹，公称直径 70mm，单线螺纹，螺距 10mm，左旋。中径公差带为 7e。中等旋合长度 |

**2. 螺纹的标注、识读**

（1）普通螺纹的标注格式

<u>牙型代号 公称直径×螺距</u> <u>－中径公差带代号 顶径公差带代号</u> －旋合长度代号－旋向

　　　　螺纹代号　　　　　　　　螺纹公差带代号

普通螺纹的牙型代号用 M 表示，公称直径为螺纹大径。细牙普通螺纹应标注螺距，粗牙普通螺纹不标注螺距。左旋螺纹用"LH"表示，右旋螺纹不标注旋向。螺纹公差带代号由表示其大小的公差等级数字和表示其位置的基本偏差的字母（内螺纹为大写，外螺纹为小写）组成，如 6H、6g。如两组公差带不相同，则分别注出代号；如两组公差带相同，则只注一个代号。旋合长度为短（S）、中（N）、长（L）三种，一般多采用中等旋合长度，其代号 N 可省略不注，如采用短旋合长度或长旋合长度，则应标注 S 或 L。

**【例 7-1】** 粗牙普通外螺纹，大径为 10mm，右旋，中径公差带为 5g，顶径公差带为 6g，短旋合长度。

**解** 应标记为：M10－5g6g－S。

（2）管螺纹的标注格式

1）<u>螺纹特征代号</u>　<u>尺寸代号 旋向代号</u>（适用于 55°密封管螺纹和 55°非密封的内管螺纹）。

2）<u>螺纹特征代号</u>　<u>尺寸代号 公差等级代号－旋向代号</u>（适用于 55°非密封的外管螺纹）。

以上螺纹特征代号分两类：①55°密封管螺纹特征代号：Rp 表示圆柱内螺纹，$R_1$ 表示与圆柱内螺纹相配合的圆锥外螺纹，Rc 表示圆锥内螺纹，$R_2$ 表示与圆锥内螺纹相配合的圆锥外螺纹。②55°非密封管螺纹特征代号：G。

公差等级分为 A、B 两种，只对 55°非密封的外管螺纹进行标注，对内螺纹则不标注公差等级代号。螺纹为右旋时，不标注旋向代号；为左旋时标注"LH"。

**【例 7-2】** 55°密封圆柱内螺纹，尺寸代号为 1，左旋。

**解** 应标记为：Rp1LH。

**【例 7-3】** 55°非密封的外管螺纹，尺寸代号为 3/4，公差等级为 A 级，右旋。

**解** 应标记为：G3/4A。

（3）梯形螺纹的标注格式

1）单线梯形螺纹：

<u>牙型符号 公称直径×螺距 旋向代号－中径公差带代号－旋合长度代号</u>

2）多线梯形螺纹：

<u>牙型符号 公称直径×导程（螺距代号 P 和数值）旋向代号－中径公差带代号－旋合长度代号</u>

梯形螺纹的牙型代号为"Tr"。右旋不标注，左旋螺纹的旋向代号为"LH"，需标注。梯形螺纹的公差带为中径公差带。梯形螺纹的旋合长度为中（N）和长（L）两组，采用中等旋合长度（N）时，不标注代号（N），如采用长旋合长度，则应标注"L"。

**【例 7-4】** 梯形螺纹，公称直径 40mm，螺距为 7mm，右旋单线外螺纹，中径公差带代号为 7e，中等旋合长度。

**解** 应标记为：Tr40×7－7e。

**【例 7-5】** 梯形螺纹，公称直径 40mm，导程为 14mm，螺距为 7mm 的左旋双线内螺纹，中径公差带代号为 8H，长旋合长度。

**解** 应标记为：Tr40×14（P7）LH－8H－L。

锯齿形螺纹标注的具体格式与梯形螺纹完全相同。

**需要注意的是，** 管螺纹的尺寸不能像一般线性尺寸那样注在大径尺寸线上，而应用指引线自大径圆柱（或圆锥）素线上引出标注。

**3. 查表**

螺纹加工制造时，应根据其公称直径，通过查表获得所需尺寸。管螺纹的尺寸代号并非螺纹的大径，但可根据尺寸代号查出螺纹的大径。如尺寸代号为 1 时，螺纹的大径为 33.249mm。详见附录 A。

## 第四节　零件表达方案的选择

不同的零件有不同的结构。选用什么样的一组视图表达零件，首先考虑的是便于读图，其次根据它的结构特点，选用适当的表达方法，在完整清晰地表达清楚零件结构的前提下，力求作图简便。它包括主视图的选择和其他视图的选择。

### 一、主视图的选择

主视图是表达零件结构形状的一组视图中最主要的视图，主视图的选择是否恰当直接影响到其他视图的位置和数量的选择，以及读图的方便和图幅的利用。所以主视图选择一定要慎重。选择主视图就是要确定零件的摆放位置和主视图的投射方向。

#### 1. 主视图的投射方向

一般将最能反映零件结构形状和各结构形状之间的相互位置关系的方向作为主视图的投射方向。如图7-21a所示的轴和图7-21b所示的车床尾座体，A所指的方向作为主视图的投射方向能较好地反映该零件的结构形状和各部分的相对位置。

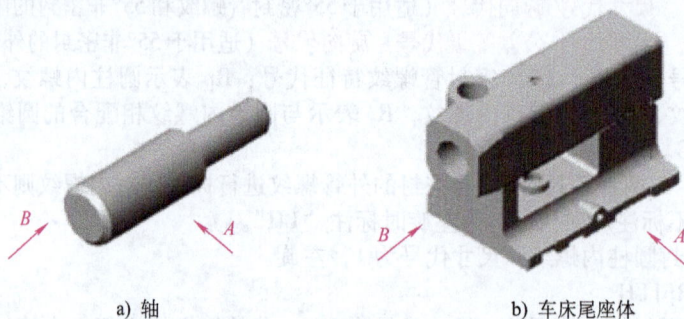

a) 轴　　　　　　　　　　b) 车床尾座体

图 7-21　主视图的投射方向

主视图的投射方向定了之后，零件如何放在投影体系中还没有完全确定，还需要考虑零件的安放位置。

#### 2. 确定零件的安放位置

应使主视图尽可能反映零件的主要加工位置或在机器中的工作位置。

1）零件的加工位置：是指零件在主要加工工序中的装夹位置。主视图与加工位置一致是为了使制造者在加工零件时读图方便。如轴、套、轮盘等零件的主要加工工序是在车床或磨床上进行的，因此，这类零件的主视图应将其轴线水平放置。如图7-21a所示的轴，轴线水平放置时，能较好地反映零件的加工位置。

2）零件的工作位置：是指零件在机器或部件中工作时的位置。如支座、箱壳等零件，它们的结构形状比较复杂，加工工序较多，加工时的装夹位置经常变化，因此在画图时使这类零件的主视图与工作位置一致，可方便零件图与装配图直接对照。如图7-21b所示的车床尾座体，安装底面水平朝下放置时，能较好地反映零件的工作位置。

### 二、其他视图的选择

对于结构形状较复杂的零件，只画主视图不能完全反映其结构形状，还需选择其他视图，并选择合适的表达方法。

其他视图的选择应按下述原则选取：

1）在明确表示物体的前提下，使视图（包括剖视图和断面图）的数量为最少。

2）尽量避免使用虚线表达物体的轮廓及棱线。

3）避免不必要的细节重复。

这些选择其他视图的原则，也是评定表达方案好坏的原则。掌握这些原则必须通过大量的读图、画图实践才能做到。配置其他视图时应注意以下几个问题：

1）每个视图都有明确的表达重点和独立存在的意义，各个视图互相配合、互相补充，表达内容尽量不重复。

2）根据零件的内部结构选择恰当的剖视图和断面图，但不要使用过多的局部视图或局部剖视图，以免使得零件分散零乱，给读图带来困难。

3）对尚未表达清楚的局部形状和细小结构，补充必要的局部视图和局部放大图。

同一零件的表示方案不是唯一的，应多考虑几种方案，进行比较，然后确定一个较佳方案。

### 三、选择表达方案的方法步骤

#### 1. 对零件进行结构形状分析

要结合零件的装配位置和功用，进行零件的几何形状分析，对于有些结构，还要结合零件的制造加工方法，分析零件的结构形状。

#### 2. 选择主视图

主视图是表示零件信息量最多的视图。根据零件的结构特点，选择好主视图的投射方向和安放位置，尽量使零件的安放位置符合工作位置原则或加工位置原则。

#### 3. 选择其他视图，初定表达方案

主视图确定后，选择其他视图时，要处理好以下三个问题：

（1）内、外形结构的表达问题　如果零件的内、外形结构一个简单，一个复杂，表达时要突出主要矛盾，外形复杂时，以表达外形为主；当内部复杂时，以剖视图为主。若内、外形都复杂，零件的某一方向有对称平面，可考虑用半剖视图；零件无对称平面，且投影不重叠时，可用局部剖视图，重叠时，应该分清楚内、外形的主次，把主要的放在基本视图上，次要的放在其他视图上，进行分别表示。

（2）集中与分散的表达问题　集中与分散是指把零件的各部分结构集中于少数几个视图上，还是分散在几个单独的视图上来表示。正确处理好这个问题的原则是力求读图方便。具体的做法是每个视图所表示的内容要有合理安排，不要过于勉强，使图形繁杂混乱；也不要过多地使用局部视图，使整体形状支离破碎。

（3）是否用虚线表达的问题　一般情况下，为读图和标注尺寸方便，不用虚线表达。如果零件上某部分结构的大小已确定，仅形状和位置没有表达清楚，且不会造成读图困难时，可用少量虚线表达。

#### 4. 分析调整形成最后表达方案

在完整清晰地表达零件的基础上，可以多选几种表达方案，对比分析各方案的优缺点，形成最好的表达方案。

### 四、表达方法的选择举例

【例 7-6】　选择如图 7-22a 所示的轴承座的表达方案。

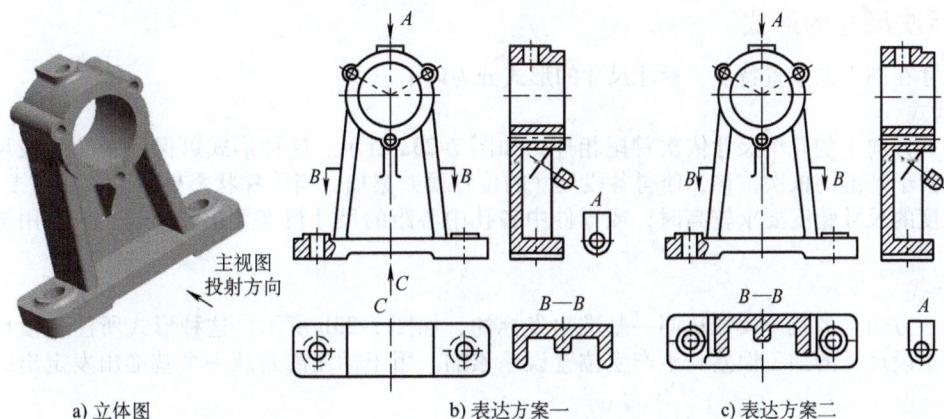

a) 立体图　　　　　b) 表达方案一　　　　　c) 表达方案二

图 7-22　轴承座的表达方案选择

**解** 1）选择主视图。根据零件的结构特点，选择如图7-22a所示的主视图的投射方向，以它的工作位置作为安放位置。

2）选择其他视图，初定表达方案。

3）分析调整形成最后表达方案。

如图7-22b、c所示轴承座的两种表达方案比较。表达方案二的俯视图采用了全剖视图，比较清楚地反映了底板的凸台形状和加强肋板的截面形状，配合其他视图就把该零件反映清楚了。表达方案一少了一个俯视图，多了一个向视图和断面图，虽然也清楚反映了底板底面的形状和凸台的形状及加强肋板的截面形状，但多了一个视图，同时向视图中也多了虚线，相比较不如表达方案二好。

## 第五节 零件图中尺寸的合理标注

在分析零件形状结构的基础上标注尺寸，除要求尺寸完整、布置清晰，并符合国家标准中有关尺寸标注法的规定外，还要求标注合理，既要符合设计要求，又要便于制造、测量、检验和装配。

将零件尺寸标注完整，需利用形体分析法；将尺寸标注清晰，需仔细推敲每一个尺寸的标注位置。这两项要求已在前面的尺寸标注中作了讨论，本节重点讨论尺寸标注的合理问题。

所谓尺寸标注的合理，是指标注的尺寸既要符合零件的设计要求，又要便于制造和检验、测量和装配。这就要求根据零件的设计和加工工艺要求，正确选择尺寸基准，恰当配置零件的结构尺寸。

### 一、尺寸基准及其选择

#### 1. 基准的概念

基准是零件在机器中或在加工、测量时，用以确定零件上某些结构的位置的一些点、线、面。根据基准的作用不同，分为设计基准、工艺基准等。

（1）设计基准 在零件设计时用于确定零件上某些结构的位置的点、线、面。

（2）工艺基准 在加工、检验、测量时，确定零件在机床或夹具中位置所依据的点、线、面。

由于每个零件都有长、宽、高三个方向尺寸，因此每个方向都有一个主要尺寸基准。零件的长、宽、高三个方向的主要基准（一般为设计基准）确定后，为了测量和加工方便，往往还要选择一些辅助基准（一般为工艺基准），它们与主要尺寸基准之间要有尺寸联系。

#### 2. 基准的选择

选择基准就是在标注尺寸时，是从设计基准出发，还是从工艺基准出发。从设计基准出发标注，可以直接反映设计要求，能保证零件在机器或部件中的工作性能；从工艺基准出发标注尺寸，可以直接反映工艺要求，便于操作和保证加工和测量质量。在标注尺寸时，要把设计基准和工艺基准统一起来，这样既能满足设计要求，又能满足工艺要求。当两者不能统一时，应选设计基准为主要基准。可以作为零件图尺寸基准的线或面主要有：零件的主要加工面、主要端面、主要支撑面、配合面、安装面和对称面及零件的主要回转面的轴线。

### 二、标注尺寸的形式

根据尺寸在图上的布置特点，标注尺寸的形式分为以下三种：

#### 1. 链状式

零件同一方向上的几个尺寸依次首尾相连，如图7-23a所示。这种形式可保证所注各段尺寸的精度要求，但由于基准的依次推移，使得各段尺寸的位置误差累加。当阶梯状零件对总长精度要求不高，而对各段长度的尺寸精度要求较高时，或零件中各孔中心距的尺寸精度要求较高时，应采用链状式尺寸注法。

#### 2. 坐标式

零件同一方向上的几个尺寸从同一基准出发标注，如图7-23b所示。这种形式所注各段尺寸的精度只取决于本段尺寸的加工误差，不产生位置误差累加。用于标注需要从一个基准出发定出的一组精确尺寸。

### 3. 综合式

零件同一方向上的几个尺寸既有链状式的，又有坐标式的，如图7-23c所示。多数情况下用这种形式标注。

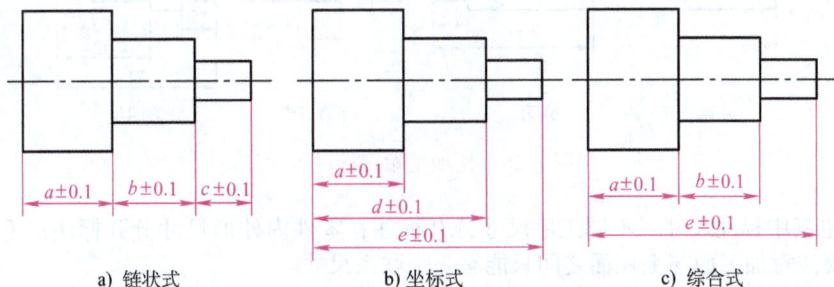

a) 链状式          b) 坐标式          c) 综合式

图 7-23　标注尺寸的形式

## 三、合理标注尺寸的一些原则

### 1. 考虑设计要求

（1）重要尺寸一定要直接标注出来　重要尺寸主要是指直接影响零件在机器中的工作性能和位置关系的尺寸。常见的如零件之间的配合尺寸，重要的安装定位尺寸等。如图7-24所示的轴承座是左右对称的零件，轴承孔的中心高 $H$ 和安装孔的距离尺寸 $L$ 是重要尺寸，必须直接注出，如图7-24a所示。而图7-24b 中的重要尺寸需依靠间接计算才能得到，这样容易造成误差积累。

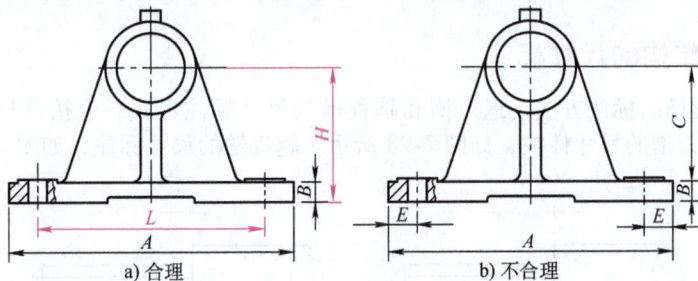

a) 合理          b) 不合理

图 7-24　重要尺寸直接标注出

（2）联系尺寸一定要互相联系起来　一台机器是由若干零件装配而成时，各零件之间总有一个或几个表面相联系，联系尺寸就是在数量上表示这种联系的。如相配合的孔和轴的公称尺寸是相同的。

（3）不能注成封闭尺寸链　封闭的尺寸链是指首尾相接，形成一整圈的一组尺寸。如图7-25所示的阶梯轴，长度 $b$ 有一定的精度要求。图7-25a中选出一个不重要的尺寸空出，加工的所有的误差就积累在这　段上，保证了长度 $b$ 的精度要求。而图7-25b 中长度方向的尺寸 $b$、$c$、$e$、$d$ 首尾相接，构成一个封闭的尺寸链，加工时，尺寸 $c$、$d$、$e$ 都会产生误差，这样所有的误差都会积累到尺寸 $b$ 上，因此不能保证尺寸 $b$ 的精度要求。

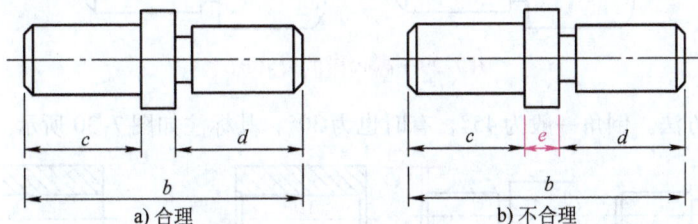

a) 合理          b) 不合理

图 7-25　避免出现封闭尺寸链

### 2. 考虑工艺要求

（1）按加工顺序标注尺寸　所注尺寸为加工时用到的尺寸，这样便于加工和测量。如图7-26所示的轴，标注轴向尺寸时，考虑各轴段外圆的加工顺序，按照加工过程注出尺寸。

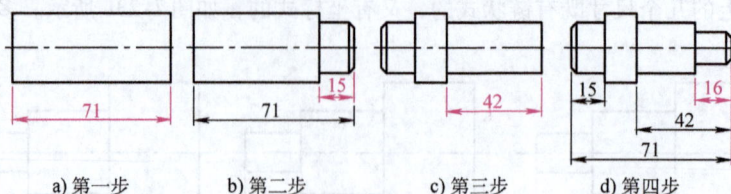

a) 第一步　　　　b) 第二步　　　　c) 第三步　　　　d) 第四步

图 7-26　按加工顺序标注尺寸

（2）按分组集中标注尺寸　不同工序尺寸分开标注；零件内外形尺寸分开标注；毛坯面与加工面分开标注，但要注意加工面与毛坯面之间只能有一个联系尺寸。

（3）铸件、锻件按形体标注尺寸　按形体标注尺寸便于制作模型。

（4）便于测量的尺寸注法　尺寸的标注要便于测量，如图 7-27 所示。

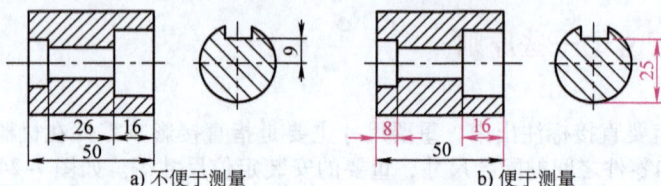

a) 不便于测量　　　　　　　　　　b) 便于测量

图 7-27　尺寸标注要便于测量

## 四、常见典型结构的尺寸标注

1）退刀槽、越程槽的标注方法。退刀槽和越程槽的尺寸标注形式，应按"槽宽×直径"或"槽宽×槽深"标注，退刀槽的尺寸标注，如图 7-28 所示。越程槽的尺寸标注，如图 7-29 所示。

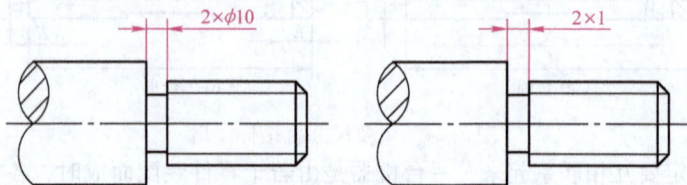

图 7-28　退刀槽的尺寸标注

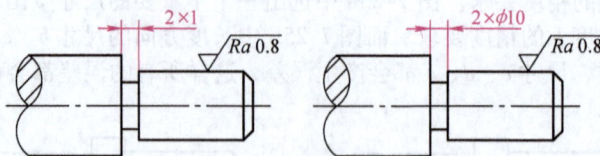

图 7-29　越程槽的尺寸标注

2）倒角的标注方法。倒角一般为 45°，有时也为 30°，其标注如图 7-30 所示。

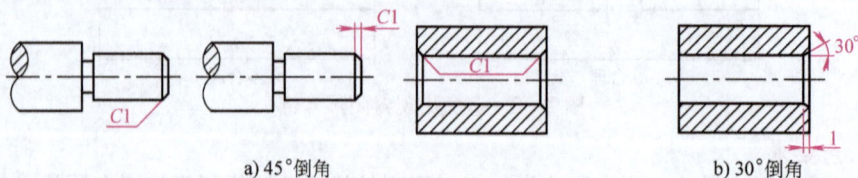

a) 45°倒角　　　　　　　　　　　　b) 30°倒角

图 7-30　倒角的尺寸标注

3）国家标准规定标注尺寸的符号及缩写词见表7-3。

表7-3　标注尺寸的符号及缩写词

| 序号 | 名称 | 符号或缩写词 | 序号 | 名称 | 符号或缩写词 |
|---|---|---|---|---|---|
| 1 | 直径 | $\phi$ | 8 | 45°倒角 | $C$ |
| 2 | 半径 | $R$ | 9 | 深度 | ↧ |
| 3 | 球直径 | $S\phi$ | 10 | 沉孔或锪平 | ⌴ |
| 4 | 球半径 | $SR$ | 11 | 埋头孔 | ⌵ |
| 5 | 厚度 | $t$ | 12 | 均布 | EQS |
| 6 | 正方形 | □ | 13 | 弧长 | ⌒ |
| 7 | 展开长 | 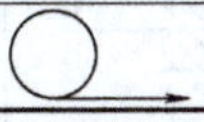 ◯ | | | |

4）孔、沉孔、锪孔和光孔等是零件上常见的结构，它们的尺寸注法分普通注法和旁注法，见表7-4。

表7-4　常见孔的尺寸标注示例

| 类型 | | 旁注法及简化注法 | 普通注法 | 说　明 |
|---|---|---|---|---|
| 螺孔 | 通孔 | 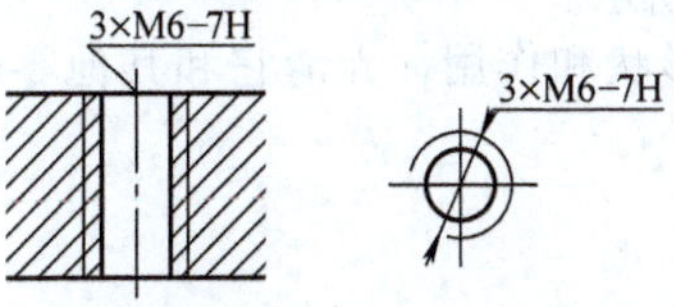 3×M6-7H | 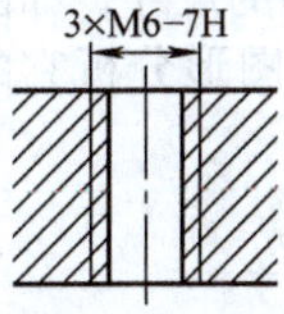 3×M6-7H | 3×M6为均匀分布直径是6mm的3个螺孔。三种标法可任选一种 |
| | 不通孔 | 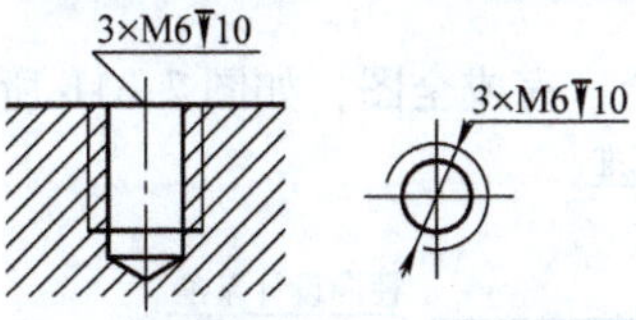 3×M6↧10 | 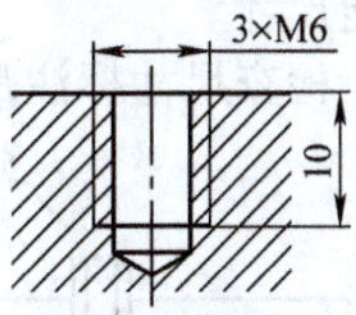 3×M6 | 只注螺孔深度时，可以与螺孔直径连注 |
| | 一般孔 | 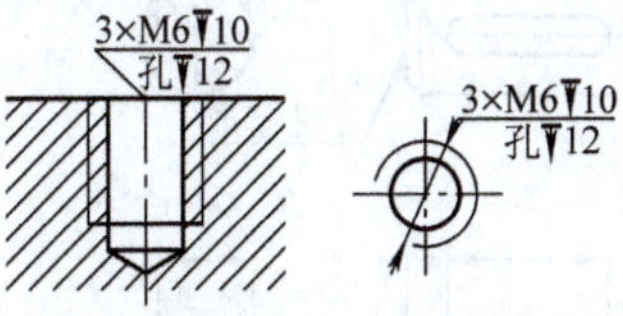 3×M6↧10 孔↧12 | 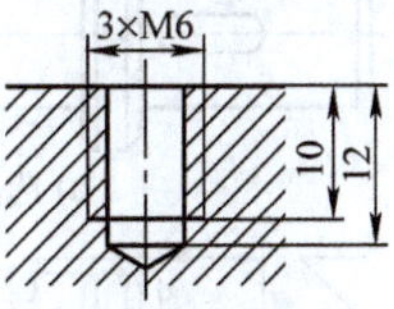 3×M6 | 需要注出光孔深度时，应明确标注深度尺寸 |
| 沉孔和埋头孔 | 沉孔 | 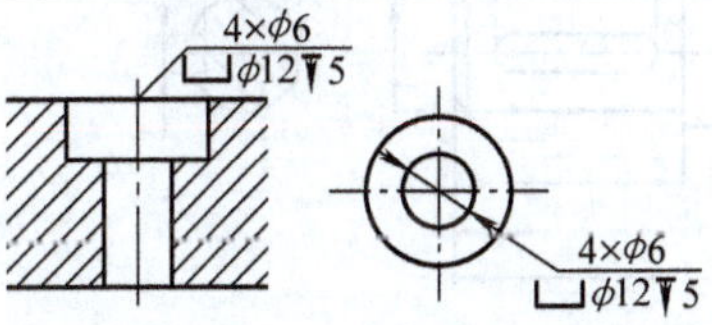 4×φ6 ⌴φ12↧5 | 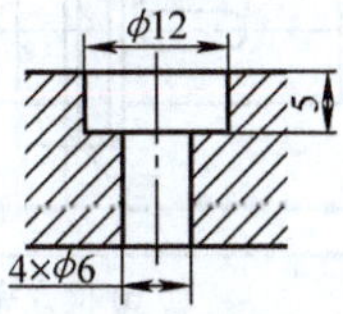 φ12 4×φ6 | 4×φ6为小直径的柱孔尺寸，沉孔φ12mm深5mm为大直径的柱孔尺寸 |
| | 埋头孔 | 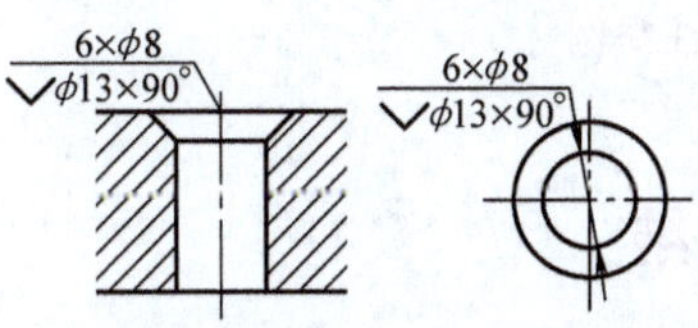 6×φ8 ⌵φ13×90° | 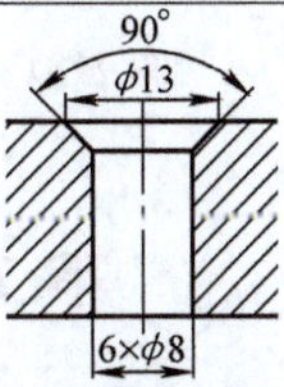 90° φ13 6×φ8 | 6×φ8为均匀分布直径8mm的6个孔，埋头孔尺寸为锥形部分的尺寸 |
| | 锪平孔 | 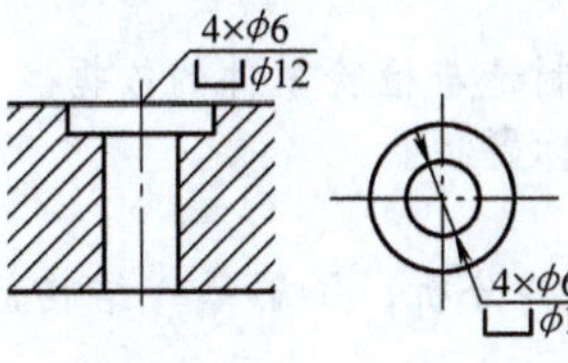 4×φ6 ⌴φ12 | 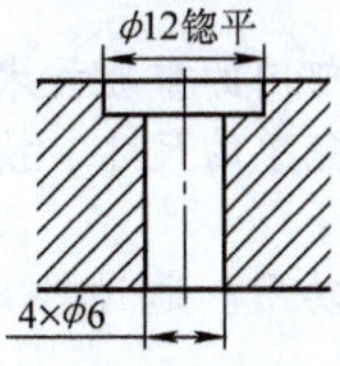 φ12锪平 4×φ6 | 4×φ6为小直径的柱孔尺寸。锪平部分的深度不注，一般锪平到不出现毛面为止 |

（续）

| 类型 | | 旁注法及简化注法 | 普通注法 | 说　明 |
|---|---|---|---|---|
| 光孔 | 锥销孔 | 锥销孔φ4 配作 锥销孔φ4 配作 | φ4 配作 | 锥销孔小端直径为 4mm，并与其相连接的另一零件一起配铰 |
| | 精加工孔 | 4×φ6H7▼10 孔▼12 4×φ6H7▼10 孔▼12 | 4×φ6H7 | 4 × φ6 为均匀分布直径 6mm 的 4 个孔，精加工深度为 10mm，光孔深 12mm |

## 五、合理标注零件尺寸的方法步骤

**【例 7-7】**　试标注减速器从动轴的尺寸，如图 7-31 所示。

**解**　1）分析零件，按照给定的图形分析它的结构形状和作用，弄清它和其他零件的联系及加工方法。

2）选基准，如图 7-31a 所示。

3）考虑设计要求，标注功能尺寸。

4）考虑工艺要求，标注非功能尺寸。

5）用形体分析和结构分析法，检查尺寸标注是否齐全，完成全图，如图 7-31b 所示。

a) 选基准

b) 检查完成全图

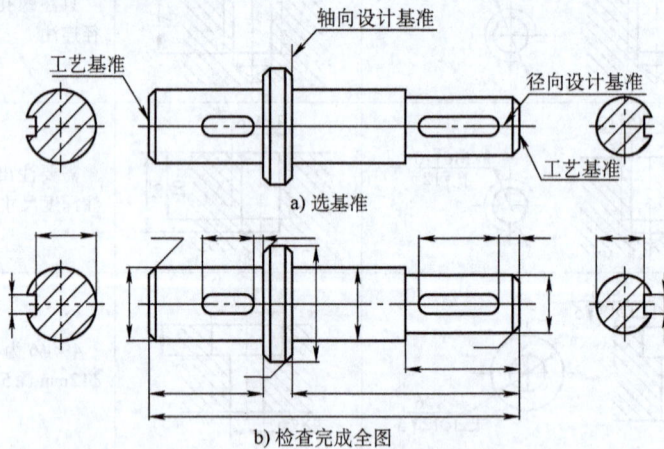

图 7-31　尺寸标注举例

# 本 章 小 结

1. 零件图的功用和内容

零件图是设计部门提交给生产部门的重要技术文件，是制造与检验零件的依据。

零件图的内容包括一组视图、完整的尺寸、技术要求、标题栏。

2. 零件的结构分析

零件上的每个结构都有一定的功用。通过对零件进行结构分析，了解每一结构的功用，以便进行视图选择。

螺纹是常见的一种结构，要掌握其画法和标注。应对零件图上的铸造结构（圆角、过渡线、起模斜度、铸造壁厚等）和机械加工结构（倒角、退刀槽、越程槽、凸台、凹坑等）有一定的认识。

3. 视图选择

零件的视图表达要做到完整、清晰、合理、读图方便。在上述前提下，力求表达简洁。主视图是核心，是表达方案的关键。要考虑两个方面的因素：投射方向（考虑反映零件的形状特征定投射方向）和安放位置（考虑加工位置原则和工作位置原则定安放位置）。其他视图的选择应在充分表达零件的结构形状的前提下，力求视图数量少。

4. 尺寸标注

零件图上的尺寸标注，除了组合体上提出的要求外，更重要的是切合实际，做到标注尺寸合理。要正确选择基准，满足设计和工艺要求，基准一般选重要的端面、零件的对称平面、重要的回转轴线等。零件上设计要求的重要尺寸直接注出，其他尺寸可按加工顺序、测量方便或形体分析注出。此外还要注意不要注成封闭尺寸链，零件上的常见结构的尺寸标注要符合国家标准的规定。

<h2 style="text-align:center">复习思考题</h2>

1. 什么叫零件图，在生产中起什么作用？零件图应包括哪些内容？
2. 为什么要对零件进行结构分析？怎么分析？
3. 零件视图的选择应考虑哪些原则？
4. 零件上的螺纹结构怎么画？如何标注？为什么要标注？
5. 零件上常见的工艺结构有哪些？怎么标注和绘制？
6. 零件上常见的机械加工结构有哪些？怎么标注和绘制？
7. 零件图上的尺寸标注和组合体上的尺寸标注有什么不同？
8. 如何对零件图进行尺寸标注？应注意哪些问题？

# 第 八 章

# 零件图上的技术要求

在制造零件时，要求做到零件的每个尺寸都绝对准确，表面绝对光滑，这在工艺中不可能，在实际中也没有必要。零件的尺寸要求越准确，表面要求越光滑，制造它的费用就越高。如果做到既要保证零件的加工质量，使它满足它的功能，又要力求费用低，这就需要在制定技术要求时，从实际出发，合理制定技术要求，正确地处理好可靠性和经济性的矛盾。

在零件图上应注写的技术要求主要有：尺寸公差、几何公差、表面结构要求、热处理及特殊加工和检验的说明。这些内容用规定的符号、代号、文字及数字注写在图形上，有的用文字注写在图纸下方的空白处。技术要求标注要明确、清楚；文字简明、确切；提出的要求要切实可行。本章主要介绍：极限与配合、几何公差、表面结构要求等。

## 【知识要求】

1）学习并掌握极限与配合的基本术语定义及标注，了解极限与配合的选用原则，熟悉公差值的查表方法。

2）学习并理解几何公差项目的含义、几何公差带及标注，了解几何公差的选用方法。

3）了解与公差原则有关的术语及其定义。

4）掌握表面结构要求评定参数的含义及应用，掌握表面结构要求的标注方法，了解表面结构要求的选用原则。

## 【技能要求】

1）能正确说明零件图上所标注的有关极限与配合、几何公差、尺寸公差、表面结构要求符号的含义，掌握公差值的查表方法。

2）会在零件图上正确标注有关极限与配合、几何公差、尺寸公差和表面结构要求方面的技术要求。

## 第一节　极限与配合及其注法

### 一、有关术语及其概念

#### （一）有关互换性的基本概念

#### 1. 互换性的概念

从一批规格相同的零件中任取一件，不经任何挑选或修配就能顺利地装配到机器上，并能满足机器的工作性能要求，零件的这种性质称为互换性。

零件具有互换性，不仅给机器的装配和维修带来方便，而且也为大批量和专门生产创造了条件，从而缩短了生产周期，提高了劳动效率和经济效益。

#### 2. 互换性的分类

互换性的分类方法很多，按决定参数可分为几何参数互换、功能参数互换；按部位或范围可分为外互换和内互换；按程度可分为完全互换和不完全互换。完全互换是指同一规格的一批零部件中任取其一，无需经过选择、辅助加工，即可装配在机器上，并充分满足预定的使用要求的互换。不完全互换是指同一规格的一批零部件中在装配或更换时，有附加选择，但不允许修配的互换。

#### （二）有关"尺寸"的术语和定义

（1）尺寸　以特定单位表示线性尺寸值的数值，如半径、直径、中心距等。在机械制造中以 mm、μm 作为其特定单位。

（2）公称尺寸　用来与上、下极限偏差计算出上、下极限尺寸的尺寸，如图 8-1 所示。公称尺寸是设计给定的尺寸，一般按标准尺寸系列选择。通常有配合关系的孔和轴的公称尺寸相同，孔用 $D$ 表示，轴用 $d$ 表示。

（3）实际尺寸　通过测量获得的某一孔、轴的尺寸。孔用 $D_a$ 表示，轴用表示 $d_a$，也称为局部尺寸。

（4）极限尺寸　一个孔或轴允许尺寸的两个极端，实际尺寸位于其中，也可达到极限尺寸。

（5）上极限尺寸　孔或轴允许的最大尺寸。孔的上极限尺寸用 $D_{max}$ 来表示，轴的上极限尺寸用 $d_{max}$ 来表示。

图 8-1　有关尺寸的示意图

（6）下极限尺寸　孔或轴允许的最小尺寸。孔的下极限尺寸用 $D_{min}$ 来表示，轴的下极限尺寸用 $d_{min}$ 来表示。

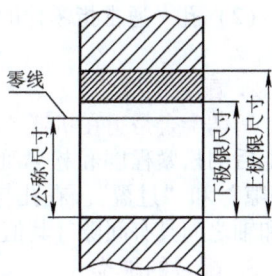

### （三）有关尺寸"公差""偏差"的术语及定义

**1. 尺寸公差**

尺寸公差简称公差，是上极限尺寸减下极限尺寸之差，或上极限偏差减下极限偏差之差，是允许尺寸的变动量。

孔的公差 $T_D = |D_{max} - D_{min}| = |(D_{max} - D) - (D_{min} - D)| = |ES - EI|$

轴的公差 $T_d = |d_{max} - d_{min}| = |(d_{max} - d) - (d_{min} - d)| = |es - ei|$

**注意**：公差是绝对值，没有正负之分，计算时绝对不能加正负号。

**2. 尺寸偏差**

尺寸偏差，简称偏差，指某一尺寸减其公称尺寸所得的代数差，可分为极限偏差和实际偏差。

极限偏差是指极限尺寸减去公称尺寸所得的代数差，分为上极限偏差和下极限偏差。

孔的上极限偏差 $ES = D_{max} - D$；孔的下极限偏差 $EI = D_{min} - D$。

轴的上极限偏差 $es = d_{max} - d$；轴的下极限偏差 $ei = d_{min} - d$。

为了满足孔与轴配合的不同松紧要求，极限尺寸可能大于、小于或等于其公称尺寸。因此，极限偏差的数值可能是正值、负值或零。故在偏差值的前面除零外，应标上相应的"＋"号或"－"号。

偏差的标注为上极限偏差标在公称尺寸右上角；下极限偏差标在公称尺寸右下角。

实际偏差等于局部尺寸减去公称尺寸的代数差。

**3. 尺寸公差带图**

由于公差及偏差的数值与尺寸数值相比差别较大，不便于用同一比例表示，故采用公差带图表示，如图 8-2 所示。通过该图可以看出，公差带图涉及以下几个方面：

（1）零线　在公差带图中，表示公称尺寸的一条直线称为零线。以其为基准确定偏差和公差，通常，零线沿水平方向绘制，正偏差位于其上，负偏差位于其下。

（2）尺寸公差带（简称公差带）　在公差带图中，由上、下极限偏差线段所限定的一个区域。在绘制公差带图时，应注意用不同方式区分孔、轴公差带，其相互位置大小则应协调比例画出。

图 8-2　公差带图

（3）标准公差　在国家标准《极限与配合》中所规定的任一公差，用来确定公差带大小。

（4）基本偏差　在国家标准《极限与配合》中，确定公差带相对零线位置的基本偏差，可以是上极限偏差或下极限偏差，一般为靠近零线或位于零线的那个极限偏差。

### （四）有关配合的术语及定义

**1. 孔和轴的概念**

（1）轴　通常指零件的圆柱形外表面，也包括非圆柱形外表面（由两平行平面或切面形成的被包容面）。

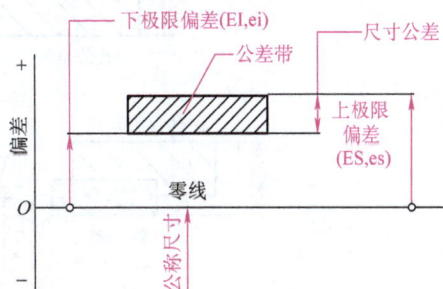

（2）孔　通常指零件的圆柱形内表面，也包括非圆柱形内表面（由两平行平面或切面形成的包容面）。

**2. 配合的概念**

所谓配合是指在机器装配中，公称尺寸相同，相互配合的孔、轴公差带之间的关系。配合反映了装配后的松紧程度和松紧变化程度，即配合的精度。由于孔和轴的实际尺寸不同，装配后可能产生"间隙"和"过盈"。在孔与轴的配合中，孔的实际尺寸减去相配合的轴的实际尺寸，其值如为正，则孔和轴之间具有间隙；其值如为负，则孔和轴之间具有过盈。

**3. 配合的种类**

（1）间隙配合　指具有间隙（包括最小间隙等于零）的配合。这种配合孔的公差带在轴的公差带之上，如图8-3a所示。表示间隙配合中间隙变动的两个界限值为：

最大间隙 $X_{max} = D_{max} - d_{min} = ES - ei$

最小间隙 $X_{min} = D_{min} - d_{max} = EI - es$

其中最大间隙表示配合中的最松状态，最小间隙表示配合中的最紧状态。

（2）过盈配合　指具有过盈（包括最小过盈等于零）的配合。这种配合孔的公差带在轴的公差带之下，如图8-3b所示。表示过盈配合中过盈变动的两个界限值为：

最大过盈 $Y_{max} = D_{min} - d_{max} = EI - es$

最小过盈 $Y_{min} = D_{max} - d_{min} = ES - ei$

其中最大过盈表示配合中的最紧状态，最小过盈表示配合中的最松状态。

（3）过渡配合　指可能具有间隙或过盈的配合，这种配合孔的公差带与轴的公差带相互交叠，如图8-3c所示。表示过渡配合中松紧变动的两个界限值为：

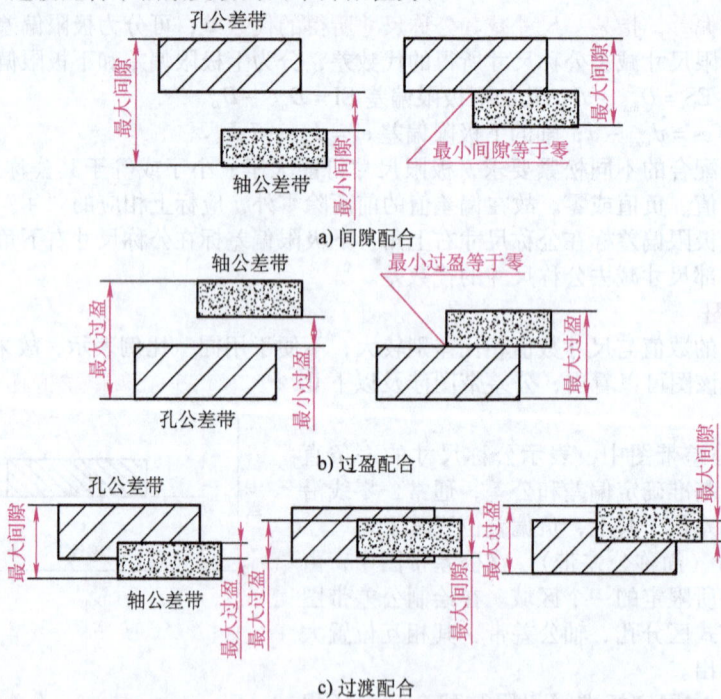

a) 间隙配合

b) 过盈配合

c) 过渡配合

图8-3　三类配合

最大间隙 $X_{max} = D_{max} - d_{min} = ES - ei$

最大过盈 $Y_{max} = D_{min} - d_{max} = EI - es$

其中最大过盈表示配合中的最紧状态，最大间隙表示配合中的最松状态。

**4. 配合公差**（$T_f$）

允许间隙或过盈的变动量称为配合公差。它是设计人员根据机器配合部位使用性能的要求对配合松紧变动程度给定的允许值。配合公差反映配合精度，配合精度的高低是由相互配合的孔和轴的精度所决定的。

间隙配合 $T_f = | X_{max} - X_{min} | = T_D + T_d$

过渡配合 $T_f = | X_{max} - Y_{max} | = T_D + T_d$

过盈配合 $T_f = | Y_{min} - Y_{max} | = T_D + T_d$

配合的合用条件是：对间隙配合，$X_{min} < X_a$（实际间隙）$< X_{max}$；对过盈配合，$Y_{min} > Y_a$（实际过盈）$> Y_{max}$；对过渡配合，$X_a < X_{max}$ 或 $Y_a > Y_{max}$。

**5. 配合制**

为设计制造方便和满足生产要求，把孔（或轴）公差带固定，而改变轴（或孔）公差带位置来形成各种配合，这种制度称为配合制。国家标准规定了两种配合制：基孔制和基轴制。

（1）基孔制 基本偏差为一定的孔的公差带，与不同基本偏差的轴的公差带形成各种配合的一种制度。基孔制配合中的孔称为基准孔，是配合的基准件。基准孔以下极限偏差为基本偏差，其数值为零，上极限偏差为正值，即其公差带偏置在零线上侧。

（2）基轴制 基本偏差为一定的轴的公差带，与不同基本偏差的孔的公差带形成各种配合的一种制度。基轴制配合中的轴称为基准轴，是配合的基准件。基准轴以上极限偏差为基本偏差，其数值为零，下极限偏差为负值，即其公差带偏置在零线下侧。

## 二、标准公差和基本偏差系列

为了实现互换性和满足各种使用要求，国家标准《极限与配合》对各种配合的公差带进行了标准化，包括"标准公差系列"和"基本偏差系列"，前者确定公差带的大小，后者确定公差带的位置，二者结合构成了不同的公差带。

### （一）标准公差系列

公差值的大小确定了尺寸允许的变动范围，反映了尺寸公差带的大小、尺寸的精度和加工的难易程度。国家标准《极限与配合》已对公差值进行了标准化，并组成标准公差系列，见附录表 C-1。从表中可以看出，标准公差的数值与两个因素有关：标准公差等级和尺寸分段。

（1）标准公差等级 指确定尺寸精确程度的等级。

国家标准规定：同一公差等级对所有公称尺寸的一组公差视为同等精确程度。为满足生产的需要，设置了 20 个公差等级，分别用代号 IT01、IT0、IT1、…、IT18 表示，其中 IT01 精度最高，其余精度依次降低，IT18 精度最低。例如 IT6 可读作：标准公差 6 级或简称 6 级公差。

（2）尺寸分段 公差值的大小不仅与公差等级有关，还与公称尺寸有关。

在生产实际中，使用的公称尺寸很多，如果每一公称尺寸均对应一个公差值的话，会使公差数值表很庞大，也不便于实现标准化，为此国家标准对公称尺寸进行了分段，同一尺寸段内的所有尺寸，在同一公差等级的情况下，具有相同的标准公差值。

### （二）基本偏差系列

基本偏差是确定公差带相对于零线位置的上极限偏差和下极限偏差，通常指靠近零线的那个极限偏差。设定基本偏差的目的是将公差带相对于零线的位置加以标准化，以满足各种配合性质的需要。

国家标准对孔和轴分别规定了 28 种基本偏差，孔的基本偏差用大写拉丁字母表示，轴的基本偏差用小写拉丁字母表示。当公差带在零线上方时，基本偏差为下极限偏差；反之则为上极限偏差，如图 8-4 所示。

28 种基本偏差代号，由 26 个拉丁字母中去掉 5 个容易与其他含义混淆的字母 I（i）、L（l）、O（o）、Q（q）、W（w），再加上 7 个双写字母 CD（cd）、EF（ef）、FG（fg）、JS（js）、ZA（za）、ZB（zb）、ZC（zc）组成。这 28 种基本偏差代号反映 28 种公差带的位置，构成了基本偏差系列。

其中 CD（cd）、EF（ef）、FG（fg）为中间性质的基本偏差，可减小相邻两基本偏差数值之间的差距，以满足 10mm 以下尺寸的精密机械和钟表行业的需要。

ZA（za）、ZB（zb）、ZC（zc）是为了满足大过盈配合的需要而设置的。

JS（js）公差带完全对称地跨在零线上，上、下极限偏差值为 ±IT/2。

基本偏差 H 和 h 值都为零，前者为下极限偏差，后者为上极限偏差。孔和轴的绝大多数基本偏差的数值不随公差等级变化，只有极少数基本偏差数值随公差等级变化，如孔中的 J、JS、K、M、N，轴

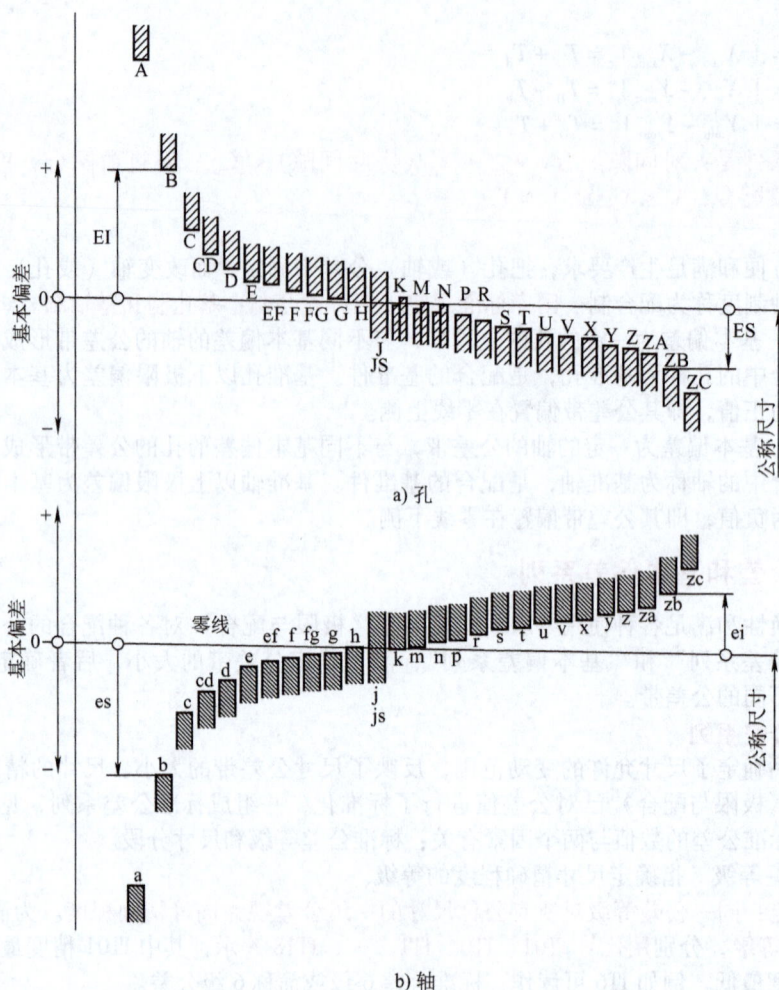

图8-4　基本偏差系列示意图

中的 j、js、k。

　　轴基本偏差数值的确定是以基孔制为基础，依据各种配合的要求，从生产实践经验和有关统计分析的结果中整理出一系列公式而计算出来的。在基孔制中，轴的基本偏差 a～h 用于间隙配合，其数值的绝对值正好等于最小间隙的数值；基本偏差 j～n 主要用于过渡配合；基本偏差 p～zc 基本上用于过盈配合。在生产实践中，轴的基本偏差数值可直接从附录表 C-2 中查得。

　　孔基本偏差的数值则是从轴的基本偏差数值换算而来的，换算的前提是同一字母表示孔和轴的基本偏差所组成的公差带按基孔制形成的配合与按基轴制形成的配合两者的配合性质相同。如：$\phi40H8/a7$ 与 $\phi40A8/h7$ 配合性质相同。在生产实践中，孔的基本偏差数值可直接从附录表 C-3 中查得。

　　当基本偏差和标准公差等级确定后，孔和轴的公差带大小和位置及配合类别也随之确定。基本偏差和标准公差的计算式如下

$$IT = ES - EI \text{ 或 } EI = ES - IT$$
$$IT = es - ei \text{ 或 } ei = es - IT$$

**（三）一般公差（未注公差）**
**1. 一般公差尺寸的含义**
图样上未注公差的尺寸称为一般公差尺寸（未注公差尺寸），是指在车间一般加工条件下即可保证、主要用于较低精度的非配合尺寸。
**2. 一般公差尺寸精度的规定**
国家标准 GB/T 1804—2000 规定一般公差分精密 f、中等 m、粗糙 c、最粗 v 共四个公差等级。

134

**3. 一般公差的图样表示法**

若采用一般公差，应在图样标题栏附近或技术要求技术文件（如企业标准）中注出标准号及公差等级代号。例如：选取中等级时标注为 GB/T 1804—m。

## 三、极限与配合的标注与查表

**1. 公差带代号**

孔、轴的公差带代号是由基本偏差代号和公差等级数字组成的。例如：H8、K7、F6、M7、…，为孔的公差带代号；h8、k7、m6、n7、…，为轴的公差带代号。

**2. 配合代号**

国家标准规定，配合代号由相互配合的孔和轴的公差带以分数的形式组成，孔的公差带为分子，轴的公差带为分母。例如：$\phi40H8/f7$，$\phi80K7/h6$。

**3. 尺寸公差在零件图上的标注**

尺寸公差在零件图上的标注有三种形式，如图 8-5 所示。

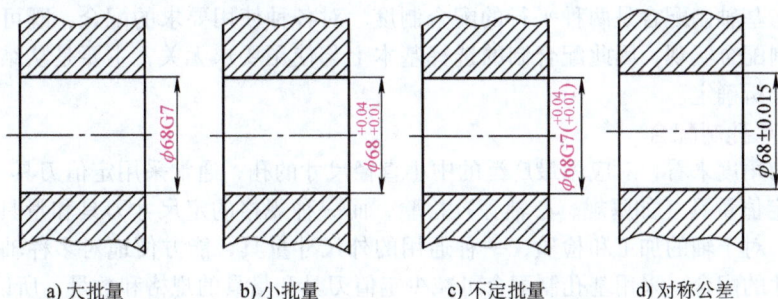

a) 大批量　　b) 小批量　　c) 不定批量　　d) 对称公差

图 8-5　尺寸公差在零件图上的标注

1）标注公差带代号，如图 8-5a 所示。这种注法适用于大批量生产的零件，采用专用量具检验零件。

2）标注极限偏差数值，如图 8-5b 所示。这种注法适用于单件、小批量生产的零件。

上极限偏差注在公称尺寸的右上方，下极限偏差注在公称尺寸的右下方。极限偏差数字比公称尺寸数字小一号，小数点前的整数对齐，小数点后面的小数位数应相同。当上、下极限偏差的数值相同，符号相反时，按图 8-5d 所示的方法标注。

3）公差带代号与极限偏差一起标注，如图 8-5c 所示。这种注法适用于产品转产频繁的生产或批量不定的零件图中。

**4. 在装配图上的标注**

在装配图中标注配合代号，有两种形式，如图 8-6 所示。

1）标注孔和轴的配合代号，如图 8-6a、图 8-6b 所示。这种注法应用最多。

2）当需要标注孔和轴的极限偏差时，孔的公称尺寸和极限偏差注在尺寸线上方，轴的公称尺寸和极限偏差注在尺寸线下方，如图 8-6c 所示。

3）零件与标准件或外购件配合时，在装配图中可以只标注该零件的公差带代号，如图 8-6d 所示。

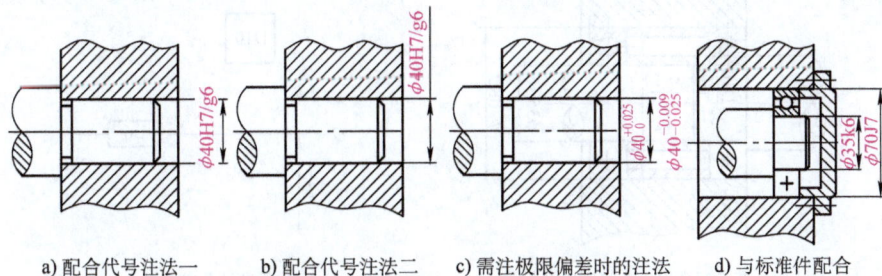

a) 配合代号注法一　　b) 配合代号注法二　　c) 需注极限偏差时的注法　　d) 与标准件配合

图 8-6　尺寸公差在装配图中的标注

**5. 查表方法示例**

【例8-1】 查表确定配合代号 $\phi60H8/f7$ 中孔和轴的极限偏差值。

**解** 根据配合代号可知，孔和轴采用基孔制配合，其中 H8 孔为基准孔的公差带代号；f7 为配合轴的公差带代号。

$\phi60H8$ 基准孔的极限偏差，可由孔的极限偏差表（见附录表 C-3）查出。在公称尺寸 $>50\sim80mm$ 行与 H8 列的交汇处找到 46、0，即孔的上极限偏差为 $+0.046mm$，下极限偏差为 0。所以 $\phi60H8$ 可写为 $\phi60^{+0.046}_{0}$。同理可由轴的极限偏差表（见附录表 C-2）查出轴的极限偏差。查到轴的上极限偏差为 $-0.030mm$，下极限偏差为 $-0.060mm$。所以 $\phi60f7$ 可写为 $\phi60^{-0.030}_{-0.060}$。

## 四、极限与配合的选用

极限与配合的选用包括配合制、配合种类和公差等级三项内容。

### （一）配合制的选择

基孔制配合与基轴制配合是两种平行的配合制度。对各种使用要求的配合，既可用基孔制配合实现，又可用基轴制配合实现，因此配合制的选择基本上与使用要求无关，主要是从结构、工艺性和经济性等方面进行分析确定。

**1. 优先选用基孔制配合**

从加工工艺的角度来看，对应用最广泛的中小直径尺寸的孔，通常采用定值刀具（如钻头、铰刀、拉刀等）加工和定值量具（如塞规、心轴等）检验，而一种规格的定尺寸刀具和量具，只能满足一种孔公差带的需要。对于轴的加工和检验，一种通用的外尺寸量具，能方便地对多种轴的公差带进行检验。对于中小尺寸的配合，采用基孔制配合可减少定值刀具和量具的规格和数量，所以经济性好。

当孔的尺寸增大到一定的程度，采用定尺寸刀具和量具来制造和检验，将逐渐变得不方便也不经济。这时如都用通用工具制造孔和轴，则选择哪种基准制都一样。

**2. 一些特殊情况可考虑采用基轴制**

1）截取冷拉圆型材作轴时。冷拉圆型材，其尺寸公差等级可达 IT7～IT9，这对某些轴类零件的轴颈精度已能满足性能要求。在这种情况下，采用基轴制可免去轴的加工，只须按照不同的配合性能要求加工孔，就能得到不同性质的配合。

2）一轴配多孔，且配合性质要求不同时。

3）采用标准件时，基准制不能随便选用，应按标准件所用的基准制来确定。

例如：滚动轴承为标准件，它的内圈与轴颈配合应是基孔制，而其外圈与外壳孔的配合则是基轴制。

**3. 非基准制配合**

必要时可采用非基准制配合。如图 8-7a 所示，为使安装方便，隔套与轴之间的配合应采用间隙配合，但轴与滚动轴承的配合已按基孔制配合采用公差带 js，因此隔套内孔公差带只好选用如图 8-7b 所示的非基准孔公差带才能得到间隙配合。

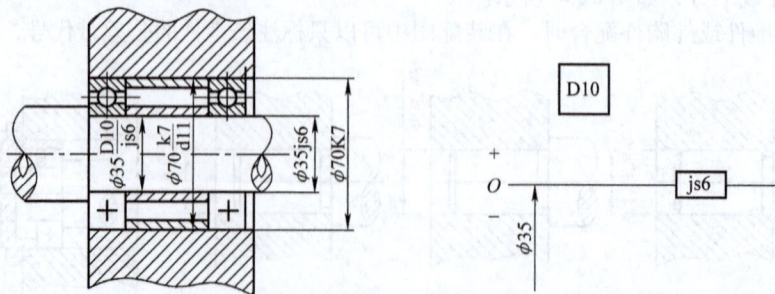

a) 非基准孔配合代号在视图中的标注      b) 非基准孔公差带

图 8-7 非基准制应用实例

### （二）配合种类的选用

#### 1. 配合的种类

配合共分为三大类：间隙配合、过渡配合、过盈配合。

1）间隙配合具有一定的间隙量。间隙小时主要用于精确定心和经常拆卸的静连接，或结合件间只有缓慢转动或移动的动连接。间隙大时主要用于结合件间有相对的转动、移动或复合运动的动连接。

2）过渡配合可能具有间隙，也可能具有过盈，但间隙和过盈都较小，主要用于精确定心，结合件间无相对运动、可拆卸的静连接。

3）过盈配合具有一定的过盈量，主要用于无相对运动，不可拆卸的静连接，过盈量小时只作精确定心用，过盈量较大时，可直接传递力矩。

#### 2. 配合种类选择的基本方法

配合种类选择的方法有计算法、类比法和试验法。

1）计算法是根据配合部位使用性能的要求，在理论分析指导下，通过一定的公式计算出极限间隙或极限过盈量，然后从标准中选定合适的孔和轴的公差带。只有重要的配合部位才采用计算法。由于实际中影响间隙和过盈的因素很多，且理论计算也是近似的，所以在实际应用时还需经过试验来确定。

2）类比法是与经过实践考验认为选择得恰当的某种类似件的配合相比较，然后确定其配合种类。一般的配合部位采用类比法。

3）试验法是在新产品设计过程中，对某些特别重要部位的配合，为了防止计算法和类比法不准确而影响产品的使用性能，通过几种配合的实际试验结果，从中找出最佳的配合方案的方法。此法适用于特别重要的关键性配合。

配合种类的选择中，间隙配合用于有相对运动的部位，要求经常拆卸及某些需要方便装卸的静止连接中（要加紧固件）。过渡配合用于相配件对中性要求高，而又需要经常拆卸的静止结合部位。过盈配合用于无相对运动，无辅助连接件（如螺钉、键等），靠过盈传递转矩，或是虽有辅助连接件，但转矩大或是有冲击负载时。

#### 3. 标准中规定的公差带和配合

根据标准公差系列和基本偏差系列可组成各种不同的公差带（轴有544种，孔有543种），它们又可组成许多配合。如果使用如此多的公差带和配合，则需增加定值刀具、量具和工艺装备的品种及规格，显然不经济，又不利于生产。为了简化公差带和配合的种类，国家标准GB/T 1801—2009对轴和孔规定了一般、优先和常用公差带，如图8-8和图8-9所示（方框内的为常用公差带，圆圈内的为优先公差带）。常用和优先的基孔制和基轴制配合见表8-1和表8-2。

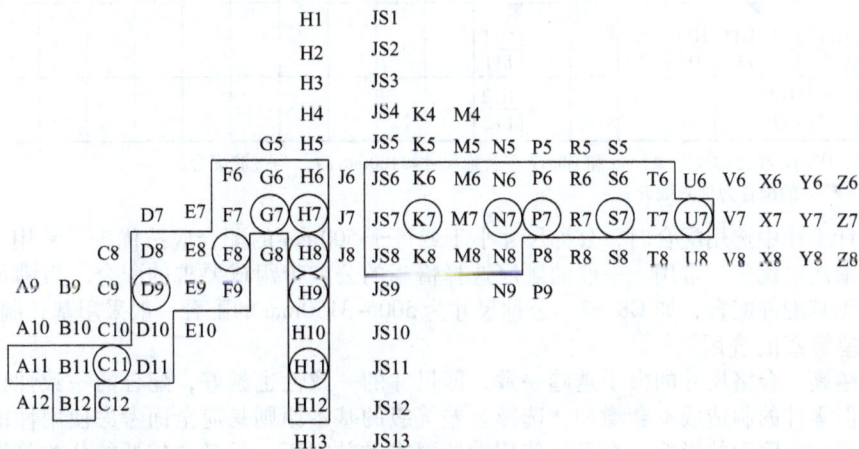

图 8-8　一般、常用和优先的孔公差带（公称尺寸≤500mm）

```
                                              h1    js1
                                              h2    js2
                                              h3    js3
                               g4   h4         js4   k4  m4  n4  p4      r4      s4
                  f5   g5  h5   j5  js5  k5  m5  n5  p5  r5  s5  t5  u5  v5  x5
             e6   f6  (g6)(h6)  j6  js6 (k6) m6 (n6)(p6) r6 (s6) t6 (u6) v6  x6  y6  z6
        d7   e7  (f7) g7 (h7)  j7  js7  k7  m7  n7  p7  r7  s7  t7  u7  v7  x7  y7  z7
   c8   d8   e8  f8   g8  h8        js8  k8  m8  n8  p8  r8  s8  t8  u8  v8  x8  y8  z8
a9  b9  c9  (d9)  e9  f9       (h9)       js9
a10 b10 c10 d10  e10           h10        js10
a11 b11 (c11) d11             (h11)       js11
a12 b12 c12                    h12        js12
a13 b13                        h13        js13
```

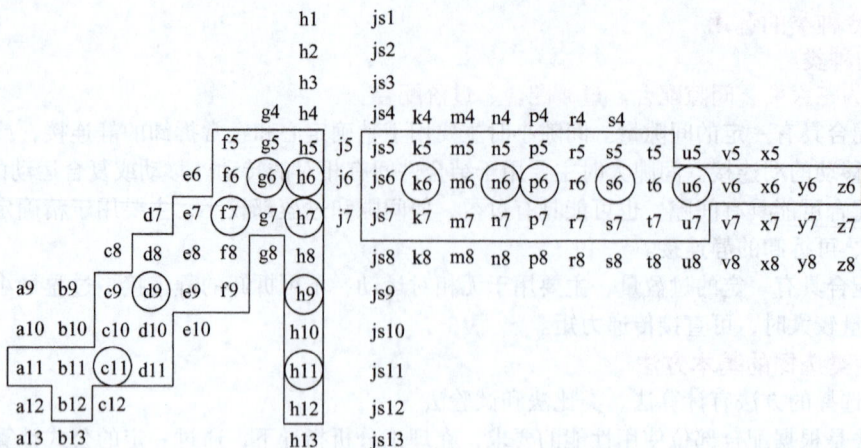

图 8-9　一般、常用和优先的轴公差带（公称尺寸≤500mm）

表 8-1　基孔制配合常用、优先的配合

| 基准孔 | 轴 | | | | | | | | | | | | | | | | | | | | |
|---|---|---|---|---|---|---|---|---|---|---|---|---|---|---|---|---|---|---|---|---|---|
| | a | b | c | d | e | f | g | h | js | k | m | n | p | r | s | t | u | v | x | y | z |
| | 间隙配合 | | | | | | | | 过渡配合 | | | | 过盈配合 | | | | | | | | |
| H6 | | | | | | H6/f5 | H6/g5 | H6/h5 | H6/js5 | H6/k5 | H6/m5 | H6/n5 | H6/p5 | H6/r5 | H6/s5 | H6/t5 | | | | | |
| H7 | | | | | | H7/f6 | H7/g6 | H7/h6 | H7/js6 | H7/k6 | H7/m6 | H7/n6 | H7/p6 | H7/r6 | H7/s6 | H7/t6 | H7/u6 | H7/v6 | H7/x6 | H7/y6 | H7/z6 |
| H8 | | | | | H8/e7 | H8/f7 | H8/g7 | H8/h7 | H8/js7 | H8/k7 | H8/m7 | H8/n7 | H8/p7 | H8/r7 | H8/s7 | H8/t7 | H8/u7 | | | | |
| H8 | | | | H8/d8 | H8/e8 | H8/f8 | | H8/h8 | | | | | | | | | | | | | |
| H9 | | | H9/c9 | H9/d9 | H9/e9 | H9/f9 | | H9/h9 | | | | | | | | | | | | | |
| H10 | | | H10/c10 | H10/d10 | | | | H10/h10 | | | | | | | | | | | | | |
| H11 | H11/a11 | H11/b11 | H11/c11 | H11/d11 | | | | H11/h11 | | | | | | | | | | | | | |
| H12 | | H12/b12 | | | | | | H12/h12 | | | | | | | | | | | | | |

注：1. H6/n5、H7/p6 在公称尺寸≤3mm 和 H8/r7 在公称尺寸≤100mm 时，为过渡配合。

　　2. 标注"▶"的配合为优先配合。

在实际设计工作中选用配合时，公称尺寸小于或等于 500mm 的配合应按优先、常用、一般的顺序选取，还可以依次由优先、常用、一般的顺序选择恰当的公差带组成要求的配合。为满足某些特殊需要，允许选用无基准件配合，如 G8/n7。公称尺寸为 500～3150mm 的配合一般采用基孔制的同级配合。

**（三）公差等级的选用**

公差等级越高，合格尺寸的大小越趋一致，即尺寸的一致性也越好，配合的一致性也越好，配合精度也越高，但零件的制造成本会增加。选择公差等级的基本原则是应全面考虑使用性能、加工方法和经济效果等多方面因素的影响，在保证使用性能要求的前提下，尽量选较低的公差等级。对于相配合的孔和轴，两者公差等级之间的关系，国家标准推荐如下：

**表 8-2 基轴制配合常用、优先的配合**

| 基准轴 | 孔 | | | | | | | | | | | | | | | | | | | | |
|---|---|---|---|---|---|---|---|---|---|---|---|---|---|---|---|---|---|---|---|---|---|
| | A | B | C | D | E | F | G | H | JS | K | M | N | P | R | S | T | U | V | X | Y | Z |
| | 间隙配合 | | | | | | | | 过渡配合 | | | | 过盈配合 | | | | | | | | |
| h5 | | | | | | $\frac{F6}{h5}$ | $\frac{G6}{h5}$ | $\frac{H6}{h5}$ | $\frac{JS6}{h5}$ | $\frac{K6}{h5}$ | $\frac{M6}{h5}$ | $\frac{N6}{h5}$ | $\frac{P6}{h5}$ | $\frac{R6}{h5}$ | $\frac{S6}{h5}$ | $\frac{T6}{h5}$ | | | | | |
| h6 | | | | | | $\frac{F7}{h6}$ | $\frac{G7}{h6}$ | $\frac{H7}{h6}$ | $\frac{JS7}{h6}$ | $\frac{K7}{h6}$ | $\frac{M7}{h6}$ | $\frac{N7}{h6}$ | $\frac{P7}{h6}$ | $\frac{R7}{h6}$ | $\frac{S7}{h6}$ | $\frac{T7}{h6}$ | $\frac{U7}{h6}$ | | | | |
| h7 | | | | | $\frac{E8}{h7}$ | $\frac{F8}{h7}$ | | $\frac{H8}{h7}$ | $\frac{JS8}{h7}$ | $\frac{K8}{h7}$ | $\frac{M8}{h7}$ | $\frac{N8}{h7}$ | | | | | | | | | |
| h8 | | | | $\frac{D8}{h8}$ | $\frac{E8}{h8}$ | $\frac{F8}{h8}$ | | $\frac{H8}{h8}$ | | | | | | | | | | | | | |
| h9 | | | | $\frac{D9}{h9}$ | $\frac{E9}{h9}$ | $\frac{F9}{h9}$ | | $\frac{H9}{h9}$ | | | | | | | | | | | | | |
| h10 | | | | $\frac{D10}{h10}$ | | | | $\frac{H10}{h10}$ | | | | | | | | | | | | | |
| h11 | $\frac{A11}{h11}$ | $\frac{B11}{h11}$ | $\frac{C11}{h11}$ | $\frac{D11}{h11}$ | | | | $\frac{H11}{h11}$ | | | | | | | | | | | | | |
| h12 | | $\frac{B12}{h12}$ | | | | | | $\frac{H12}{h12}$ | | | | | | | | | | | | | |

注：标注"▶"的配合为优先配合。

（1）公称尺寸至 500mm 的配合 公差等级高于或等于 IT8（≤IT8）时，孔的公差比轴的公差低一级；推荐少量 8 级公差的孔与 8 级公差的轴组成孔、轴同级的配合；公差等级低于 IT8（＞IT8）时，孔、轴同级配合。

（2）公称尺寸 ＞500mm 的配合 推荐孔、轴同级配合，尽量保证孔、轴加工难易程度相同。

**【例 8-2】** 设孔、轴配合的公称尺寸为 $\phi30mm$，要求间隙为 +0.020 ~ +0.055mm，试确定孔和轴的公差等级和配合种类。

**解** （1）选择基准制 本例无特殊要求，选用基孔制，则 EI = 0。

（2）选择公差等级 由使用要求得

$$T_f = X_{max} - X_{min} = T_D + T_d = +55\mu m - (+20)\mu m = 35\mu m$$

取 $T_D = T_d = T_f/2 = 17.5\mu m$。从附录表 C-1 查得：孔和轴公差等级介于 IT6 和 IT7 之间。由于 IT6 和 IT7 属于高的公差等级，所以孔和轴应选取不同的公差等级。这样孔为 IT7 级，$T_D = 21\mu m$，轴为 IT6 级，$T_d = 13\mu m$。选取孔和轴的配合公差为 $T'_f = T'_D + T'_d = 21\mu m + 13\mu m = 34\mu m < T_f = 35\mu m$，故满足使用要求。

（3）选择配合种类 根据使用要求，本例为间隙配合。

因为已选定基孔制，所以孔的公差带为 H7，由于 $X_{min} = EI - es$，而 EI = 0，所以 $es = -X_{min} = -20\mu m$，故 $ei = es - IT6 = -20\mu m - 13\mu m = -33\mu m$。$es = -20\mu m$ 为基本偏差，从附录表 C-2 中查得轴的基本偏差为 f，轴的公差带为 f6。

（4）验算设计结果 $\phi30H7/f6$ 的 $X_{max} = +54\mu m$，$X_{min} = +20\mu m$，它们分别小于要求的最大间隙（+55$\mu m$）和等于要求的最小间隙（+20$\mu m$），因此设计结果满足使用要求，本例确定的配合为 $\phi30H7/f6$。

# 第二节 几何公差及其注法

## 一、几何公差的概念

### （一）概念

加工后的零件不仅存在尺寸误差，而且几何形状和相对位置也存在误差。为了满足零件的使用要求和保证互换性，零件的几何形状和相对位置由几何公差来保证。

（1）形状误差和形状公差　形状误差是指单一实际要素的形状对其理想要素形状的变动量。单一实际要素的形状所允许的变动全量称为形状公差。

（2）位置误差和位置公差　位置误差是指关联实际要素的位置对其理想要素位置的变动量。理想位置由基准确定。关联实际要素的位置对其基准所允许的变动全量称为位置公差。

形状公差和位置公差简称几何公差。

**（二）几何公差的分类与符号**

国家标准规定了19个几何公差特征项目，见表8-3。

表8-3 几何公差的类型及几何特征

| 类型 | 几何特征 | 符号 | 有无基准要求 | 类型 | 几何特征 | 符号 | 有无基准要求 |
|---|---|---|---|---|---|---|---|
| 形状 | 直线度 | — | 无 | 方向 | 倾斜度 | ∠ | 有 |
|  | 平面度 | ▱ | 无 |  | 线轮廓度 | ⌒ | 有 |
|  | 圆度 | ○ | 无 |  | 面轮廓度 | ⌓ | 有 |
|  | 圆柱度 | ⌀ | 无 | 位置 | 同心度 | ◎ | 有 |
|  | 线轮廓度 | ⌒ | 无 |  | 同轴度 | ◎ | 有 |
|  | 面轮廓度 | ⌓ | 无 |  | 对称度 | ＝ | 有 |
| 跳动 | 圆跳动 | ↗ | 有 |  | 位置度 | ⊕ | 有 |
|  | 全跳动 | ⌰ | 有 |  | 线轮廓度 | ⌒ | 有 |
| 方向 | 平行度 | // | 有 |  | 面轮廓度 | ⌓ | 有 |
|  | 垂直度 | ⊥ | 有 |  | — | | |

**（三）几何公差的研究对象——零件的几何要素**

几何公差的研究对象是几何要素（简称要素）。几何要素是构成零件几何特征的点、线、面。几何要素可从不同角度来分类。

**1. 按存在的状态可分为理想要素和实际要素**

（1）理想要素　具有几何学意义的要素，图样上给出的要素，其特征是绝对准确，无误差。

（2）实际要素　零件上实际存在的要素。国家标准规定：测量时用测得要素代替实际要素。

**2. 按结构特征可分为组成要素和导出要素**

（1）组成要素　构成零件外形的点、线、面各要素，直接为人们所感觉到的点、线、面各要素。

（2）导出要素　零件上具有对称性质的中心点、线、面，是看不着、摸不着的点、线、面，如回转轴线、对称平面。

**3. 按在几何公差中所处的地位可分为被测要素和基准要素**

（1）被测要素　图样上给出了几何公差要求的要素，是被检测的对象。

（2）基准要素　用来确定被测要素的方向、位置的要素，由基准代号体现。

**4. 按功能要求可分为单一要素和关联要素**

（1）单一要素　仅对其本身给出形状公差要求的要素。单一要素是独立的与基准没有关系。

（2）关联要素　对其他要素有功能关系的要素，即给出了位置、方向、跳动公差要求的要素。关联要素不是独立的，而是与基准相关。

**（四）几何公差带及其形状**

公差带是由公差值确定的限制实际要素（形状和位置）变动的区域。几何公差带与尺寸公差带不同，几何公差带为平面或空间区域，由形状、大小、方向、位置四要素决定。只要实际要素全部落在给定公差带内，被测要素就是合格的。公差带的形状有：两平行直线、两平行平面、两等距曲面、圆、两同心圆、球、圆柱、四棱柱及两同轴圆柱。

## 二、几何公差的标注方法

### 1. 几何公差框格及其内容

国家标准 GB/T 1182—2018 规定，几何公差在图样中应采用代号标注。代号由公差特征项目符号、公差框格、指引线、公差数值和其他有关符号组成。

几何公差框格用细实线绘制，可画两格或多格，一般水平置放，框格的高度是图样中尺寸数字高度的两倍，框格的长度根据需要而定。框格中的数字、字母和符号与图样中的数字同高，框格内从左到右填写的内容为：第一格为几何公差项目符号，第二格为几何公差数值及其有关符号，后边的各格为基准代号的字母及有关符号，多少视具体情况而定，如图 8-10 所示。若几何公差值的前面加注 $\phi$ 或 $S\phi$，表示公差带的形状为圆形、圆柱形或球形。

### 2. 被测要素的注法

用带箭头的指引线将被测要素与公差框格的一端相连，指引线箭头应指向公差带的宽度方向或直径方向。指引线用细实线绘制，可以不转折或转折一次（通常为垂直转折）。当被测要素为组成要素时，指引线箭头应指在该要素的轮廓线或其延长线上，并应明显地与该要素的尺寸线错开，如图 8-10a 所示。当被测要素为导出要素时，指引线箭头应与该要素的尺寸线对齐，如图 8-10b 所示。

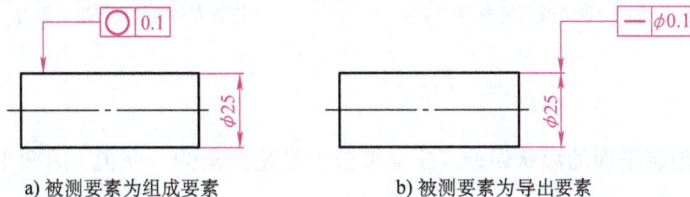

a) 被测要素为组成要素          b) 被测要素为导出要素

图 8-10 几何公差框格代号

### 3. 基准要素的注法

标注有基准的几何公差的基准，要用基准代号。无论基准代号在图样上的方向如何，字母均应水平填写，表示基准的字母也应注在公差框格内。当基准要素为组成要素时，基准代号应靠近该要素的轮廓线或其引出线标注，并应明显地与尺寸线错开，如图 8-11a 所示。当基准要素是导出要素时，基准符号、箭头应与相应要素尺寸线对齐，如图 8-11b 所示。

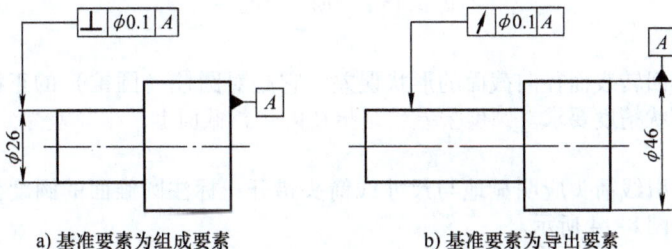

a) 基准要素为组成要素          b) 基准要素为导出要素

图 8-11 基准要素的注法

### 4. 多层公差的标注

若需要为要素指定多个几何特征，其要求可在上、下堆叠的公差框格中给出。此时，将公差框格按公差值从上到下依次递减的顺序排布。参照线取决于标注空间，应连接于公差框格左侧或右侧的中点，而非公差框格中间的延长线。

## 三、形状公差带的定义和特点

### 1. 直线度

直线度公差用以限制被测实际直线的形状误差。被限制的直线有平面内的直线、回转体的素线、平面与平面的交线和轴线等。它可以分为给定平面内、给定方向上和任意方向上三种情况，如图 8-12 所示。

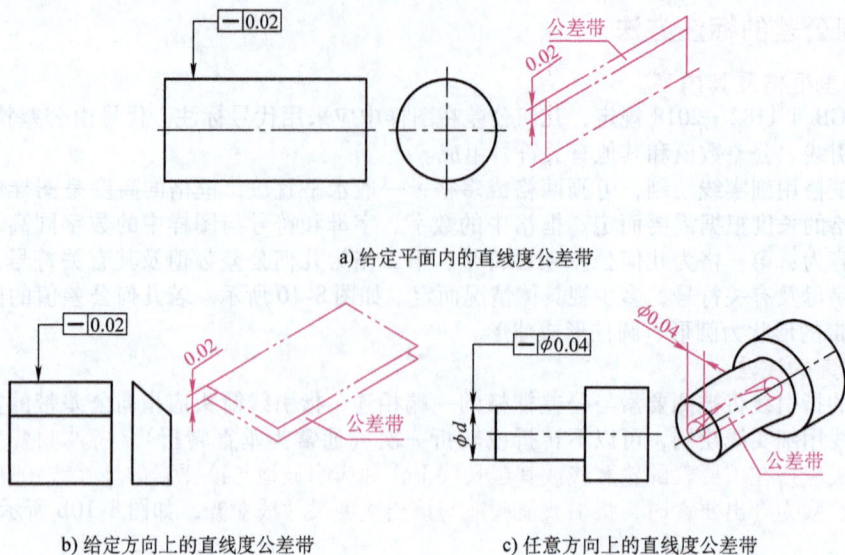

a) 给定平面内的直线度公差带

b) 给定方向上的直线度公差带

c) 任意方向上的直线度公差带

图 8-12　直线度公差

### 2. 平面度

平面度公差用以限制平面的形状误差。平面度公差带是距离为公差值 $t$ 的两平行平面之间的区域，如图 8-13 所示。

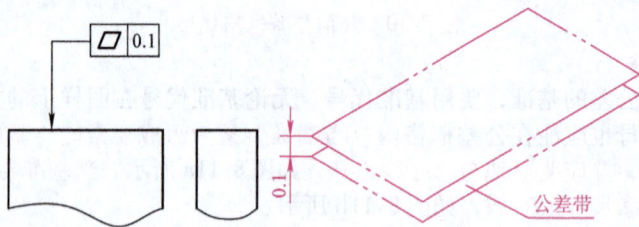

图 8-13　平面度公差

### 3. 圆度

圆度公差用以限制回转表面径向截面的形状误差。它是对圆柱（圆锥）的正截面和球上通过球心的任一截面上提出的形状精度要求。圆度公差带是指在同一正截面上，半径差为公差值 $t$ 的两同心圆之间的区域。

标注圆度公差时指引线箭头应明显地与尺寸线箭头错开；标注圆锥面的圆度公差时，应使用方向要素框格进行标注，如图 8-14 所示。

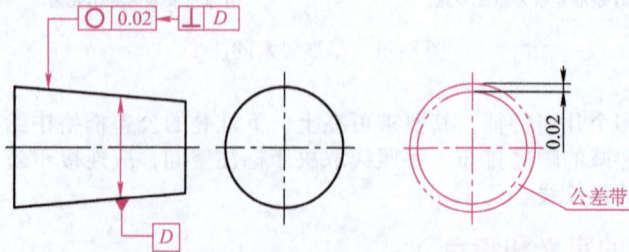

图 8-14　圆度公差

### 4. 圆柱度

圆柱度公差用以限制圆柱表面的形状误差。它是对圆柱面所有正截面和纵向截面方向提出的综合性形状精度要求。圆柱度公差可以同时控制圆度、素线直线度和两素线平行度等特征项目的误差。圆柱度公差带是指半径差为 $t$ 的两同轴圆柱面之间的区域，如图 8-15 所示。

**5. 与基准不相关的线轮廓度**

线轮廓度公差用以限制平面曲线或曲面轮廓的形状误差。

其公差带包络一系列直径为公差值 $t$ 的圆的两包络线之间的区域，诸圆的圆心应位于理想轮廓线上，如图 8-16 所示。理论正确尺寸是确定被测要素的理想形状、方向、位置的理想尺寸。理想要素需由基准和理论正确尺寸确定。

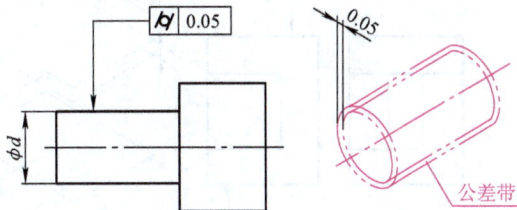

图 8-15 圆柱度公差

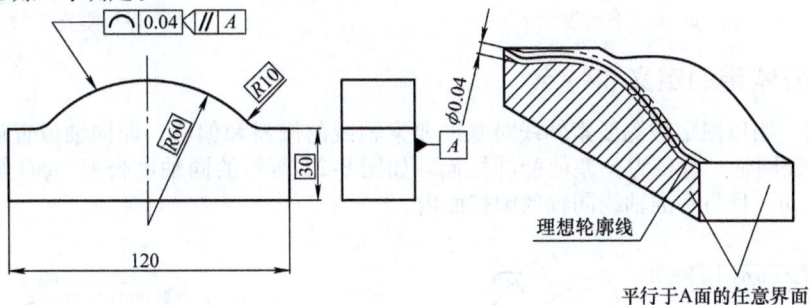

图 8-16 线轮廓度公差

**6. 与基准不相关的面轮廓度**

面轮廓度公差用以限制曲面的形状误差。其公差带是包络一系列直径为公差值 $t$ 的球的两包络面之间的区域，诸球球心位于理想轮廓面上，如图 8-17 所示。

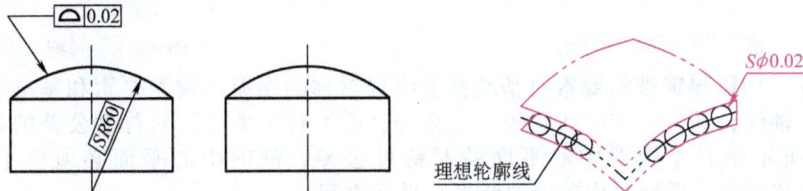

图 8-17 面轮廓度公差

## 四、方向公差带的定义和特点

（1）平行度 用以限定被测要素对基准要素平行方向的误差。平行度公差分为线对线、线对面、面对线和面对面 4 种类型，公差带的形状有两平行平面、圆柱面等，特点是公差带与基准平行。如图 8-18 所示的平面对平面的平行度公差，零件的上表面必须位于距离为公差值 0.05mm，且平行于基准平面的两平行平面之间。

（2）垂直度 用以限定被测要素对基准要素垂直方向的误差。垂直度公差分为线对线、线对面、面对线和面对面 4 种类型，公差带的形状有两平行平面、圆柱面等，特点是公差带与基准垂直。如图 8-19 所示的线对平面的垂直度公差，被测要素（圆柱的回转轴线）必须位于直径为公差值 0.05mm，且垂直于基准平面的圆柱面内。

（3）倾斜度 用以限定被测要素对基准要素成一定角度的方向误差。公差带的形状有两平行直线、两平行平面、圆柱等，特点是公差带与基准成一理论正确角度。如图 8-20 所示的平面对轴线的倾斜度公差，斜平面必须位于距离为公差值 0.05mm，且与基准轴线成理论正确角 60° 的两平行平面之间。

方向公差带的特点是公差带相对基准有确定的方向，具有综合控制定向误差和形状误差的双重作用。如平面的平行度公差还可以限定该平面的平面度误差，轴线的平行度公差还可以限定该轴线的直线度误差。显然，当同一要素既有形状公差要求又有位置公差要求时，后者的公差值应大于前者。

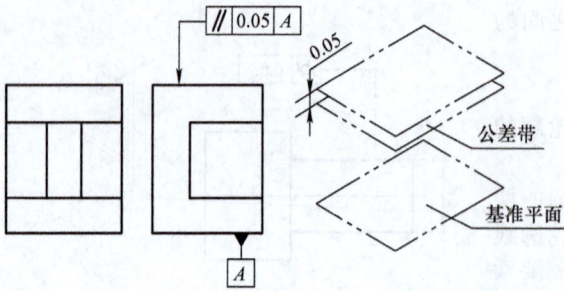

图 8-18 平行度公差

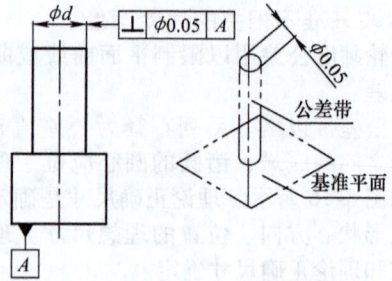

图 8-19 垂直度公差

### 五、位置公差带的定义和特点

（1）同轴度　用以限定被测要素轴线对基准要素轴线的倾斜和偏移，即同轴位置误差。同轴度公差带是与基准轴线同轴，直径为公差值的圆柱面。如图 8-21 所示的同轴度公差，$\phi D$ 轴线必须位于直径为公差值 0.1mm，且与基准轴线同轴的圆柱面内。

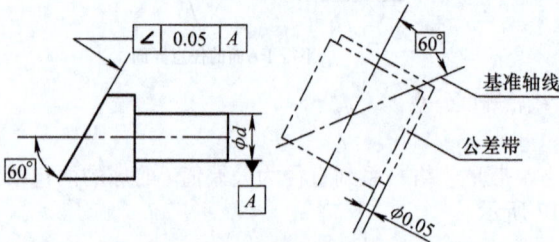

图 8-20　倾斜度公差

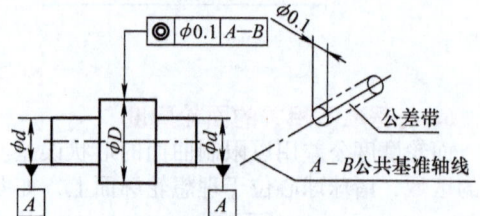

图 8-21　同轴度公差

（2）对称度　用以限定被测要素对基准要素位置对称的误差。被测要素和基准要素可以是中心平面、中心线、轴线，其公差带形状有两平行直线、两平行平面等。对称度公差的特点是与基准对称。如图 8-22 所示中心平面对中心平面的对称度公差，槽的中心平面必须位于距离为公差值 0.1mm，且相对基准中心平面对称布置的两平行平面之间。

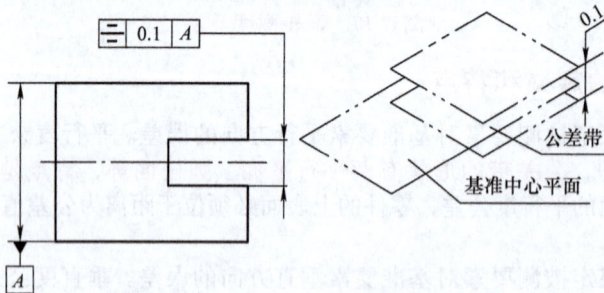

图 8-22　对称度公差

（3）位置度　用以限定被测要素对基准要素的位置误差。被测要素是点、线、面的实际位置，基准要素为其理想要素。其公差带形状有圆、球、两平行直线、两平行平面、圆柱面等。位置度公差的特点是公差带的位置由基准和理论正确尺寸确定。理论正确尺寸是用来确定被测要素的理想形状、理想方向或理想位置的尺寸，标注时该尺寸不附带公差，并用加方框的数字表示。如图 8-23 所示孔的位置度公差，孔的轴线必须位于直径为公差值 0.08mm，且以理想位置为轴线的圆柱面内，理想位置由理论正确尺寸 36mm、21mm 确定。

位置公差带的特点是公差带相对基准有确定的位置，具有综合控制方向、位置和形状误差的作用。如轴线的位置度公差还可以限定该轴线的直线度及垂直度或平行度误差。

## 六、跳动公差带的定义和特点

跳动公差是根据检测方法来定义的，是实际被测要素绕基准轴线回转一周或连续回转时，由指示表在给定的测量方向上对该实际被测要素测得的最大与最小示值之差的允许变动量。跳动公差根据测量区域的不同，分为圆跳动（被测要素回转一周，而指示表的位置固定）和全跳动（被测要素连续回转且指示表做直线移动）。根据测量方向的不同（所谓测量方向，就是指示表测杆轴线相对基准轴线的方向），又分为径向跳动、轴向跳动和斜向跳动。

（1）径向圆跳动　用于综合限定圆柱面的圆度误差及其对基准轴线的同轴度误差。如图 8-24 所示被测圆柱面在任一垂直于轴线的测量面上，其实际轮廓必须位于半径差为公差值 0.05mm，且圆心位于基准轴线 $A-B$ 的两同心圆之间。

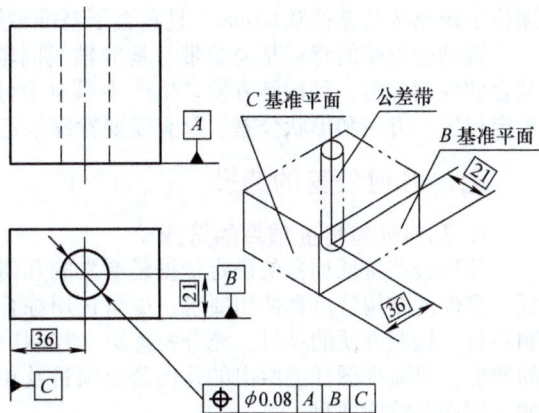

图 8-23　位置度公差

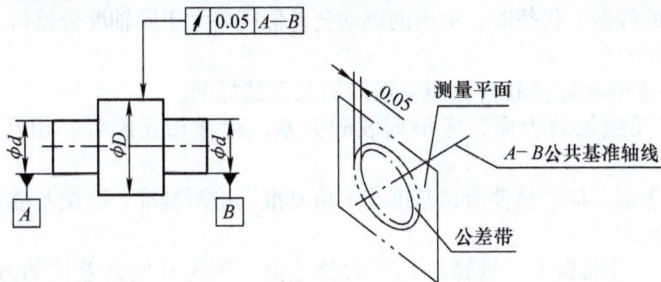

图 8-24　径向圆跳动公差

（2）轴向圆跳动　用于综合限定端面对基准轴线的垂直度误差。如图 8-25 所示被测端面在任一直径位置的测量面上，其实际轮廓必须位于沿素线方向宽度为公差值 0.05mm，且与基准轴线 $A$ 同轴的圆柱面上。

（3）径向全跳动　用于综合限定圆柱面的圆柱度误差及任一径向截面的圆度误差。如图 8-26 所示被测圆柱面必须位于半径差为公差值 0.05mm，且与公共基准轴线 $A-B$ 同轴的两圆柱面之间。

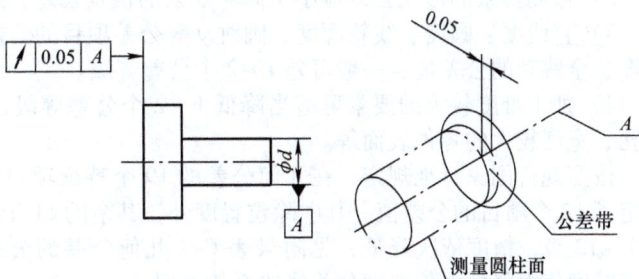

图 8-25　轴向圆跳动公差

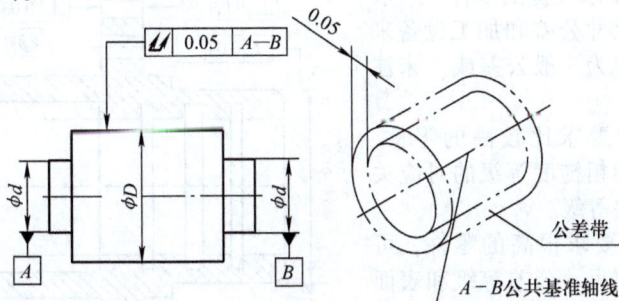

图 8-26　径向全跳动公差

（4）轴向全跳动　用于限定端面的平面度及其对基准轴线的垂直度误差。如图 8-27 所示左端面必须位于距离为公差值 0.05mm，且垂直于基准轴线 *A* 的两平行平面之间。

跳动公差带的特点是公差带与基准轴线同轴或垂直。跳动公差对被测零件的形状、位置误差有较综合的控制能力，且检测方便，生产中具有十分广泛的使用价值。规定了跳动公差的要素，一般不再规定位置、方向和形状公差，只有需要特殊限定时，才规定其公差值，且其公差值要小于跳动公差。

### 七、几何公差的选择

#### 1. 几何公差特征项目的选择

几何公差特征项目的确定依据是要素的几何特征、零件的结构特点和使用要求，尽量选用综合控制项目、检测方便的项目，充分发挥综合控制项目的职能，以减少图样上给出的几何公差项目及相应的几何误差检测项目。

在满足功能要求的前提下，应选用测量简便的项目。如：同轴度公差常常用径向圆跳动公差或径向全跳动公差代替。应注意，径向圆跳动是同轴度误差与圆柱面形状误差的综合，代替时，给出的跳动公差值应略大于同轴度公差值，否则就会要求过严。

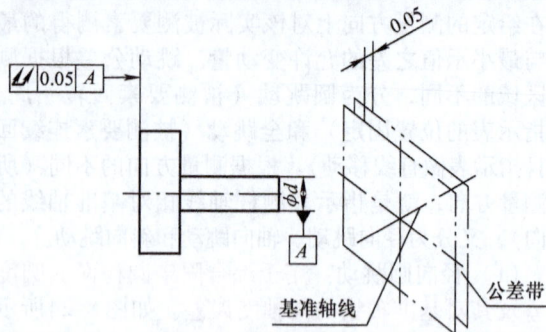

图 8-27　轴向全跳动公差

#### 2. 基准要素的选择

基准要素是根据要素的功能及其与被测要素间的关系选择的。

对于相互配合、相互接触的表面，应根据装配关系，选择相互配合、相互接触的表面为各自的基准。

从加工、检测角度考虑，应尽量使所选基准与定位基准、检测基准、装配基准重合。

#### 3. 几何公差值的确定

在保证零件使用要求的前提下，选择最经济的公差值。确定几何公差值的方法，有计算法和类比法两种，一般常用类比法。确定几何公差值时应遵循下列原则：

1）被测要素的形状公差应小于同一要素的尺寸公差，经验数据为 1:4。

2）被测要素的形状公差应小于同一要素的位置公差，经验数据为 1:2。

3）直线度、圆度、线轮廓度、圆跳动等公差项目的公差值应小于相对应的平面度、圆柱度、面轮廓度、全跳动的公差值，一般可差 1~2 个公差等级。

4）加工难度较大的要素可适当降低 1~2 个公差等级，如孔相对于轴、细长的孔和轴、间距较大的孔、宽度较大的零件表面等。

按照现行国家标准规定，在几何公差的 19 个特征项目中，除了同心度、线轮廓度和面轮廓度外，规定了 12 个项目的公差值。其中除位置度外，其余的 11 个项目还划分了公差等级：一般分 12 个等级，从 1~12 级，精度依次降低，见附录表 C-4 几何公差的公差数值；圆度、圆柱度分 0、1、2、…、12 级，精度依次降低，位置度公差值按系数选用。

5）几何公差等级的选用，可根据零件的不同使用要求，结合以下三个条件选用。

① 对几何公差等级要求较低的零件，一般不在图上标注，完全由尺寸公差和加工设备来控制，这样的几何公差称为一般公差或"未注几何公差"。

② 对几何公差等级要求比较高的零件，参照尺寸公差等级和表面粗糙度等级的对应关系来确定几何公差的公差等级。

③ 对几何公差等级要求很高的零件，可根据加工方法，或者参照尺寸公差等级和表面粗糙度等级的对应关系来确定几何公差的公差等级，并应符合设计要求。

【例 8-3】　如图 8-28 所示，解释图中标注

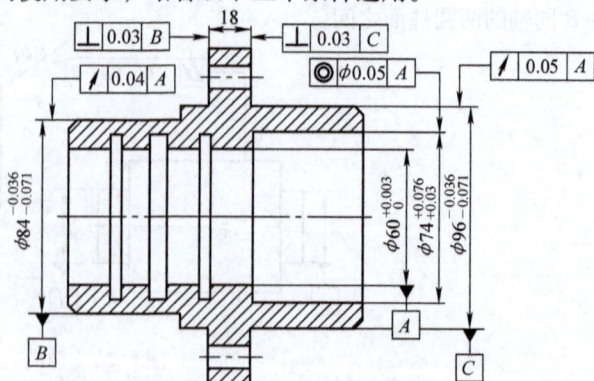

图 8-28　几何公差代号标注的识读

的几何公差的含义。

**解** 1）$\phi96$mm 圆柱面对 $\phi60$mm 圆柱孔轴线 $A$ 的径向圆跳动公差为 0.05mm。

2）$\phi84$mm 圆柱面对 $\phi60$mm 圆柱孔轴线 $A$ 的径向圆跳动公差为 0.04mm。

3）厚度为 18mm 的板左端面对 $\phi84$mm 圆柱面轴线 $B$ 的垂直度公差为 0.03mm。

4）厚度为 18mm 的板右端面对 $\phi96$mm 圆柱面轴线 $C$ 的垂直度公差为 0.03mm。

5）$\phi74$mm 圆柱孔轴线对 $\phi60$mm 圆柱孔轴线 $A$ 的同轴度公差为 0.05mm。

# 第三节　几何公差与尺寸公差的关系——公差原则

零件的几何精度取决于尺寸公差和几何公差的综合影响，对于同一个被测要素，可能既给出了尺寸公差要求，同时又给出了几何公差要求，在零件加工和检验的过程中，尺寸公差和几何公差是单独处理，还是混合在一起处理，设计人员应该给出一个说明，给出的这个说明，称为公差原则。由此可知，根据尺寸公差与几何公差之间是否相关，公差原则分为相关要求和独立原则；相关要求又分为包容要求、最大实体要求、最小实体要求和可逆要求。

## 一、有关的术语和定义

### 1. 最大实体状态（MMC）

尺寸要素的提取组成要素的局部尺寸处位于极限尺寸，且使其具有材料最多（实体最大）的状态称为最大实体状态（MMC），例如圆孔处于最小直径和圆柱处于最大直径的状态。

### 2. 最大实体尺寸（MMS）

要素处于最大实体状态下的尺寸称为最大实体尺寸（MMS）。例如圆孔的最大实体尺寸为其下极限尺寸，轴的最大实体尺寸为其上极限尺寸。

### 3. 最小实体状态（LMC）

尺寸要素的提取组成要素的局部尺寸处位于极限尺寸，且使其具有材料最少（实体最小）的状态称为最小实体状态（LMC），例如圆孔处于最大直径和圆柱处于最小直径的状态。

### 4. 最小实体尺寸（LMS）

要素处于最小实体状态下的尺寸称为最小实体尺寸（LMS）。例如圆孔的最小实体尺寸为其上极限尺寸；轴的最小实体尺寸为其下极限尺寸。

### 5. 最大实体实效尺寸（MMVS）及最大实体实效状态（MMVC）

尺寸要素的最大实体尺寸（MMS）和其导出要素的几何公差（形状、方向和位置）共同作用产生的尺寸称为最大实体实效尺寸（MMVS）。拟合要素的尺寸为其最大实体实效尺寸 MMVS 时的状态为其最大实体实效状态（MMVC）。

外尺寸要素的最大实体实效尺寸为

$$l_{MMVS} = l_{MMS} + \delta$$

内尺寸要素的最大实体实效尺寸为

$$l_{MMVS} = l_{MMS} - \delta$$

其中，$l_{MMS}$ 为最大实体尺寸，$\delta$ 为几何公差。

### 6. 最小实体实效尺寸（LMVS）及最小实体实效状态（LMVC）

尺寸要素的最小实体尺寸（LMS）和其导出要素的几何公差（形状、方向和位置）共同作用产生的尺寸称为最小实体实效尺寸（LMVS）。拟合要素的尺寸为其最小实体实效尺寸 LMVS 时的状态为其最小实体实效状态（LMVC）。

外尺寸要素的最小实体实效尺寸为

$$l_{LMVS} = l_{LMS} - \delta$$

内尺寸要素的最小实体实效尺寸为

$$l_{LMVS} = l_{LMS} + \delta$$

其中，$l_{LMS}$ 为最小实体尺寸，$\delta$ 为几何公差。

## 7. 最大实体要求

最大实体要求是尺寸要素的非理想要素不得违反其最大实体实效状态的一种尺寸要素要求，即尺寸要素的非理想要素不得超越其最大实体实效边界的一种尺寸要素要求，如图8-29所示。最大实体要求用于控制零件的可装配性。

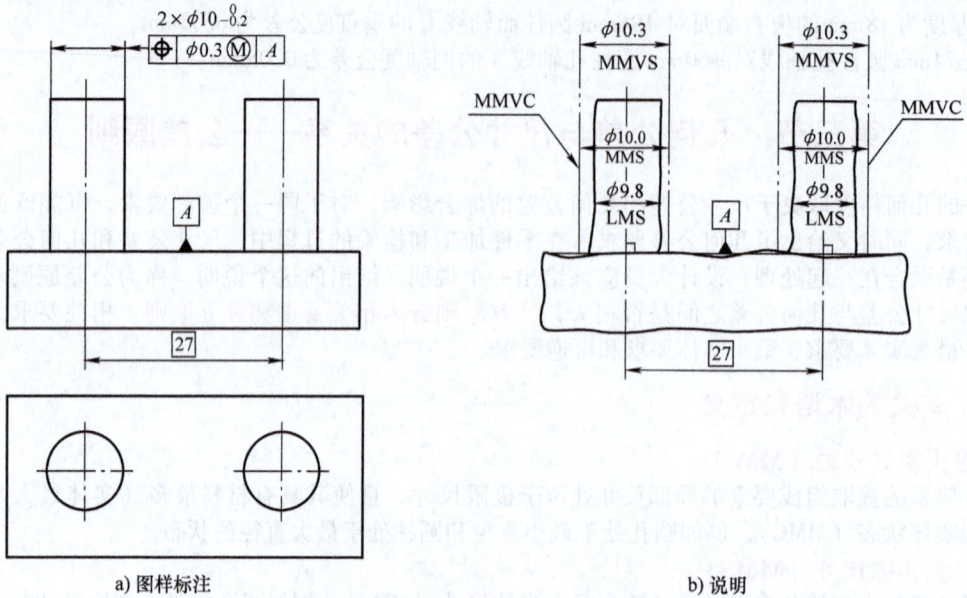

a) 图样标注            b) 说明

图8-29 采用最大实体要求的图样标注和说明

## 8. 最小实体要求

最小实体要求是尺寸要素的非理想要素不得违反其最小实体实效状态的一种尺寸要素要求，即尺寸要素的非理想要素不得超越其最小实体实效边界的一种尺寸要素要求。最小实体要求用于控制零件的最小壁厚。

## 9. 可逆要求

可逆要求是最大实体要求或最小实体要求的附加要求，如图8-30所示。可逆要求表示尺寸公差可以在实际几何误差小于几何公差的差值内相应地增大。

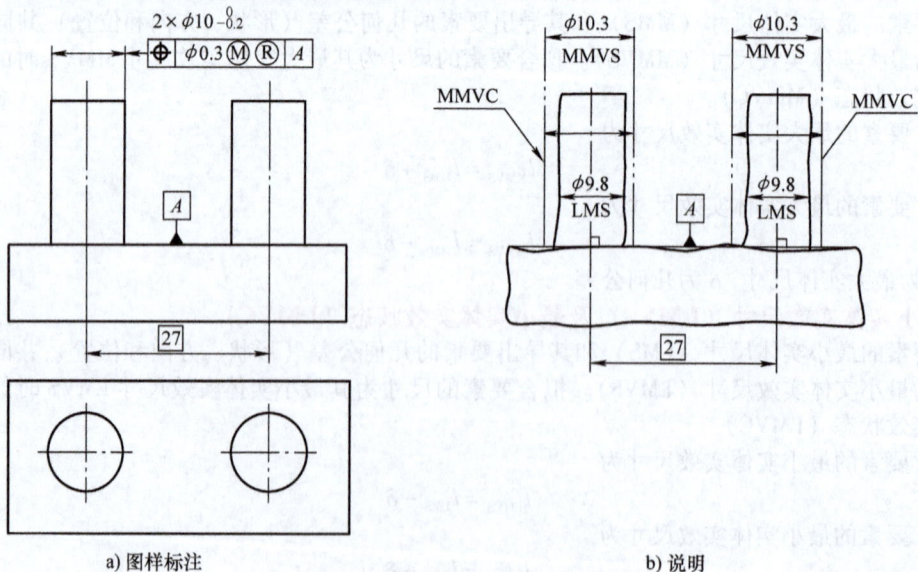

a) 图样标注            b) 说明

图8-30 采用最大实体要求和可逆要求的图样标注和说明

## 二、独立原则

独立原则是图样上的几何公差与尺寸公差不仅分别给定且相互无关，被测要素应分别满足各自公差要求的公差原则。应用独立原则时，几何误差的数值用通用量具测量。独立原则是默认的原则。

## 三、包容要求（ER）

包容要求适用于单一要素，如圆柱表面或两平行表面，其特点是要求被测要素的实际轮廓不得超越最大实体边界，而其局部实际尺寸不得超越最小实体尺寸（LMS）。按包容要求，图样上只给出尺寸公差，但这种公差具有双重职能，即综合控制被测要素的实际尺寸变动量和形状误差的职能。形状误差占用尺寸公差的百分比小一些，则允许实际尺寸的变动范围大一些。若实际尺寸处处皆为 MMS，则形状误差必须是零，即被测要素应为理想形状。因此，采用包容要求时的尺寸公差，总是一部分被实际尺寸占用，余下部分可被形状误差占用。

采用包容要求的单一要素，应在其极限偏差后或公差带代号后加注符号Ⓔ，如图 8-31 所示。图 8-31a 表示外圆柱面的边界尺寸为最大实体尺寸 26mm 时，不允许有形状误差；若外圆柱面的边界尺寸偏离最大实体尺寸，允许有形状误差。例如外圆柱面的尺寸为 25.979mm，允许有的形状误差为 0.021mm。图 8-31b 表示外圆柱面的边界尺寸为最大实体尺寸 26mm 时，不允许有形状误差；若外圆柱面的边界尺寸偏离最大实体尺寸，则允许有形状误差，但不得超过 0.01mm。

## 四、最大实体要求（MMR）

### （一）涉及的概念

#### 1. 体外作用尺寸

体外作用尺寸是在被测要素的给定长度上，与实际内表面（孔）体外相接的最大理想面，或与实际外表面（轴）体外相接的最小理想面的直径或宽度，是实际尺寸和形状误差的综合结果。孔和轴的体外作用尺寸分别用 $D_{fe}$ 和 $d_{fe}$ 表示，如图 8-32a 和图 8-32b 所示。

对于关联要素，该理想面的轴线或中心平面必须与基准保持图样给定的几何关系，如图 8-32c 所示。

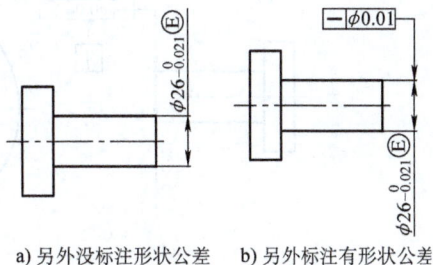

图 8-31　包容要求应用示例

#### 2. 体内作用尺寸

体内作用尺寸是在被测要素的给定长度上，与实际内表面体内相接的最小理想面或与实际外表面体内相接的最大理想面的直径或宽度。孔和轴的体内作用尺寸分别用 $D_{fi}$ 和 $d_{fi}$ 表示。

对于关联要素，该理想面的轴线或中心平面必须与基准保持图样给定的几何关系。

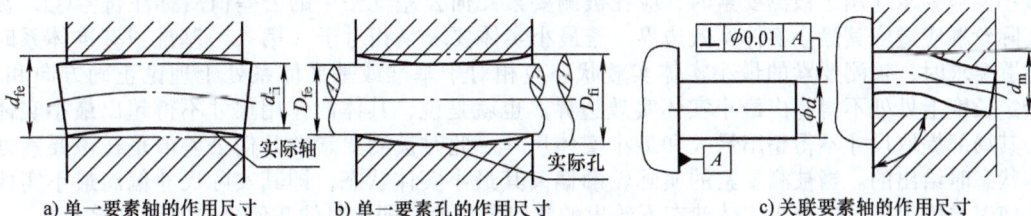

图 8-32　单一要素及关联要素的作用尺寸

#### 3. 局部提取尺寸

在实际要素的任意正截面上，两对应测量点之间的距离称为局部提取尺寸。由于实际要素存在几何误差，各处的局部提取尺寸不一定相同。由于存在测量误差，局部提取尺寸并不是量对应点之间的真值。孔和轴的局部提取尺寸分别用 $D_a$ 和 $d_a$ 表示。

### （二）最大实体要求的特点及标注

最大实体要求的特点是被测要素的实际轮廓应遵守其最大实体实效边界，即在给定长度上处处不得超出最大实体实效边界。若最大实体要求是相对于（第一）基准或基准体系时的方向和位置要求时，被测要素的最大实体实效状态应相对于基准或基准体系处于理论正确方向和位置。也就是说，其体外作用尺寸不得超出最大实体实效尺寸，而且其局部提取尺寸不得超出最大和最小实体尺寸。最大实体要求既可用于被测要素，也可用于基准要素。

最大实体要求应用于被测要素时，应在被测要素几何公差框格中的公差值后面标注符号Ⓜ，如图8-29所示，此时被测要素的几何公差值是在该要素处于最大实体状态时给出的。当被测要素的实际轮廓偏离其最大实体状态，即其实际尺寸偏离最大实体尺寸时，几何误差值可以超出在最大实体状态下给出的几何公差值，即此时的几何公差值可以增大。

最大实体要求用于基准要素时，应在几何公差框格中的基准字母代号后面标注符号Ⓜ，如图8-33所示，此时基准要素要遵守相应的边界。若基准要素的实际轮廓偏离其相应的边界，即其体外作用尺寸偏离相应的边界尺寸，则允许基准要素在一定的范围内浮动，浮动范围等于基准要素的体外作用尺寸与相应的边界尺寸之差。当基准要素本身采用最大实体要求时，相应边界为最大实体实效边界，此时基准符号一般标注在形成其最大实体实效边界的几何公差框格的下面，如图8-33a所示。当基准要素本身不采用最大实体要求时，相应边界为最大实体边界，图8-33b、c所示的基准的边界为最大实体边界。

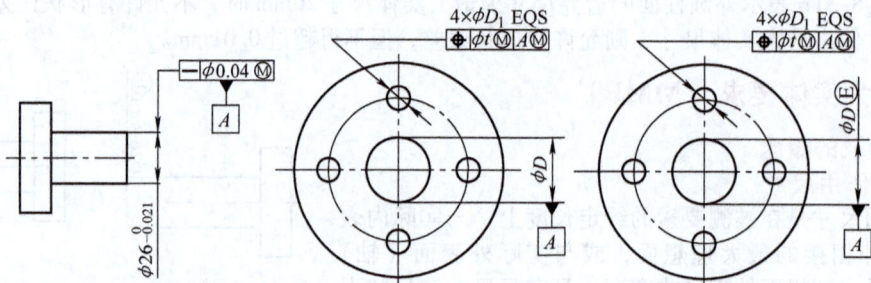

a) 基准要素本身采用最大实体要求　b) 基准要素本身采用独立原则　c) 基准要素本身采用包容要求

图8-33　最大实体要求用于基准要素

最大实体要求主要用于被测导出要素和基准导出要素，保证零件的装配互换性。当几何公差为形状公差时，标注0Ⓜ和标注Ⓔ意义相同。

## 五、最小实体要求（LMR）

最小实体要求应用于被测要素时，应在被测要素几何公差框格中的公差值后标注符号Ⓛ，被测要素的实际轮廓应遵守其最小实体实效边界。若最小实体要求是相对于（第一）基准或基准体系时的方向和位置要求时，被测要素的最小实体实效状态应相对于基准或基准体系处于理论正确方向和位置，即在给定长度上处处不得超出最小实体实效边界。也就是说，其体内作用尺寸不得超出最小实体实效尺寸，其局部提取尺寸不得超出最大和最小实体尺寸。此时被测要素的几何公差值是在该要素处于最小实体状态时给出的。当被测要素的实际轮廓偏离其最小实体状态，即其实际尺寸偏离最小实体尺寸时，几何误差值可以超出最小实体状态下给出的几何公差值，即此时的几何公差值可以增大。

最小实体要求应用于基准要素时，应在几何公差框格内相应的基准字母代号后标注符号Ⓛ，如图8-34所示，此时基准要素要遵守相应的边界。若基准要素的实际轮廓偏离其相应的边界，即其体内作用尺寸偏离相应的边界尺寸，则允许基准要素在一定的范围内浮动，浮动范围等于基准要素的体内作用尺寸与相应的边界之差。当基准要素本身采用最小实体要求时，相应边界为最小实体实效边界，此时基准符号一般标注在形成其最小实体实效边界的几何公差框格的下面。当基准要素本身不采用最小实体要求时，相应边界为最小实体边界，基准的边界为最小实体边界。

最小实体要求一般仅用于被测导出要素和基准导出要素，以保证零件的强度和壁厚。

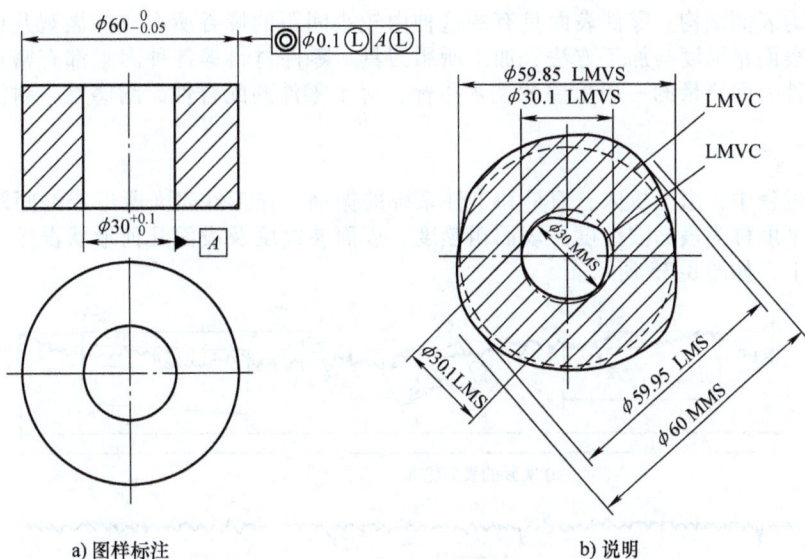

a) 图样标注

b) 说明

图 8-34 最小实体要求用于被测要素和基准要素

## 六、可逆要求

可逆要求是当导出要素的几何误差值小于给出的几何公差值时，允许在满足零件功能要求的前提下扩大尺寸公差。可逆要求用于最大实体要求和最小实体要求。

可逆要求用于最大实体要求时，被测要素的实际轮廓应遵守其最大实体实效边界。当其实际尺寸向最小实体尺寸方向偏离最大实体尺寸时，允许其几何误差值超出在最大实体状态下给出的几何公差值，即几何公差值可以增大。当其几何误差值小于给出的几何公差值时，也允许其实际尺寸超出最大实体尺寸，即尺寸公差值可以增大。因此，也可以称为"可逆的最大实体要求"。采用可逆的最大实体要求，应在被测要素的几何公差框格中的公差值后加注符号Ⓜ Ⓡ，如图 8-30 所示。

可逆要求用于最小实体要求，当导出要素的几何误差值小于给出的几何公差值时，允许在满足零件功能要求的前提下扩大尺寸公差。采用可逆的最小实体要求，应在被测要素的几何公差框格中的公差值后加注符号Ⓛ Ⓡ。

## 七、公差原则的选择

根据零件的装配及性能要求选择公差原则，以充分发挥公差的职能和采取该公差原则的可行性、经济性。

独立原则用于尺寸精度与几何精度要求相差较大，需分别满足，或两者无联系，为保证运动精度、密封性，未注公差等场合。

包容要求主要用于需要严格保证配合性质的场合。

最大实体要求用于导出要素，一般用于相配件要求可装配性（无配合性质要求）的场合。

最小实体要求主要用于需要保证零件强度和最小壁厚的场合。

可逆要求与最大（最小）实体要求联用，能充分利用公差带，扩大了被测要素实际尺寸的范围，提高了效益，在不影响使用性能的前提下可以选用。

# 第四节 表面结构要求及其注法

## 一、基本概念及术语

### 1. 表面粗糙度

零件经过机械加工后的表面看似光滑平整，但在显微镜下可看到许多微小的凸峰和凹谷，零件表面的几何特征称为表面结构。零件表面具有的这种由较小间距的峰谷所组成的微观几何形状特征，称为表面粗糙度。表面粗糙度与加工方法、加工所用刀具、零件材料等各种因素都有密切的关系。表面粗糙度是评定零件表面质量的一项重要的技术指标，对于零件的配合性、耐磨性、耐蚀性、密封性都有影响。

**2. 表面波纹度**

在机械加工过程中，由于机床、刀具和工件系统的振动，在工件表面所形成的间距比表面粗糙度大得多的表面不平度称为表面波纹度。表面粗糙度、表面波纹度及表面几何形状误差总是同时存在于零件的表面轮廓上，如图 8-35 所示。

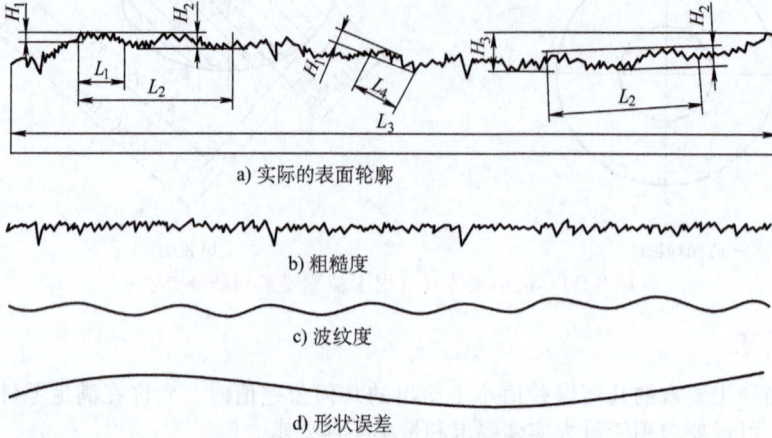

a) 实际的表面轮廓

b) 粗糙度

c) 波纹度

d) 形状误差

图 8-35　表面轮廓的构成

**3. 评定表面结构常用的轮廓参数**

对于零件表面结构的状况，可由三个参数组加以评定：轮廓参数、图形参数、支承率曲线参数。其中轮廓参数是我国机械制图中最常用的评定参数。本节仅介绍轮廓参数中评定粗糙度轮廓的两个高度参数 $Ra$ 和 $Rz$，如图 8-36 所示。

（1）算术平均偏差 $Ra$　指在一个取样长度内，纵坐标 $Z(X)$ 绝对值的算术平均值。

（2）轮廓的最大高度 $Rz$　指在同一个取样长度内，最大轮廓峰高和最大轮廓谷深之和。

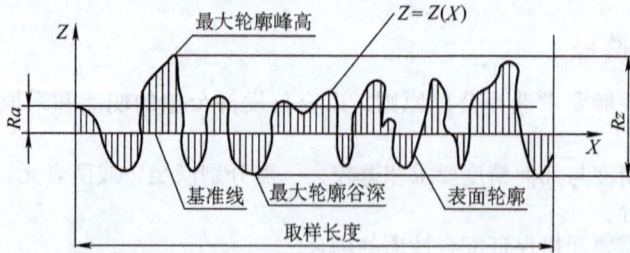

图 8-36　轮廓算术平均偏差 $Ra$ 和轮廓最大高度 $Rz$

**4. 有关检验规范的术语**

检验评定表面结构的参数值时必须在特定的条件下，按国家标准规定，在图样中注写参数代号及数值的同时，明确检验规范。有关检验规范的术语有取样长度、评定长度、滤波器、传输带和极限值判断规则。

（1）取样长度和评定长度　取样长度是评定表面粗糙度时所取的一段基准线长度。合理选择取样长度可以限制和减弱其他几何形状误差，特别是表面波纹度对测量结果的影响。由于零件表面各部分的表面粗糙程度不一定很均匀，在一个取样长度上往往不能合理地反映某一表面粗糙度特征，一般取几个连续的取样长度进行测量，取其平均值作为测得的参数值。在 $X$ 轴方向上用于评定轮廓的包含一个或几个取样长度的测量段称为评定长度。

当参数后未指明取样长度个数时，评定长度默认为 5 个取样长度，否则要指明。

（2）轮廓滤波器和传输带　粗糙度轮廓等三类轮廓各有不同的波长范围，它们又同时叠加在同一表面上，在测量评定三类轮廓的参数时，必须用特定仪器进行滤波，以获得所需波长范围的轮廓。这种将轮廓分为长波和短波成分的仪器称为滤波器。由两个不同截止波长的滤波器分离获得的轮廓波长范围称为传输带。按滤波器的不同截止波长值，由小到大顺次分为 $\lambda s$、$\lambda c$ 和 $\lambda f$ 滤波器，应用 $\lambda s$ 滤波器修正后的轮廓为原始轮廓（$P$ 轮廓），在 $P$ 轮廓上再应用 $\lambda c$ 滤波器修正后的轮廓为粗糙度轮廓（$R$ 轮廓），对 $P$ 轮廓上连续应用 $\lambda c$ 和 $\lambda f$ 滤波器修正后的轮廓为波纹度轮廓（$W$ 轮廓）。

（3）极限值判断规则　完工零件的表面按检验规范测得轮廓参数值之后，需与图样上给定的极限值进行比较，判断是否合格。判断规则有两种：一种为 16% 规则，应用本规则检验时，被检表面测得的全部参数值中超过极限值的个数不多于总个数的 16%，为合格；另一种为最大规则，应用本规则检验时，被检表面测得的参数值都不能超过给定的极限值。16% 规则为默认规则，参数代号后未注明"max"字样的均默认应用 16% 规则。

## 二、标注表面结构要求的图形符号

标注表面结构要求的图形符号见表 8-4。

**表 8-4　标注表面结构要求的图形符号**

| 符号名称 | 符　　　号 | 含　　　义 |
|---|---|---|
| 基本图形符号 |  | 未指明工艺方法的表面，但通过一个注释解释可单独使用。$H_1 = 1.4h$，$H_2$（最小）$= 3h$，符号线宽为 $1/10h$，$h$ 为字高，$H_2$ 的高度取决于标注的内容 |
| 扩展图形符号 |  | 用去除材料的方法获得的表面，仅当其含义是被加工表面时可单独使用 |
| |  | 不去除材料的表面；也可用于保持上道工序形成的表面，不管这种状况是通过去除或不去除材料形成的 |
| 完整图形符号 |  | 在以上各种符号的长边上加一横线，以便注写对表面结构的各种要求 |

当图样中的某个视图构成封闭轮廓的各表面有相同的表面要求时，在完整的符号上加一圆圈，标注在封闭轮廓上，如图 8-37 所示。图中的表面结构符号是指封闭轮廓的六个面的共同要求，不包含前后表面。

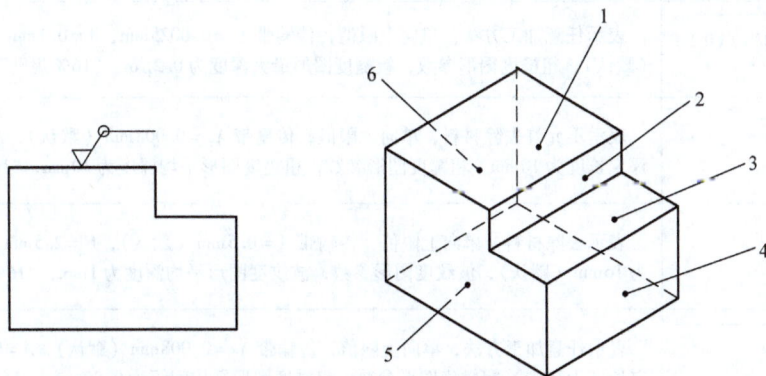

图 8-37　对周边各面有共同的表面结构要求的注法

## 三、表面结构要求在图形符号中的注写位置及常见表面结构代号的含义

为了明确表面结构要求，除了注写表面结构参数和数值外，必要时应标注补充要求，包括传输带、取样长度、加工工艺、表面纹理方向及加工余量等，在图形符号中的注写位置如图8-38所示。

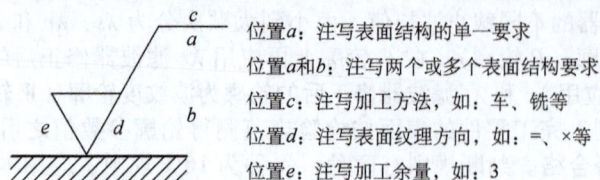

位置a：注写表面结构的单一要求
位置a和b：注写两个或多个表面结构要求
位置c：注写加工方法，如：车、铣等
位置d：注写表面纹理方向，如：＝、×等
位置e：注写加工余量，如：3

图8-38 补充要求的注写位置

表面结构符号中注写了具体参数代号及数值等要求后称为表面结构代号。表面结构代号的示例及含义见表8-5。

### 表8-5 表面结构代号的示例及含义

| 代号示例 | 含义/解释 |
| --- | --- |
| $Rz$ 0.4 | 表示不允许去除材料，单向上限值，默认传输带，$R$ 轮廓，粗糙度的最大高度为 $0.4\mu m$，评定长度为5个取样长度（默认），"16%规则"（默认） |
| $Rz$ max 0.2 | 表示去除材料，单向上限值，默认传输带，$R$ 轮廓，粗糙度的最大高度的最大值为 $0.2\mu m$，评定长度为5个取样长度（默认），"最大规则" |
| $0.008-0.8/Ra$ 3.2 | 表示去除材料，单向上限值，传输带为 $0.008\sim0.8mm$，$R$ 轮廓，算术平均偏差为 $3.2\mu m$，评定长度包含5个取样长度（默认），"16%规则"（默认） |
| $-0.8/Ra3$ 3.2 | 表示去除材料，单向上限值，传输带为 $0.0025\sim0.8mm$，$R$ 轮廓，算术平均偏差为 $3.2\mu m$，评定长度包含3个取样长度，"16%规则"（默认） |
| U $Ra$ max 3.2<br>L $Ra$ 0.8 | 表示不允许去除材料，双向极限值，两极限值均采用默认传输带，$R$ 轮廓，上极限值：算术平均偏差为 $3.2\mu m$，评定长度包含5个取样长度（默认），"最大规则"。下极限值：算术平均偏差为 $0.8\mu m$，评定长度包含5个取样长度（默认），"16%规则"（默认） |
| $0.8-25/Wz3$ 10 | 表示去除材料，单向上限值，传输带为 $0.8\sim25mm$，$W$ 轮廓，波纹度的最大高度为 $10\mu m$，评定长度包含3个取样长度，"16%规则"（默认） |
| $0.008-/Pt$ max 25 | 表示去除材料，单向上限值，传输带 $\lambda s=0.008mm$，$P$ 轮廓，轮廓总高 $25\mu m$，评定长度等于工件长度（默认），"最大规则" |
| $0.0025-0.1//Rx$ 0.2 | 表示任意加工方法，单向上限值，传输带 $\lambda s=0.0025mm$，$A=0.1mm$，评定长度为 $3.2mm$（默认），粗糙度图形参数，粗糙度图形最大深度为 $0.2\mu m$，"16%规则"（默认） |
| $/10/R$ 10 | 表示不允许去除材料，单向上限值，传输带 $\lambda s=0.008mm$（默认），$A=0.5mm$（默认），评定长度为 $10mm$，粗糙度图形参数，粗糙度图形平均深度为 $10\mu m$，"16%规则"（默认） |
| $W$ 1 | 表示去除材料，单向上限值，传输带 $A=0.5mm$（默认），$B=2.5mm$（默认），评定长度为 $16mm$（默认），波纹度图形参数，波纹度图形平均深度为 $1mm$，"16%规则"（默认） |
| $-0.3/6/AR$ 0.09 | 表示任意加工方法，单向上限值，传输带 $\lambda s=0.008mm$（默认），$A=0.3mm$（默认），评定长度为 $6mm$，粗糙度图形参数，粗糙度图形平均间距为 $0.09mm$，"16%规则"（默认） |

注：参数代号与极限制之间应留空格。

## 四、表面结构要求在图样中的注法

### （一）表面结构要求标注的基本方法

1）表面结构要求对每一表面一般只标注一次，并尽可能注在相应的尺寸及其公差的同一视图上。除非特别说明，所标注的表面结构要求是对完工零件的要求。

2）表面结构要求的注写和读取方向与尺寸数字的注写和读取方向一致。

3）表面结构要求可标注在轮廓线或指引线上或其延长线上，其符号从材料外指向并接触表面，两相邻表面具有相同的表面结构要求时，可用带箭头的公共指引线引出标注，如图 8-39 所示。必要时也可用带箭头或黑点的指引线引出标注，如图 8-40 所示。

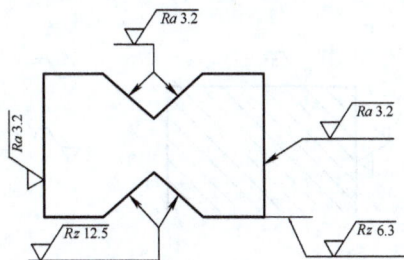

图 8-39　表面结构要求的注写　　　　图 8-40　带箭头和黑点的引出线

4）在不致引起误解时，表面结构要求可标注在给定的尺寸线上，如图 8-41 所示。

5）表面结构要求可标注在公差框格的上方，如图 8-42 所示。

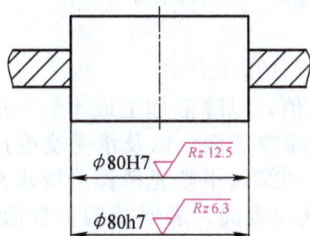

图 8-41　表面结构要求标注在尺寸线上　　　图 8-42　表面结构要求标注在公差框格上方

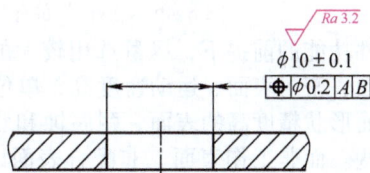

6）圆柱和棱柱表面的表面结构要求只标注一次。如果棱柱的每个表面有不同的表面结构要求，要分别注出，如图 8-43 所示。

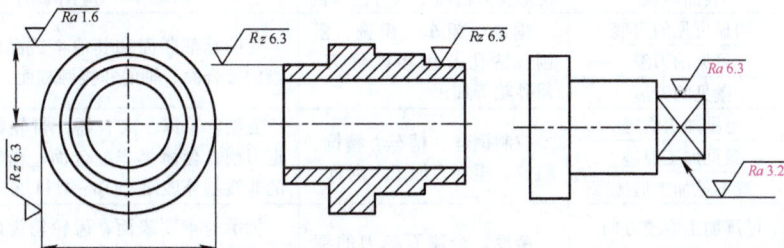

图 8-43　圆柱和棱柱表面结构要求的注法

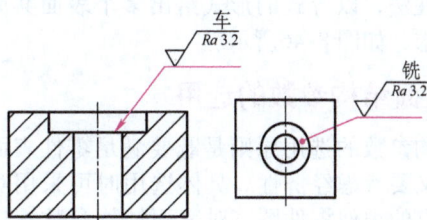

### （二）表面结构要求在图样中的简化注法

1）如果零件的多数（包括全部）表面有相同的表面结构要求，则其表面结构要求可统一注写在图样的标题栏附近（不同的表面结构要求直接标注在图中）。此时，表面结构要求的符号后应有：在圆括号内给出无任何其他标注的基本符号，如图 8-44a 所示，或在圆括号内给出不同的表面结构要求，如图 8-44b 所示。

2）当多个表面具有相同的表面结构要求或图纸空间有限时，可用带字母的完整符号，以等式的形式，在图形或标题栏附近，对表面结构要求的标注进行简化标注，如图 8-45 所示。也可只用表面结构

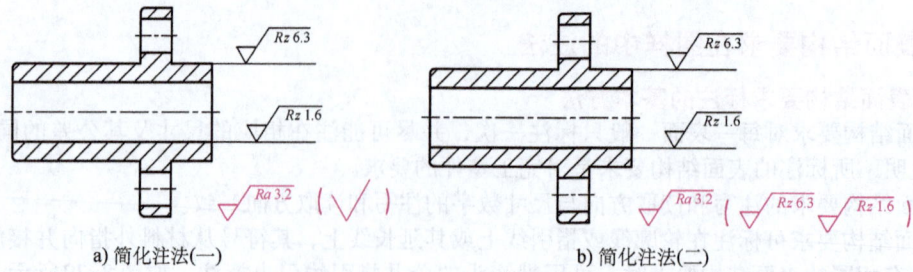

图 8-44　大多数表面有相同表面结构要求时的简化注法

符号的简化注法，以等式的形式给出多个表面共同的表面结构要求，如图 8-46 所示。

## 五、表面结构参数的选用

表面结构参数的选用原则是既要满足零件表面的功能要求，又要考虑经济性。具体选用时可采用类比法，参照已有的类似零件图，对表面结构参数规定不同的要求。

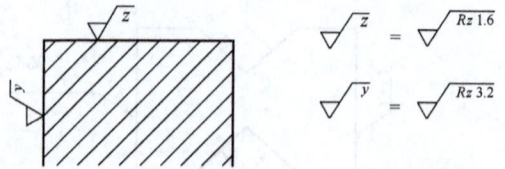

图 8-45　图纸空间有限时的简化注法

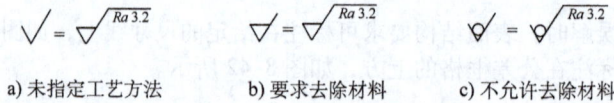

图 8-46　多个表面有相同表面结构要求时的简化注法

在满足零件功能的前提下，尽量选用较大的表面结构参数值，以降低加工成本。一般来说，工作表面、配合表面、密封表面、运动速度高、单位面积压力大的摩擦表面，以及承受交变应力作用的表面、尺寸和表面形状精度高的表面、耐腐蚀和装饰表面等对表面结构平整光滑程度要求高，故表面结构参数值要小些。而非工作表面、非配合表面以及尺寸精度低的表面，表面结构参数值应取大一些。同一公差等级，小尺寸比大尺寸、轴比孔的表面结构参数值要小。表 8-6 列举了表面结构参数与加工方法的关系，在选用时可参考。

表 8-6　表面结构参数 $Ra$ 的应用举例

| $Ra/\mu m$ | 表面特征 | 表面形状 | 获得表面粗糙度的方法举例 | 应用举例 |
|---|---|---|---|---|
| 100 | 粗糙的 | 明显可见的刀痕 | 锯断、粗车、粗铣、粗刨、钻孔及用粗纹锉刀、粗砂轮等加工 | 管的端部断面和其他半成品的表面、带轮法兰盘的接合面、轴的非接触端面、倒角、铆钉孔等 |
| 50 | | 可见的刀痕 | | |
| 25 | | 微见的刀痕 | | |
| 12.5 | 半光 | 可见加工痕迹 | 拉制钢丝、精车、精铣、粗铰、粗剥刀加工、刮研 | 支架、箱体、离合器、带轮螺钉孔、轴或孔的退刀槽、套筒等非配合面、齿轮非工作面、主轴的非接触外表面、IT8～IT11 公差等级的接合面 |
| 6.3 | | 微见加工痕迹 | | |
| 3.2 | | 看不见加工痕迹 | | |
| 1.6 | 光 | 可辨加工痕迹方向 | 精磨、金刚石车刀的精车、精铰、拉制、剥刀加工 | 轴承的重要表面、齿轮轮齿的表面、卧式车床导轨面、滚动轴承相配合的表面、机床导轨面、发动机曲轴、凸轮轴的工作面、活塞外表面等 IT6～IT8 公差等级的接合面 |
| 0.8 | | 微辨加工痕迹方向 | | |
| 0.4 | | 不可辨加工痕迹方向 | | |
| 0.2 | 最光 | 暗光泽面 | 研磨加工 | 活塞销和胀圈的表面、分气凸轮、曲柄轴的轴颈、气门及气门座的支持表面、发动机气缸内表面、仪器导轨表面、液压传动件的工作表面、滚动轴承的滚道、滚动体表面、仪器的测量表面、量块的测量面 |
| 0.1 | | 亮光泽面 | | |
| 0.05 | | 镜状光泽面 | | |
| 0.025 | | 雾状镜面 | | |
| 0.012 | | 镜面 | | |

## 第五节 其他技术要求

零件图上的技术要求除了前面讲的尺寸公差、几何公差、表面结构要求外，还有用文字写的内容，主要包括材料的热处理要求、表面质量要求（如涂层、镀层等）、有关结构要素的统一要求（如倒角、圆角等），以及对校准、性能、质量的要求等。

机械零件的材料大部分使用金属材料，如钢、铸铁、有色金属等。常用材料的牌号应用举例见附录表 D-1、表 D-2 和表 D-3。

热处理是利用在固态下加热和冷却的方法来改变金属的内部组织，以改变其性能的工艺方法。零件需要热处理时应在图中用符号或文字标出。常用的热处理方法见附录表 D-4。

## 本 章 小 结

本章着重介绍了极限与配合、几何公差、表面结构要求、公差原则，主要内容如下：

1. 极限与配合

这部分主要介绍极限与配合的有关术语和概念，标注方法、查表和选用。

1）公称尺寸是通过它应用上、下极限偏差可算出极限尺寸的尺寸。

2）实际尺寸是通过测量所得的尺寸。由于存在测量误差，实际尺寸并非尺寸真实值。

3）极限尺寸是一个孔或轴允许尺寸的两个极端，实际尺寸位于其中，也可达到极限尺寸。

4）尺寸公差是允许零件的实际尺寸变动的范围，简称公差。国家标准对公差进行了标准化，分为 20 个公差等级。

5）尺寸公差带是由代表上、下极限偏差的两条直线所限定的一个区域。公差带有两个基本参数，即公差带大小与位置，大小由标准公差确定，位置由基本偏差确定。

6）配合是指在机器装配中，公称尺寸相同，相互配合的孔、轴公差带之间的关系，可分为间隙配合、过盈配合、过渡配合三种类型，应按具体使用情况合理选用。配合制是指同一种极限制的孔和轴形成配合的一种制度，国家标准规定两种配合制度：基孔制和基轴制。

7）孔、轴公差带代号是由孔、轴的基本偏差代号和公差等级构成的，如 $\phi40H8$ 中 H 是孔的基本偏差代号，8 是孔的公差等级，$\phi40$ 是孔的公称尺寸。配合代号由相互配合的孔和轴的公差带以分数的形式组成，孔的公差带为分子，轴的公差带为分母。例如：$\phi40H8/f7$。

8）极限与配合的选用包括配合制、配合种类和公差等级三项内容。

2. 几何公差

为了满足零件的使用要求，保证零件的互换性和制造经济性，在设计时应对零件的几何公差给以必要而合理的限制，即应对零件规定形状、位置、方向和跳动公差。几何公差特征项目有 19 种。被测要素的几何公差采用框格的形式标注，用带箭头的引线指向被测要素。从框格的左边起，第一格填写几何公差特征项目的符号，第二格填写几何公差值及有关符号，第三格及往后填写基准的字母及有关符号。被测要素为单一要素时，框格只有两格，只标注前两项内容。

3. 公差原则

同一要素既有尺寸公差要求，又有几何公差要求，处理尺寸公差与几何公差之间关系的规定，称为公差原则。公差原则可分为独立原则和相关要求（最大实体要求、最小实体要求、包容要求、可逆要求）。

4. 表面结构要求

零件经过机械加工后的表面看似光滑平整，但在显微镜下可看到许多微小的凸峰和凹谷，零件表面的几何特征称为表面结构。对于零件表面结构的状况，可由三个参数组加以评定：轮廓参数、图形参数、支承率曲线参数。其中轮廓参数是我国机械制图中最常用的评定参数。

表面结构要求对每一表面一般只标注一次，并尽可能标注在相应的尺寸及其公差的同一视图上。表面结构要求的注写和读取方向与尺寸的注写和读取方向一致。表面结构要求可标注在轮廓线或指引线上或其延长线上，其符号从材料外指向并接触表面。在满足零件功能的前提下，尽量选用较大的表面结构参数值，以降低加工成本。

## 复习思考题

1. 什么是标准公差？标准公差等级如何划分？
2. 什么是基本偏差？为什么规定基本偏差？
3. 什么是配合制？配合制的选用原则是什么？与加工难易程度有无关系？为什么？
4. 什么是一般公差？在图上如何表示？
5. 什么是公差带图？怎样画公差带图？
6. 已知孔的公差带代号为 $\phi40H8$，查表确定孔的上、下极限偏差。
7. 如何选用极限与配合？它包含哪些内容？
8. 试比较理想要素和实际要素、被测要素和基准要素、组成要素和导出要素、单一要素和关联要素。
9. 几何公差包含哪些特征项目？它们如何在图上标注？
10. 几何公差带四要素是什么？其中形状的常用类型有哪些？
11. 试比较圆度公差带与径向圆跳动公差带、圆柱度公差带与径向全跳动公差带。
12. 公差原则类型有哪几种？各用在什么场合？
13. 为什么规定了取样长度后，还要规定评定长度？两者之间有什么关系？
14. 表面结构要求如何在图样中标注？
15. 表面结构参数值的选用原则是什么？
16. 比较下列每组中两孔应选用的 $Ra$ 值的大小，并说明原因。
1）$\phi40H8$ 的孔与 $\phi10H8$ 的孔。
2）圆柱度分别为 0.01mm、0.02mm 的两个 $\phi40H7$ 的孔。

# 第九章

# 典型零件图的识读及零件测绘

前几章分别讨论了零件图的视图选择、尺寸标注、技术要求等问题。本章结合几种典型零件说明这些问题在读图和绘图时的应用。

【知识要求】
1）了解典型零件的基本结构和画法。
2）掌握各种零件图的识读方法。
3）熟悉零件的测绘方法。

【技能要求】
能对中等复杂零件进行零件图识读和测绘。

## 第一节　识读零件图的方法和步骤

在零件设计制造、机器安装、机器的使用和维修及技术革新、技术交流等工作中，通常都要读零件图。读零件图的目的是弄清零件图所表达零件的结构形状、尺寸和技术要求，以便指导生产和解决有关的技术问题。

### 一、读零件图的基本要求

1）了解零件的名称、用途和材料。
2）分析零件各组成部分的几何形状、结构特点及作用。
3）分析零件各部分的定形尺寸和各部分之间的定位尺寸。
4）熟悉零件的各项技术要求。

### 二、读零件图的方法与步骤

#### （一）概括了解
看标题栏了解零件的名称、材料、比例等，并浏览视图，初步确定零件的用途和形体概貌。

#### （二）详细分析

##### 1. 分析表达方案
分析零件图的视图布局，找出主视图、其他基本视图和辅助视图所在的位置。根据剖视、断面的剖切方法、位置，分析剖视、断面的表达目的和作用。

##### 2. 分析形体、想出零件的结构形状
这一步是看零件图的重要环节，应先从主视图出发，联系其他视图、利用投影关系进行分析，弄清零件各部分的结构形状，想象出整个零件的结构形状。

##### 3. 分析尺寸
先找出零件长、宽、高三个方向的尺寸基准，然后从基准出发，搞清楚哪些是主要尺寸，再用形体分析法找出各部分的定形尺寸和定位尺寸。在分析中要注意检查是否有多余的尺寸和遗漏的尺寸，并检查尺寸是否符合设计和工艺要求。

##### 4. 分析技术要求
分析零件的尺寸公差、几何公差、表面结构要求和其他技术要求，弄清楚零件的哪些尺寸要求高、哪些尺寸要求低，哪些表面要求高、哪些表面要求低，哪些表面不加工，以便进一步考虑相应的加工方法。

## 三、归纳总结

综合前面的分析，把图形、尺寸和技术要求等全面系统地联系起来思索，并参阅相关资料，得出零件的整体结构、尺寸大小、技术要求及零件的作用等完整的概念。

必须指出，在读零件图的过程中，上述步骤不能机械地分开，往往是穿插进行的。

# 第二节 轴套类零件图的识读

在各种机器上都会遇到轴套类零件，包括各种用途的轴和套，其中轴是用来支承轴零件和传递动力的。套一般装在轴上或机体的孔中，用于定位、支承、导向和保护传动零件。

## 一、结构特点

轴上的常见结构有以下几种：

（1）阶梯 轴上的各部分直径不同，形成台阶的样子。设计成这种形状主要是两方面的原因：一方面是为了轴上零件的定位，另一方面是便于装配和加工。

（2）螺纹与螺纹退刀槽 为了锁紧轴上的零件，常使用螺纹。为了在加工螺纹时不出现螺尾，常设计出螺纹退刀槽。

（3）键槽 键和键槽用来连接轴和轴上的零件。如果有滑移齿轮，常用花键结构。

（4）砂轮越程槽 轴上需要磨削的部分，在根部一般有砂轮越程槽。

（5）中心孔 为了在车床和磨床上加工轴，在轴的两端要有中心孔。

（6）倒角和圆角 为了便于装配，在轴的两端常加工出倒角；为了避免应力集中，在台阶处常制成圆角。

除了上述一些结构外，有的轴上还有销孔、油槽、锥度、卡圈槽等结构。

## 二、视图特点

1）一般只用一个主视图表达轴上各阶梯长度和各种结构的轴向位置，主视图画成轴水平摆放的位置，使它符合加工位置原则，便于工人读图。

2）对于轴上的孔、槽等结构，一般采用主视图画成局部剖视图来表达。

3）对于键槽等结构，需要单独画出断面图表示。

4）对于形状简单而轴向尺寸较长的部分，常断开后缩短绘制。

5）一些细部结构往往需要绘制局部放大图，以便于确切表示形状和标注尺寸。

6）空心套类零件中由于多存在内部结构，一般采用全剖、半剖或局部剖绘制，如图9-1所示。

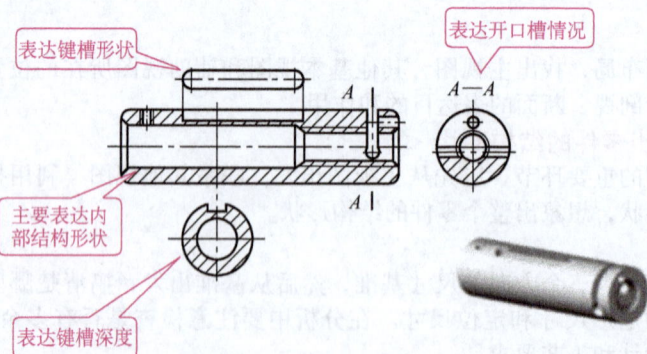

图9-1 轴套类零件的视图表达

## 三、尺寸基准特点

1）由于轴类零件是回转体零件，轴上的圆柱面、圆锥面、螺纹、退刀槽等是绕轴线旋转而成的，所以轴类零件径向（高度和宽度方向）基准是零件轴线。

2）轴向（长度方向）的基准是某一个轴肩或某一个端面，具体按零件而定。

## 四、轴套类零件图识读举例

以图9-2为例，说明轴类零件图的识读方法。

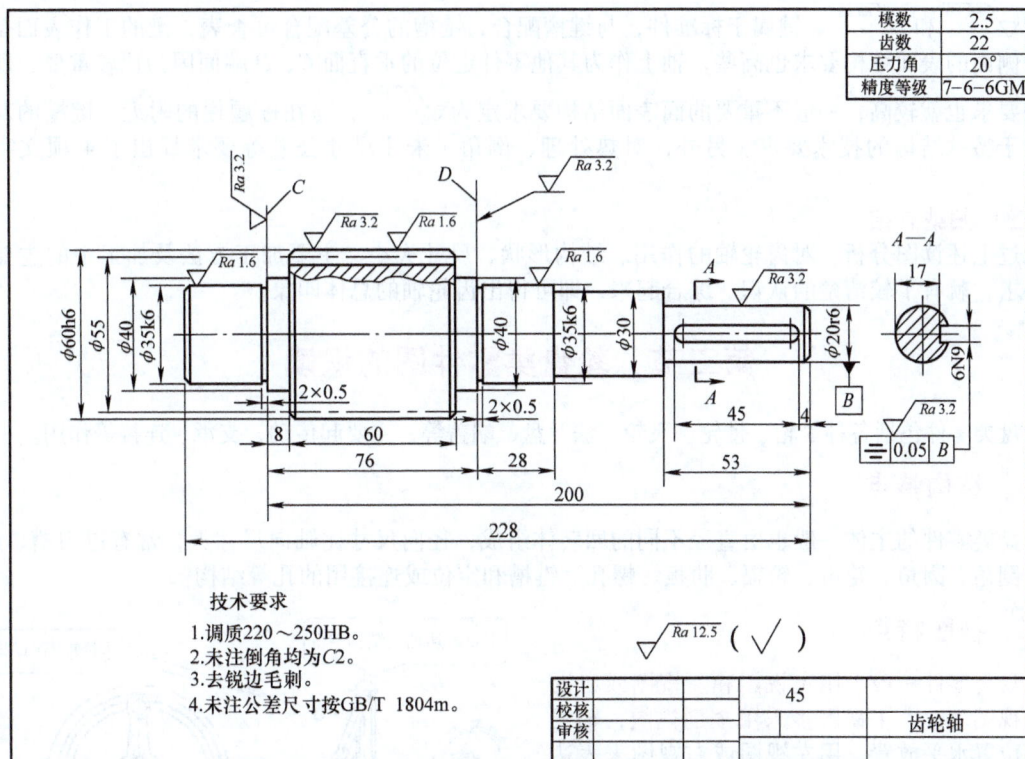

| 模数 | 2.5 |
|---|---|
| 齿数 | 22 |
| 压力角 | 20° |
| 精度等级 | 7-6-6GM |

图9-2　齿轮轴的零件图

### （一）概括了解

从标题栏可知，齿轮轴属于轴类零件。齿轮轴是用来传递动力和运动的，其材料为45钢。从总体尺寸看，其最大直径为60mm，总长为228mm，属于较小的零件。

### （二）详细分析

（1）分析表达方案和形体结构　齿轮轴的表达方案由主视图和移出断面图组成，轮齿部分作了局部剖。主视图（结合尺寸）已将齿轮轴的主要结构表达清楚了，齿轮轴由几段不同直径的回转体组成，最大圆柱上制有轮齿，最右端圆柱上有一键槽，零件两端及轮齿两端有倒角，C、D两端面处有砂轮越程槽。移出断面图用于表达键槽深度和进行有关标注，综合想象其形状如图9-3所示。

（2）分析尺寸　轴类零件尺寸分径向和轴向两类。标注轴向尺寸的主要原则有两条：一是符合装配关系，很好地选择设计基准；二是要便于测量各阶梯段的长度，很好地选择工艺基准。在该齿轮轴中，φ35k6轴段和φ20r6轴段用来安装滚动轴承和联轴器，为使传动平稳，各轴段应同轴，故径向尺寸的基准为齿轮轴的轴线。端面C用于安装挡油环及轴向定位，所以端面C为长度方向的主要尺寸基准，以此为基准注出了尺寸2mm、8mm、76mm等。端面D为长度方向的第一辅助尺寸基准，以此为基准注出了尺寸2mm、28mm。齿轮轴的右端面为长度方向尺寸的另一辅助

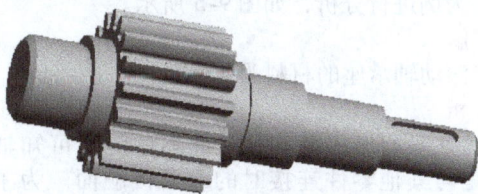

图9-3　齿轮轴的立体图

扫扫看

161

基准，以此为基准注出了尺寸 4mm、53mm 等。轴向的重要尺寸，如键槽长度 45mm，齿轮宽度 60mm 等已直接注出。

（3）分析技术要求　轴上标注的公差主要分三种，圆柱体公差、轴向尺寸公差、特殊结构公差（平键、花键等），与其他零件有配合要求的部位，一般都标有尺寸公差。在该齿轮轴中，$\phi$35mm 和 $\phi$20mm 的轴颈处有配合要求和尺寸公差，均为 6 级公差，尺寸精度较高，相应的表面结构要求也较高，分别为 $\sqrt{}$ ^Ra1.6^ 和 $\sqrt{}$ ^Ra3.2^。键属于标准件，与键槽配合，键槽的公差配合可查表，键的工作表面是两侧面，两侧面的表面结构要求也高些，轴上作为其他零件定位的垂直面 C、D 端面因为比较重要，所以表面结构要求也就较高，一般不重要的面表面结构要求定为 $\sqrt{}$ ^Ra12.5^，写在标题栏的附近。键槽的对称度要求属于特殊结构的技术要求。另外，对热处理、倒角、未注尺寸公差等要求提出了 4 项文字说明要求。

### （三）归纳总结

通过上述读图分析，对齿轮轴的作用、结构形状、尺寸大小、主要加工方法及加工中的主要技术指标要求，就有了较清楚的认识。综合起来，即可得出齿轮轴的总体印象。

# 第三节　轮盘类零件图的识读

轮盘类零件包括各种手轮、带轮、飞轮、法兰盘、端盖等，主要起传动、支承、连接等作用。

## 一、结构特点

轮盘类零件的主体一般也由直径不同的回转体组成，径向尺寸比轴向尺寸大，常有退刀槽、凸台、凹坑、倒角、圆角、轮齿、轮辐、肋板、螺孔、键槽和定位或连接用的孔等结构。

## 二、视图特点

轮盘类零件一般采用主视图和左视图或右视图两个视图表达，主视图多采用全剖视图，轴线按加工位置水平放置。用左视图或右视图来表达轮盘上的连接孔或轮辐、肋板等形状、数目和分布情况，常采用简化画法，根据结构的复杂程度需作局部视图或断面图，如图 9-4 所示。

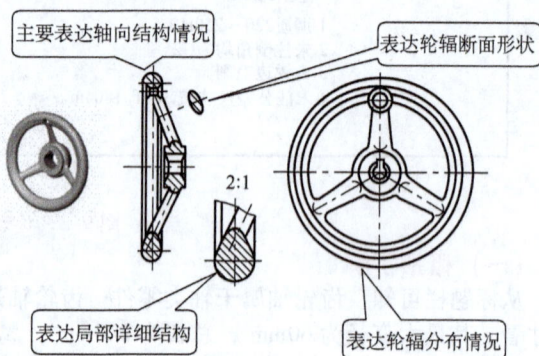

图 9-4　轮盘类零件的视图表达

## 三、尺寸基准特点

轮盘类零件主要在车床上加工，因此同一旋转轴的外圆和内孔尺寸的径向基准是轴线。轴向的基准一般为某一个端面或对称中心线，按零件结构及尺寸标注的具体情况而定。

## 四、轮盘类零件图识读

以滚动轴承座为例进行分析，如图 9-5 所示。

### （一）概括了解

从标题栏看，滚动轴承座的材料为 45 钢。

### （二）详细分析

（1）分析表达方案和形体结构　从此零件图上可知轴向尺寸小，径向尺寸大。左端面表面质量要求等级高，是与其他零件连接时的重要接触面。为了与其他零件连接，零件上设计了孔。该类零件主要在车床上加工，选择主视图时一般轴线应水平放置。此零件的零件图上共有两个视图，主视图常用剖视图表达内部结构，采用几个相交的剖切平面进行剖切，剖切位置和投射方向如左视图所示。轴线水平放置，与工作位置一致，又与加工位置相适应，便于工人加工读图。主视图表达了外圆左端有 $\phi$150mm 的凸缘及退刀槽；凸缘上的光孔及螺孔都是通孔；轴承座孔 $\phi$100$^{+0.022}_{-0.013}$

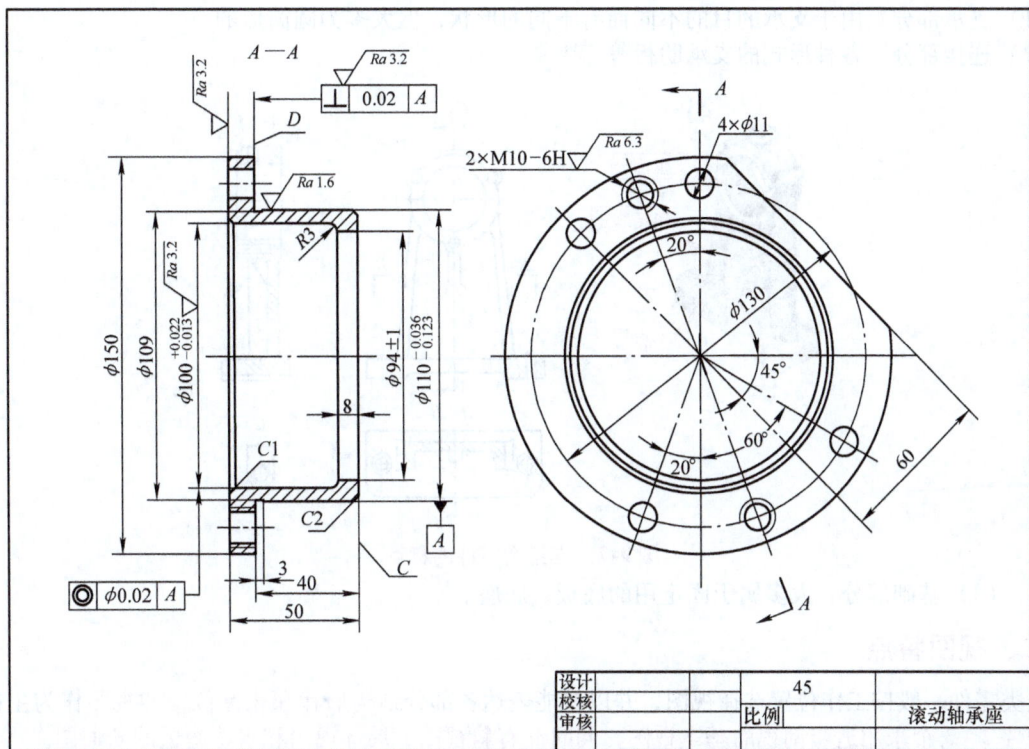

图 9-5　滚动轴承座的零件图

的右端有一向内的凸缘。左视图表示了左端面凸缘切去一块的位置及光孔和螺孔的分布。通过分析不难想象出滚动轴承座的实际形状，如图 9-6 所示。

（2）分析尺寸　此滚动轴承座为回转体，尺寸基准分径向和轴向，径向（包括高度和宽度方向）基准为回转轴线，轴向基准是某一重要端面。根据主视图的尺寸标注及位置公差标注可知，$D$ 面为重要端面，即 $D$ 面为轴向（长度方向的）主要基准，由 $D$ 面测得尺寸 3mm、40mm。右端面 $C$ 面为加工辅助基准，由右端面测得尺寸 8mm 及全长 50mm。从左视图上看，两中心线的交点是光孔 $\phi11$mm、螺孔 M10－6H 的定位基准，尺寸 $\phi130$mm 及角度 20°、45°、60°是光孔及螺孔的位置尺寸。

（3）分析技术要求　指向 $D$ 面的公差框格，表示要求 $D$ 面对 $\phi110_{-0.123}^{-0.036}$ 轴线的垂直度误差不得大于 0.02mm，车工可采用"一刀下"达到此项要求。指向 $\phi100_{-0.013}^{+0.022}$ 的公差框格，表示要求 $\phi100_{-0.013}^{+0.022}$ 对 $\phi110_{-0.123}^{-0.036}$ 的同轴度误差不得大于 $\phi0.02$mm，那么在掉头装夹工件时，必须以 $\phi110_{-0.123}^{-0.036}$ 为基准找止。

**（三）归纳总结**

通过上述读图分析，对滚动轴承座的结构形状、尺寸大小、材料、主要加工方法及加工中的主要技术指标要求，就有了较清楚的认识。综合起来，即可得出此滚动轴承座的总体印象。

扫扫看

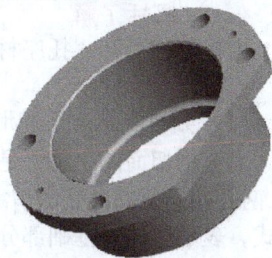

图 9-6　滚动轴承座

# 第四节　支架类零件图的识读

这类零件包括各种用途的支架、支座等，主要用来支承其他有关零件，多数由铸造或模锻制成毛坯，经机械加工而成。

## 一、结构特点

这类零件大都由三部分构成，如图 9-7 所示。

（1）支承部分　由于支承的目的不同而有不同的形状，但大多为圆筒形的。

（2）连接部分　各种形式的支承肋板等。

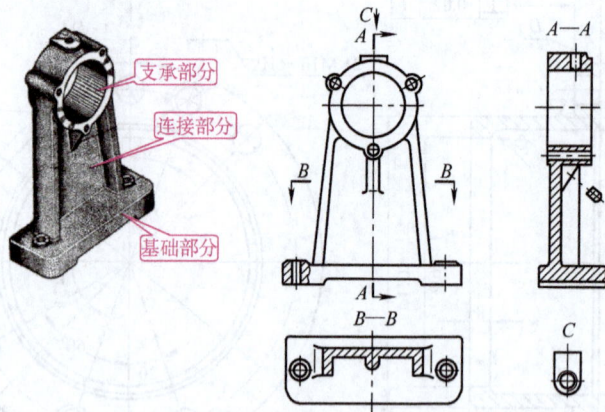

图9-7　支架类零件的特点

（3）基础部分　大多属于固定用的底板、底座。

## 二、视图特点

这类零件一般按工作位置选择视图，并以较能表达各部分结构形状和相互位置的视图作为主视图。一般需要 2～3 个采用适当剖视的基本视图，同时配有斜视图、局部视图和表达肋板的断面图。

## 三、尺寸基准特点

支架类零件一般以基础部分的底面为高度方向的尺寸基准，长度及宽度方向的尺寸基准是重要的侧面或对称平面。

## 四、支架类零件图识读

以托座零件图为例进行分析，如图 9-8 所示。

（一）概括了解

由标题栏可知，托座材料是 HT200，属于支架类零件。

（二）详细分析

（1）分析表达方案和形体结构　此托座零件图共有三个基本视图，主视图按工作位置放置，在左视图上有剖切面的表示，是用两个平行的剖切面剖切。主视图为全剖视图，表达了 $\phi25^{+0.033}_{0}$ 与 M10 - 6H 两孔相通及安装孔的情况。左视图清楚表达了连接部分中间板的形状。俯视图采用反映外形的视图形式，表示了托座基础部分底板的形状，可以看出两安装孔是长方形的，顶部凸台是 U 形的，通过分析不难想象出托座的实际形状，如图 9-9 所示。

（2）分析尺寸　托座的底面是装配基准面、工作基准面，也是主要加工的基准面。所以选底面为高度方向的尺寸基准，由它量得尺寸 100mm、14mm、4mm。选 $\phi25^{+0.033}_{0}$ 的轴线为加工的辅助基准，由它量得尺寸 26mm。左视图的对称面为宽度方向的尺寸基准，由它量出对称标注的 100mm、80mm、60mm、10mm、M10 - 6H，主视图的右侧面为长度方向的尺寸基准，由它量得尺寸 40mm、35mm、10mm、60mm 等。

（3）分析技术要求　由于底面是尺寸基准和公差基准，底面的表面结构要求就相对高。图样要求孔 $\phi25^{+0.033}_{0}$ 轴线对底面的平行度公差为 0.04mm。对于这种技术要求，应先加工底面，以底面为基准加工 $\phi25^{+0.033}_{0}$，此时除保证尺寸精度、表面结构要求外，还需要保证平行度的要求。文字表达的技术要求，一是零件图上未标注出的圆角，在铸造时均按 R5～R8mm，二是要求毛坯涂防锈漆。

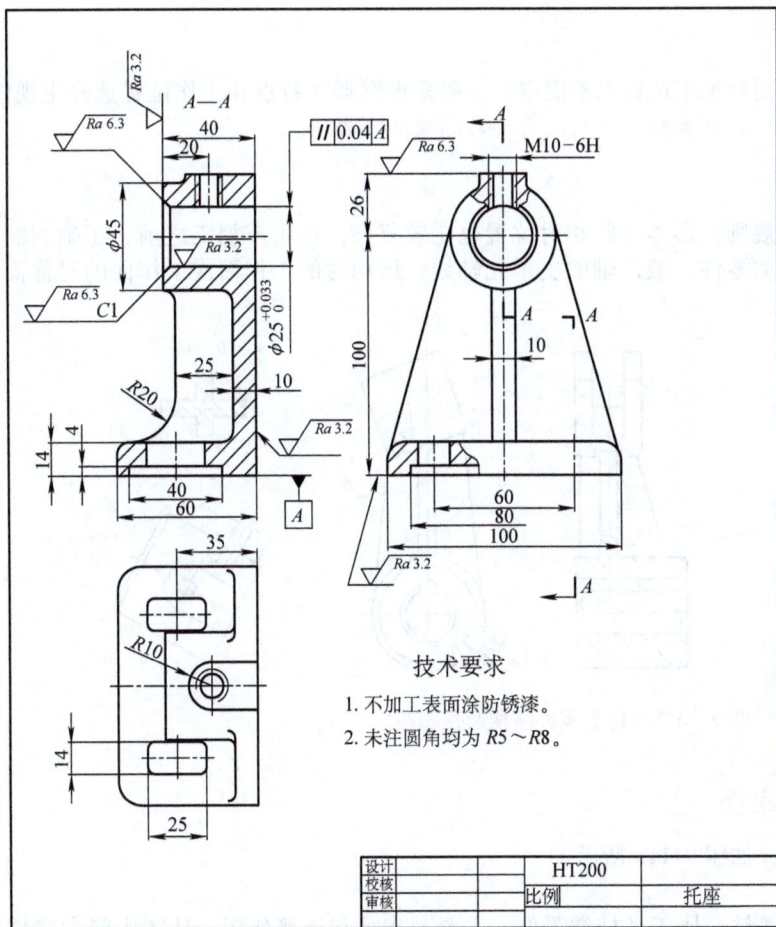

图 9-8　托座的零件图

图 9-9　托座的立体图

扫扫看

## （三）归纳总结

通过上述读图分析，对此托座的结构形状、尺寸大小、主要加工方法及加工中的主要技术指标要求就有了较清楚的认识，综合起来即可想象出托座的整体结构。

# 第五节　叉杆类零件图的识读

叉杆类零件包括拨叉、连杆、摇杆等，一般用于机器变速系统中，用以完成某种动作，多数由铸造或模锻制成毛坯，经机械加工而成。其结构及视图特点如图 9-10 所示。

## 一、结构特点

此类零件结构大都比较复杂，一般由三部分构成。

（1）工作部分　对其他零件施加作用力的部分，多为与其他零件配合或连接的套筒、叉口、支承板等。

（2）支承部分　一般为圆筒形的，穿在轴上，作为整个零件运动的支承，同时也是动力的来源，有些是高度方向尺寸较小的棱柱体，其上常有凸台、凹坑、销孔、螺孔、螺栓通孔和成型孔等结构。

（3）连接部分　把支承部分和工作部分连接起来，一般都是肋板结构。由于受安装空间的限制，所以其形状一般很不规则。

165

## 二、视图特点

叉杆类零件形状变化较大，而且加工位置也不固定，一般多根据形状特点和工作位置选择主视图。这类零件一般需要两个基本视图，叉杆和肋板的断面形状常用断面图表达。

## 三、尺寸基准特点

叉杆类零件形状一般不怎么规则，形体之间相对位置也比较复杂，在生产加工之前，正确判断尺寸基准及定位尺寸尤为重要。这类零件一般以轴的支承孔轴线、运动时的工作面或工作面的对称面为尺寸基准。

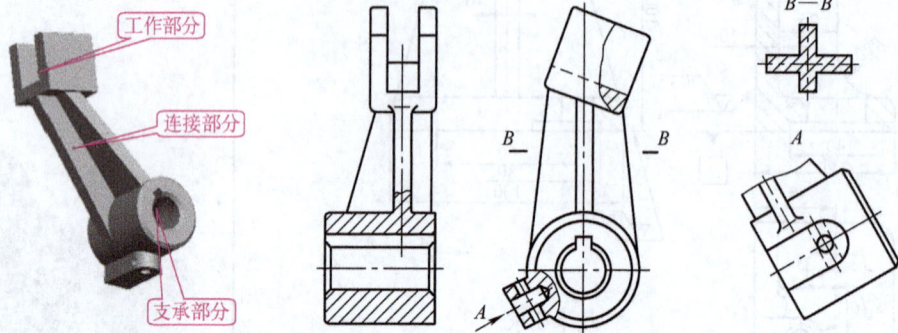

图 9-10　叉杆类零件结构及视图特点

## 四、叉杆类零件图识读举例

以托架零件图为例进行分析，如图 9-11a 所示。

### （一）概括了解

由标题栏可知，托架材料为铸铁，属于叉杆类零件，主要起支承和连接作用。从图中能大体估算出其总体尺寸，属于较小的零件。但由于叉杆类零件和其他零件相比较不太规则，因此其总体尺寸只能估算。

### （二）详细分析

（1）分析表达方案和形体结构　如图 9-11a 所示，托架零件图的表达方案由主视图、左视图、A 向局部视图和移出断面图组成。主视图以工作位置放置并考虑形状特征，表达了相互垂直的安装面、T 型肋板、支承孔以及夹紧用的螺孔等结构。左视图主要表达安装板的形状和安装孔的位置以及工作部分孔 $\phi16mm$ 等处。为了表明螺纹夹紧部分的外形结构，采用 A 向局部视图。移出断面图用于表达 T 型肋板的断面形状及进行有关标注，综合分析后，其结构形状如图 9-11b 所示。

（2）分析尺寸　标注叉杆类零件尺寸时，通常选用安装基面或零件的对称面作为尺寸基准。如图 9-11a 所示的托架选用安装板右端面作为长度方向的尺寸基准，选用安装板的底面作为高度方向的尺寸基准。从这两个基准出发，分别注出了 60mm、90mm，定出了上部工作孔的轴线位置，作为 $\phi16mm$、$\phi26mm$ 的径向尺寸基准。宽度方向的尺寸基准是前后方向的对称平面，由此在左视图中注出了 40mm、82mm 以及在移出断面中注出 8mm、40mm 等尺寸。

（3）分析技术要求　由于将安装板的右端面和底面作为尺寸基准面，因此要求两面间必须有垂直度要求，此要求是为了保证定位安装的准确度。图中还给出了零件的表面结构要求，另外对此零件的未注铸造圆角在技术要求中给出了文字说明。

### （三）归纳总结

通过上述读图分析，对此托架的结构形状、尺寸大小、主要加工方法及加工中的主要技术指标要求就有了较清楚的认识，综合起来即可想象出托架的整体结构。

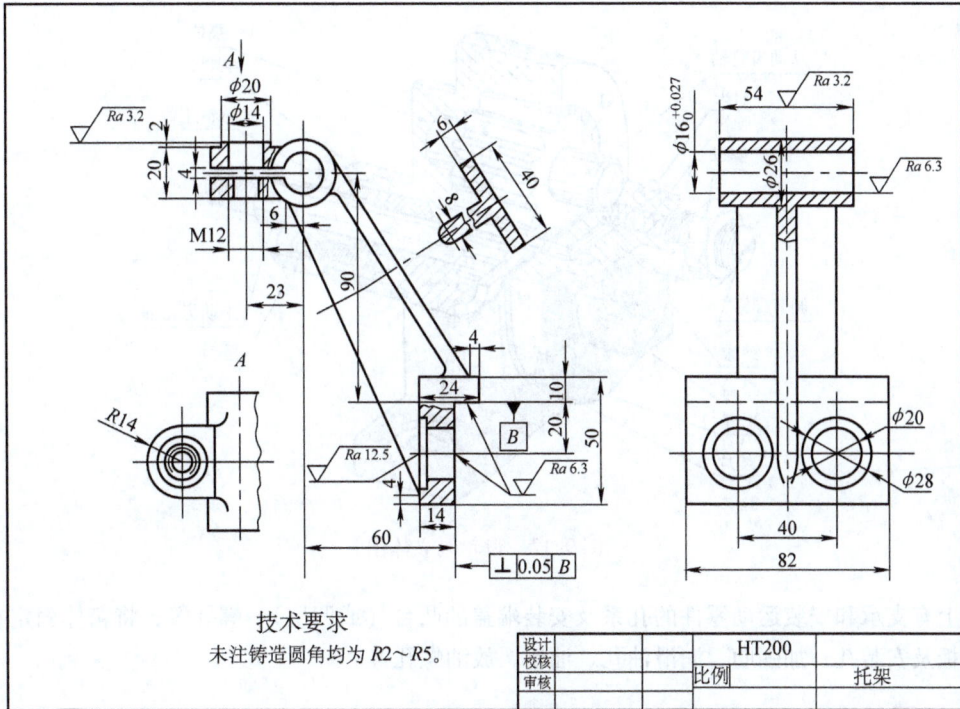

技术要求
未注铸造圆角均为 *R*2～*R*5。

| 设计 | | HT200 | |
| --- | --- | --- | --- |
| 校核 | | | |
| 审核 | | 比例 | 托架 |

a)零件图

扫扫看

b) 立体图

图 9-11　托架

## 第六节　箱体类零件图的识读

箱体类零件是组成机器或部件的主要零件之一，一般形状比较复杂，毛坯多为铸件，主要功能是将一些轴、套和齿轮等零件组装在一起，并使它们之间保持正确的相互位置，彼此按照一定的传动关系协调运动，如图 9-12 所示的齿轮泵。这类零件一般包括变速箱体、泵体、阀体、机座等，通常是由一定厚度的四壁及类似外形的内腔构成的箱形体。其壳壁部分常设计有安装轴、密封盖、轴承盖、油杯、油塞等零件的凸台、凹坑、沟槽、螺孔等结构。

### 一、结构特点

箱体类零件大致由以下几个部分构成：容纳运动零件和储存润滑液的内腔，由厚薄较均匀的壁部

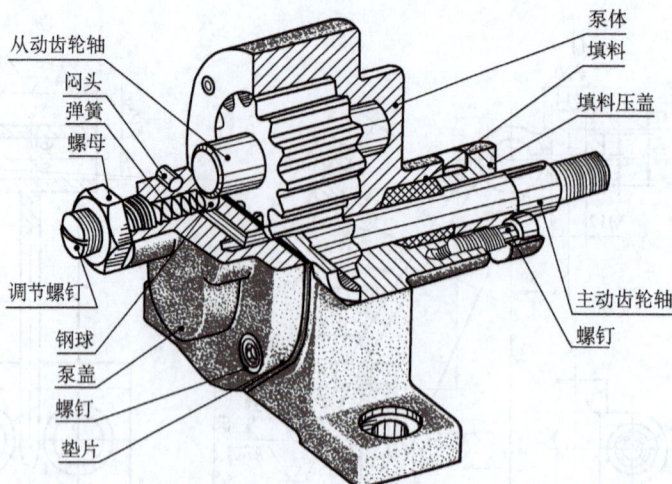

图 9-12　齿轮泵立体图

组成；其上有支承和安装运动零件的孔系及安装端盖的凸台（或凹坑）、螺孔等；将箱体固定在机座上的安装底板及安装孔；加强肋、润滑油孔、油槽、放油螺孔等。

## 二、视图特点

箱体类零件不仅结构复杂，而且加工情况也比较复杂，常采用较多的视图来表达，一般在照顾主要加工位置的情况下，按照工作位置来画主视图，以最能反映其形状特征及结构间相对位置的一面作为主视图的投射方向，这样便于和装配图对照读图。除采用基本视图外，还较多地运用局部视图、局部剖视图表达，剖视图常采用几个平行的剖切平面剖切。

## 三、尺寸基准特点

箱体类零件通常以安装的基面、主要支承孔的轴线及某一重要端面作为尺寸基准。

## 四、箱体类零件图识读举例

以壳体零件图为例进行分析，如图 9-13 所示。

### （一）概括了解

由标题栏可知，壳体材料为铸铁，大致尺寸为 ϕ76mm，高 80mm，属于小尺寸箱体类零件，结构比较复杂。

### （二）详细分析

（1）分析表达方案和形体结构　箱体类零件多数经过较多工序加工制造而成，各工序的加工位置不尽相同，因而主视图主要按形状特征和工作位置确定。如图 9-13 所示，其结构较复杂，用三个基本视图和一个局部视图表达它的内、外形状。主视图是用单一的剖切平面剖切后所得的 A—A 全剖视图，表达出内部主体形状为圆柱阶梯通孔等。俯视图采用几个平行平面剖切后的 B—B 全部视图，同时表达内部形状和底板的形状及均匀分布的安装孔。左视图采用局部剖视，主要表达外形。C 向局部视图主要表达顶部形状及不同孔径的孔的分布情况。综合分析后，其结构形状如图 9-14 所示。

（2）分析尺寸　长度和宽度方向的尺寸基准分别是壳体的主体轴线，高度方向的尺寸基准是底板的底面。壳体的定位尺寸较多，如各孔中心线（或轴线）间的距离等，应直接标注出来：如主视图中孔 ϕ30H7 与螺孔 M6 之间的距离 22mm，俯视图中 ϕ30H7 与 ϕ20mm 之间的距离 25mm 等。主要形状尺寸可采用形体分析法标注。

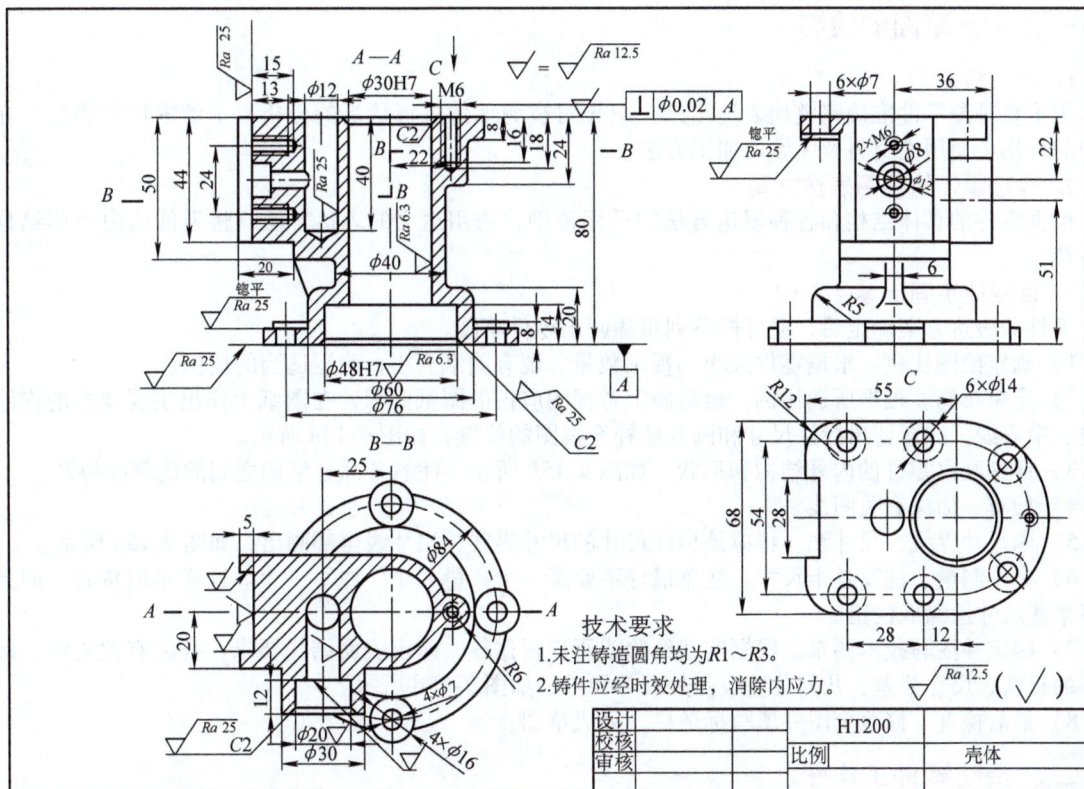

图 9-13　壳体零件图

（3）分析技术要求　重要的箱体孔和重要的表面，其表面粗糙度参数的值较小，如 $\phi30H7$、$\phi48H7$ 的表面为 $\sqrt{Ra\,6.3}$；重要的箱体孔和主要的箱体表面应有尺寸公差要求，如 $\phi30H7$、$\phi48H7$，其极限偏差数值可由公差带代号 H7 查表获得。文字表达的技术要求有：铸件经过时效处理后，才能进行切削加工；图中未注铸造圆角为 $R1\sim R3$mm。

**（三）归纳总结**

通过以上读图分析，对此壳体的结构形状、尺寸大小、主要加工方法及加工中的主要技术指标要求就有了较清楚的认识，需综合想象整体结构才能完整无误地表达此壳体零件。

扫扫看

图 9-14　壳体立体图

## 第七节　零件测绘

根据已有的零件，不用或只用简单的绘图工具，用较快的速度，徒手目测画出零件的视图，测量并注上尺寸及技术要求，得到零件草图，然后参考有关资料，整理绘制出供生产使用的零件工作图，这个过程称为零件测绘。

零件测绘对推广先进技术、改造现有设备、技术革新和修配零件等都有重要作用。因此，零件测绘是实际生产中的重要工作之一，是工程技术人员必须掌握的制图技能。零件测绘通常与所属的部件或机器的测绘协同进行，以便了解零件的功能、结构要求，从而协调零件图的视图、尺寸和技术要求。

## 一、零件草图的绘制

### 1. 分析零件

为了将被测零件准确完整地表达出来，应先对被测零件进行认真的分析，了解零件的类型、在机器中的作用、使用的材料及大致的加工方法。

### 2. 确定零件的视图表达方案

根据零件的具体结构和各种表达方法的适用范围，选用适当的表达方法，将零件的内外形结构表达清楚。

### 3. 目测徒手画出零件草图

零件的表达方案确定后，便可按下列步骤画出零件草图。

1）确定绘图比例。根据零件大小、视图数量、现有图纸大小，确定适当的比例。

2）定位布局。根据所选比例，粗略确定各视图应占的图纸面积，在图纸上作出主要视图的作图基准线、中心线。注意留出标注尺寸和画其他补充视图的位置，如图 9-15a 所示。

3）详细画出零件的内外结构和形状，如图 9-15b 所示。注意各部分结构之间的比例应协调。

4）检查、加深有关图线。

5）画尺寸界线、尺寸线。将应该标注尺寸的尺寸界线、尺寸线全部画出，如图 9-15c 所示。

6）集中测量、注写各个尺寸。注意最好不要画一个、量一个、注写一个。这样不但费时，而且容易将某些尺寸遗漏或注错。

7）确定并注写技术要求。根据实践经验或用样板比较，确定表面结构要求；查阅有关资料，确定零件的材料、尺寸公差、几何公差及热处理等要求，如图 9-15d 所示。

8）最后检查、修改全图并填写标题栏，完成草图。

## 二、绘制零件工作图

由于绘制零件草图时，往往受地点条件的限制，有些问题有可能处理得不够完善。因此，在画零件工作图时，还需要对草图进一步进行检查和校对，然后用仪器或计算机画出零件工作图，具体步骤与绘制草图基本相同。

1）确定比例和图幅，画图框线及标题栏，布图，画基准线。

2）画底稿完成全部图形。

3）检查，擦去多余的线条，加深，画剖面线、尺寸线和箭头。

4）注写尺寸数值、技术要求，填写标题栏。

5）校核，完成零件工作图的绘制。

## 三、常用的测量工具以及测量方法

### （一）常用的测量工具

测量零件尺寸时，常用的量具如图 9-16 所示。精度要求不高的尺寸，一般用钢直尺、外卡钳和内卡钳测量。若测量较精确的尺寸，则用游标卡尺、千分尺或其他精密量具。

### （二）常用的测量方法

### 1. 测量长度尺寸

一般可用钢直尺、90°角尺或游标卡尺直接测量，如图 9-17 所示。

### 2. 测量中心高

中心高的测量也可用钢直尺、卡钳和游标卡尺配合测量，如图 9-18 所示。

### 3. 测量直径尺寸

通常用内、外卡钳或者游标卡尺直接测量，测量时应使两测量点的连线与回转面的轴线垂直相交，以保证测量的准确度，如图 9-19 所示。必要时可借助钢直尺或三角板配合进行测量，如图 9-20 所示。

### 4. 测量壁厚尺寸

一般情况下壁厚尺寸可以用钢直尺测量，中底壁厚度 $Y = C - D$，或用卡钳和钢直尺测量，侧壁厚度 $X = A - B$，如图 9-21 所示。若孔径较小时，可用带测量深度的游标卡尺测量壁厚，$Y = C - D$，如

170

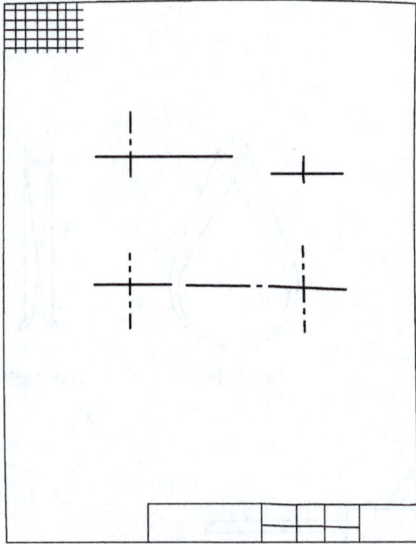

a) 画中心线、对称线及主要基准线

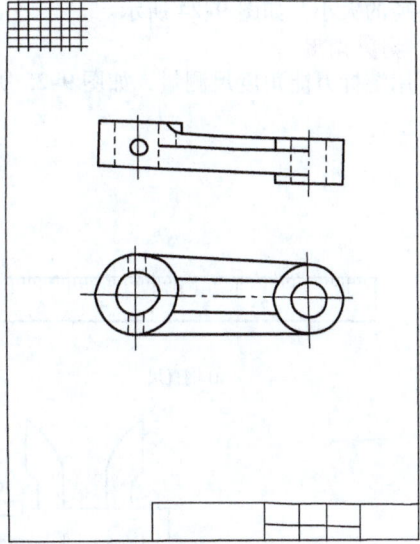

b) 画各视图的主要部分

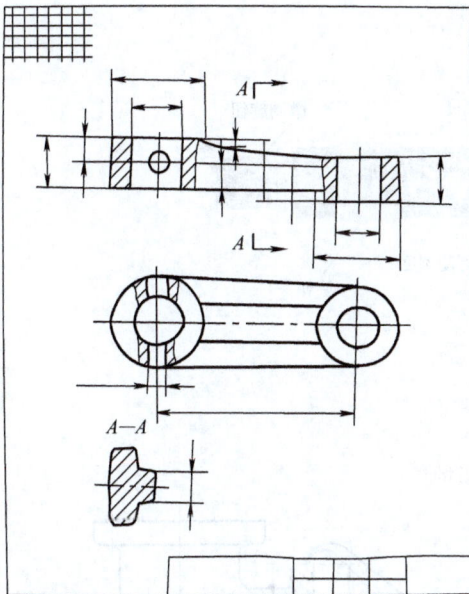

c) 取剖视、画出全部细节及尺寸界线、尺寸线

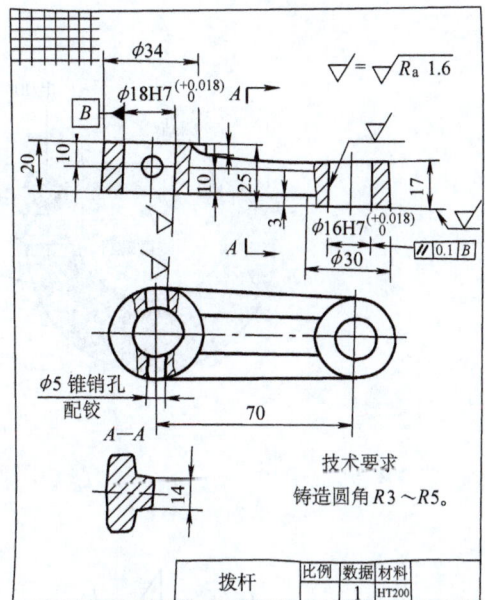

d) 标注尺寸数值、技术要求，填写标题栏并检查

图 9-15 零件草图的绘制步骤

图 9-22 所示。

**5. 测量孔间距**

根据孔间距的情况不同，可用内外卡钳、钢直尺或游标卡尺配合测量，如图 9-23 所示。

**6. 测量圆角**

一般用半径样板测量。每套半径样板有很多片，一半测量外圆角，一半测量内圆角，每片都刻有

171

圆角半径大小。测量时，只要在半径样板中找到与被测部分完全吻合的一片，从该片上的数值即可知圆角半径的大小，如图 9-24 所示。

### 7. 测量角度

可用游标万能角度尺测量，如图 9-25 所示。

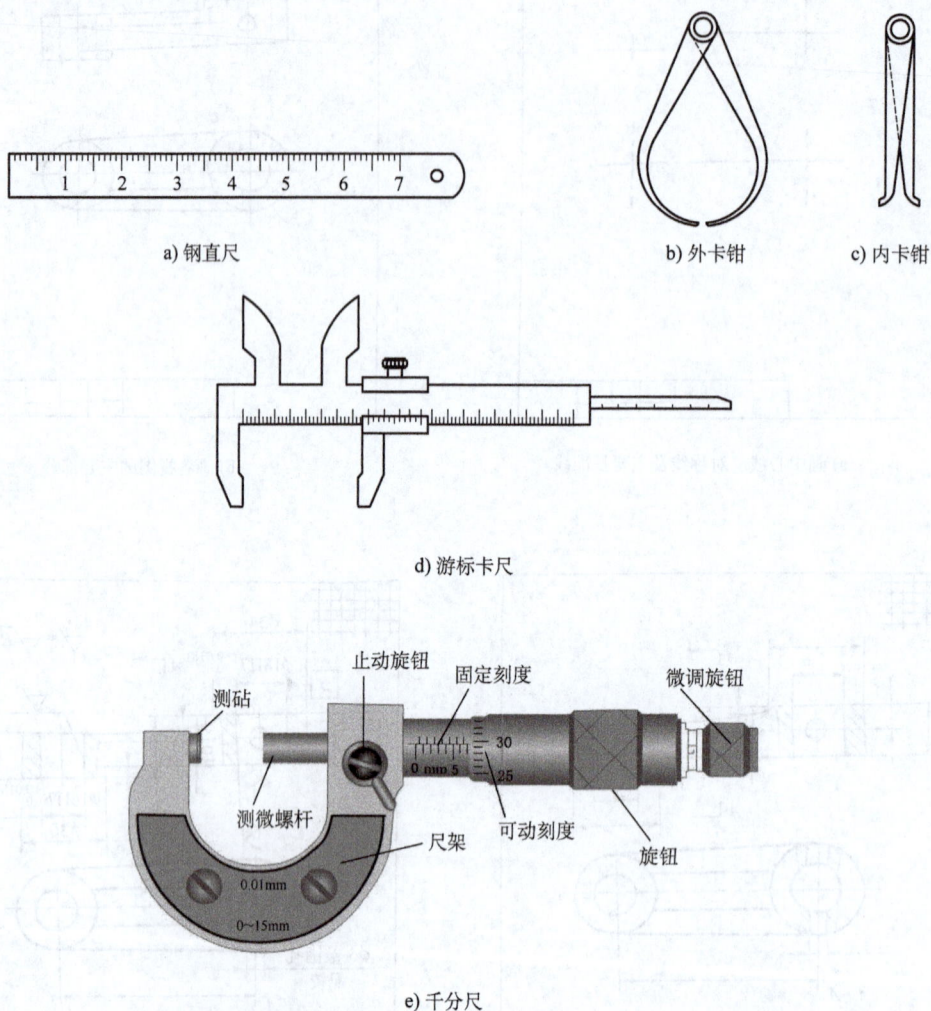

a) 钢直尺

b) 外卡钳

c) 内卡钳

d) 游标卡尺

测砧 止动旋钮 固定刻度 微调旋钮

测微螺杆 尺架

可动刻度 旋钮

0.01mm

0~15mm

e) 千分尺

图 9-16　常用量具

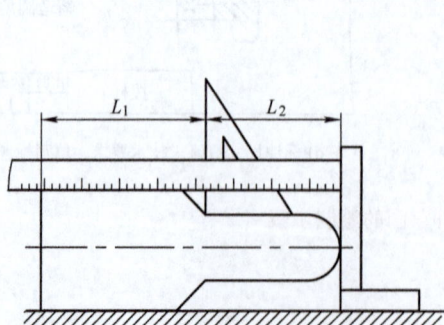

图 9-17　用钢直尺、三角板测量长度

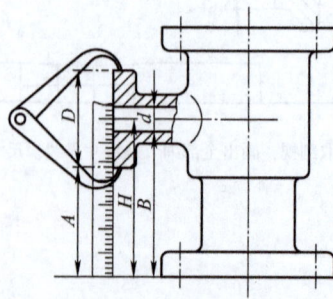

$$H = A + D/2 = B + d/2$$

图 9-18　测量中心高

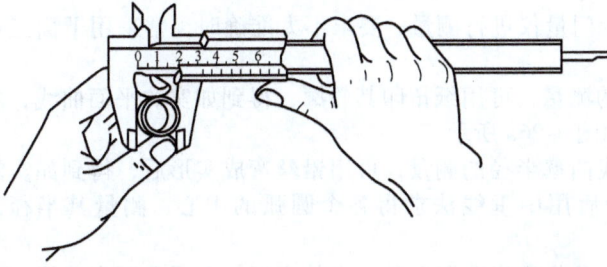

图 9-19　用游标卡尺测量直径

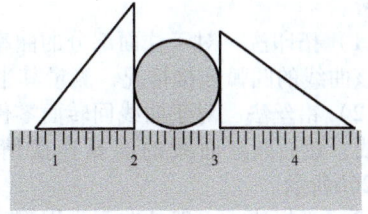

图 9-20　用钢直尺和三角板配合测量直径

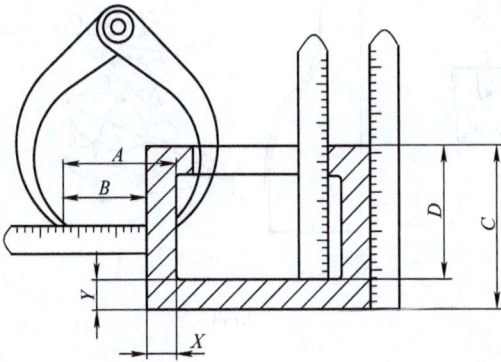

图 9-21　用卡钳、钢直尺测量壁厚

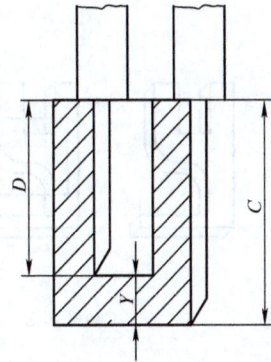

图 9-22　用游标卡尺尾部测量深度

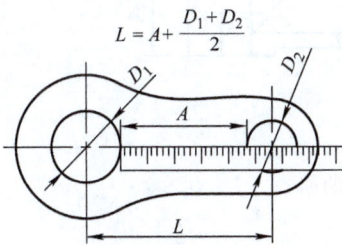

$$L = A + \frac{D_1 + D_2}{2}$$

a) 用钢直尺测量孔间距

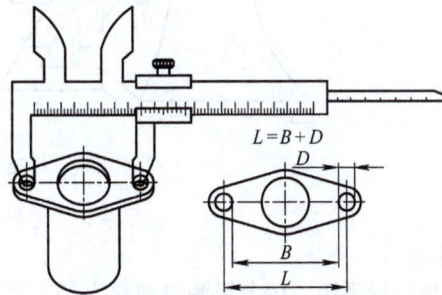

$$L = B + D$$

b) 用游标卡尺测量孔间距

图 9-23　测量孔间距

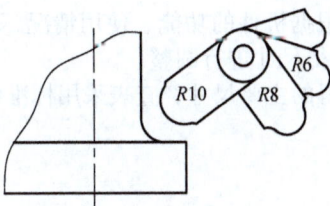

图 9-24　测量圆角

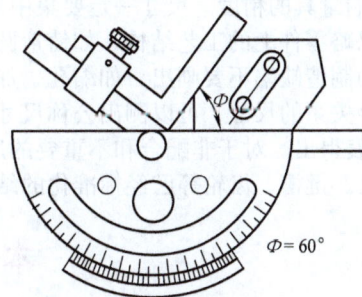

$\Phi = 60°$

图 9-25　测量角度

### 8. 测量曲线或曲面

曲线和曲面要求测量很准确时，必须用专门量仪进行测量。要求不太准确时，常采用下面三种方法测量。

（1）拓印法　对于柱面部分的曲率半径的测量，可用纸拓印其轮廓，得到如实的平面曲线，然后判定该曲线的圆弧连接情况，测量其半径，如图9-26a所示。

（2）铅丝法　对于曲线回转面零件的素线曲率半径的测量，可用铅丝弯成实形后，得到如实的平面曲线，然后判定曲线的圆弧连接情况，最后用中垂线法求得各个圆弧的中心，测量其半径，如图9-26b所示。

（3）坐标法　一般的曲面可用钢直尺和三角板定出曲面上各个点的坐标，在图上画出曲线，或求出曲率半径，如图9-26c所示。

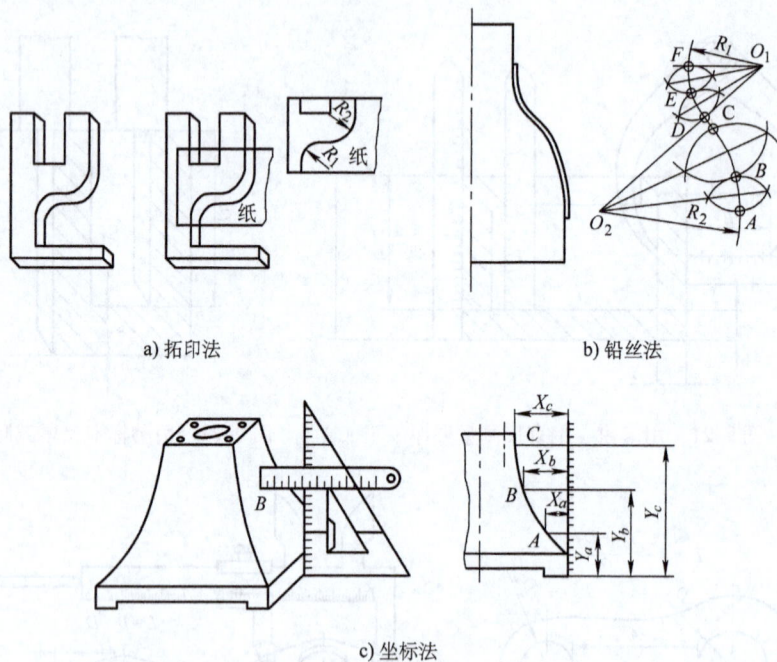

a) 拓印法　　　　　　　　　　　　b) 铅丝法

c) 坐标法

图9-26　测量曲线或曲面

### 9. 测量螺纹

用螺纹量规测量螺距，用卡尺测量螺纹大径，然后再查表核对标准。

## 四、测绘注意事项

1）要正确使用测量工具和选择测量基准，以减少测量误差；不要用较精密的量具测量粗糙表面，以免磨损，影响量具的精度。尺寸一定要集中测量，逐个填写。

2）不要忽略零件上的工艺结构，如铸造圆角、倒角、凸台等。

3）零件的制造缺陷不要画出，如缩孔、加工刀痕、磨损等。

4）有配合关系的尺寸，可以测出公称尺寸，其偏差值根据机件的功能、使用情况，经分析用合理的配合关系查表得出。对于非配合和不重要的尺寸，要将测得尺寸进行圆整。

5）对螺纹、键槽、齿轮等已经标准化的结构，根据测得的主要尺寸，查表采用标准结构尺寸。

## 本 章 小 结

### 1. 轴套类零件

轴套类零件包括各种用途的轴和套，大多数轴套类零件是回转体零件，轴向尺寸比径向尺寸大得多，轴向常有一些典型工艺结构，如键槽、退刀槽、砂轮越程槽、挡圈槽、轴肩、花键、中心孔、螺纹、倒角等，主要是在车床或磨床上加工，一般用一个主视图和几个断面图来进行表达。由于轴类零件是回转体零件，轴上的圆柱面、圆锥面、螺纹、退刀槽等是绕轴线旋转而成，所以轴类零件径向（高度和宽度方向）基准是零件轴线，轴向（长度方向）基准是某一个轴肩或某一个端面。

2. 轮盘类零件

轮盘类零件包括轮类和盘类零件。该类零件主要部分通常是一组同轴线的回转体或平板拉伸体，内部多为空心结构，厚度方向的尺寸比其他两个方向的尺寸小，常有凸缘、凸台、凹槽、键槽等结构，主要在车床上加工。轮盘类零件比轴套类零件复杂，只用一个基本视图不能完整地表达，因此需要增加一个其他视图。标注这类零件尺寸时，通常选用通过轴孔的轴线作为径向尺寸基准，长度方向的主要尺寸基准常选用经过加工并与其他零件有较大接触面的端面。

3. 支架类零件

支架类零件包括各种用途的支架、支座等，由支承部分、连接部分、基础部分三部分构成。一般按工作位置选择视图，并以较能表达各部分结构形状和相互位置的视图作为主视图，一般需要 2 ~ 3 个采用适当剖视的基本视图，同时配有斜视图、局部视图和表示肋板的断面图。

支架类零件一般以基础部分的底面为高度方向的尺寸基准，长度及宽度方向的尺寸基准是重要的侧面或对称轴线。

4. 叉杆类零件

叉杆类零件包括拨叉、连杆、摇杆等。此类零件结构大都比较复杂，一般由工作部分、支承部分、连接部分三部分构成。此类零件形状变化较大，而且加工位置也不固定，一般多根据形状特点和工作位置选择主视图。这类零件一般需要两个基本视图，叉杆和肋板的断面形状常采用断面图来表达。

叉杆类零件形状一般不怎么规则，形体之间相对位置比较复杂，在生产加工之前，正确判断尺寸基准及定位尺寸尤为重要。这类零件一般以轴的支承孔轴线、运动时的工作面或工作面的对称面为尺寸基准。

5. 箱体类零件

箱体类零件是组成机器或部件的主要零件之一，此类零件不仅结构复杂，而且加工情况也比较复杂，常采用较多的视图来表达，一般在照顾主要加工位置的情况下，按照工作位置来画主视图，以最能反映其形状特征及结构间相对位置的一面作为主视图的投射方向，这样便于和装配图对照读图。除采用基本视图外，还较多地运用局部视图、局部剖视图表达。剖视图通常采用几个平行的剖切平面剖切。箱体类零件通常以安装的基面、主要支承孔的轴线及某一重要端面作为尺寸基准。

识读零件图时，要根据各类零件的特点进行形体分析和结构分析，快速准确地读懂零件图。

6. 零件测绘

掌握零件测绘的方法和步骤。

## 复习思考题

1. 轴套类零件的结构特点是什么？主视图应按什么原则确定？为什么？除主视图外，一般还有哪些视图？
2. 轮盘类零件的结构特点是什么？主视图应按什么原则确定投射方向？
3. 支架类零件的结构特点是什么？视图选择的原则是什么？
4. 叉杆类零件的结构特点是什么？主视图应按什么原则确定？为什么？它与轴类零件和轮盘类零件在视图选择和视图数量方面有何区别？
5. 支架类零件和叉杆类零件的结构特点有什么异同？如何对它们进行尺寸基准的选择？
6. 箱体类零件的结构特点是什么？应按什么原则确定主视图的安放位置和投射方向？
7. 叙述零件测绘的过程和方法。

# 第十章

# 标准件与常用件

在机器或部件中，除一般零件外，还经常使用螺栓、螺钉、螺母、垫圈、键、销、滚动轴承、齿轮和弹簧等零件，其中螺栓、螺钉、螺母、垫圈、键、销、滚动轴承的结构和尺寸均已标准化，称为标准件。齿轮、弹簧等零件的部分结构和参数也已标准化，称为常用件。

本章主要介绍标准件及常用件的规定画法、标记和有关标准数据的查阅方法。

【知识要求】

1）学习并掌握螺纹紧固件、键、销及其连接的规定画法、标记和标注方法。
2）了解滚动轴承的简化画法、规定画法及标记格式。
3）掌握直齿圆柱齿轮及其啮合的规定画法和尺寸标注方法。
4）了解圆柱压缩弹簧的画法、尺寸标注方法和标记格式。

【技能要求】

能正确绘制和识读标准件和常用件及其连接的图形，并能正确标注尺寸和查阅相关数据。

## 第一节  螺纹连接件及其画法

### 一、常用螺纹连接件及其标记

螺纹连接件中常用的有螺栓、双头螺柱、螺钉、螺母和垫圈，其结构形状如图 10-1 所示。这类零件的结构和尺寸都已标准化，由标准件厂大量生产。在工程设计中，可以从相应的标准中查到所需的尺寸，一般不需绘制零件图。螺纹连接件的标注方法参见 GB/T 1237—2000《紧固件标记方法》。

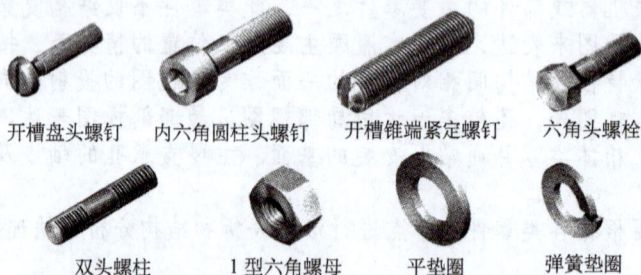

开槽盘头螺钉　　内六角圆柱头螺钉　　开槽锥端紧定螺钉　　六角头螺栓

双头螺柱　　1 型六角螺母　　平垫圈　　弹簧垫圈

图 10-1　常见的螺纹连接件

#### 1. 螺栓

螺栓由头部和杆部组成。常用的头部形状为六棱柱的六角头螺栓，如图 10-2 所示。对于螺栓，规定的标记形式为：名称　标准编号　螺纹代号×公称长度

例如：螺栓 GB/T 5780 M8×40

根据标记可知：此为螺纹规格 $d=8$mm，公称长度 $l=40$mm，性能等级为 8.8 级，表面氧化，产品等级为 C 级的六角头螺栓。其他尺寸可从相应的标准中查得。

#### 2. 螺母

螺母与螺栓等外螺纹零件配合使用，起连接作用，其中以六角螺母应用最广泛，如图 10-3 所示。螺母规定的标记形式为：名称　标准编号　螺纹代号

例如：螺母 GB/T 6170　M10

根据标记可知：此为螺纹规格 $D=10\text{mm}$，性能等级为 8 级，不经表面处理，产品等级为 A 级的 1 型六角螺母。其他尺寸可从相应的标准中查得。

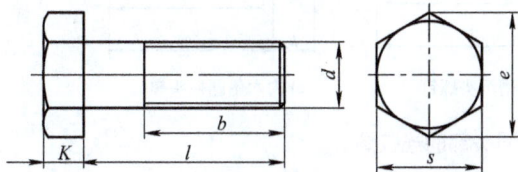

图 10-2　六角头螺栓　　　　　　　　　　图 10-3　六角螺母

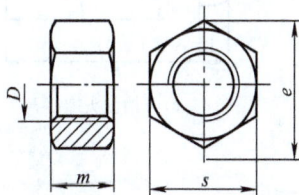

### 3. 垫圈

垫圈有平垫圈和弹簧垫圈之分。平垫圈一般放在螺母与被连接零件之间，用于保护被连接零件的表面，以免拧紧螺母时刮伤零件表面；同时又可增加螺母与被连接零件之间的接触面积。弹簧垫圈可以防止因振动而引起螺纹松动的现象发生。

平垫圈有 A 级和 C 级两个标准系列，在 A 级标准系列中，又分为带倒角和不带倒角两种类型，如图 10-4 所示。垫圈的基本尺寸是用与其配合使用的螺纹紧固件的螺纹规格 $d$ 来表示的。

垫圈规定的标记形式为：名称　标准编号　基本尺寸

例如：垫圈 GB/T 97.1　10

根据标记可知：该平垫圈为标准系列，基本尺寸（公称规格）$d=10\text{mm}$，硬度等级为 200HV 级，不经表面处理，产品等级为 A 级。其他尺寸可从相应的标准中查得。

### 4. 双头螺柱

双头螺柱的两端都有螺纹。其中用来旋入被连接零件的一端，称为旋入端；用来旋紧螺母的一端，称为紧固端。双头螺柱根据结构分为 A 型双头螺柱和 B 型双头螺柱两种，如图 10-5 所示。

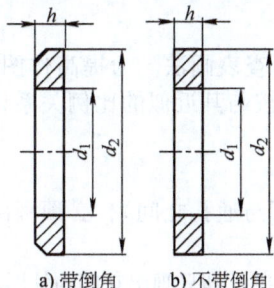

a) 带倒角　　b) 不带倒角　　　　　　a) A 型　　　　　　b) B 型

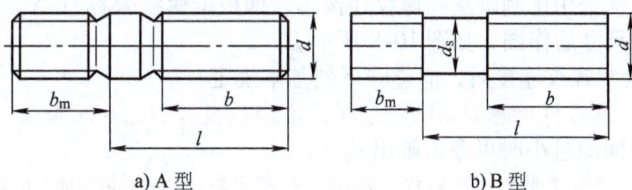

图 10-4　平垫圈　　　　　　　　图 10-5　双头螺柱

双头螺柱的规格尺寸为螺纹大径 $d$ 和公称长度 $l$。

双头螺柱规定的标记形式为：名称　标准编号　螺纹代号×公称长度

例如：螺柱 GB/T 899　M10×40

根据标记可知：双头螺柱的两端均为粗牙普通螺纹，$d=10\text{mm}$，$l=40\text{mm}$，性能等级为 4.8 级，不经表面处理，B 型（B 型可省略不标），$b_\text{m}=1.5d$。

### 5. 螺钉

螺钉按照其用途可分为连接螺钉和紧定螺钉两种。

（1）连接螺钉　连接螺钉用来连接两个零件。它的一端为螺纹，用来旋入被连接零件的螺孔中；另一端为头部，用来压紧被连接零件。螺钉按其头部形状可分为：开槽盘头螺钉、开槽沉头螺钉、内六角圆柱头螺钉等，如图 10-6 所示。连接螺钉的规格尺寸为螺钉的直径 $d$ 和螺钉的长度 $l$。

螺钉规定的标记形式为：名称　标准编号　螺纹代号×公称长度

例如：螺钉　GB/T　68　M8×30

根据标记可知：此为螺纹规格 $d=8\text{mm}$，公称长度 $l=30\text{mm}$，性能等级为 4.8 级，不经表面处理的

177

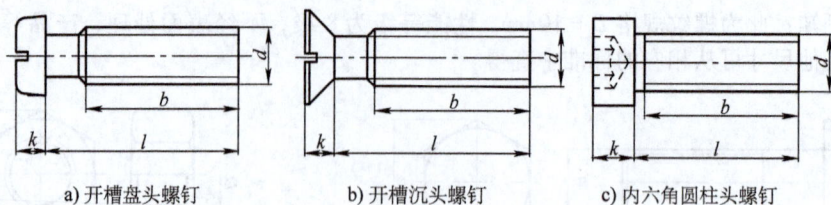

a) 开槽盘头螺钉          b) 开槽沉头螺钉          c) 内六角圆柱头螺钉

图 10-6    不同头部的连接螺钉

开槽沉头螺钉。

（2）紧定螺钉   紧定螺钉用来防止或限制两个相配合零件间的相对转动。紧定螺钉头部有开槽和内六角两种形式，端部有锥端、平端、圆柱端等，如图 10-7 所示。紧定螺钉的规格尺寸为螺钉的直径 $d$ 和螺钉长度 $l$。

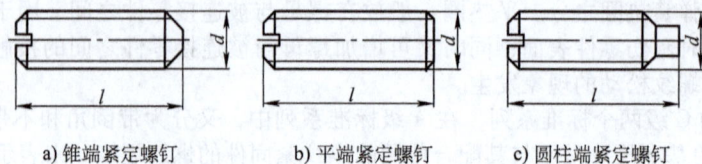

a) 锥端紧定螺钉          b) 平端紧定螺钉          c) 圆柱端紧定螺钉

图 10-7    不同端部的紧定螺钉

螺钉规定的标记形式为：名称   标准编号   螺纹代号×公称长度

例如：螺钉 GB/T   73   M6×10

根据标记可知：此为螺纹规格 $d=6$mm，公称长度 $l=10$mm，硬度等级为 14H 级，表面不经处理的开槽平端紧定螺钉。

## 二、螺纹连接件的画法

根据紧固件的标记，在相应的标准中查得各有关尺寸后作图，称为查表画法。为提高作图效率，工程上常采用比例画法画螺纹连接图，即根据螺纹公称直径（$d$ 或 $D$），按与其近似的比例关系计算出各部分尺寸后作图，如图 10-8 所示。

绘制螺纹连接时，应遵守下列基本规定：

1）两零件接触表面画一条线，不接触表面不论其间隙大小（如螺杆与通孔之间），必须画两条轮廓线（间隙过小时可夸大画出）。

2）当剖切平面通过螺栓、螺母、垫圈等标准件的轴线时，应按未剖切绘制，即只画出它们的外形。

3）在剖视、断面图中，两零件连接时，不同零件的剖面线方向应相反，或者方向一致、间隔不等，但同一零件在同一图幅的各剖视、断面图中，剖面线的方向和间隔必须相同。

螺纹紧固件的连接形式通常有：螺栓连接、螺柱连接、螺钉连接三类。

### 1. 螺栓连接

螺栓连接一般适用于连接不太厚的并允许钻出通孔的零件，如图 10-9a 所示。连接前，先在两个被连接的零件上钻出通孔，一般取 $1.1d$，套上垫圈，再用螺母拧紧。

画图时，利用紧固件各部分与公称直径的比例系数画出连接件的方法称为近似画法（比例画法），如图 10-9b 所示。也可采用如图 10-9c 所示的简化画法。螺栓的公称长度 $L$ 可按下式计算

$$L = t_1 + t_2 + h + m + a$$

式中，$t_1$、$t_2$ 为被连接零件的厚度；$h$ 为垫圈厚度，$h=0.15d$；$m$ 为螺母厚度，$m=0.85d$；$a$ 为螺栓伸出螺母的长度，$a \approx (0.2 \sim 0.3)d$。

计算出 $L$ 后，还需从螺栓的标准长度系列中选取与 $L$ 相近的标准值，具体步骤如图 10-10 所示。

### 2. 螺柱连接

当被连接的零件之一较厚，或不允许钻出通孔而不宜采用螺栓连接；或因拆装频繁，又不宜采用螺钉连接时，可采用双头螺柱连接，如图 10-11a 所示。通常在较薄的零件上钻出通孔（孔径 $\approx 1.1d$），

a) 螺栓　　　　　　　　b) 螺母　　　　　　　　c) 平垫圈

d) 弹簧垫圈　　e) 开槽圆柱头螺钉　　f) 开槽沉头螺钉　　g) 开槽紧定螺钉

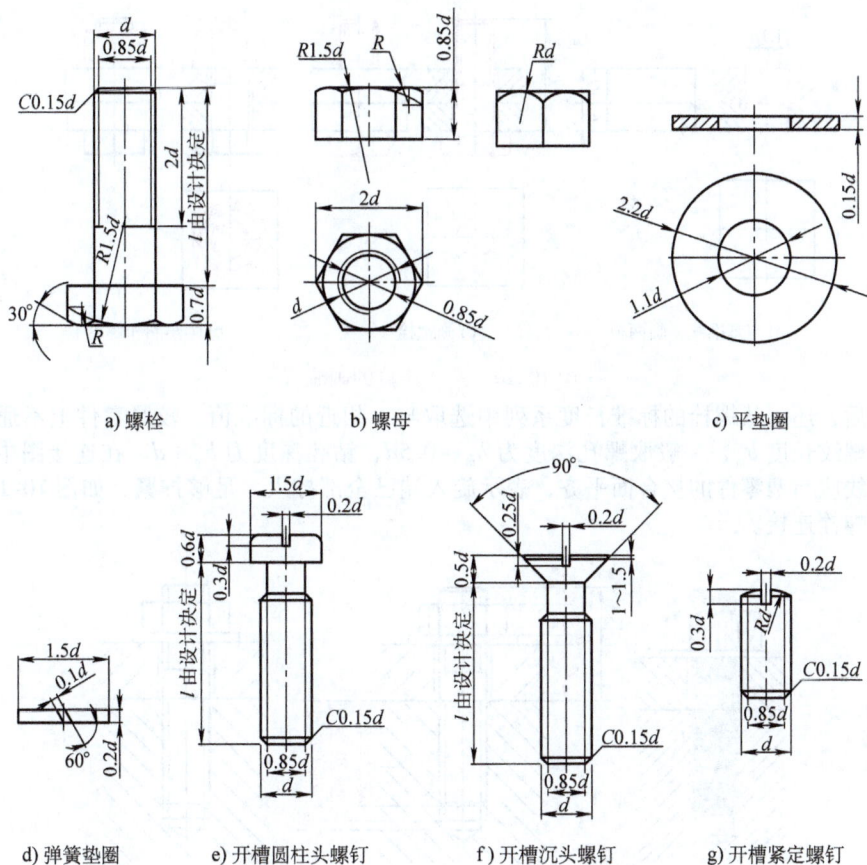

图 10-8　螺栓、螺母、垫圈、螺钉的比例画法

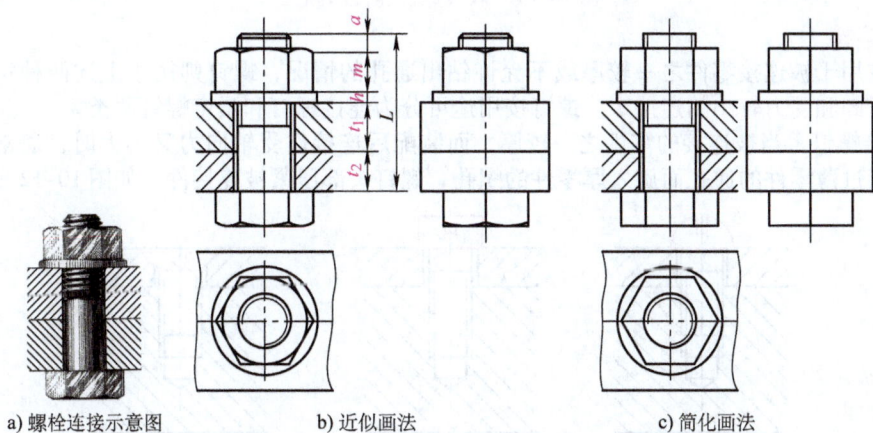

a) 螺栓连接示意图　　　　b) 近似画法　　　　　　c) 简化画法

图 10-9　螺栓连接的画法

在较厚零件上加工不通的螺孔；双头螺柱的两端都加工有螺纹，一端和被连接件旋合，另一端和螺母旋合。双头螺柱旋入长度 $b_m$ 还要根据被旋入件的材料而定：$b_m = d$（用于钢或青铜）；$b_m = 1.25d$ 或 $b_m = 1.5d$（用于铸铁）；$b_m = 2d$（用于铝合金）。螺柱的公称长度 $L$ 可按下式计算

$$L = t + h + m + a$$

式中，$t$ 为通孔零件的厚度；$h$ 为垫圈厚度，$h = 0.15d$（采用弹簧垫圈时，$h = 0.2d$）；$m$ 为螺母厚度，$m = 0.85d$；$a$ 为螺栓伸出螺母的长度，$a \approx (0.2 \sim 0.3)d$。

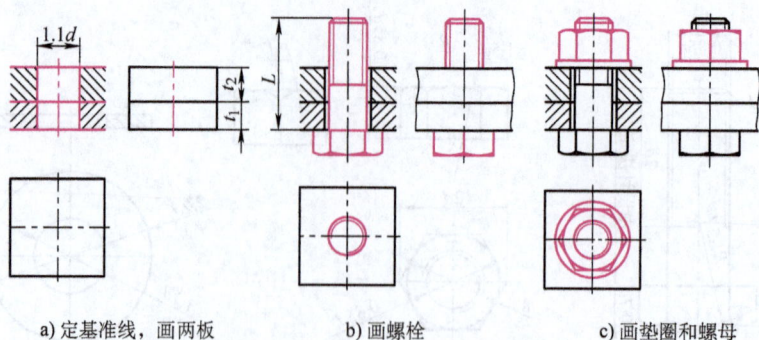

a) 定基准线，画两板　　　b) 画螺栓　　　c) 画垫圈和螺母

图 10-10　螺栓连接的画法

计算出 $L$ 后，还需从螺栓的标准长度系列中选取与 $L$ 相近的标准值。较厚零件上不通的螺孔深度应大于旋入端螺纹长度 $b_m$，一般取螺孔深度为 $b_m+0.5d$，钻孔深度为 $b_m+d$。在连接图中，螺栓旋入端的螺纹终止线应与两零件的接合面平齐，表示旋入端已全部拧入，足够拧紧，如图 10-11b、c 所示。其画法类似于螺栓连接。

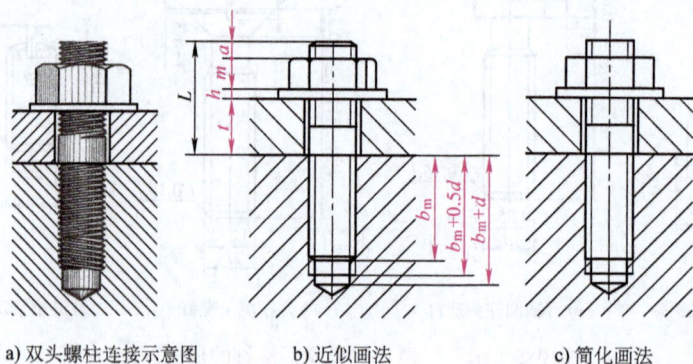

a) 双头螺柱连接示意图　　　b) 近似画法　　　c) 简化画法

图 10-11　双头螺柱连接的画法

### 3. 螺钉连接

双头螺柱用于被连接零件之一较厚或不允许钻出通孔的情况，螺钉则用于上述两种情况，而且常用在不经常拆卸和受力较小的连接中。螺钉按用途可分为连接螺钉和紧定螺钉两类。

（1）连接螺钉　当被连接的零件之一较厚，而装配后连接件受轴向力又不大时，通常采用螺钉连接，即螺钉穿过薄零件的通孔而旋入厚零件的螺孔，螺钉头部压紧被连接件，如图 10-12 所示。

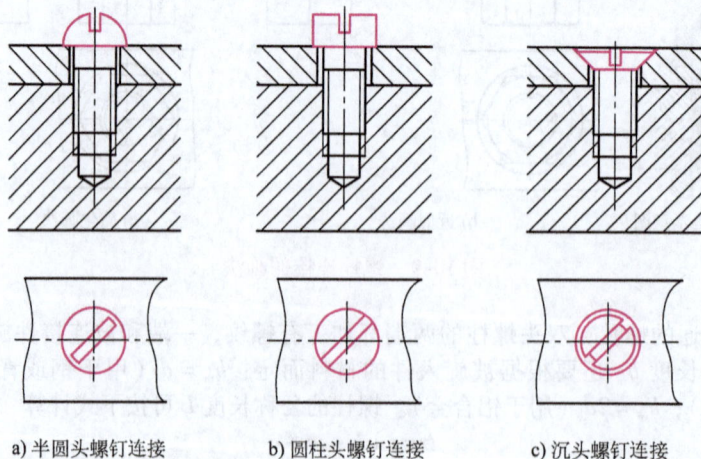

a) 半圆头螺钉连接　　　b) 圆柱头螺钉连接　　　c) 沉头螺钉连接

图 10-12　连接螺钉的画法

（2）紧定螺钉　紧定螺钉用来固定两零件的相对位置，使它们不产生相对运动，如图 10-13 所示。若将轴、轮固定在一起，可先在轮毂的适当部位加工出螺孔，然后将轮、轴装配在一起，以螺孔导向，在轴上钻出锥坑，最后拧入螺钉，即可限定轮、轴的相对位置，使其不产生轴向相对移动和径向相对转动。

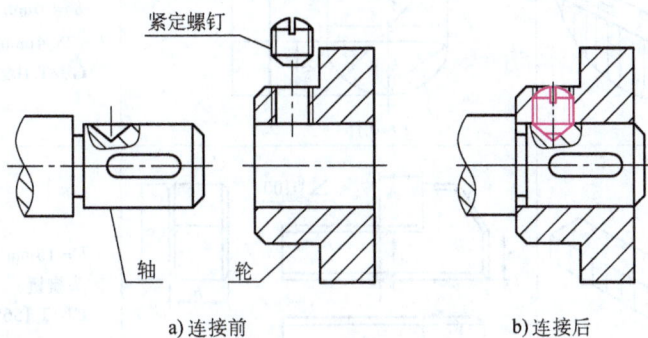

a) 连接前　　　　　　　　　　b) 连接后

图 10-13　紧定螺钉的连接画法

# 第二节　键连接及其画法

键主要用于连接轴和轴上的零件（如齿轮、带轮等），以传递转矩。如图 10-14 所示，将键嵌入轴上的键槽中，再把齿轮装在轴上，当轴转动时，通过键连接，齿轮也将和轴同步转动，以传递运动和动力。

## 一、常用键及其标记

常用的键有普通平键、半圆键和钩头楔键等，普通平键分为 A 型、B 型、C 型三种。几种常用键的标准代号、形式和标记示例见表 10-1。

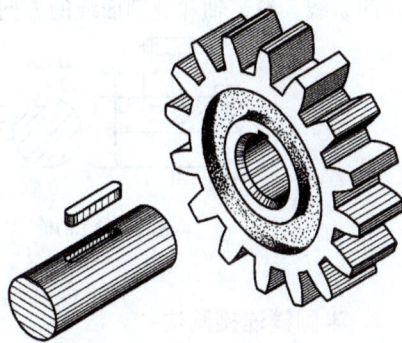

## 二、键连接的画法及尺寸标注

图 10-14　键连接

### 1. 普通平键连接画法

当采用普通平键时，键的长度 $L$ 和宽度 $b$ 要根据轴的直径 $d$ 和传递的转矩大小从标准中选取适当值。轴和轮毂上键槽的表达方法及尺寸标注，如图 10-15a、b 所示。轴上的键槽在前面，局部视图可以省略不画，键槽在上面时，键槽和外圆柱面产生的截交线可用柱面的转向轮廓线代替。

表 10-1　键及其标记示例

| 序号 | 名称 | 图　形 | 图　例 | 标记示例 |
|---|---|---|---|---|
| 1 | 普通平键 |  |  | $b=8mm$、$h=7mm$、$L=25mm$ 的普通平键（A型）：<br>GB/T 1096 键 $8\times7\times25$ |

（续）

| 序号 | 名称 | 图　形 | 图　例 | 标记示例 |
|---|---|---|---|---|
| 2 | 半圆键 |  | <br>$r \approx 0.1b$ | $b = 6\text{mm}$、$h = 10\text{mm}$、$d_1 = 25\text{mm}$、$L = 25.4\text{mm}$ 的普通型半圆键：<br>GB/T 1099.1 键 $6 \times 10 \times 25$ |
| 3 | 钩头楔键 |  |  | $b = 16\text{mm}$、$h = 10\text{mm}$、$L = 100\text{mm}$ 的钩头楔键：<br>GB/T 1565 键 $16 \times 100$ |

　　键连接的画法如图 10-15c 所示。因为键是实心零件，所以当用平行于键的剖切平面剖切时，键按不剖绘制，但当垂直于键剖切时，键按剖视绘制。键的上表面和轮毂上键槽的底面为非接触面，所以应画两条线。轮、轴和键剖面线的方向要遵守装配图中剖面线的规定画法。

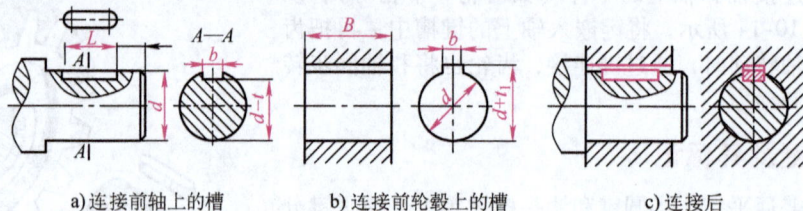

a) 连接前轴上的槽　　　　b) 连接前轮毂上的槽　　　　c) 连接后

图 10-15　普通平键连接

### 2. 半圆键连接画法
　　半圆键连接常用于载荷不大的传动轴上，其工作原理和画法与普通平键相似，键槽的表达方法和装配画法如图 10-16 所示。

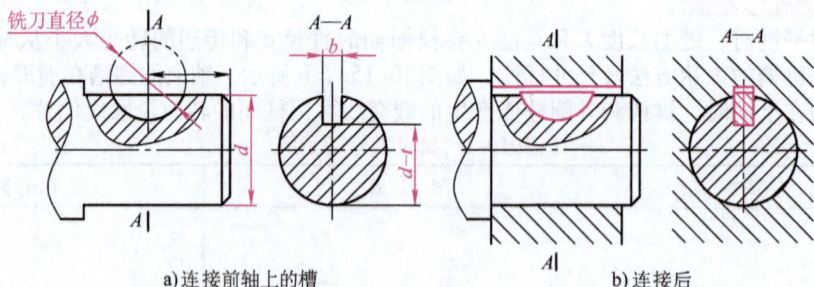

a) 连接前轴上的槽　　　　　　b) 连接后

图 10-16　半圆键连接

### 3. 钩头楔键的连接画法
　　钩头楔键的上顶面有 1:100 的斜度，装配时将键沿轴向嵌入键槽内，键的上、下面将轴和轮毂连接在一起，键的侧面为非工作面，连接画法如图 10-17 所示。

## 三、花键连接

　　当传递的载荷较大时，常采用花键连接。图 10-18 所示为应用较广泛的矩形花键。除矩形花键外，还有梯形、三角形、渐开线形花键等，这里主要介绍矩形花键连接的画法和标记。

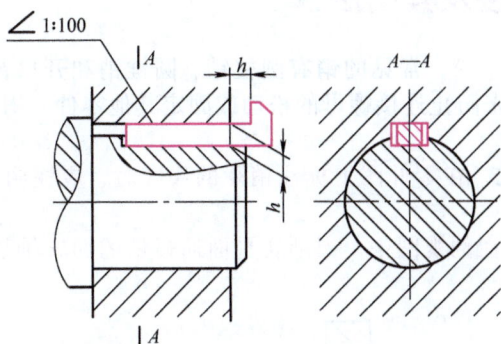

图 10-17 钩头楔键连接

图 10-18 矩形花键

### 1. 外花键的画法及标记

外花键和外螺纹画法类似，大径用粗实线绘制，小径用细实线绘制。当采用剖视时，若平行于键齿剖切，键齿按不剖绘制，且大小径均用粗实线画出。在反映圆的视图上，小径用细实线圆表示。外花键的画法及标注如图 10-19 所示。

外花键的标注可采用一般尺寸标注法和代号标注法两种。一般尺寸标注法应标注大径 $D$、小径 $d$、键宽 $B$（及齿数 $N$）、工作长度 $L$；用代号标注时，指引线应从大径引出，代号为：

齿数 × 小径及其公差带代号 × 大径及其公差带代号 × 键宽及其公差带代号 GB/T 1144。

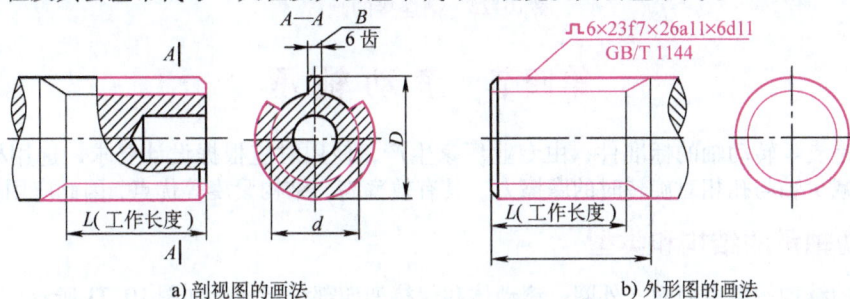

a) 剖视图的画法
b) 外形图的画法

图 10-19 外花键的画法及标注

### 2. 内花键画法及标记

内花键的画法及标记如图 10-20 所示。当采用剖视时，若平行于键齿剖切，键齿按不剖绘制，且大、小径均用粗实线绘制。在反映圆的视图上，大径用细实线圆表示。内花键的标记同外花键，只是表示公差带的偏差代号用大写字母表示。

### 3. 矩形花键连接的画法

和螺纹连接画法相似，花键连接的画法为公共部分按外花键绘制，不重合部分按各自的规定画法绘制，如图 10-21 所示。

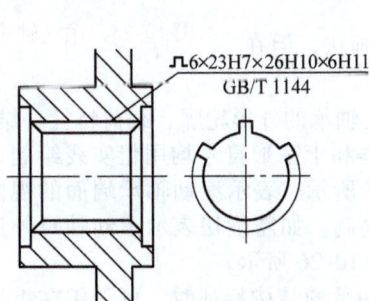

图 10-20 内花键画法及标记

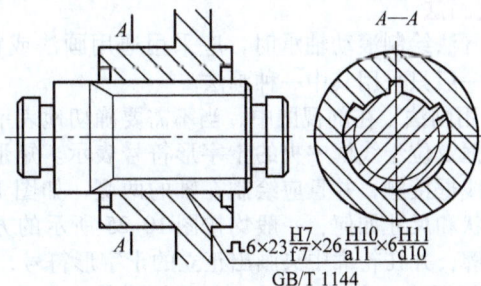

图 10-21 花键连接的画法和代号标注

## 第三节 销连接及其画法

销是标准件，主要用于零件之间的连接、定位和防松，常见的销有圆柱销、圆锥销和开口销等。圆柱销和圆锥销用于零件间的连接和定位；开口销用来防止连接螺母的松动或固定其他零件。销的形式和标记示例及画法见附录表 B-11 和表 B-12。

在销连接中，两零件上的孔是一起配钻的。因此，在零件图上标注销孔的尺寸时，应注明"配作"。

绘图时，销的有关尺寸可从标准中查找并选用。在剖视图中，当剖切平面通过销的回转轴线时，按不剖处理，如图 10-22 所示。

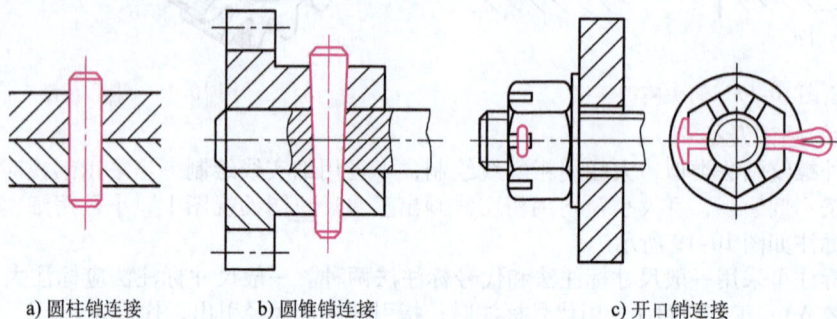

a) 圆柱销连接　　　　b) 圆锥销连接　　　　c) 开口销连接

图 10-22　销连接的画法

## 第四节 滚 动 轴 承

滚动轴承是支承转动轴的标准件，由专业厂家生产，使用时应根据设计要求，选用标准型号。由于它可以大大减少轴与孔相对旋转时的摩擦力，具有效率高、结构紧凑等优点，因此应用极为广泛。

### 一、滚动轴承的结构和类型

滚动轴承的结构一般由内圈、外圈、滚动体和保持架四部分组成，如图 10-23 所示。

按承受力的方向，滚动轴承可分为下述三种类型：

向心轴承——主要承受径向载荷，如深沟球轴承。

推力轴承——只承受轴向载荷，如推力球轴承。

角接触轴承——同时承受轴向和径向载荷，如圆锥滚子轴承。

### 二、滚动轴承的画法

GB/T 4459.7—2017 对滚动轴承的画法做了统一规定，有简化画法和规定画法之分。简化画法又分为通用画法和特征画法两种。

#### 1. 简化画法

用简化画法绘制滚动轴承时，应采用通用画法或特征画法，但在同一图样中一般只采用其中一种画法。

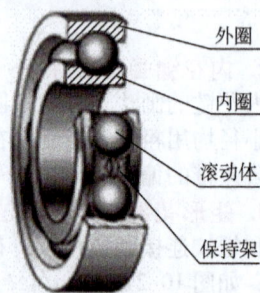

图 10-23　滚动轴承的结构

（1）通用画法　在剖视图中，当不需要确切地表示滚动轴承的外形轮廓、载荷特性、结构特征时，可用矩形线框及位于线框中央的十字形符号表示。矩形线框和十字形符号均用粗实线绘制，十字符号不应与矩形线框接触，并且应绘制在轴的两侧，如图 10-24 所示。表示滚动轴承端面的视图上，无论滚动体的形状和尺寸如何，一般均按图 10-25 所示的方法绘制。如需确切表示滚动轴承外形时，则应画出断面轮廓，并在轮廓中央画出正立的十字形符号，如图 10-26 所示。

（2）特征画法　在剖视图中，如需较形象地表示滚动轴承的结构特征时，可采用在矩形线框内画出其结构要素符号的方法表示。结构要素符号由长粗实线（或长粗圆弧线）和短粗实线组成。长粗实线表示滚动体的滚动轴线；长粗圆弧线表示可调心轴承表面或滚动体滚动轴线的包络线；短粗实线表示滚动体的列数和位置。短粗实线和长粗实线（或长粗圆弧线）相交成90°（或相交于法线方向），并通过滚动体的中心。特征画法的矩形线框用粗实线绘制，并且应绘制在轴的两侧，见表10-2。

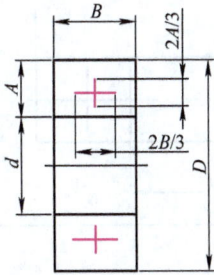

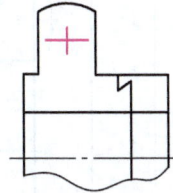

图 10-24　滚动轴承的通用画法　　　图 10-25　滚动轴承端面　　　图 10-26　画出外形轮廓的通用画法
　　　　　　　　　　　　　　　　　　　　　视图的画法

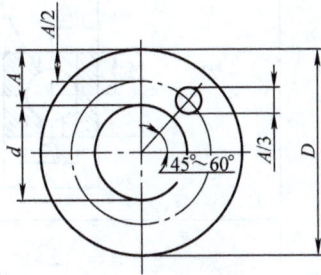

## 2. 规定画法

必要时，在滚动轴承的产品图样、产品样本、产品标准、用户手册和使用说明书中可采用规定画法。采用规定画法绘制滚动轴承的剖视图时，轴承的滚动体不画剖面线。其各套圈等应画成方向和间隔相同的剖面线；滚动轴承的保持架及倒角等可省略不画。规定画法一般绘制在轴的一侧，另一侧按通用画法绘制，规定画法中各种符号、矩形线框和轮廓线均采用粗实线绘制，其尺寸比例示例见表10-2。

## 三、滚动轴承的代号（GB/T 272—2017）

滚动轴承的代号由基本代号、前置代号和后置代号组成，其排列如下：

前置代号　基本代号　后置代号

### 1. 基本代号

基本代号表示滚动轴承的基本类型、结构和尺寸，是滚动轴承代号的基础。滚动轴承（除滚针轴承外）基本代号由轴承类型代号、尺寸系列代号、内径代号构成。类型代号用阿拉伯数字或大写拉丁字母表示，尺寸系列代号和内径代号用数字表示。例如：

**表 10-2　滚动轴承特征画法、规定画法及其尺寸比例示例**

| 轴承类型 | 特征画法 | 规定画法 |
|---|---|---|
| 深沟球轴承 |  |  |
| 圆柱滚子轴承 |  |  |

（续）

| 轴承类型 | 特征画法 | 规定画法 |
|---|---|---|
| 角接触球轴承 | 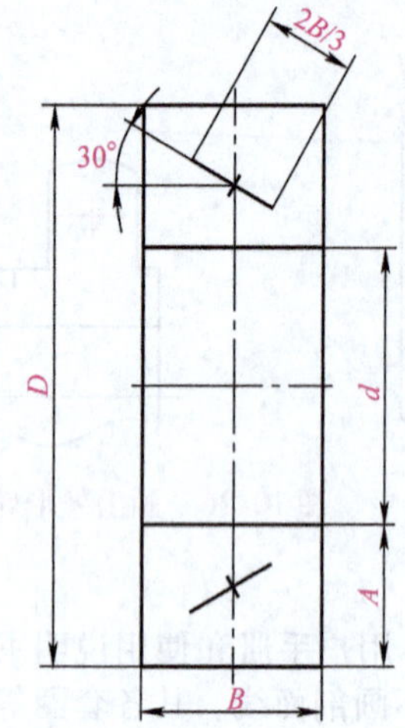 | 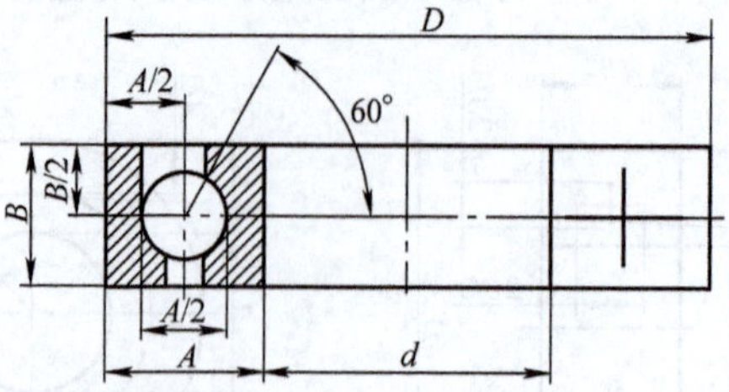 |
| 圆锥滚子轴承 | | 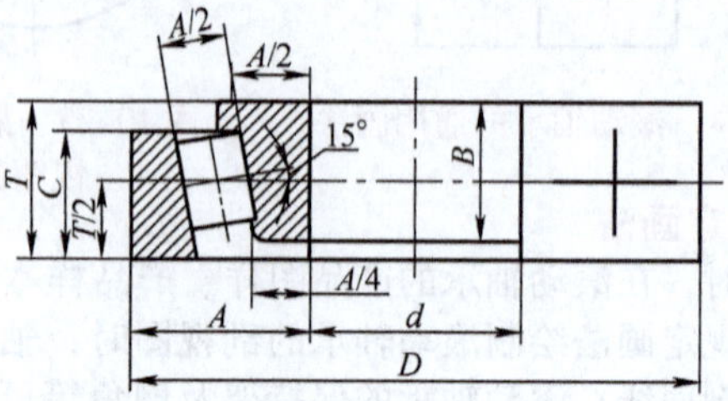 |
| 推力球轴承 | 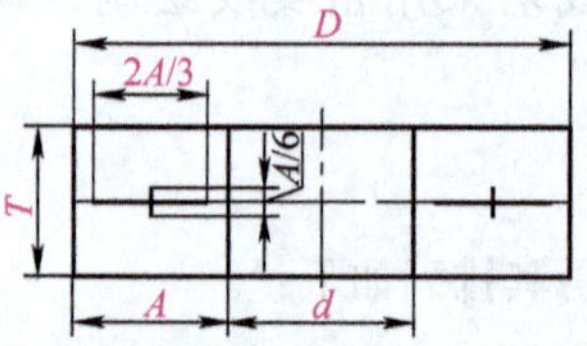 | 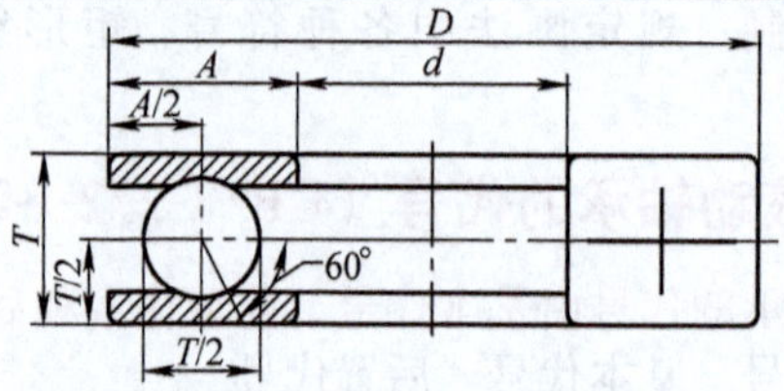 |

6 204 ——6 为类型代号（深沟球轴承）、2 为尺寸系列代号（02）、04 为内径代号（$d = 4 \times 5\text{mm} = 20\text{mm}$）

（1）类型代号　类型代号用数字或字母表示，其含义见表10-3。

表 10-3　滚动轴承的类型代号

| 代号 | 轴承类型 | 代号 | 轴承类型 |
|---|---|---|---|
| 0 | 双列角接触球轴承 | 7 | 角接触球轴承 |
| 1 | 调心球轴承 | 8 | 推力圆柱滚子轴承 |
| 2 | 调心滚子轴承和推力调心滚子轴承 | N | 圆柱滚子轴承 |
| 3 | 圆锥滚子轴承 | NN | 双列或多列圆柱滚子轴承 |
| 4 | 双列深沟球轴承 | U | 外球面球轴承 |
| 5 | 推力球轴承 | QJ | 四点接触球轴承 |
| 6 | 深沟球轴承 | C | 长弧面滚子轴承（圆环轴承） |

（2）尺寸系列代号　尺寸系列代号由滚动轴承的宽（高）度系列代号和直径代号组合而成。

（3）内径代号　表示轴承的公称内径，见表10-4。

表 10-4　滚动轴承内径代号及其示例

| 轴承公称内径/mm | 内径代号 | 示例 |
|---|---|---|
| 0.6～10（非整数） | 用公称内径直接表示，在其与尺寸系列代号之间用"/"分开 | 深沟球轴承 618/2.5<br>$d = 2.5\text{mm}$ |
| 1～9（整数） | 用公称内径毫米数直接表示，对深沟及角接触球轴承7、8、9直径系列，内径与尺寸系列代号之间用"/"分开 | 深沟球轴承 625 618/5<br>$d = 5\text{mm}$ |

（续）

| 轴承公称内径/mm | | 内径代号 | 示例 |
|---|---|---|---|
| 10～17 | 10 | 00 | 深沟球轴承 6200 |
| | 12 | 01 | $d=10\text{mm}$ |
| | 15 | 02 | |
| | 17 | 03 | |
| 20～480（22，28，32 除外） | | 公称内径除以 5 的商，商数为个位数时，需在商数左边加"0"，如 08 | 调心滚子轴承 23208<br>$d=40\text{mm}$ |
| 大于和等于500<br>以及 22，28，32 | | 用公称内径毫米数直接表示，但在其与尺寸系列之间用"/"分开 | 调心滚子轴承 230/50（$d=500\text{mm}$）<br>深沟球轴承 62/22（$d=22\text{mm}$） |

**2. 前置代号和后置代号**

前置、后置代号是轴承在结构形状、尺寸、公差、技术要求等有改变时，在其基本代号左右添加的补充代号，具体内容可查阅有关国家标准。

# 第五节　齿　轮

齿轮在机器设备中应用十分广泛，是用来传递运动和动力的常用件。常见的传动齿轮有三种：圆柱齿轮（适用于两轴平行的传动）、锥齿轮（适用于两轴线相交的传动）、蜗轮蜗杆（适用于两轴线垂直交叉的传动），如图 10-27 所示。

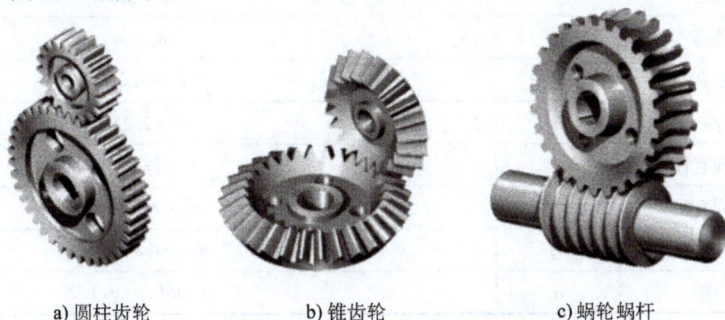

a) 圆柱齿轮　　　　b) 锥齿轮　　　　c) 蜗轮蜗杆

图 10-27　常见的齿轮传动形式

## 一、直齿圆柱齿轮

### 1. 直齿圆柱齿轮各部分的名称及参数

直齿圆柱齿轮各部分的名称及有关参数如图 10-28 所示。

（1）齿数 $z$　齿轮上轮齿的个数。

（2）齿顶圆直径 $d_a$　通过齿顶的圆柱面直径。

（3）齿根圆直径 $d_f$　通过齿根的圆柱面直径。

（4）分度圆直径 $d$　在垂直于齿向截面内，用一个假想柱面切割轮齿，使得齿隙弧长和齿厚弧长相等，这个假想的圆称为分度圆，其直径称为分度圆直径。

（5）节圆直径 $d'$　两齿轮啮合时，在连心线上啮合点所在的圆称为节圆。正确安装的标准齿轮，节圆和分度圆重合。

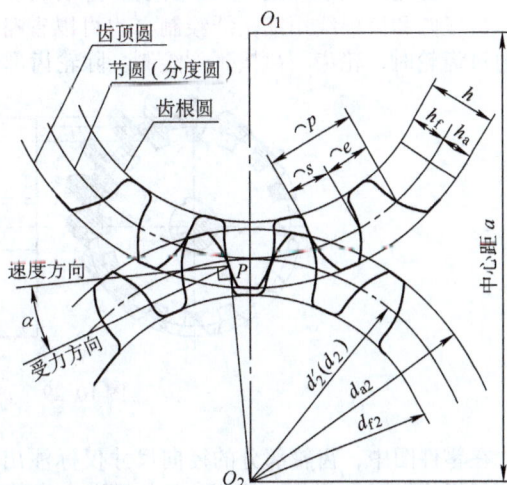

图 10-28　直齿圆柱齿轮各部分名称和代号

（6）齿高 $h$　齿顶圆和齿根圆之间的径向距离。齿顶圆与分度圆之间的径向距离称为齿顶高（$h_a$），齿根圆与分度圆之间的径向距离称为齿根高（$h_f$）。

（7）齿距 $p$　分度圆上相邻两齿廓对应点之间的弧长。

（8）齿厚 $s$　分度圆上齿轮的弧长。

（9）模数 $m$　当齿轮的齿数为 $z$ 时，分度圆的周长 = $\pi d = zp$，令 $m = p/\pi$，则 $d = mz$，$m$ 即为齿轮的模数。模数以 mm 为单位。模数是齿轮设计和制造的重要参数，齿数一定时模数越大，齿轮的尺寸越大，承载能力越大。为便于制造，减少齿轮成形刀具的规格，模数的值已经标准化。渐开线圆柱齿轮的模数见表 10-5。

表 10-5　渐开线圆柱齿轮模数　　　　　　　　　（单位：mm）

| 第一系列 | 1、1.25、1.5、2、2.5、3、4、5、6、8、10、12、16、20、25、32、40、50 |
|---|---|
| 第二系列 | 1.75、2.25、2.75、(3.25)、3.5、(3.75)、4.5、5.5、(6.5)、7、9、(11)、14、18、22、28、36、45 |

注：优先选用第一系列，其次是第二系列，括号内的数值尽可能不用。

（10）压力角 $\alpha$　一对齿轮啮合时，在分度圆上啮合点的法线方向与该点的瞬时速度方向所夹的锐角。标准压力角 $\alpha = 20°$。齿轮啮合时，一对齿轮的模数和压力角必须分别相等。

（11）中心距 $a$　两圆柱齿轮轴线间的距离。

**2. 直齿圆柱齿轮的尺寸计算**

已知模数 $m$ 和齿数 $z$ 时，齿轮轮齿的其他参数均可以计算出来，计算公式见表 10-6。

表 10-6　直齿圆柱齿轮参数计算

| 序号 | 名称 | 符号 | 计算公式 |
|---|---|---|---|
| 1 | 齿距 | $p$ | $p = \pi m$ |
| 2 | 齿顶高 | $h_a$ | $h_a = m$ |
| 3 | 齿根高 | $h_f$ | $h_f = 1.25m$ |
| 4 | 齿高 | $h$ | $h = 2.25m$ |
| 5 | 分度圆直径 | $d$ | $d = mz$ |
| 6 | 齿顶圆直径 | $d_a$ | $d_a = m(z + 2)$ |
| 7 | 齿根圆直径 | $d_f$ | $d_f = m(z - 2.5)$ |
| 8 | 中心距 | $a$ | $a = m(z_1 + z_2)/2$ |

**3. 直齿圆柱齿轮的规定画法**

单个齿轮的画法如图 10-29 所示。齿顶圆和齿顶线用粗实线绘制；分度圆和分度线用细点画线表示；齿根圆和齿根线用细实线绘制（也可以省略不画）。在剖视图中，齿根线用粗实线绘制。当剖切平面通过齿轮时，轮齿一律按不剖绘制。除轮齿部分外，齿轮的其他部分结构按真实投影画出。

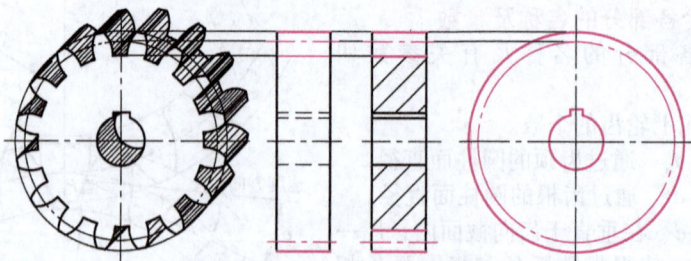

图 10-29　直齿圆柱齿轮的画法

在零件图中，齿轮部分的径向尺寸仅标注出分度圆直径和齿顶圆直径即可。齿轮轮齿部分的轴向尺寸仅标注齿宽和倒角。其他参数如模数、齿数等，可用表格说明，如图 10-30 所示。

一对齿轮啮合的画法，在反映圆的视图上，啮合区的齿顶圆用粗实线绘制，有时也可省略，两齿轮的节圆相切，齿根圆不画；在平行于轴线的视图上，采用剖视图时，在啮合区域，一个齿轮的轮齿用粗实线绘制，另一个齿轮的轮齿按被遮挡处理，齿顶线用虚线绘出，齿顶线和齿根线之间的缝隙为 0.25$m$（$m$ 为模数），如图 10-31a 所示。若画外形图时，啮合区的齿顶线不画，节线用粗实线绘制，如图 10-31b 所示。

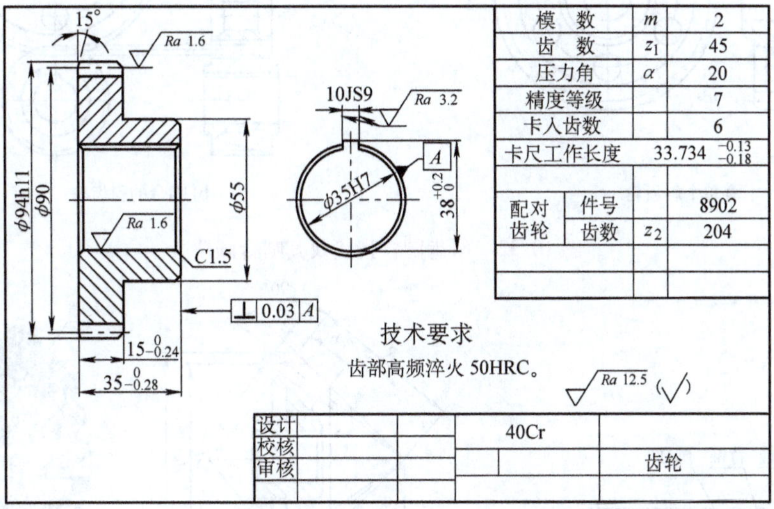
15°
Ra 1.6
φ94h11
φ90
Ra 1.6
C1.5
φ55
0.03 A
15 0 −0.24
35 0 −0.28
10JS9
Ra 3.2
φ35H7
A
38 +0.2 0
模　数 m 2
齿　数 z1 45
压力角 α 20
精度等级 7
卡入齿数 6
卡尺工作长度 33.734 −0.13 −0.18
配对齿轮 件号 8902
齿数 z2 204
技术要求
齿部高频淬火 50HRC。
Ra 12.5
设计
校核
审核
40Cr
齿轮

图 10-30　直齿圆柱齿轮零件图

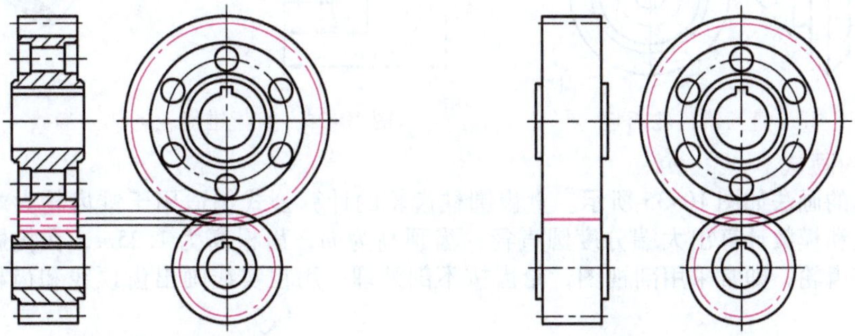

a) 齿轮啮合剖视图的画法　　b) 齿轮啮合外形图的画法

图 10-31　直齿圆柱齿轮啮合的画法

## 二、斜齿圆柱齿轮的规定画法

斜齿圆柱齿轮简称斜齿轮。斜齿轮的齿在一条螺旋线上，螺旋线和轴线的夹角称为螺旋角，用 $\beta$ 表示。因此，斜齿轮的端面齿形和垂直于轮齿方向的法向齿形不同，其法向模数为标准值。斜齿轮的画法和直齿轮相同，当需要表示齿向特征时，可用三条与齿向方向相同的细实线表示，如图 10-32 所示。

## 三、直齿锥齿轮

### 1. 直齿锥齿轮各部分的名称

直齿锥齿轮的齿坯如图 10-33 所示，其基本形体结构由前锥、顶锥、背锥等组成。由于锥齿轮的轮齿在锥面上，所以齿形及模数沿齿向变化。大端的法向模数为标准模数，法向齿形为标准渐开线。在轴剖面内，大端背锥素线与分度锥素线垂直，轴线与分度锥素线的夹角 $\delta$ 称为分度圆锥角，它也是一个基本参数，如图 10-34 所示。

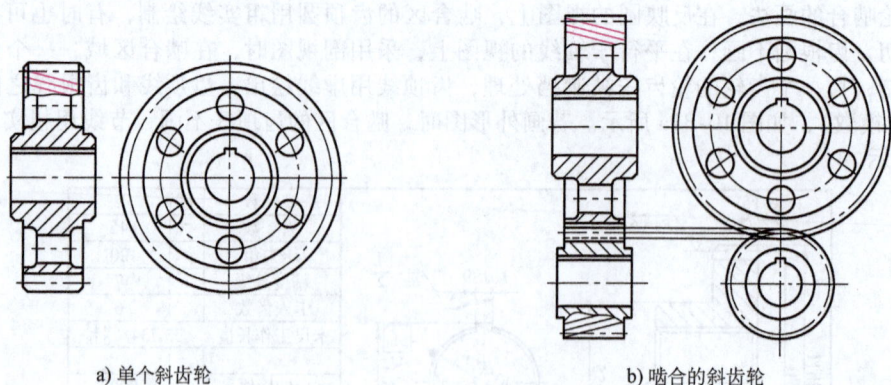

a) 单个斜齿轮　　　　　　　　　　b) 啮合的斜齿轮

图 10-32　斜齿圆柱齿轮及其啮合画法

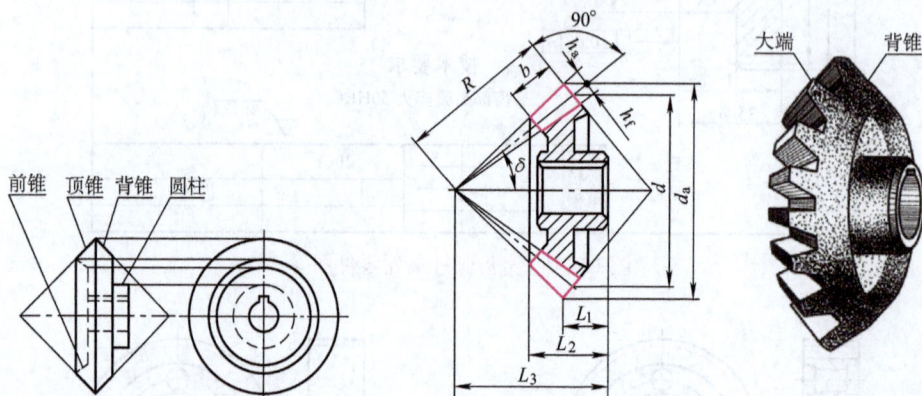

图 10-33　直齿锥齿轮齿坯　　　　图 10-34　直齿锥齿轮各部分参数

## 2. 锥齿轮的画法

直齿锥齿轮的画法如图 10-35 所示。直齿圆柱齿轮的计算公式仍适用于锥齿轮大端法线方向的参数计算，由齿数和模数计算出大端分度圆直径，齿顶高为 $m$，齿根高为 $1.25m$，在投影为非圆的视图中，画法同圆柱齿轮，即常采用剖视图，轮齿按不剖处理，用粗实线画出齿顶线和齿根线，用细点画

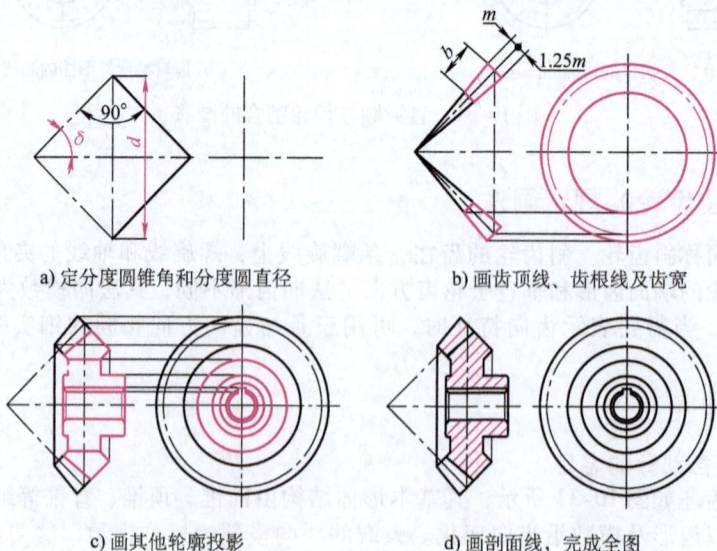

a) 定分度圆锥角和分度圆直径　　　　b) 画齿顶线、齿根线及齿宽

c) 画其他轮廓投影　　　　　　　d) 画剖面线，完成全图

图 10-35　锥齿轮的画图步骤

线画出分度线。在投影为圆的视图中，轮齿部分只需用粗实线画出大端和小端的齿顶圆，用细点画线画出大端的分度圆，齿根圆不画。投影为圆的视图一般也用仅表示键槽轴孔的局部视图代替。

#### 四、蜗轮蜗杆的画法

##### 1. 蜗杆的画法

蜗杆一般选一个视图，其齿顶线、齿根线和分度线的画法与圆柱齿轮相同，齿形可用局部剖视图或局部放大图表示，如图 10-36 所示，图中表示齿根线的细实线可省略。

##### 2. 蜗轮的画法

蜗轮的画法与圆柱齿轮相同，如图 10-37 所示。投影为非圆的视图常用全剖视或半剖视，在与其相啮合的蜗杆轴线位置画出细点画线圆和对称中心线，并标注有关尺寸和中心距。在投影为圆的视图中，只画出最大的齿顶圆和分度圆，喉圆和齿根圆省略不画。投影为圆的视图一般也用仅表示键槽轴孔的局部视图代替。蜗轮蜗杆啮合的画法类似于圆柱齿轮。

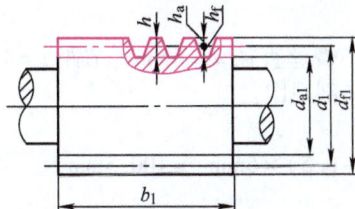

图 10-36 蜗杆的画法和主要尺寸

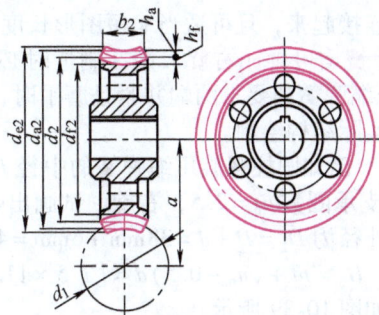

图 10-37 蜗轮的画法和主要尺寸

# 第六节 弹 簧

弹簧是机械、电器设备中常用的零件，其种类很多，常见的有圆柱螺旋弹簧、板弹簧、平面涡卷弹簧等。圆柱螺旋弹簧又分为压缩弹簧、拉伸弹簧和扭转弹簧，如图 10-38 所示。本节主要介绍圆柱螺旋弹簧的参数计算和规定画法。

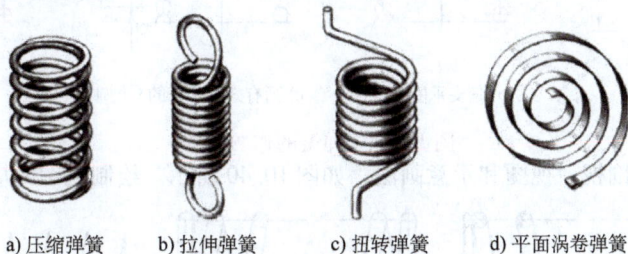

a) 压缩弹簧        b) 拉伸弹簧        c) 扭转弹簧        d) 平面涡卷弹簧

图 10-38 常见弹簧的种类

## 一、圆柱螺旋压缩弹簧各部分的名称及尺寸计算

（1）簧丝直径 $d$　制造弹簧所用金属丝的直径。

（2）弹簧外径 $D_2$　弹簧的最大直径。

（3）弹簧内径 $D_1$　弹簧的内孔最小直径。

（4）弹簧中径 $D$　弹簧轴剖面内弹簧丝中心所在柱面的直径，$D = (D_1 + D_2)/2 = D_1 + d = D_2 - d$。

（5）有效圈数 $n$　保持相等节距且参与工作的圈数。

（6）支承圈数 $n_0$　为了使弹簧工作平衡，端面受力均匀，制造时将弹簧两端的 3/4 ~ 1.25 圈压紧，并磨出支承平面。这些圈只起支承作用而不参与工作，所以称为支承圈。支承圈数 $n_0$ 表示两端支承圈数的总和，一般为 1.5 圈、2 圈、2.5 圈。

191

（7）总圈数 $n_1$  有效圈数和支承圈数的总和。

（8）节距 $t$  相邻两有效圈上对应点间的轴向距离。

（9）自由高度 $H_0$  未受载荷作用时的弹簧高度（或长度），$H_0 = nt + (n_0 - 0.5)d$。

（10）展开长度 $L$  制造弹簧时所需金属丝的长度，按螺旋线展开，$L$ 可按下式计算

$$L \approx n_1 \sqrt{(\pi D)^2 + t^2}$$

（11）旋向  与螺旋线的旋向意义相同，分为左旋和右旋。

## 二、圆柱螺旋压缩弹簧的规定画法

### 1. 弹簧的规定画法

GB 4459.4—2003 对弹簧画法做了如下规定：

1）在平行于螺旋弹簧轴线的投影面的视图中，其各圈的轮廓应画成直线。

2）有效圈数在 4 圈以上时，可以每端只画出 1～2 圈（支承圈除外），中间只需用通过簧丝断面中心的细点画线连接起来，且可适当缩短图形长度。

3）螺旋弹簧均可画成右旋，如在制造时必须保证旋向要求，则应在技术要求中注明。

4）螺旋压缩弹簧如要求两端并紧且磨平时，不论支承圈多少均按支承圈为 2.5 圈绘制，必要时也可按支承圈的实际结构绘制。

【例 10-1】 已知圆柱螺旋压缩弹簧的中径 $D = 38mm$，簧丝直径 $d = 6mm$，节距 $t = 11.8mm$，有效圈数 $n = 7.5$，支承圈数 $n_0 = 2.5$，右旋，试画出弹簧的轴向剖视图。

解  弹簧外径为 $D_2 = D + d = 38mm + 6mm = 44mm$

自由高度：$H_0 = nt + (n_0 - 0.5)d = [7.5 \times 11.8 + (2.5 - 0.5) \times 6mm] = 100.5mm$

画图步骤如图 10-39 所示。

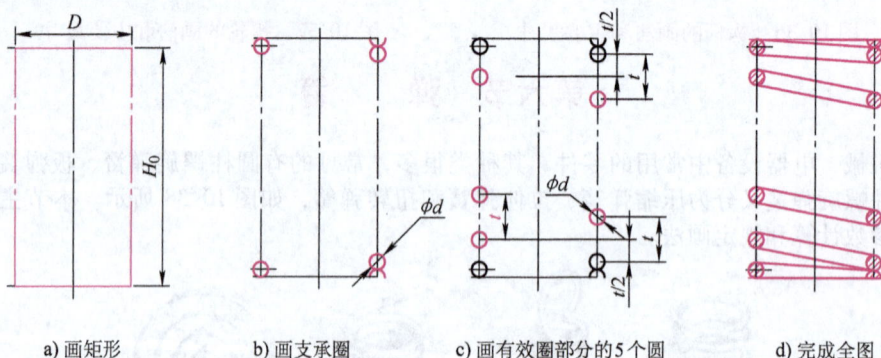

a) 画矩形　　b) 画支承圈　　c) 画有效圈部分的5个圆　　d) 完成全图

图 10-39  弹簧的作图步骤

弹簧的表达方法有剖视、视图和示意画法，如图 10-40 所示。绘制视图时应注意弹簧的旋向。

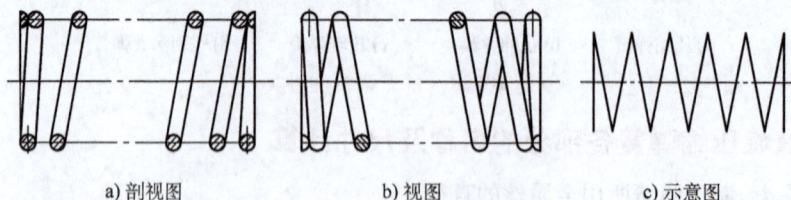

a) 剖视图　　　　b) 视图　　　　c) 示意图

图 10-40  弹簧的表达方法

### 2. 装配图中弹簧的简化画法

在装配图中，弹簧被看作实心物体，被弹簧挡住的结构一般不画，可见部分应画至弹簧的外轮廓或弹簧中径，如图 10-41a 所示。当簧丝直径小于 2mm 的弹簧被剖切时，其剖切面可以涂黑，如图 10-41b所示，也可以采用示意画法，如图 10-41c 所示。

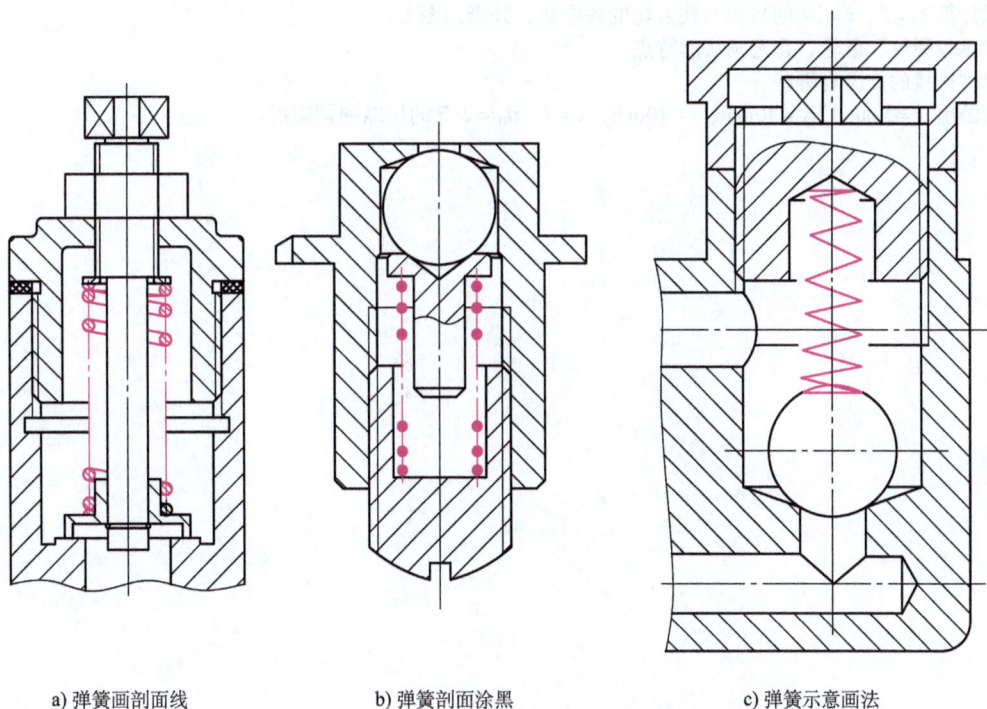

a) 弹簧画剖面线　　　　　　　　b) 弹簧剖面涂黑　　　　　　　　c) 弹簧示意画法

图 10-41　弹簧在装配图中的画法

# 本 章 小 结

本章主要介绍了螺纹紧固件及其连接、键、销、滚动轴承、齿轮、弹簧的画法。

在螺纹紧固件及其连接部分，主要对螺纹紧固件中的螺栓、螺柱、螺钉连接做了必要的介绍。键连接部分主要介绍平键的种类、画法及尺寸标注；半圆键的连接画法、钩头楔键连接画法和花键的连接。

齿轮部分对直齿圆柱齿轮的基本参数及尺寸计算和画法做了说明，并对比直齿圆柱齿轮的画法，对斜齿圆柱齿轮、直齿锥齿轮、蜗轮蜗杆做了必要的说明。

滚动轴承的类型和画法及标注；弹簧的种类及尺寸计算和画法标注也做了介绍。

## 复习思考题

1. 填空题

（1）螺栓连接用在_____。

（2）螺距是_____的轴向距离。

（3）键主要用来传递_____，_____面是工作面。

（4）常用的键有_____、_____、_____。

（5）圆柱齿轮传动适用于两轴线_____的传动；锥齿轮传动适用于_____；蜗杆传动适用于_____。

（6）模数是齿轮设计和制造的重要参数，模数越大，齿轮尺寸_____，承载能力_____。

（7）滚动轴承的类型按承受载荷的情况可分为_____、_____、_____。

（8）滚动轴承的结构一般由_____、_____、_____、_____四部分组成。

2. 判断题

（1）在零件图中，轮齿部分的径向尺寸仅标注出分度圆直径即可。（　　）

（2）直齿锥齿轮大端的法向模数为标准模数。（　　）

（3）花键轴和孔去除的材料较多，不能用来传递较大的载荷。（　　）

（4）键主要用于轴和轴上的零件连接。（　　）

3. 试计算 $m = 5$、$z = 24$ 的直齿圆柱齿轮的各参数，并画出图形。

4. 试比较螺纹、齿轮、花键画法的特点。

5. 螺纹连接的类型有哪些？

6. 试画出 $d = 5mm$、$D_2 = 40mm$、$t = 10mm$、$n = 7$、$n_0 = 2.5$ 的压缩弹簧图形。

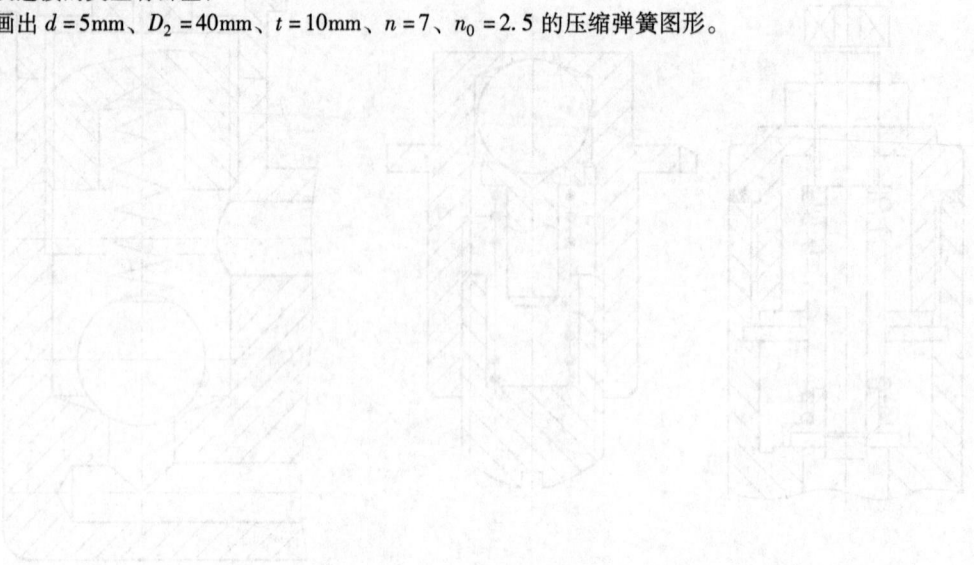

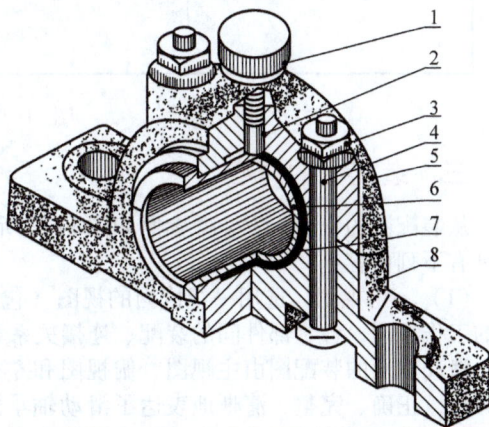

# 第十一章

# 装配图的绘制和识读

【知识要求】

1）了解装配图的用途，明确装配图的内容及其要求。

2）学习装配图的特殊画法和简化画法，掌握装配图的规定画法。

3）明确绘制装配图的步骤，了解常见的合理装配结构。

4）学习并掌握阅读装配图和从装配图上拆画零件图的方法。

【技能要求】

1）能够读懂简单装配图，想象出部件或机器的总体结构形状，读懂工作原理和装配关系。

2）能够从装配图中正确拆画出零件的零件图。

3）对于简单的部件，能够由已知的装配示意图和零件图，画出装配图。

## 第一节 概　述

### 一、装配图的概念

装配图是表达产品中部件与部件、部件与零件或零件间的装配关系、连接方式以及主要零件基本结构和形状的图样。一台机器或一个部件都是由若干个零（部）件按一定的装配关系装配而成的。如图 11-1 所示的滑动轴承轴测图，从图中可知滑动轴承是由轴承座、轴承盖、上轴衬、下轴衬、螺栓、螺母、油杯、套等八种零件装配而成的。如图 11-2 所示，轴承座的装配图表达了轴承座各个零件间的装配关系、连接方式及主要零件的结构形状。

表达一台完整机器的装配图，称为总装配图（总图）；表达机器中某个部件或组件的装配图，称为部件装配图或组件装配图。通常用总图表示各部件间的相对位置和机器的整体情况，用部件装配图表示整台机器的各组成部件。

图 11-1　滑动轴承轴测图
1—油杯　2—套　3—螺母　4—螺栓　5—轴承盖
6—上轴衬　7—下轴衬　8—轴承座

### 二、装配图的作用

装配图是工程技术人员设计、制造、使用、维修以及进行技术交流的重要技术文件。装配图可用来表达机器或部件的工作原理、零件间的装配关系和各零件的主要结构形状，以及装配、检验和安装时所需的尺寸和技术要求等。

1）装配图是设计者设计意图的表达。在设计过程中，设计者为了表达产品的性能、工作原理及其组成部分的连接、装配关系，一般先要画出装配图，然后再根据装配图画出零件图。

2）装配图是生产者装配、检验、调试机器或部件的依据。在生产过程中，装配图是生产者制订装配工艺规程，进行机器的装配、检验、调试和安装工件的依据。

3）装配图是使用者操作、保养、拆装和维修机器或部件的依据。在使用过程中，使用者要通过装配图，了解机器或部件的工作原理、结构性能，以便正确使用和维修。

195

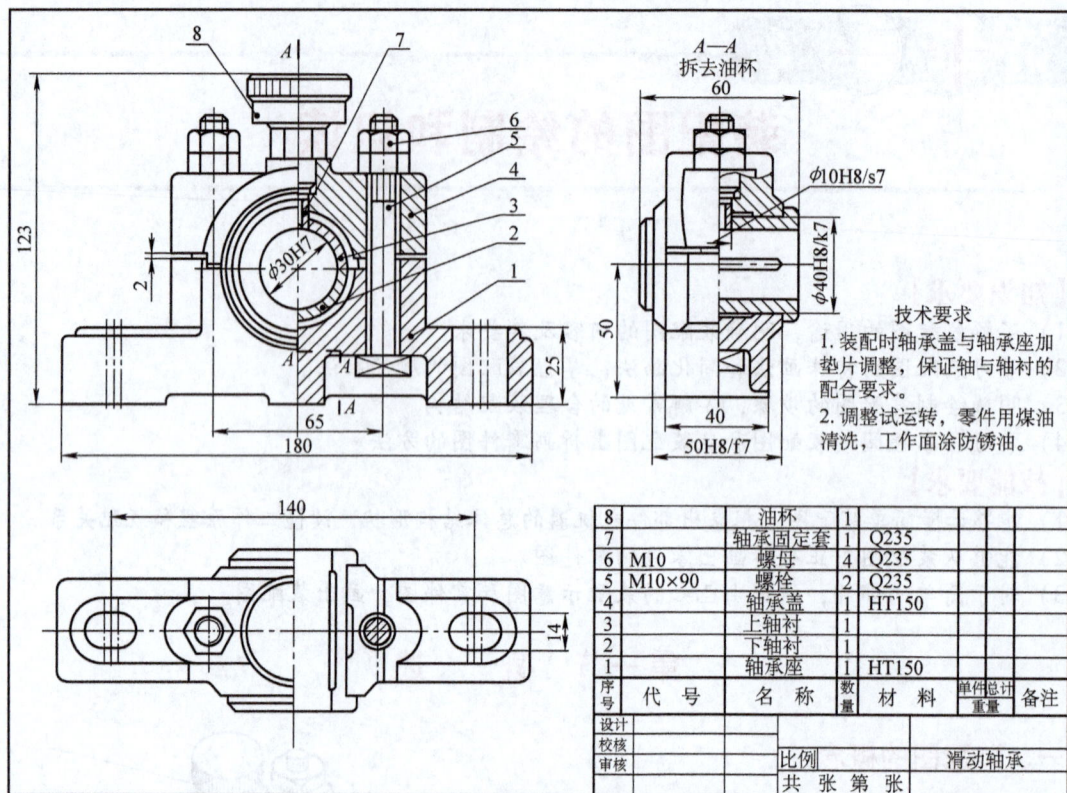

图 11-2　滑动轴承装配图

## 三、装配图的内容

从装配图的作用出发，并参照如图 11-2 所示的滑动轴承装配图，可以看出一张完整的装配图一般应具有下列内容：

（1）**一组视图**　选用一组恰当的视图（包括各种表达方法）正确、完整、清晰地表达出机器或部件的工作原理，各零部件间的装配、连接关系和零件的主要结构形状等。

滑动轴承的装配图由主视图、俯视图和左视图三个基本视图来表达。三个视图均采用了剖视的表达方法，正确、完整、清晰地表达了滑动轴承的工作原理，轴承盖、轴承座与上、下轴衬之间的装配和相对位置关系，而且较清晰地反映了几个主要零件的结构形状。

（2）**必需的尺寸**　装配图中一般只标注机器或部件的规格尺寸、外形尺寸、装配尺寸、安装尺寸以及其他重要、必需的尺寸。

滑动轴承的装配图中注出了 $\phi30H7$、$50mm$ 等性能尺寸；$50H8/f7$、$\phi40H8/k7$ 等装配尺寸；$140mm$ 等安装尺寸；$180mm$、$60mm$ 等总体尺寸，共 14 个必需的尺寸。

（3）**技术要求**　用文字或符号准确、简明地表达机器或部件的性能、装配、检验、调整等要求，以及验收条件，试验、使用和维修规则等。

滑动轴承装配图的技术要求，表达了滑动轴承在检验、使用和安装等方面的要求。

（4）**零件的序号、明细栏及标题栏**　序号是将装配图中各组成零件按一定格式编出的顺序号。明细栏是用来填写零件的序号、代号、名称、数量、材料、备注等内容的表格。标题栏的内容、格式、尺寸等已经标准化，且与零件图中的标题栏完全一致，主要表达机器或部件的名称、代号、比例及有关人员的签名等信息。

## 第二节　装配图的表达方法

装配图和零件图一样，应按机械制图国家标准的规定，将装配体的内外结构和形状表达清楚，以表达机器或部件的工作原理和主要装配关系为中心，把机器或部件的内部构造、外部形状和零件的主要结构形状表达清楚，不要求把每个零件的形状完全表达清楚。装配图的表达方法可分两部分：一部分为基本表达方法，另一部分为规定画法和特殊画法。

### 一、基本表达方法

机器或部件的表达与零件的表达具有共同点，都是要反映它们的内外结构形状，因此，前面章节介绍过的机件的各种表达方法和选用原则，不仅适用于零件，也完全适用于机器或部件。只是装配图和零件图所需要表达的侧重点有所不同，装配图重点以表达机器或部件的工作原理和主要装配关系以及零件的主要结构形状为目的。根据机器或部件表达的需要，在装配图中可以采用视图、剖视图、断面图、局部放大图、简化画法等基本表达方法。

### 二、规定画法和特殊画法

由于装配图不同于零件图，因此制图国家标准对装配图的画法，另有相应的规定。

#### （一）规定画法

在装配图中，为了便于区分不同零件，正确理解零件之间的装配关系，国家标准《机械制图》对装配图做了必要的规定。

**1. 接触面和配合面画法**

两零件的接触面或公称尺寸相同的轴孔配合面，只画一条粗实线表示公共轮廓，如图 11-3a、b 所示。对于间隙配合，即使间隙较大也必须画一条线。相邻两零件的非配合面（非接触面），公称尺寸不相同时，即使间隙很小也应画两条粗实线，以表示出各自的轮廓，如图 11-3b 所示。

**2. 剖面线的画法**

两个（或两个以上）金属零件相互邻接时，各零件的剖面线的倾斜方向应当相反，或者方向一致，但间隔错开、间距不等，如

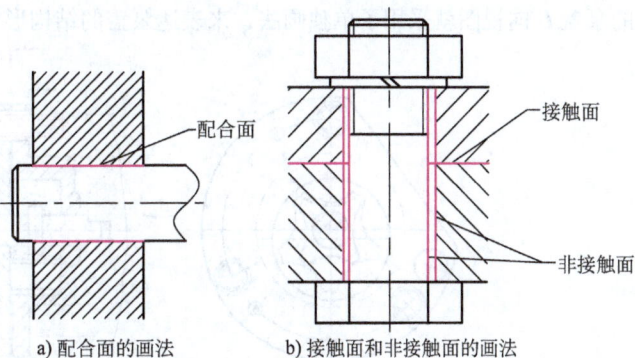

a) 配合面的画法　　　b) 接触面和非接触面的画法

图 11-3　接触面和配合面画法

图 11-4 所示。同一零件在各剖视图和断面图中的剖面线倾斜方向和间距应一致。在装配图中，对于宽度小于或等于 2mm 的狭小面积的断面，可用涂黑代替剖面符号，如图 11-4 中的垫片。

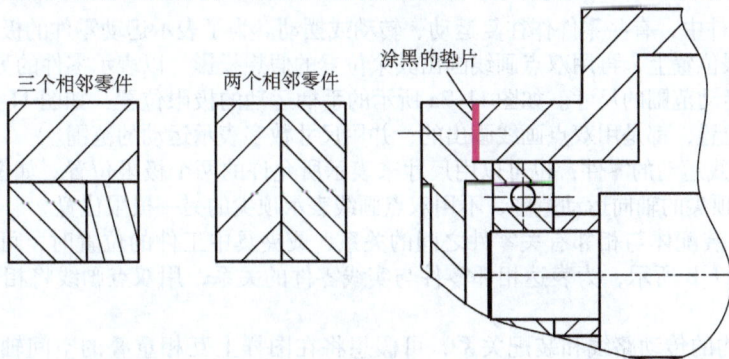

图 11-4　剖面线的画法

### 3. 紧固件和实心件的画法

对于螺钉、螺母、垫圈等紧固件，以及轴、手柄、连杆、键、销、球等实心件，若按纵向剖切，且剖切平面通过其对称平面或轴线时，则这些零件均按不剖绘制，如图 11-5 中的螺母、垫圈、轴在视图中的表达。如需特别表明零件的构造，如凹槽、键槽、销孔等，可采用局部剖视。但当这些零件被横向剖切时，在相应视图上要画剖面线，如图 11-6 中 A—A 剖视图中的螺钉的画法。

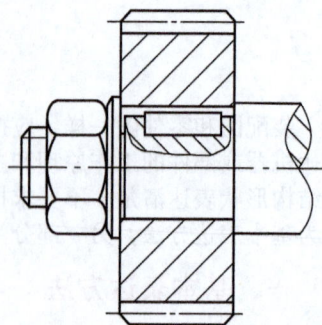

图 11-5 紧固件和实心件的画法

### （二）特殊画法

#### 1. 拆卸画法

在装配图中，当某个或几个零件遮住了需要表达的其他结构或装配关系，而它（们）在其他视图中又已表示清楚时，可假想将其拆去，只画出所要表达部分部件的视图，但必须在该视图上方加注"拆去××等"的字样，这种画法称为拆卸画法。如图 11-2 所示的滑动轴承装配图中，左视图就采用了拆卸画法表示，拆去了已表达清楚的油杯，以便更好地表达轴承盖的结构形状。

#### 2. 剖分画法

在装配图中，为表达某些部件的内部结构，而它（们）的装配关系在其他视图中又已表示清楚时，可假想沿两零件的结合面进行剖切，如图 11-6 所示的 A—A 剖视图。

#### 3. 单独画法

在装配图中，当某个零件的形状没有表达清楚时，可以单独画出它的某个视图，但必须在所画视图上方注出该零件的视图名称，在相应视图的附近用箭头指明投射方向，并注上同样的字母。如图 11-6 所示的泵盖 B 向视图就采用了单独画法，来表达泵盖的结构形状。

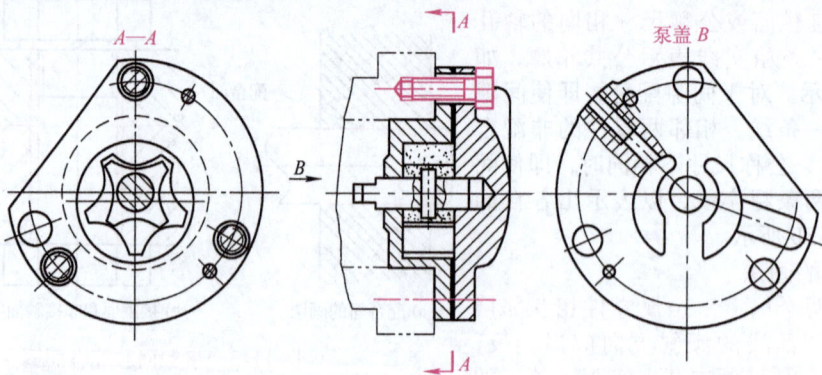

图 11-6 特殊画法

#### 4. 假想画法

1）在机器或部件中，有些零件作往复运动、转动或摆动。为了表示运动零件的极限位置或中间位置，常把它画在一个极限位置上，再用双点画线画出其余位置的假想投影，以表示零件的另一极限位置或中间位置，并注上表达运动范围的尺寸。如图 11-7a 所示的手柄运动的极限位置，如图 11-7b 所示的铣床顶尖的轴向运动的极限位置，都是用双点画线画出的，并用尺寸数字表示运动的范围。

2）对某些做直线运动的零件，也可以用尺寸来表示所允许的两个极限位置。如图 11-7b 所示，可只用尺寸 25 表示铣床顶尖的轴向运动范围，不用双点画线表示顶尖的另一极限位置。

3）当需要表示装配体与相邻有关零件之间的关系，或夹具中工件的位置时，可用双点划线画出该零件的轮廓。如图 11-8 所示，为表达相邻零件与实线零件的关系，用双点画线将相邻零件表示出来。

#### 5. 展开画法

为表示传动机构的传动路线和装配关系，可假想将在图样上互相重叠的空间轴系，按其传动顺序展开在一个平面上，然后沿各轴线剖开，得到剖视图，这种画法称为展开画法，如图 11-8 所示，A—A 剖视图是通过剖切平面剖切后再展开，然后进行投射得到的，这样可以清楚地表达齿轮机构的传动路线和装配关系。

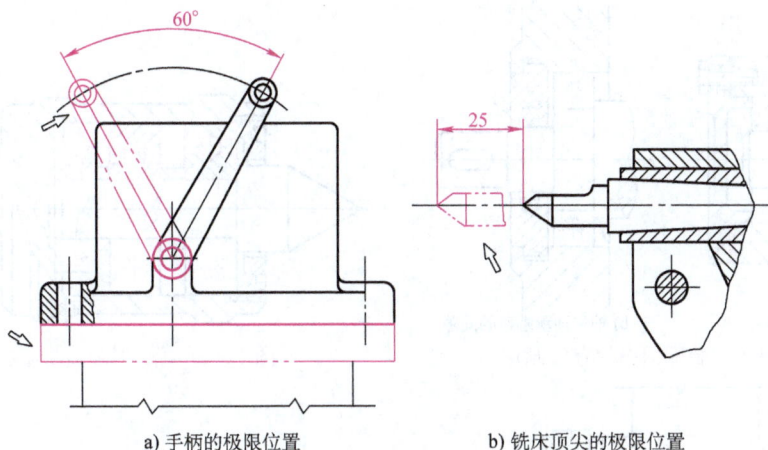

a) 手柄的极限位置　　　　　　　　b) 铣床顶尖的极限位置

图 11-7　假想画法

### 6. 夸大画法

在装配体中常遇到一些很薄的垫片、细丝的弹簧、零件间很小的间隙和锥度较小的锥销、锥孔等，若按它们的实际尺寸画出来就很不明显，因此在装配图中允许将它们夸大画出。如图 11-9a、b 所示，轴承压盖和箱体间的调整垫片、带密封槽的轴承盖与轴之间的间隙都是放大后画出的，采用的都是夸大画法。

### （三）简化画法

1）装配图中若干相同的零件组（如螺纹紧固件组等），允许仅详细地画出一处，其余各处可以采用简化画法，省略不画，用点画线表示其位置即可。如图 11-6 所示，主视图中只画了上部螺钉连接的详细视图，下部用点画线表达了另一螺钉的位置，采用了简化画法。

2）装配图中零件的工艺结构如小圆角、倒角、退刀槽等允许不画出。如图 11-9a、b 中轴肩的圆角全部省略没有画出。螺栓、螺母的倒角和因倒角而产生的曲线允许省略。如图 11-6 和图 11-9 中的螺钉头部的画法，省略了上面的曲线。

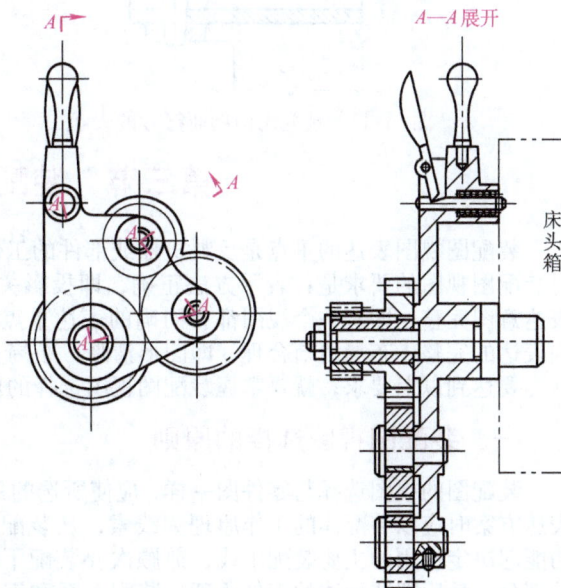

图 11-8　展开画法

3）在剖视图或断面图中，若零件的厚度在 2mm 以下时，允许用涂黑代替剖面符号，如图 11-4 和图 11-9 中盖和箱体之间的垫片，均采用涂黑代替剖面符号的简化画法。如果是玻璃或其他材料不宜涂黑时，可不画剖面符号。

4）在装配图中，滚动轴承按 GB/T 4459.7—2017 规定，用简化画法绘制滚动轴承时，应采用通用画法或特征画法，但在同一图样中一般只采用其中一种画法。必要时，可采用规定画法，采用规定画法时，一般一半采用规定画法，另一半采用通用画法，如图 11-10 所示。

5）在装配图中，当剖切平面通过的某些部件为标准产品，或该部件已由其他图形表示清楚时，可按不剖绘制。如图 11-2 中的油杯为标准部件，即可采用不剖绘制。

6）在装配图中，装配关系已清楚表达时，较大面积的剖面可只沿周边画出部分剖面符号或沿周边涂色，如图 11-11 所示。

7）在装配图中可省略螺栓、螺母、销等紧固件的投影，而用点画线和指引线指明它们的位置。但表示紧固件组的公共指引线应根据其不同的类型，从被连接件的某一端引出，如螺钉、螺柱、销连接从其装入端引出，螺栓连接从其装有螺母的一端引出，如图 11-12 所示。

a) 调整垫片     b) 轴和轴承端盖的间隙

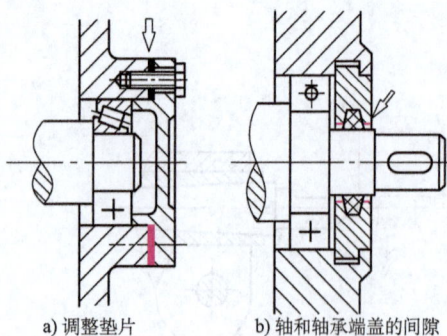

图 11-9    装配图中的夸大画法

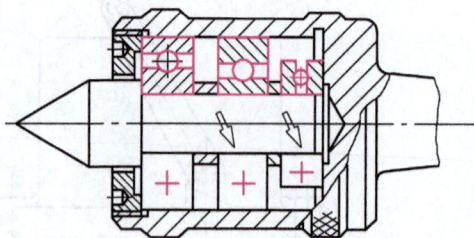

图 11-10    滚动轴承的画法

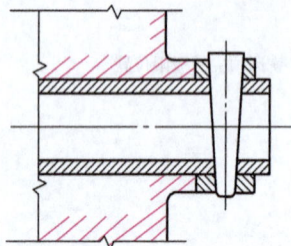

图 11-11    装配图中剖面符号的表示      图 11-12    省略螺栓、螺母、销等紧固件的画法

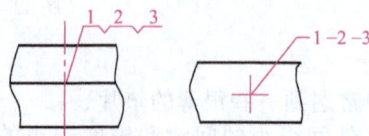

## 第三节    装配图的视图选择

    装配图视图表达的重点是反映机器或部件的工作原理、装配关系及各零件的主要结构形状。因此，对装配图视图的要求是：表示方法正确，即投影关系正确，图样画法和标注方法符合国家标准规定；表达意图完整，即每一个视图都有明确的表达重点，能对部件的工作原理、装配关系和零件的主要结构表达的完整；布局清晰合理，即图形清晰，布局合理，便于读者阅读理解，切合部件的工作实际。

    要达到以上要求，就要掌握装配图视图选择的原则、方法和步骤。

### 一、装配图视图选择的原则

    装配图的视图选择与零件图一样，应使所选的每一个视图都有其表达的重点内容。一般来讲，选择表达方案时应以装配体的工作原理为线索，从装配干线入手，用主视图及其他基本视图来表达对部件功能起决定作用的主要装配干线，兼顾次要装配干线，再辅以其他视图表达基本视图中没有表达清楚的部分，最后把装配体的工作原理、装配关系和零件的主要结构等完整清晰地表达出来，力求使绘图简便，读图方便。

#### （一）主视图的选择

**1. 安放位置**

    画主视图，应将机器或部件按其工作位置（或安装位置）放置，即应符合"工作位置原则"。以便了解装配体的情况及与其他机器或部件的装配关系。如果装配体的工作位置倾斜，为画图方便，通常将装配体按放正后的位置画图。

**2. 投射方向**

    装配体的位置确定以后，通常选择最能反映机器或部件的工作原理、传动关系、零件间主要的装配关系和主要结构特征的方向，作为主视图的投射方向。但由于机器或部件的种类、结构特点不同，并不一定都用主视图来表达上述要求。

**3. 主视图的表达方法**

    由于多数装配体都有内部结构需要表达，所以主视图通常沿主要装配干线或主要传动路线的轴线剖切，以剖视图来表达工作原理和装配关系，并兼顾考虑是否适宜采用特殊画法或简化画法。所取剖视的类型及范围，要根据装配体内、外部结构的具体情况决定。

#### （二）其他视图的选择

    主视图确定之后，若还有带全局性的装配关系、工作原理及主要零件的主要结构还未表达清楚，应优先选用其他基本视图来表达。

基本视图确定后，若装配体上尚还有一些局部的外部或内部结构需要表达时，可灵活地选用局部视图、局部剖视图或断面图等来补充表达。

#### (三) 注意事项

在确定装配体的表达方案时，还应注意以下问题：

1) 应从装配体的全局出发，综合比较可能有的多种表达方案，择优选用。

2) 装配图中，装配体的内外结构应以基本视图表达为主，同一视图中不应以过多的局部剖视图来表达，以免图形支离破碎，读图时不易形成整体概念。

3) 要充分利用各种表达方法，力求每个视图都有明确目的和表达重点，避免对同一内容的重复表达。在满足表达重点的前提下，力求视图数量少些，以使表达简练。

### 二、装配图视图选择的步骤

以平口钳为例说明装配图视图选择的步骤，如图 11-13 所示。

#### (一) 分析表达对象，明确表达内容

一般从实物和有关资料了解机器或部件的功用、性能和工作原理入手，仔细分析各零件的结构特点以及装配关系，从而明确所要表达的具体内容。

平口钳的主要功用是安装在铣床或钻床工作台上，用它的钳口来夹紧被加工零件，以便加工。转动丝杠时，丝杠带动螺母做轴向移动，螺母用沉头螺钉和沉头螺钉挡圈固定在活动钳身上，活动钳口用沉头螺钉固定在活动钳身上，所以当旋转丝杠时，活动钳身便可带动活动钳口移动（合拢或张开），实现夹紧或放松工件。滑板用圆柱头内六角螺钉固定在活动钳身上，随活动钳身一起移动。通过 T 形槽，用螺栓、垫圈和六角螺母将固定钳身固定在底座上。松开六角螺母时，固定钳身可绕心轴做回转运动，以满足工件不同位置的加工需要。

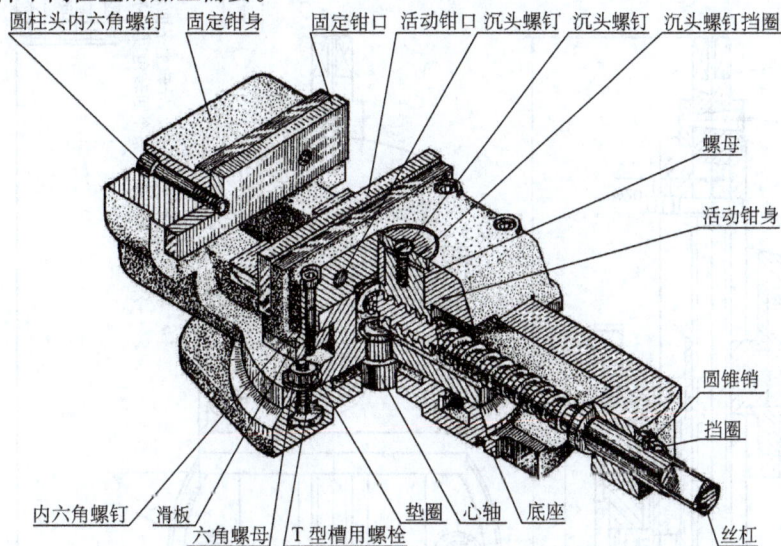

图 11-13  平口钳轴测图

平口钳的主要装配关系有三条：一条是螺母与活动钳身、螺母与丝杠的装配关系；另一条是活动钳身与固定钳身的装配关系；第三条是固定钳身、心轴与底座的装配关系。

通过以上分析，平口钳的功用、工作原理和主要装配关系就很清楚了。根据要表达的内容，选择合适的表达方案，完整、清晰地表达平口钳。

#### (二) 确定表达方案

**1. 选择主视图**

以平口钳的工作位置作为它的安放位置，即底座水平放置；以反映最多装配关系的方向作为主视图的投射方向，如图 11-14 所示，平口钳有通过丝杠轴线的公共对称面，通过该面的剖面上，能比较清楚地反映螺母与丝杠、螺母与活动钳身、活动钳身与心轴和底座的三条主要的装配干线，所以选垂

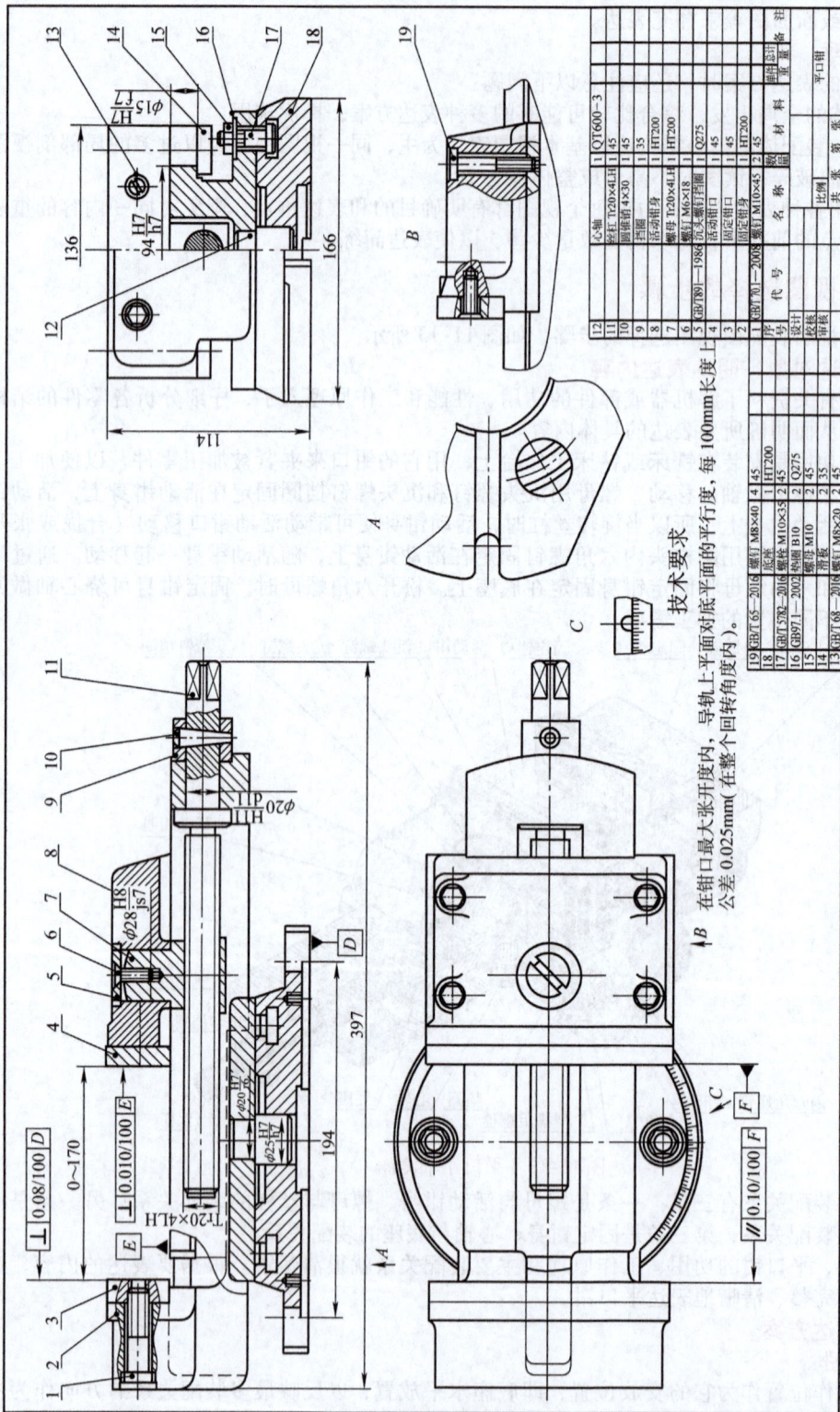

技术要求

在钳口最大张开度内，导轨上平面对底平面的平行度，每100mm长度上公差0.025mm（在整个回转角度内）。

图11-14　平口钳的装配图

直于丝杆轴线的方向作为主视图的投射方向。主视图采用了大范围的局部剖视的表达方法，除能表达平口钳的工作原理和主要装配干线外，还能表达固定钳身的部分外形。

**2. 选择其他视图**

主视图确定后，平口钳的主要装配关系和工作原理得以表达，但螺母、活动钳身、底座、固定钳身等的结构，以及滑板和活动钳身的连接关系、心轴与底座的装配关系，并没有表达或是表达得不充分。所以需要一个垂直于丝杠轴线方向的视图，即左视图来表达没有充分表达的装配关系。因为平口钳的结构前后对称，所以左视图可采用半剖视图表达。这样既表达了滑板和固定钳身的装配关系、固定钳身与底座的连接关系，还表达了活动钳身、固定钳身和底座的结构形状。但平口钳的外形和主要零件的结构形状表达仍不够充分，所以还需要俯视图，来表达平口钳的外形和主要零件的结构形状。

对没有表达充分的局部结构，分别采用了局部视图 A，表达底座零件的底面局部外形和装螺栓用的圆柱孔及 T 形槽的形状。局部视图 B，表达活动钳身侧面外形，螺钉与活动钳身的连接关系。局部视图 C，表达了固定钳身上有一拱形凸台，上边有刻线，钳身正常位置时固定钳身上的零线与底座上的零线对齐。

这样就确定了平口钳的表达方案，如图 11-14 所示，它充分反映了平口钳的工作原理、装配关系和零件的主要结构形状。当然，在确定表达方案时，要同时列出多个表达方案，按照装配图的要求和部件表达的需要，从中选取最好表达方案。

# 第四节　常见的合理装配结构

在设计和绘制装配图的过程中，应该考虑到装配结构的合理性，以保证机器和部件的性能，并给零件的加工和装拆带来方便，下面对常见装配结构作简要介绍。

## 一、零件间接触处的结构

（1）接触面的数量　零件在同一方向只能有一对表面接触，这样既保证了装配精度，又便于零件的加工，如图 11-15 所示。

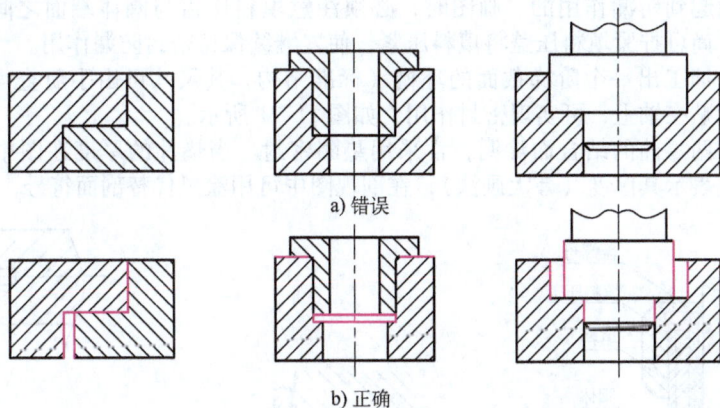

图 11-15　装配结构合理性的正误对比

（2）接触面拐角处的结构　当两个不同方向的表面需同时良好接触时，在它们的拐角处应加工成不同尺寸的倒圆、倒角或退刀槽，如图 11-16 所示。当轴和孔配合，且轴肩与孔的端面相互接触时，应在孔的接触端面制成倒角或在轴肩根部切槽，以保证两零件接触良好。

（3）锥面的配合　锥面配合时，锥

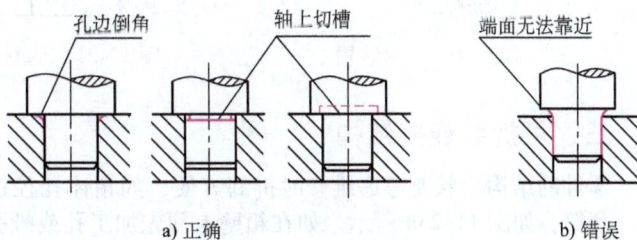

图 11-16　轴颈与孔配合的合理结构

**203**

体顶部与锥孔底部必须留有间隙，如图11-17所示。

（4）合理减少接触面积 零件的加工面积越大，其不平或不直的可能性越大，因此，零件装配时的不平稳性也越大。为使装配后零件接触面平稳可靠，接触良好，应合理减少接触面积。为了保证连接件和被连接件的良好接触，常在被连接件上作出沉孔和凸台，如图11-18和图11-19所示。

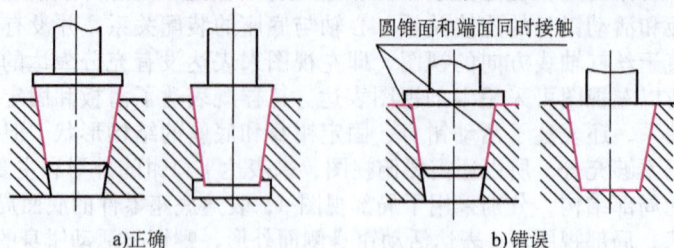

图 11-17　锥面配合的合理结构

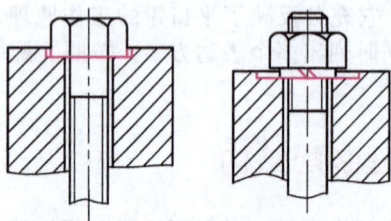

图 11-18　保证良好接触的沉孔　　　　　图 11-19　保证良好接触的凸台

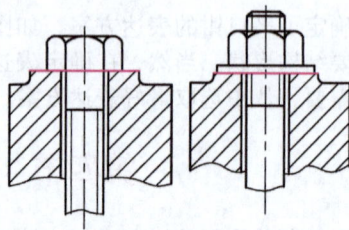

## 二、常见的密封装置结构

对于有些机器或部件，为了防止外界的灰尘杂质进入机体内部，或防止内部的润滑脂外流，常采用如图11-20所示的密封装置。这种密封装置是用于泵和阀中的常见密封结构。它是依靠螺母、填料压盖将填料压紧，从而起到防漏作用的。画图时，必须注意填料压盖与阀体端面之间应留有一定间隙，以便当填料磨损后，尚可拧紧填料压盖将填料压紧，使之继续保持密封防漏作用。

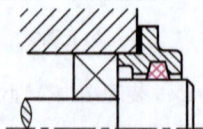

在装有轴的孔内加工出一个阶梯截面的环槽（标准结构，其尺寸可由手册查得），槽内放入毛毡圈，毛毡圈有弹性紧贴在轴上，可实现密封作用，如图11-21所示。

为了防止液体从两零件的结合面渗漏，常采用垫圈密封。当垫片的厚度在图中小于或等于2mm，在画图时需用两条线表示其厚度（夸大画法），在剖视图中可用涂黑代替剖面符号，如图11-22所示。

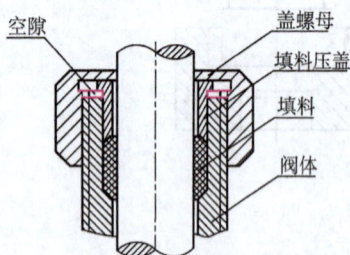

图 11-20　密封装置　　　　图 11-21　毡圈式密封　　　　图 11-22　垫圈密封

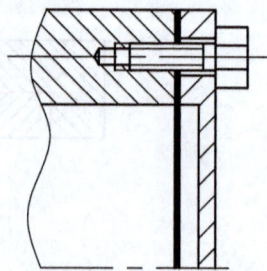

## 三、可拆装连接结构

零件的结构形状要考虑维修时拆卸方便，如箱体孔径过小、轴肩过高，均无法合理地拆卸滚动轴承、套筒，如图11-23a所示。如在箱壁上预先加工孔或螺孔，则拆卸时就可用适当的工具或螺钉顶出套筒、轴承等，如图11-23b所示。在安排螺栓或螺钉位置时，应考虑扳手的活动范围，留出装拆螺钉的空间，以免扳手无法使用而使螺栓或螺钉无法装拆，如图11-24a、b和图11-25a、b所示。

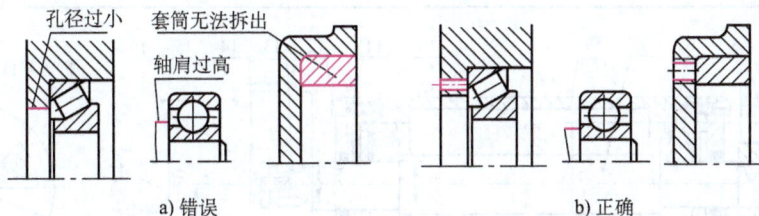

图 11-23　轴承和套筒安装的合理结构

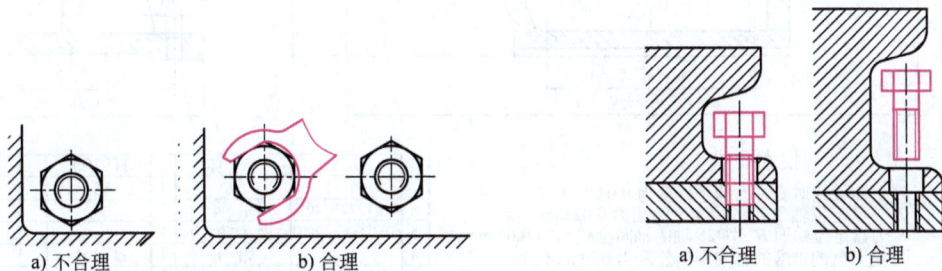

图 11-24　螺栓的布置

图 11-25　螺钉的布置

# 第五节　装配图的尺寸标注、明细栏和技术要求

## 一、装配图的尺寸标注

装配图不是用来制造零件的图样，因此，装配图中不需要注出零件的全部尺寸，只需标注一些必要的尺寸，这些尺寸按作用分为：

**（一）性能（规格）尺寸**

表示装配体的性能或规格的尺寸叫性能（规格）尺寸。这类尺寸是在该装配体设计前就已经确定，是设计和使用机器的依据。如图 11-26 所示，铣刀头装配图中尺寸 $\phi120mm$、115mm 即为性能尺寸。

**（二）装配尺寸**

装配尺寸是与装配体的装配质量有关的尺寸，是保证有关零件间配合性质、相对位置、工作精度的尺寸，是设计时首先确定的。

（1）配合尺寸　表示两个零件之间配合性质的尺寸，一般用配合代号注出。如图 11-26 铣刀头装配图中的 $\phi28H8/k7$、$\phi80K7$ 和 $\phi35K6$ 均为配合尺寸。

（2）相对位置尺寸　表示相关联的零件或部件之间较重要的相对位置尺寸。如主要平行轴线之间的距离，相邻螺栓轴线之间的距离等。如图 11-26 所示的尺寸 115mm。

**（三）安装尺寸**

将装配体安装到其他机件或地基上去时，与安装有关的尺寸称为安装尺寸。如图 11-26 所示，铣刀头装配图中座体与其他机件安装时的安装尺寸 155mm、150mm 等。

**（四）外形尺寸**

表示装配体的总长、总宽和总高的尺寸称为外形尺寸或总体尺寸。这些尺寸是机器的包装、运输、安装、厂房设计等不可缺少的数据。如图 11-26 所示，铣刀头装配图中，铣刀头的总长尺寸为 418mm，总宽尺寸为 190mm。

**（五）其他重要尺寸**

1）对实现装配体的功能有重要意义的零件结构尺寸。

2）运动件运动范围的极限尺寸。

上述五种尺寸在一张装配图上不一定同时都有，有的一个尺寸也可能具有几种含义。应根据装配体的具体情况和装配图的作用具体分析，从而合理地标注出装配图的尺寸。

205

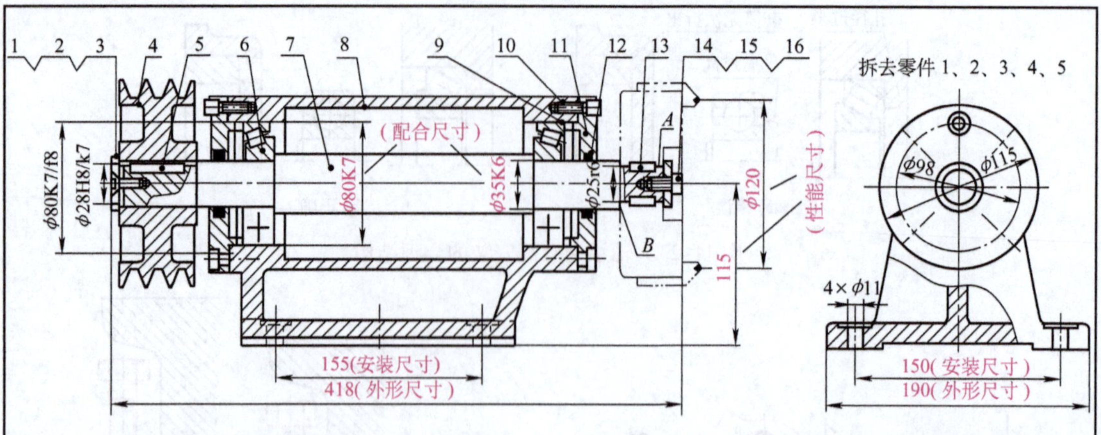


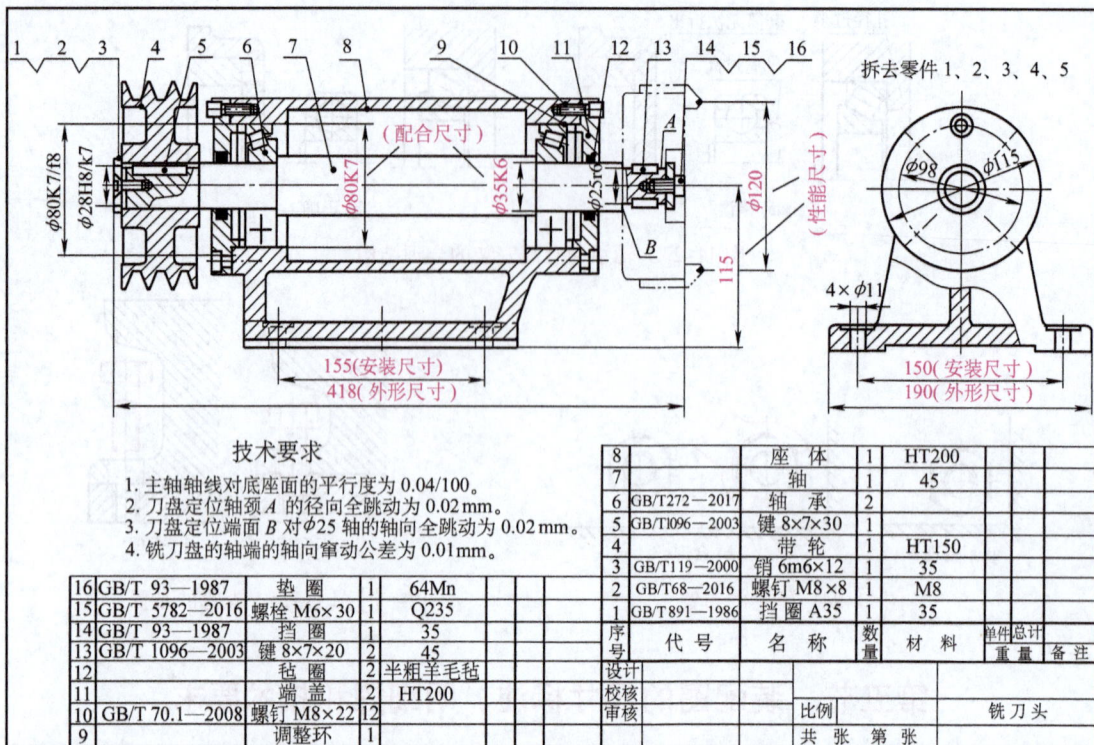

技术要求

1. 主轴轴线对底座面的平行度为 0.04/100。
2. 刀盘定位轴颈 *A* 的径向全跳动为 0.02mm。
3. 刀盘定位端面 *B* 对 $\phi25$ 轴的轴向全跳动为 0.02mm。
4. 铣刀盘的轴端的轴向窜动公差为 0.01mm。

| | | | | | | | |
|---|---|---|---|---|---|---|---|
| 16 | GB/T 93—1987 | 垫圈 | 1 | 64Mn | | | |
| 15 | GB/T 5782—2016 | 螺栓 M6×30 | 1 | Q235 | | | |
| 14 | GB/T 93—1987 | 挡圈 | 1 | 35 | | | |
| 13 | GB/T 1096—2003 | 键 8×7×20 | 2 | 45 | | | |
| 12 | | 毡圈 | 2 | 半粗羊毛毡 | | | |
| 11 | | 端盖 | 2 | HT200 | | | |
| 10 | GB/T 70.1—2008 | 螺钉 M8×22 | 12 | | | | |
| 9 | | 调整环 | 1 | | | | |

| | | | | | | | |
|---|---|---|---|---|---|---|---|
| 8 | | 座体 | 1 | HT200 | | | |
| 7 | | 轴 | 1 | 45 | | | |
| 6 | GB/T272—2017 | 轴承 | 2 | | | | |
| 5 | GB/T1096—2003 | 键 8×7×30 | 1 | | | | |
| 4 | | 带轮 | 1 | HT150 | | | |
| 3 | GB/T119—2000 | 销 6m6×12 | 1 | 35 | | | |
| 2 | GB/T68—2016 | 螺钉 M8×8 | 1 | M8 | | | |
| 1 | GB/T891—1986 | 挡圈 A35 | 1 | 35 | | | |
| 序号 | 代号 | 名称 | 数量 | 材料 | 单件重量 | 总计重量 | 备注 |

| | | | |
|---|---|---|---|
| 设计 | | | |
| 校核 | | | |
| 审核 | | 比例 | 铣刀头 |
| | | 共 张 第 张 | |

图 11-26 铣刀头的装配图

## 二、装配图中的技术要求

在装配图中，有些无法在图中表达清楚的技术上的要求和说明，必须用文字及符号，写在标题栏的上方或其他空白处来表达。

（1）装配要求 装配时必须达到的精度；装配过程中的要求；指定的装配方法。

（2）检验要求 包括检验、试验的方法和条件，必须达到的指标。

（3）使用要求 包括包装、运输、维护、保养以及使用操作的注意事项等。

如图 11-26 所示铣刀头装配图中的技术要求中，共有四点，均反映铣刀头在装配过程中的装配和检验要求。

## 三、装配图中的零、部件序号和明细栏

由于装配图中零件的数量和种类较多，为了在设计和制造过程中便于查找有关零件，以及便于读图等，在装配图中，必须对每种零、部件编写序号，并在标题栏上方填写与图中序号完全相同的明细栏，用以说明每种零件的名称、数量、材料和规格等。

### （一）零、部件的序号

#### 1. 序号编写的一般规定

装配图中每一种零件或部件都要进行编号。形状、尺寸完全相同的零件只编一个序号，数量填写在明细栏中。同一标准部件，如滚动轴承、电机、油杯等也只编一个序号。如图 11-2 所示，滑动轴承装配图中的序号为 8 的部件油杯。

#### 2. 序号的形式

通常有三种形式。但应注意，同一装配图中编注序号的形式应一致。

1）在指引线的水平线（细实线）上或圆（细实线）内注写序号，序号字高比该装配图中所注尺寸数字高度大一号，如图 11-27a 所示，或大两号如图 11-27b 所示。

2）在指引线的附近注写序号，序号字高比该装配图中所注尺寸数字高度大两号，如图 11-27c所示。

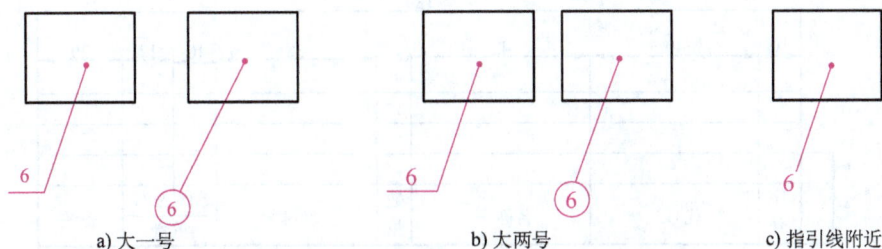

图 11-27　序号的三种形式

### 3. 序号的标注格式

1）序号应尽可能注写在反映装配关系最清楚的视图上，并应从所指定部分的可见轮廓线内用细实线向图外画出指引线，在指引线的引出端画一小圆点。若所指部分很薄或剖面涂黑不宜画小圆点时，可在指引线的引出端画出箭头，指向该部分的轮廓。如图 11-28 所示指引线的画法。

2）指引线应尽可能分布均匀，不可彼此相交。当通过剖面线的区域时，不应与剖面线平行。必要时指引线可以画成折线，但只可曲折一次，如图 11-28 所示。

3）装配清楚的紧固件组，可以采用公共指引线，如图 11-29 所示。公共指引线的格式如图 11-30 所示。

图 11-28　指引线的画法

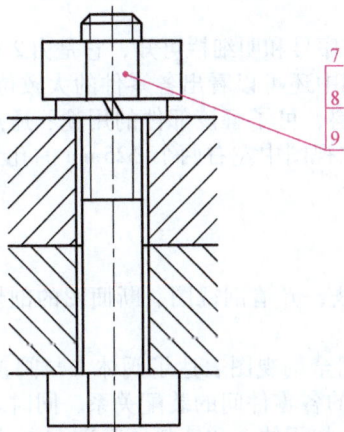

图 11-29　零件组的公共指引线

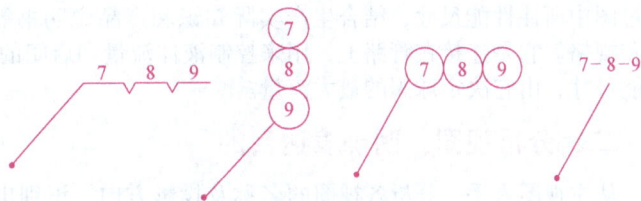

图 11-30　公共指引线的格式

4）装配图中的序号应水平或垂直方向排列整齐，并按顺时针或逆时针方向顺次排列，不能跳号。如图 11-2 所示的滑动轴承装配图的序号，图 11-26 所示铣刀头装配图中的序号。

### （二）明细栏

在标题栏的上方列有明细栏，它是机器或部件中全部零件的目录。零件的序号在明细栏中按顺序自下而上填写，当向上排列受到位置限制时，可将明细栏的一部分移至紧靠标题栏的左方。明细栏中零件的序号必须与装配图中零件的序号一一对应。如图 11-26 所示铣刀头装配图中的明细栏。标题栏和明细栏的格式如图 11-31 所示。

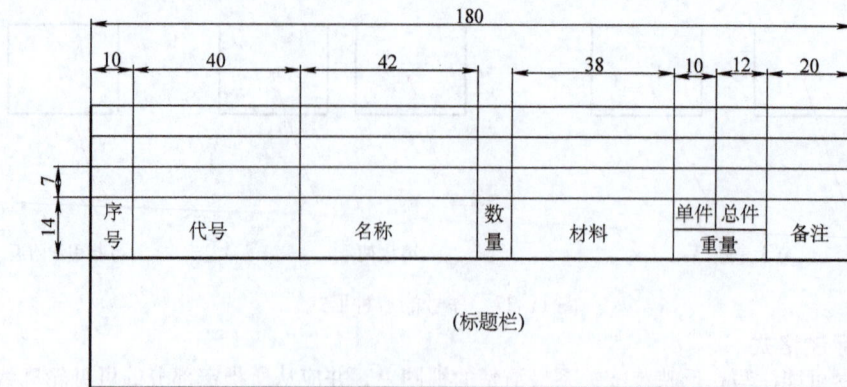

图 11-31　明细栏的格式

# 第六节　识读装配图的方法和步骤

设计机器、装配产品、合理使用和维修机器设备，以及学习先进技术等都会遇到读装配图的问题。**识读装配图应达到下列基本要求**：

1）了解装配体的功能、性能和工作原理。

2）明确各零件的作用和它们之间的相对位置、装配关系以及各零件的拆装顺序。

3）读懂零件（特别是几个主要零件）的结构形状，了解主要尺寸和技术要求。

以球阀为例，说明识读装配图的方法和步骤。

## 一、概括了解部件的作用和组成

先看标题栏，了解装配体的名称、用途及图形比例。再看明细栏，了解零件的名称、种类、材料、数量和它们在图中的位置。通过初步观察，结合阅读有关资料、说明书等，对装配体的结构、工作原理有个概括了解。

如图 11-32 所示装配图，由标题栏知该部件是球阀。对照图上的序号和明细栏可知，它是由 2 种标准件，11 种非标准件共 13 种零件组成的，是较为简单的部件，从图中还可以看出各零件的大致位置。通过图中所注性能尺寸，结合生产实际知识和产品说明书等有关资料，可了解该部件的用途、适用条件和规格。它是连接在管路上，用来控制液体流量和启闭的装置。主视图中左右两个 $\phi25mm$ 的孔为其性能尺寸，由它决定球阀的最大流量。

## 二、分析视图，明确表达目的

从主视图入手，分析各视图的名称及投影方向，识别出表达方法，弄清剖视图、断面图的剖切位置，从而了解各视图的表达意图和重点。

如图 11-32 所示，球阀采用主、左、俯三个基本视图。主视图用全剖视图表达了阀体 1 与阀盖 2、阀芯 4、阀体 1 与阀杆 12、填料压紧套 11、扳手 13 等主要装配干线的各零件间的装配关系，同时表达各零件内形；左视图采用半剖视图，既表达阀芯 4 与阀体 1、阀杆 12 与阀体 1 和填料压紧套 11 在另一方向上的装配关系，又表达了部件的外形，同时也表明球阀在前后方向上，内形和外形是完全对称的；俯视图采用 B—B 局部剖视图，表达了阀杆 12 与阀体 1 和扳手 13 的连接关系和阀杆 12 的形状，同时也表达了部件的外部结构形状和各组成零件间的相对位置关系。为使球阀上部表达得更充分清晰，左视图采用了拆卸画法。

## 三、分析装配关系、传动关系和工作原理

分析各条装配干线，弄清楚各零件间相互配合的要求，以及零件间的定位、连接方式、密封等问题。再进一步搞清运动零件与非运动零件的相对运动关系，以及运动零件间运动的传递路线。分析尺寸及技术要求，进一步了解装配体的规格、外形大小及零件之间的装配要求和安装方法等。

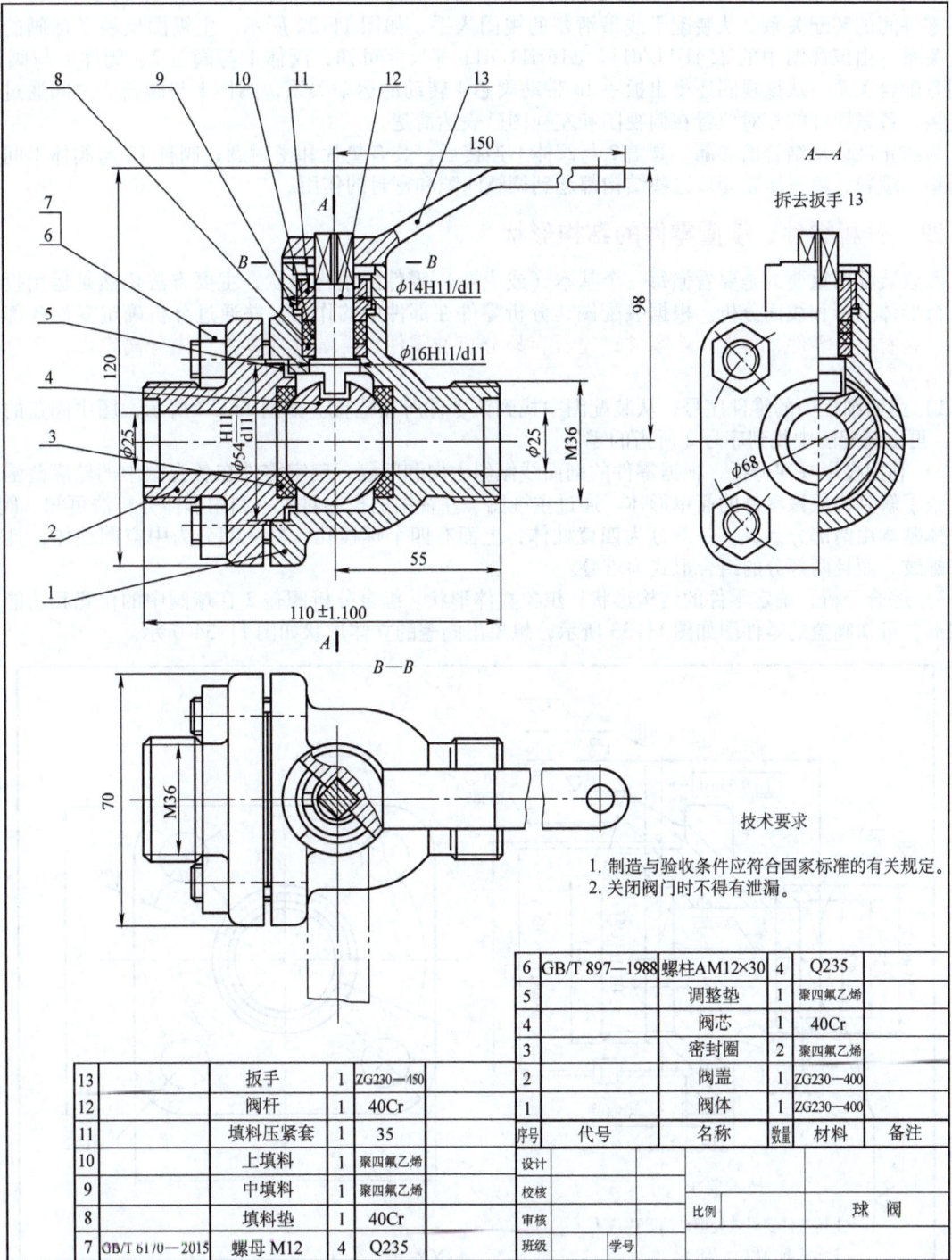

**图 11-32　球阀装配图**

| 6 | GB/T 897—1988 | 螺柱AM12×30 | 4 | Q235 | |
| 5 | | 调整垫 | 1 | 聚四氟乙烯 | |
| 4 | | 阀芯 | 1 | 40Cr | |
| 3 | | 密封圈 | 2 | 聚四氟乙烯 | |
| 2 | | 阀盖 | 1 | ZG230—400 | |
| 1 | | 阀体 | 1 | ZG230—400 | |
| 序号 | 代号 | 名称 | 数量 | 材料 | 备注 |

| 13 | | 扳手 | 1 | ZG230—450 | | | |
| 12 | | 阀杆 | 1 | 40Cr | | | |
| 11 | | 填料压紧套 | 1 | 35 | | | |
| 10 | | 上填料 | 1 | 聚四氟乙烯 | 设计 | | |
| 9 | | 中填料 | 1 | 聚四氟乙烯 | 校核 | | |
| 8 | | 填料垫 | 1 | 40Cr | 审核 | 比例 | 球　阀 |
| 7 | GB/T 6170—2015 | 螺母 M12 | 4 | Q235 | 班级 | 学号 | |

**技术要求**

1. 制造与验收条件应符合国家标准的有关规定。
2. 关闭阀门时不得有泄漏。

如图 11-32 所示，阀体 1 的右侧、阀盖 2 的左侧有液体的进出通道，阀芯 4 与阀体 1、阀盖 2 靠球面配合。当阀杆 12 处于图示位置时，阀芯 4 的通孔与阀体 1 和阀盖 2 的通孔相连，液体流通。如果将扳手 13 转动某一角度，阀芯 4 也随同转动同一角度，可以改变阀芯 4 的通孔与阀体 1 和阀盖 2 的通孔连通的面积，从而调节液体流量的大小，起到控制液体流量的作用。扳手 13 转动 90°，阀芯 4 随之转过90°，阀芯4的通孔与阀体1、阀盖2的通孔不连通，液体不能流通。这就是球阀的工作过程。

零件间的装配关系要从装配干线最清楚的视图入手，如图11-32所示，主视图反映了球阀的主要装配关系。由该视图中的 $\phi54H11/d11$、$\phi16H11/d11$ 等尺寸可知，阀体1与阀盖2、阀体1与阀杆12之间有配合关系。从该视图还得出扳手13带动阀芯4转动的运动关系，阀体1与阀盖2之间通过紧固件连接，各紧固件的相对位置在俯视图和左视图已表达清楚。

为防止液体从结合面渗漏，阀盖2与阀体1连接后，装有垫片和密封圈；阀杆12与阀体1间装有填料垫、填料、填料压紧套。这些结构都起到调整间隙和密封的作用。

## 四、分析零件、读懂零件的结构形状

阅读装配图重要的是要看懂每一个基本（或主要）零件的结构形状，主要方法仍然是运用投影规律进行形体分析和线面分析。根据装配图，分析零件在部件中的作用，并通过分析确定零件各部分的形状。先看主要零件，再看次要零件；先看容易分离的零件，再看其他零件；先分离零件，再分析零件的结构形状。

1）由明细栏中的零件序号，从装配图中找到该零件所在位置。如图11-32所示，图中阀盖的序号为2，再由装配图中找到序号2所指的零件。

2）利用投影规律分析，根据零件的剖面线倾斜方向和间隔，确定零件在各视图中的轮廓范围，并可大致了解到构成该零件的简单形体。通过主视图、左视图的投影对应，利用形体分析法可知，阀盖2的主体基本由两部分组成，一部分为四棱柱体，上面有四个螺栓孔；另一部分为中空圆柱体，且左端带有螺纹，而且两部分的组合形式为堆叠。

3）综合分析，确定零件的结构形状，想象立体形状。综合分析阀盖2在球阀中的位置和功能，对照图形，可知阀盖的零件图如图11-33所示，想象出阀盖的立体形状如图11-34所示。

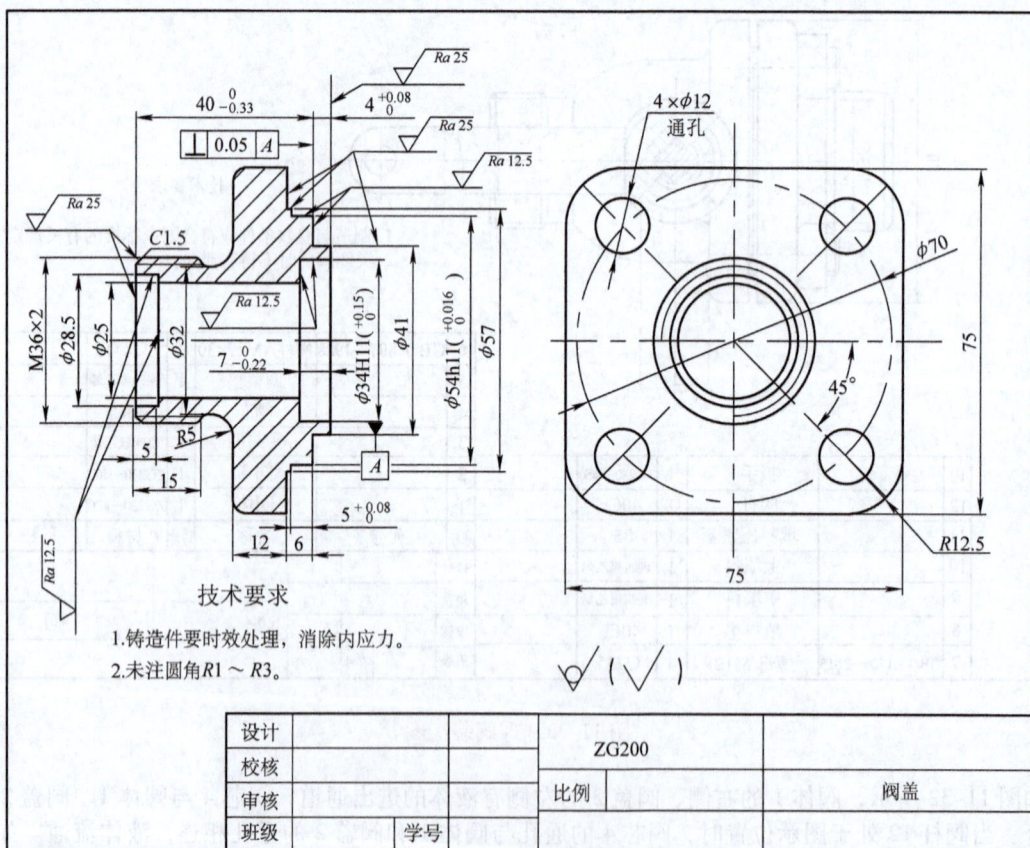

图 11-33　阀盖的零件图

按前述步骤继续分析球阀的其他组成零件，如阀体、阀杆、阀芯等。

## 五、总结归纳

对装配图的概括了解、视图分析、零件形状分析之后，还应对所注尺寸和技术要求进行进一步的分析研究，了解机器或部件的设计意图和装配工艺性能等，并弄清各零件的拆装顺序。从而对机器或部件做全面认识，完成读装配图，并为拆画零件图打下基础。经过对球阀装配图的深入分析，最后得出球阀的轴测图，如图 11-35 所示。

扫扫看

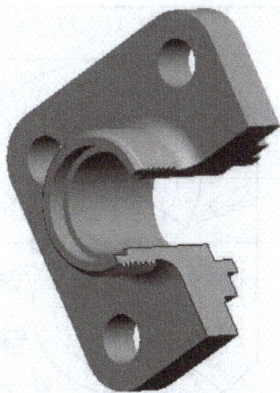

图 11-34　阀盖轴测图

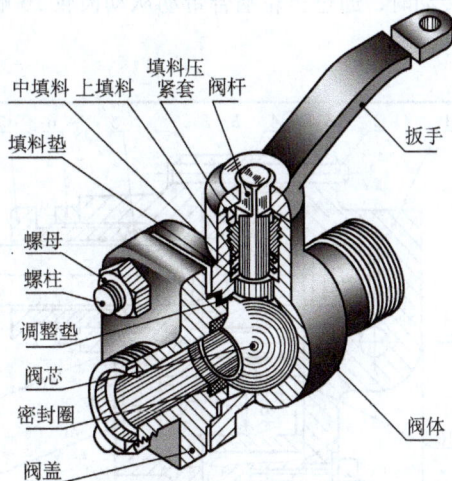

图 11-35　球阀轴测图

# 第七节　由装配图拆画零件图

由装配图拆画零件图是设计过程中的重要环节，也是检验阅读装配图和画零件图能力的常用方法。拆画零件图前，必须读懂机器或部件的装配图，在此基础上应对所拆零件的作用进行分析，然后把该零件从与其组装的其他零件中分离出来，画出相应的零件图。

以齿轮泵装配图为例，介绍由装配图拆画零件图的一般方法和步骤。

## 一、读懂装配图

按上节课讲到的读装配图的方法和步骤，弄清机器或部件的工作原理、装配关系、各零件的主要结构形状及功用。

如图 11-36 所示的齿轮泵装配图，对照零件序号和明细栏可知：齿轮泵由泵体 8、泵盖 1、运动零件（从动轴 9、从动齿轮 16、齿轮轴 4）、密封零件和标准件等 16 种零件装配而成，属于中等复杂程度的部件。三个方向的外形尺寸分别是 160mm、120mm、120mm，体积不大。它是机器中输送润滑油的一个部件。

采用三个基本视图表达。主视图采用全剖视图，反映了组成齿轮泵的各个零件间的装配关系。左视图采用了拆卸画法，拆去了零件 1、2、3、14、15 后得到的视图，并进行了局部剖视。俯视图又在控制油路处进行了局部剖切，清楚地表达了齿轮泵的控制油路的结构和各零件的装配情况。泵体 8 的外形形状为长圆，中间加工成 8 字型通孔，用以安装齿轮轴 4 和从动轴 9；四周加工有两个定位销孔和四个螺孔，用以定位和旋入螺钉 15，并将泵体 8 与泵盖 1 连接在一起；泵盖 1 的外形形状为长圆，四周加工有两个定位销孔和四个阶梯孔，用以定位和装入螺钉 15，将泵盖 1 与泵体 8 连接在一起；在长圆结构左侧铸造出长圆凸台，便于加工出油孔，以调节齿轮泵的压力。其他零件的结构形状请读者自行分析。

泵体8是齿轮泵中的主要零件之一，空腔中容纳了一对吸油和压油的齿轮。将齿轮轴4、从动轴9装入泵体后，左侧有泵盖1支承这一对齿轮轴的旋转运动。由圆柱销2将泵盖1与泵体8定位后，再用螺钉15将它们连接。为了防止泵体8与泵盖1的结合面处和齿轮轴4伸出端漏油，分别用填料5、螺母6、压盖7密封。

齿轮轴4、从动轴9、从动齿轮16等是齿轮泵中的运动零件。当齿轮轴4按逆时针方向（从左视图观察）转动时，通过齿轮啮合带动从动齿轮16顺时针方向转动。

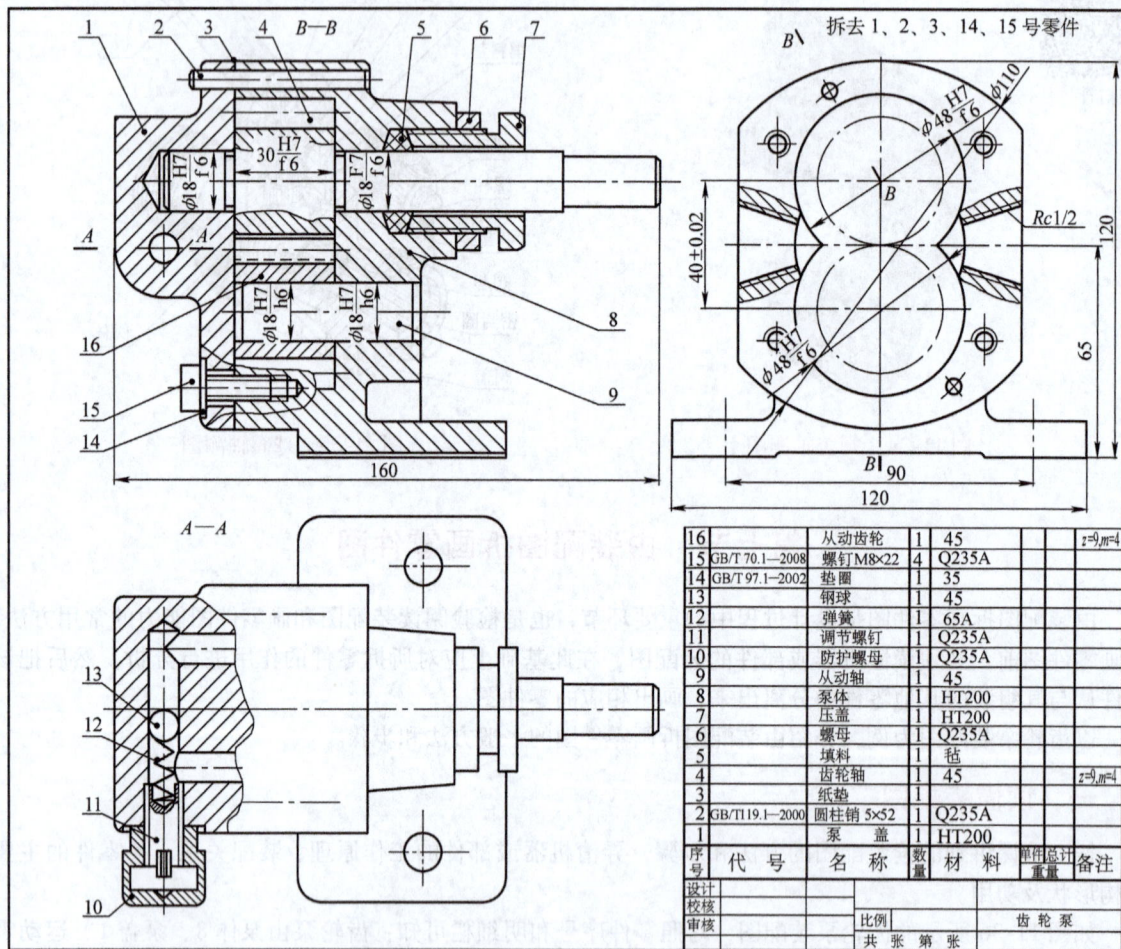

| 16 | | 从动齿轮 | 1 | 45 | | $z=9, m=4$ |
| 15 | GB/T 70.1—2008 | 螺钉M8×22 | 4 | Q235A | | |
| 14 | GB/T 97.1—2002 | 垫圈 | 1 | 35 | | |
| 13 | | 钢球 | 1 | 45 | | |
| 12 | | 弹簧 | 1 | 65A | | |
| 11 | | 调节螺钉 | 1 | Q235A | | |
| 10 | | 防护螺母 | 1 | Q235A | | |
| 9 | | 从动轴 | 1 | 45 | | |
| 8 | | 泵体 | 1 | HT200 | | |
| 7 | | 压盖 | 1 | HT200 | | |
| 6 | | 螺母 | 1 | | | |
| 5 | | 填料 | 1 | 毡 | | |
| 4 | | 齿轮轴 | 1 | 45 | | $z=9, m=4$ |
| 3 | | 纸垫 | 1 | | | |
| 2 | GB/T119.1—2000 | 圆柱销 5×52 | 1 | Q235A | | |
| 1 | | 泵 盖 | 1 | HT200 | | |
| 序号 | 代 号 | 名 称 | 数量 | 材 料 | 单件 总计 重量 | 备注 |

图 11-36 齿轮泵的装配图

齿轮泵的主要功用是通过吸油和压油，为机器提供润滑油。其原理如图11-37所示，当一对齿轮在泵体中做啮合传动时，啮合区内右边空间的压力降低，产生局部真空，油池内的油在大气压力作用下，进入泵低压区的吸油口。随着齿轮的转动，齿槽中的油不断沿箭头方向被带到左边的压油口把油压出，送到机器需要润滑的部位。

在这16种零件中，序号为2和14、15的零件是标准件，不需要拆画零件图；填料选用即可，也不需拆画零件图；剩余的12种零件是一般零件，应按照在装配图中所表达的形状、大小和有关技术要求来拆画零件图。

通过以上分析，齿轮泵各零件结构形状、装配关系及齿轮泵的工作原理一目了然，综合想象它的立体形状，如图 11-38 所示。

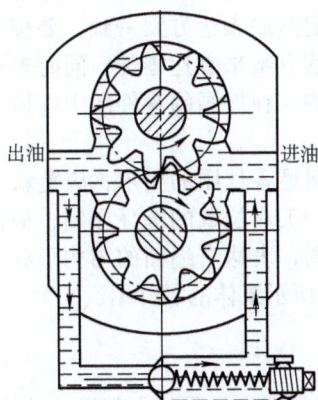

图 11-37　齿轮泵的原理图

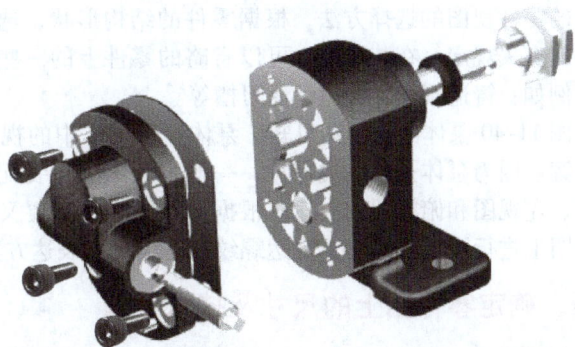

图 11-38　齿轮泵的轴测分解图

## 二、分离零件，构想零件形状

分离零件的基本方法是：首先在装配图上找到该零件的序号和指引线，顺着指引线找到该零件；再利用投影关系、剖面线的方向找到该零件在装配图中的轮廓范围；经过分析，补全所拆画零件的轮廓线，构想零件的形状。

以分离图 11-36 所示齿轮泵装配图的泵体 8 为例，说明分离零件的方法。

首先，在明细栏中找到泵体，序号为 8；看主视图，从序号 8 的指引线起端圆点和剖面线的范围，可找到泵体的位置和大致轮廓范围，可知位于齿轮泵的右侧，是齿轮泵的主要零件。

然后，利用投影关系和剖面线的方向，确定泵体的轮廓范围，分离出的泵体视图，如图 11-39 所示。联系俯视图和左视图，对投影，用形体分析法分析可知，泵体左端为上下半圆柱体与中间长方体的堆叠，右端堆叠一凸台；在此组合体上开有 8 字形的阶梯通孔，在垂直于此通孔的轴线方向上，前后各有一个螺纹通孔与 8 字形通孔相通；下部有一长方体支撑，上面有两个孔，用于连接。分离出的泵体的基本形状，结合以上分析，补画泵体视图上缺失的图线，想象出立体形状，如图 11-40 所示。

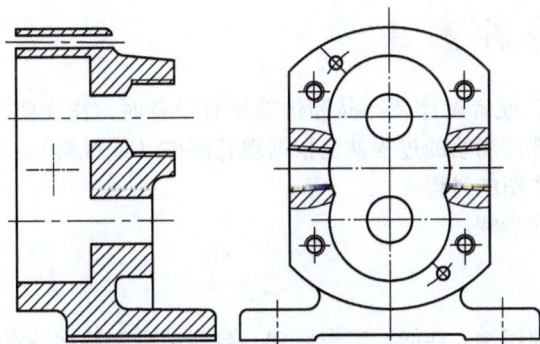

图 11-39　分离出的泵体视图

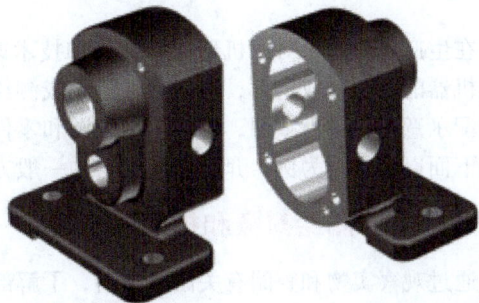

图 11-40　泵体的轴测图

213

### 三、确定零件视图的表达方案

零件从装配图上分离出来以后，想象清楚零件的全部结构形状，还需要再考虑零件的表达方案。因为装配图的表达重点不是为表达零件的结构形状，装配体的表达方案不一定适合其中某个零件的表达，所以在拆画零件图时，零件的主视图的确定，并不一定要求和装配图的表达方案一致，要按照前面讲到的零件视图的选择方法，根据零件的结构形状，选择合适的表达方案来表达零件。同时根据国家标准的有关规定，在装配图上可以省略的零件上的一些标准工艺结构，在拆画的零件图中应该予以恢复，例如：铸造圆角、倒角、退刀槽等。

从图 11-40 泵体的轴测图可知，泵体在装配图中的视图表达不能满足零件图的要求，应重新选择表达方案。因为泵体是箱体类零件，一般主视图应与装配图一致，符合工作位置的选择原则，保留了主视图、左视图和俯视图的表达。根据形状结构的需要又增加了右视图，表达右端面的结构形状，并在俯视图上进行了局部剖切，表达螺纹孔的深度。表达方案如图 11-41 所示泵体的零件图。

### 四、确定零件图上的尺寸及技术要求

装配图是按一定比例绘制的，虽然没有标注出零件的全部尺寸，但是提供了零件全部尺寸的依据。不同的尺寸应有不同的处理方式。

1）装配图中已标注的尺寸，与被拆画零件有关的应照样标注。如图 11-41 所示，泵体的总宽 120mm、直径 $\phi$110mm、螺孔中心距 60mm 等。

2）有关的配合尺寸应查出偏差数值，标注在零件图上。如图 11-36 所示齿轮泵装配图中的 $\phi$48H7/f6、$\phi$18H7/f6 等七处配合尺寸，都应分别按孔、轴的公差代号或查出偏差数值注在相应的零件图上，如图 11-41 所示泵体零件图的尺寸 $\phi48^{+0.025}_{0}$、$\phi18^{+0.018}_{0}$、$30^{+0.021}_{0}$ 等。

3）零件上标注的工艺结构要素（如键槽、螺纹）等尺寸，应从相应标准中查取。如图 11-41 所示泵体零件图的尺寸 $4 \times M8 - 6H$。

4）能计算的尺寸，如齿轮的齿顶圆、分度圆直径，应通过准确的计算确定，不宜在装配图中直接量取。

5）装配图中没有标注的零件几何尺寸，可直接从装配图中量取，再按图示比例换算后标注在零件图上。如图 11-41 所示泵体零件图中的 55mm、60mm、15mm 等，除去抄、查的尺寸，其余均为从装配图中量取后确定的。

6）零件图的表面粗糙度及其他技术要求的标注，可参阅有关手册，或同类产品的零件图中的有关部分，来确定所拆画零件的相关技术要求。如图 11-41 所示泵体零件图中的技术要求。

最后，填写标题栏，完成拆画零件图。

## 第八节　部件测绘

在生产实践中，对原机器进行维修和技术改造，或者设计新产品和仿造原有设备时，往往要测绘有关机器的一部分或全部，称为部件测绘或测绘。部件测绘的过程就是根据现有部件（或机器），先画出装配示意图、零件草图，再画出装配图和零件工作图的过程。

下面以安全阀为例，介绍部件测绘的一般方法和步骤。

### 一、了解测绘对象和拆卸零部件

通过观察实物和查阅有关图样资料，了解部件的用途、性能、工作原理、装配关系和结构特点等；并对相关的总体尺寸、相对位置尺寸、性能尺寸等装配以后形成的一些尺寸进行测量、记录；然后拆卸零部件，进一步弄清部件中各零件的装配关系和结构形状。

（1）了解测绘对象　了解部件的用途、性能、工作原理、装配关系和结构特点等。

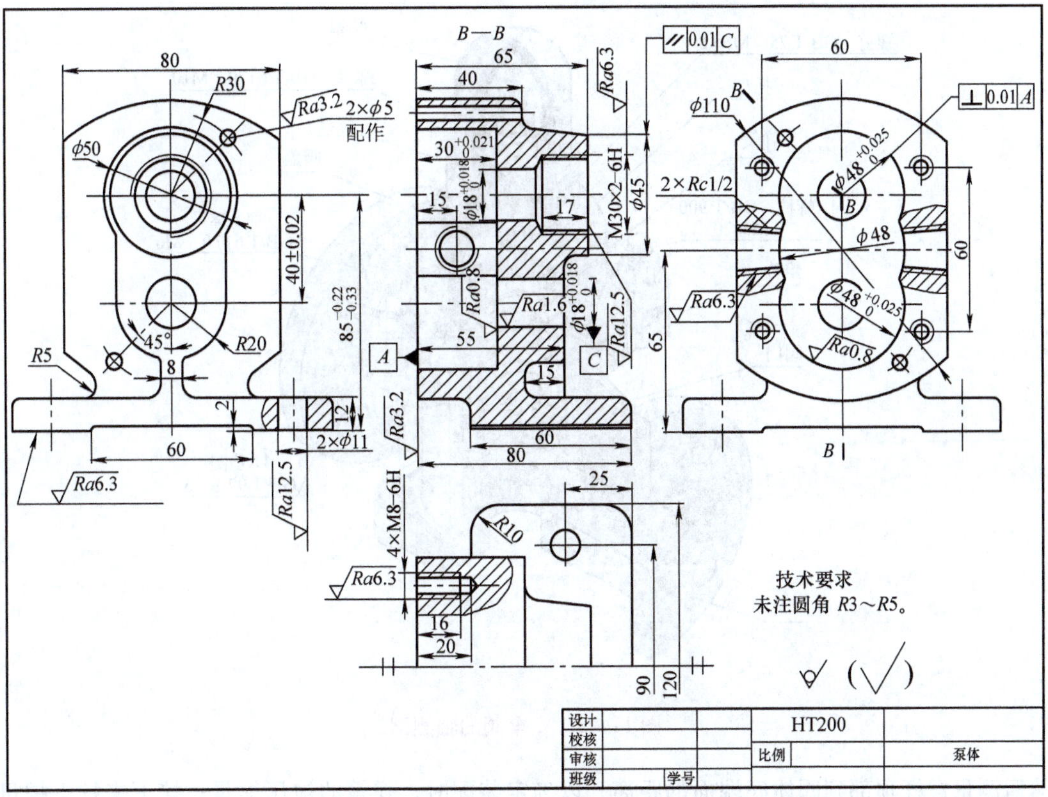

图 11-41　泵体的零件图

　　如图 11-42 所示安全阀的轴测图，通过观察和查阅相关资料得知，该部件是一种装在油路上，保证油路安全的安全装置，由 13 种不同的零件组成。主体部分是阀体和阀盖，用 4 个双头螺柱连接。在阀体与阀盖内腔装有阀门、弹簧、托盘、螺杆等，螺杆与阀盖是以螺栓、螺母连接。阀盖上有阀帽，用螺钉进行轴向定位。在正常工作下，阀门靠弹簧压力处在关闭位置，此时，油就从阀体左端孔下方流入导管。当导管中油压由于某种原因增高而超过弹簧压力时，则会顶开阀门，油就会顺阀体右端孔经另一导管流回油箱，这样就保证了油路的安全。弹簧压力的大小根据油路压力的需要靠螺杆来调节。为了防止螺杆松动，在其上端用螺母锁紧。

扫扫看

　　（2）拆卸部件　拆卸部件时应注意：

　　1）拆卸前应先测量一些必要的尺寸数据，如某些零件间的相对位置尺寸、运动件极限位置的尺寸等，以作为测绘中校核图样的参考。

　　2）要周密制定拆卸顺序，划分部件的各组成部分，合理地选用工具和正确的拆卸方法，按一定顺序拆卸，严防乱敲乱撬。

　　3）对精度较高的配合部位或过盈配合，应尽量少拆或不拆，以免降低精度或损坏零件。

　　4）拆下的零件要分类、分组，对所有零件进行编号登记，并对应地在零件实物上拴上标签，有秩序地放置，防止碰伤、变形、生锈或丢失，以便再装配时仍保证部件的性能和要求。

　　5）拆卸时，要认真研究每个零件的作用、结构特点及零件的装配关系，正确判别配合性质和加工要求。

　　如图 11-42 安全阀轴测图所示，首先观察一下安全阀，它的外围零件无相对位置尺寸和运动极限位置尺寸。接下来确定的拆卸顺序为：由上到下，由外到内。先拆下阀盖与阀帽相连的螺钉，取下阀

215

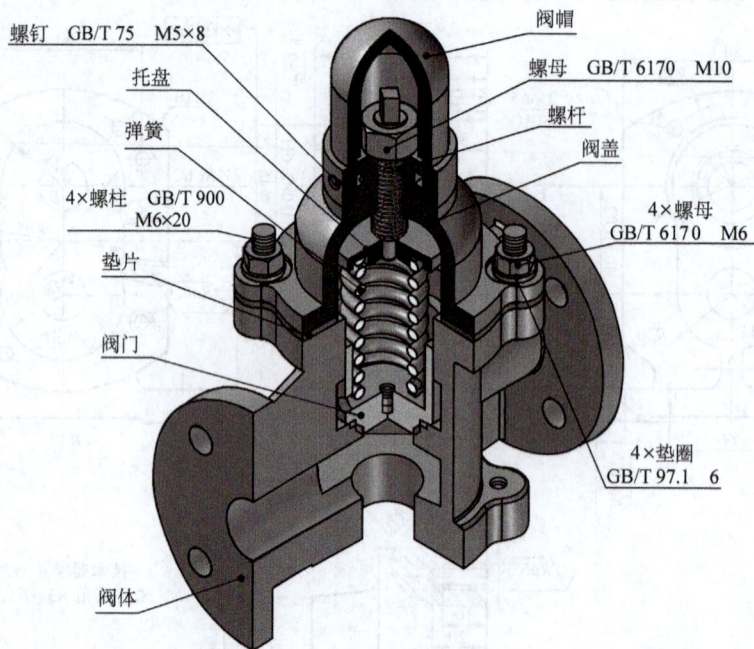

图 11-42　安全阀的轴测图

帽，然后测量螺杆顶部到阀体底端面的距离，以确定装配时，弹簧的被压缩量；接下来拧下螺母，旋出螺杆；再拆卸阀盖和阀体连接的四个螺柱，取下阀盖和垫片，取出弹簧和阀门。拆卸过程中，每取下一件都要编号，并按顺序排列好，同时观察装配关系和顺序，画装配示意图。

## 二、画装配示意图

装配示意图是通过目测，徒手用国家标准规定的简图符号和线条，示意地画出每个零件的位置、装配关系和部件工作情况的图样。对各零件的表达，通常不受前后层次的限制，尽可能把所有零件集中在一个视图上表达，如有必要也可补画其他视图。装配示意图是在部件拆卸过程中，按零件在装配体中的作用、位置以及与零件的连接方式，所画的记录图样，是绘制装配图和重新装配部件的依据。

如图 11-43 所示的安全阀的装配示意图，是在拆卸安全阀的过程中，用简单的线条和符号，形象画出了安全阀中各零件的装配和连接关系的示意图。在该图上，应按拆卸时零件的编号进行标注，或写出各零件的名称。并对标准件及时确定标记。

## 三、测绘零件，画零件草图

零件草图（徒手图）是画装配图和零件图的依据。零件草图的画法及有关要求，已在本书前面的章节中介绍过。在部件测绘中画零件草图要注意：

1）除标准件之外的其余所有零件，都必须画出零件草图。如图 11-43 所示，安全阀装配示意图中，除去 5 种标准件外，其余的 8 种零件都要画出零件草图。

2）两零件的配合尺寸或结合起来的尺寸量出后，要及时填写在各自的零件草图中，以免发生矛盾。

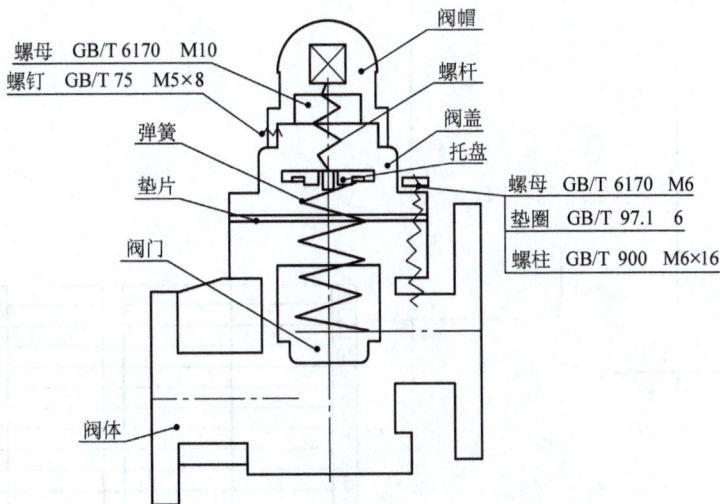

图 11-43 安全阀装配示意图

## 四、画装配图

### （一）确定表达方案

装配图表达的重点是清晰地反映机器或部件的工作原理、装配线关系及各零件的主要结构形状。因此，确定装配图的表达方案时，应在满足上述表达重点的前提下，力求使绘图简便，读图方便。

（1）**主视图的选择** 如图 11-43 所示的安全阀装配图，其主要装配干线为阀体、阀盖的竖直轴线，主要结构为左右进出油孔的内形，及其与阀门的装配关系，所以选择左右进出油孔轴线平行于正平面的方向作为主视图的投射方向。安全阀的工作位置为主视图的安放位置。为了能将内部各零件的装配关系反映出来，主视图采用全剖视图。

（2）**其他视图的选择** 考虑到阀体、阀盖、阀帽的外形以及阀体与阀盖间的螺柱连接关系还未表达，左视图可采用局部视图来表达。为了表达阀体与阀盖的安装面形状及阀体和阀盖的外形，俯视图采用基本视图的表达方法。考虑到阀体底板的形状和结构还未表达清楚，采用了一个局部视图来表达。

### （二）画装配图的一般步骤

以安全阀为例说明画图步骤。

1）布置图形，画基准线。根据确定的表达方案、部件的大小、视图的数量，选取适当的绘图比例和图幅，留出标题栏、明细栏的位置和填写技术要求文字说明的部位。然后，布置图形，画出各视图的主要基准线。

通常用主要轴线、对称中心线、对称线以及主要零件的主要轮廓线作为画各视图的主要基准线，将各视图定位。如图 11-44 所示，主视图画出了阀体的轴线、底面轮廓线和左右进出油孔的轴线、左右端面的轮廓线；左视图画出了阀体的轴线和左进油孔左端面水平的中心线；俯视图画出了左右进出油孔的轴线和阀盖底圆的中心线。

2）绘制主体零件和与其直接相关的重要零件。画底稿时，一般先画主要装配线干线，逐步向外扩展。如图 11-45 所示，画出阀体、阀盖、阀门、弹簧、螺杆等主体零件和与其装配的相关零件。

3）绘制其他零件和细部结构，如图 11-46 所示，绘制螺栓、螺母、螺钉以及其他一些细部结构。

4）检查核对底稿，画剖面线，如图 11-47 所示。

5）标注尺寸，编写零件序号，填写标题栏、明细栏，注写技术要求，完成全图，如图 11-48 所示。

217

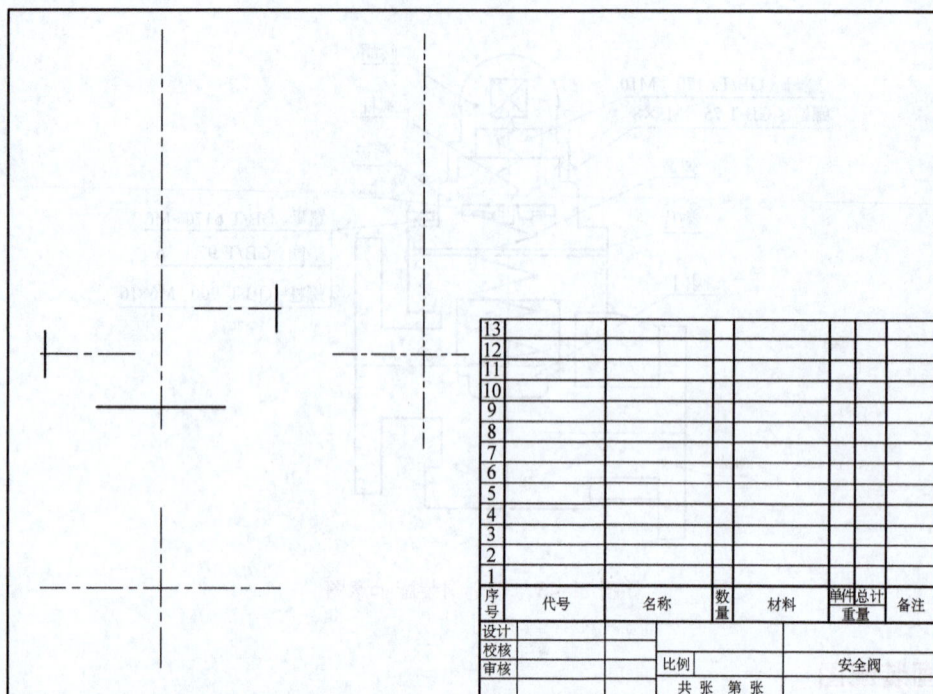

图 11-44 布置图形，画基准线

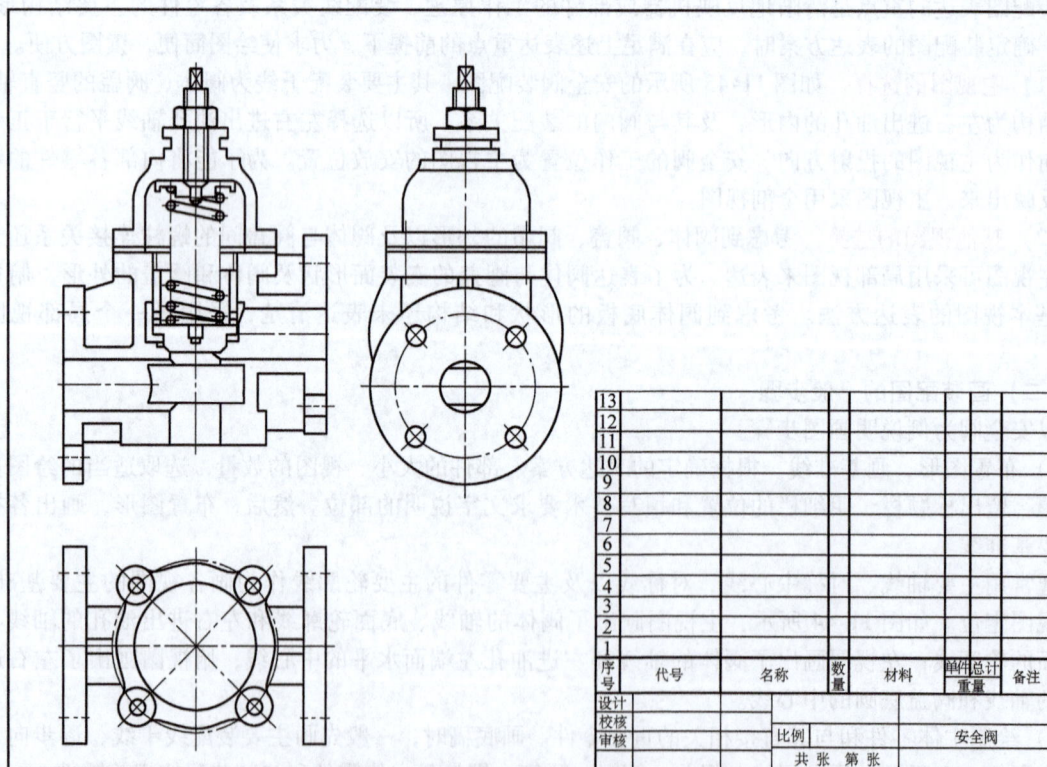

图 11-45 画主要零件和与其相关的重要零件

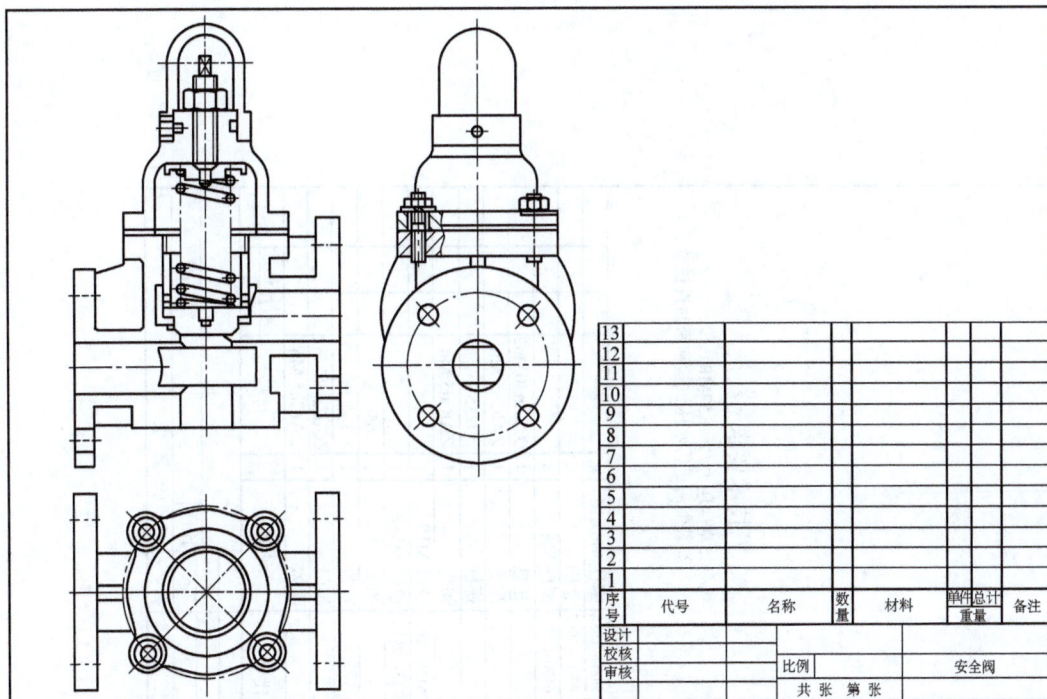

| 13 | | | | | | | |
| --- | --- | --- | --- | --- | --- | --- | --- |
| 12 | | | | | | | |
| 11 | | | | | | | |
| 10 | | | | | | | |
| 9 | | | | | | | |
| 8 | | | | | | | |
| 7 | | | | | | | |
| 6 | | | | | | | |
| 5 | | | | | | | |
| 4 | | | | | | | |
| 3 | | | | | | | |
| 2 | | | | | | | |
| 1 | | | | | | | |
| 序号 | 代号 | 名称 | 数量 | 材料 | 单件 重量 | 总计 重量 | 备注 |
| 设计 | | | | | | | |
| 校核 | | 比例 | | | | 安全阀 | |
| 审核 | | 共 张 第 张 | | | | | |

图 11-46　绘制其他零件和细部结构

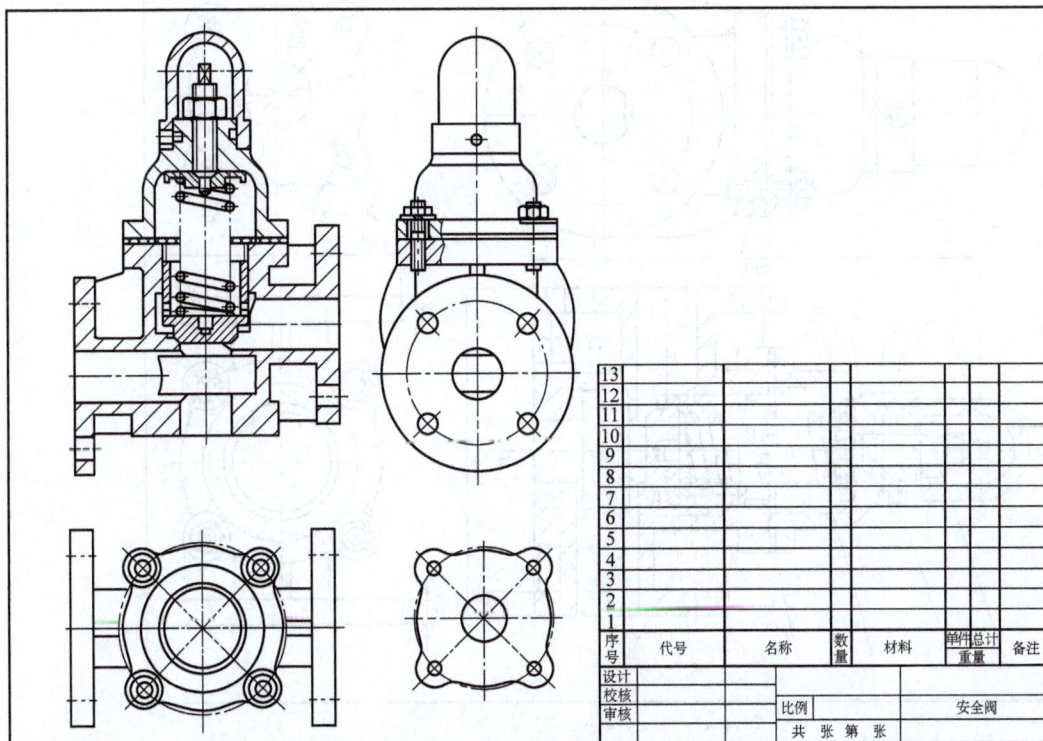

| 13 | | | | | | | |
| --- | --- | --- | --- | --- | --- | --- | --- |
| 12 | | | | | | | |
| 11 | | | | | | | |
| 10 | | | | | | | |
| 9 | | | | | | | |
| 8 | | | | | | | |
| 7 | | | | | | | |
| 6 | | | | | | | |
| 5 | | | | | | | |
| 4 | | | | | | | |
| 3 | | | | | | | |
| 2 | | | | | | | |
| 1 | | | | | | | |
| 序号 | 代号 | 名称 | 数量 | 材料 | 单件 重量 | 总计 重量 | 备注 |
| 设计 | | | | | | | |
| 校核 | | 比例 | | | | 安全阀 | |
| 审核 | | 共 张 第 张 | | | | | |

图 11-47　检查，画剖面线

**219**

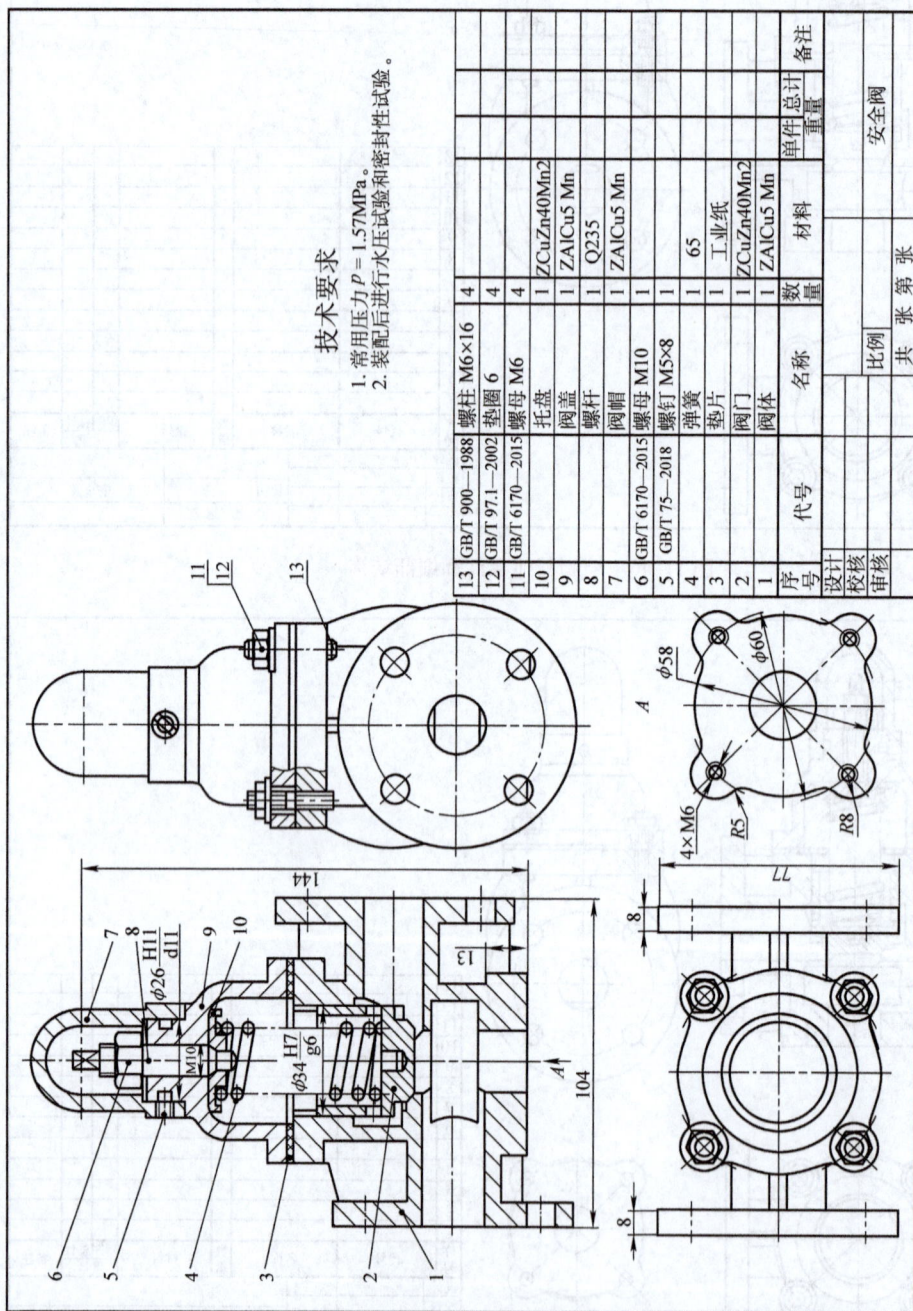

技术要求

1. 常用压力 $P = 1.57$ MPa。
2. 装配后进行水压试验和密封性试验。

| 13 | GB/T 900—1988 | 螺柱 M6×16 | 4 | | |
|----|----|----|----|----|----|
| 12 | GB/T 97.1—2002 | 垫圈 6 | 4 | | |
| 11 | GB/T 6170—2015 | 螺母 M6 | 4 | | |
| 10 | | 托盘 | 1 | ZCuZn40Mn2 | |
| 9 | | 阀盖 | 1 | ZAlCu5 Mn | |
| 8 | | 螺杆 | 1 | Q235 | |
| 7 | | 阀帽 | 1 | ZAlCu5 Mn | |
| 6 | GB/T 6170—2015 | 螺母 M10 | 1 | | |
| 5 | GB/T 75—2018 | 螺钉 M5×8 | 1 | | |
| 4 | | 弹簧 | 1 | 65 | |
| 3 | | 垫片 | 1 | 工业纸 | |
| 2 | | 阀门 | 1 | ZCuZn40Mn2 | |
| 1 | | 阀体 | 1 | ZAlCu5 Mn | |
| 序号 | 代号 | 名称 | 数量 | 材料 | 单件 总计 备注 / 重量 |

| 设计 | | 比例 | | 安全阀 |
|----|----|----|----|----|
| 校核 | | | | |
| 审核 | | 共 张 第 张 | | |

图 11-48 标注尺寸，注写技术要求等，完成全图

# 本 章 小 结

　　装配图是表达产品中部件与部件、部件与零件或零件间的装配关系、连接方式以及零件的基本结构形状的图样，一般具有完整的视图、必要的尺寸、确定的技术要求、标题栏和明细栏等内容。

　　在装配图中，根据机器或部件表达的需要，可以选用视图、剖视图、局部放大图等用于表达零件的方法，还可以采用规定画法、特殊画法和简化画法等。与零件图不同的是，装配图只需表达机器或部件的工作原理、装配关系和主要零件的结构形状，只需标注性能尺寸、总体尺寸、配合尺寸等必要的尺寸，无需把每一部分的结构尺寸完全表达清楚并标注出来。同时在装配图中，还需要按规定格式标出零部件的序号，按序号填写明细栏。

　　画、读装配图要遵循一定的方法和规律，并能从装配图拆画零件图。

## 复习思考题

1. 装配图的主要内容是什么？
2. 装配图与零件图在表达重点上有哪些不同？
3. 在装配图中，表达机器和部件有哪些方法？
4. 如何选择装配图中的视图？
5. 装配图中有哪些合理的装配结构？
6. 编写和标注序号时应注意哪些问题？
7. 如何读装配图？

# 第十二章

# 计算机绘图

本章主要介绍计算机绘图的方法、常用绘图工具、图形编辑工具和尺寸标注的方法，以使读者可以应用 CAD 软件绘制中等难度的零件图和装配图。

**【知识要求】**

1) 学习并掌握常用绘图工具的使用方法。
2) 学习并掌握常用图形编辑工具的使用方法。
3) 掌握中等难度的零件图和装配图的绘制方法。
4) 了解绘图环境的设置方法。

**【技能要求】**

能利用 CAD 软件绘制中等难度的零件图和装配图，并能正确标注尺寸和技术要求。

## 第一节　计算机绘图概述

随着科学技术的迅猛发展，计算机的应用也越来越广泛。计算机绘图（Computer Graphics，CG）是建立在图形学、应用数学及计算机科学的基础上，应用计算机及其图形输入、输出设备，实现图形显示及辅助绘图的一门学科。计算机绘图最早是为解决手工绘图而提出的，是目前 CAD 的基础。计算机绘图系统包括软件和硬件两大部分。

### 一、计算机绘图硬件设备

计算机系统的硬件主要是主机及其所需的外围设备。主机是计算机绘图系统的核心，由中央处理器和内存组成。外围设备包括辅助存储器（外存）、输入/输出设备。输入设备主要有键盘（通过击键输入信息）、鼠标（通过击屏输入信息）、图形输入板（用描图或手写输入信息）、扫描仪（通过扫描输入信息）等。输出设备包括显示器（屏幕上输出图形）、绘图机（图纸上输出图形）或打印机（打印输出图形或其他文档）。绘图机按纸张的放置形式可分为平板式绘图机和滚筒式绘图机两种。

### 二、计算机绘图软件系统

计算机绘图软件系统是计算机图形处理技术的关键，软件的水平决定了绘图系统的效率及使用的方便程度。计算机绘图系统软件包括系统软件和应用软件。目前的主流应用软件有两类：一类是以二维为主的辅助绘图软件，如 AutoCAD、CAXA 电子图板等；一类是以三维为主的计算机辅助设计软件，如 SolidWorks、NX 等。本章主要介绍 AutoCAD 软件。

AutoCAD 是 Autodesk（欧特克）公司推出的计算机辅助绘图和设计软件。1982 年 11 月 Autodesk 推出第一代产品 MicroCAD，其后经历了 R2 ~ R14、AutoCAD 2000、AutoCAD 2014 等版本。该软件最大的优势在于可绘制二维工程图，同时也可以进行三维建模和渲染，是目前 CAD 业界用户较多、使用较广的软件。自 1982 年以来，Autodesk 公司不断对其进行改进和完善，并连续推出更新、更完善的版本，使 AutoCAD 的操作界面更加人性化，功能更加齐全，工作效率更高。近年来，随着科学技术的迅猛发展，AutoCAD 在机械、建筑、电子等诸多领域的应用日渐普及，占据着举足轻重的地位。

## 第二节　AutoCAD 的基本操作

### 一、AutoCAD 的工作界面

#### 1. 软件启动

双击桌面上的快捷图标▲或依次单击"开始"→"程序"→"Autodesk"→"AutoCAD 简体中文 Simplified Chinese"→"AutoCAD"，即可打开软件。

#### 2. AutoCAD 2014 的工作界面

AutoCAD 2014 提供了三种工作空间模式，分别是"草图与注释""三维建模""AutoCAD 2014 经典"。要在各工作空间模式中进行切换，只需在状态栏中单击"切换工作空间"按钮 ⚙，在弹出的菜单中选择相应的命令即可。

默认打开的即为"草图与注释"空间，其初始界面如图 12-1 所示。在该空间，可以使用"绘图""修改""注释""图层""块"等功能区面板进行二维图形的绘制。对于习惯了 AutoCAD 传统界面的用户来说，可以使用"AutoCAD 2014 经典空间"。

（1）标题栏　标题栏位于应用程序窗口的最上面，如图 12-1 所示，由菜单浏览器、快速访问工具栏、文件名、信息中心、通信中心、收藏夹和 3 个控制窗口显示图标的功能按钮等组成。单击标题栏右边的功能按钮可以对程序窗口进行控制。

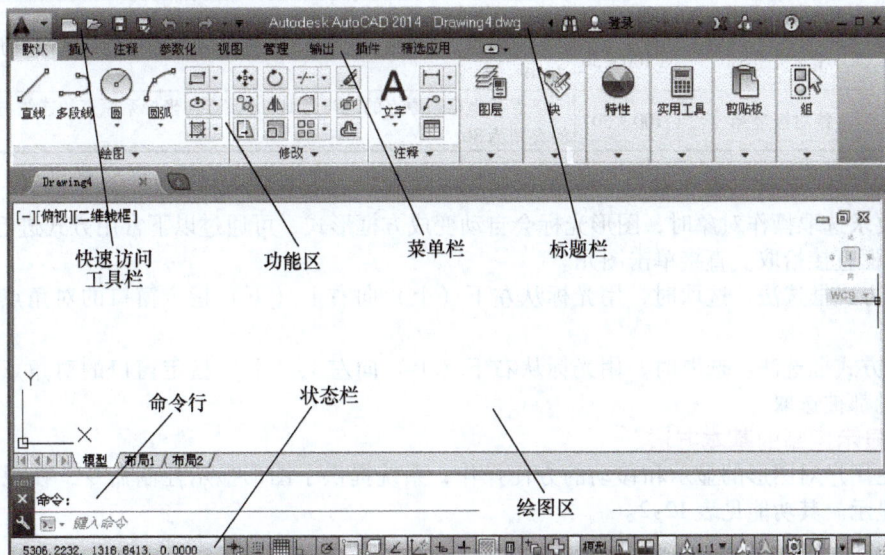

图 12-1　二维草图与注释空间

（2）快速访问工具栏　AutoCAD 2014 的快速访问工具栏位于菜单浏览器按钮的右边，包含了最常用的快捷工具按钮。在默认状态下，快速访问工具栏包含 7 个快捷按钮，分别为"新建"按钮 ▢、"打开"按钮 ▢、"保存"按钮 ▢、"另存为"按钮 ▢、"打印"按钮 ▢、"放弃"按钮 ↩、"重做"按钮 ↪。

（3）功能区　功能区由许多选项板组成，这些选项板被组织到依任务进行标记的菜单中，各菜单由多个选项板组成，功能区选项板包含的很多工具和工具栏中的按钮以及菜单栏中的命令相同。在默认情况下创建或打开图形时，水平功能区将显示在图形窗口的顶部。当然，用户也可以将功能区放置在图形窗口的底部。

（4）绘图区　绘图区位于整个界面的中心，用户可以在此区域绘制和编辑对象。绘图区是一个没有边界的区域，通过缩放、平移等命令，用户可以在有限的屏幕范围内观察绘图区的图形。默认情况

**223**

下，绘图区左下角显示直角坐标系。

（5）命令提示窗口 命令提示窗口位于绘图区的下方，用于显示用户通过键盘输入的命令以及 AutoCAD 2014 提示的信息。

（6）状态栏 状态栏位于整个界面的最下端，其左侧显示当前光标在绘图区的位置信息；右侧显示一些具有特殊功能的按钮，包括捕捉、栅格、正交、极轴等。

（7）菜单栏 菜单栏默认处于隐藏状态，如果要显示菜单栏，可在快捷工具栏中单击"扩展"按钮，并在展开的列表中选择"显示菜单栏"选项即可。菜单栏与 AutoCAD 2014 以前的版本基本相同，只是在部分菜单中新增了新版软件命令，具体操作与常规执行菜单命令完全相同，这里不再赘述。

## 二、基本操作

### 1. 命令的启动方法

命令的启动一般有三种方式：第一种是直接单击功能区的图标按钮，第二种是从命令行输入命令启动；第三种是从菜单栏中启动。运行完命令后直接按〈Enter〉键，可以启动上一次的命令。

### 2. 点的输入方法

由键盘输入坐标值确定点，各坐标之间用逗号隔开。点坐标值的输入有多种方式，表 12-1 为常见的输入方式。也可直接单击显示屏幕上的任何一点。

表 12-1 点坐标值输入的常用方式

| 坐标分类 | | 举例 | 含义 |
|---|---|---|---|
| 直角坐标 | 相对直角坐标 | @10，20 | 相对于前一点坐标的 $X$、$Y$ 方向的偏移量分别为 10、20 |
| | 绝对直角坐标 | 10，20 | 相对于坐标系原点的 $X$、$Y$ 方向的偏移量分别为 10、20 |
| 极坐标 | 相对极坐标 | @100＜30 | 该点与前一点的距离为 100，该点与前一点的连线与 $X$ 轴的正方向的夹角为 30° |
| | 绝对极坐标 | 100＜30 | 该点与坐标系原点的距离为 100，该点与坐标系原点的连线与 $X$ 轴的正方向的夹角为 30° |

### 3. 选取操作对象的基本方法

当系统要求选取操作对象时，图形光标会自动变成方框形式，可通过以下常用方式进行选取。

1）拾取框直接拾取。直接单击图元。

2）窗口方式框选法。选取时，用光标从左下（上）向右上（下）指定窗口的对角点，窗口内的图元被选取。

3）窗交方式框选法。选取时，用光标从右下（上）向左上（下）指定窗口的对角点，所有与窗口相交的图元都被选取。

### 4. 图形显示控制的基本方法

为了满足用户对图形的显示和移动的方便操作，系统提供了图形显示控制命令，在视图选项卡对应的功能区显示。其功能见表 12-2。

表 12-2 图形显示功能

| 命令名称 | 调用方式 | | | | 功能 |
|---|---|---|---|---|---|
| | 命令 | 简化命令 | 图标 | 菜单 | |
| 实时平移 | Pan | P | 🖐 | "视图"→"平移"→"实时" | 图形仅随光标移动，不改变显示大小 |
| 实时缩放 | Zoom | Z | 🔍 | "视图"→"缩放"→"实时" | 图形随光标移动而缩放，光标向右上角移动，图形放大；光标向右下角移动，图形缩小 |
| 窗口缩放 | Zoom | Z | 🔍 | "视图"→"缩放"→"窗口" | 通过定义窗口两对角点的位置来放大窗口内的图形 |
| 缩放上一次 | Zoom | Z | 🔍 | "视图"→"缩放"→"上一个" | 恢复上一次缩放的图形，最多恢复 10 个图形 |
| 全部 | Zoom | Z | 🔍 | "视图"→"缩放"→"全部" | 显示全部图形 |
| 范围 | Zoom | Z | 🔍 | "视图"→"缩放"→"范围" | 所画图形以最大比例显示在绘图区域 |

### 三、精确绘图辅助工具

绘制工程图时，既要快速又要准确。合理地利用 AutoCAD 提供的辅助绘图工具，往往能达到事半功倍的效果。

#### 1. 栅格与栅格捕捉

"栅格"是在绘图区中按指定的间距显示的点阵，类似于坐标纸的作用，可以直观地显示对象间的距离和位置。"栅格"按钮 ▦ 用于开启或者关闭栅格的显示。其旁边的栅格捕捉按钮 ▦ 按下时，光标只能在栅格点处移动。

#### 2. 对象捕捉与对象追踪

在绘图中，经常需要选取一些特殊点，如端点、圆心、中心等，利用对象捕捉可以快速、准确地找到这些点。右击"对象捕捉"按钮 □，在弹出的快捷菜单中选择设置，系统将会弹出"草图设置"对话框，如图 12-2 所示，可根据具体需要勾选特殊点。单击"对象捕捉"按钮，系统在输入点的状态下，会自动捕捉所选的特殊点。单击"对象捕捉追踪"按钮 ∠ 打开对象捕捉追踪功能，可以追踪某些特殊点。

#### 3. 正交与极轴

正交功能打开后可以限制光标的位置，使其只能在水平和垂直方向移动。在正交模式下，只需直接输入长度值就可画一定长度的水平或垂直线。单击"正交"按钮 ⊾ 时，正交功能打开，再次单击即可将其关闭。

极轴追踪用于绘制与起点水平线成一定角度的线段。右击"极轴追踪"按钮 ⊿，在弹出的菜单中选择设置即可弹出"极轴追踪"选项卡，如图 12-3 所示。使用极轴追踪时，光标将按设定的极轴方向移动，在极轴角度上将显示一条辅助追踪线及光标点的极坐标值，用户可根据需要输入距离或直接拾取点。

#### 4. 动态数据输入

单击状态栏中的按钮 ⊹，系统打开动态输入功能，可在屏幕上动态显示某些数据。例如绘制直线时，会动态显示："指定第一点"及后面的坐标，当前显示的坐标是光标所在位置，可以输入数据，两数据之间用逗号隔开。指定第一点后，系统动态显示直线的角度和直线的长度，可以输入直线的长度，画直线。

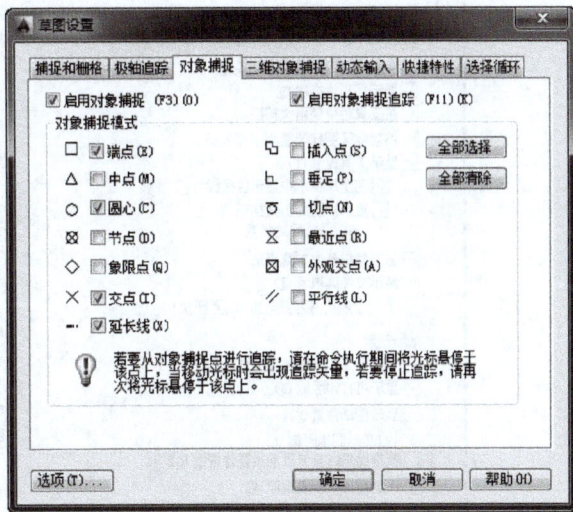

图 12-2 "草图设置"对话框

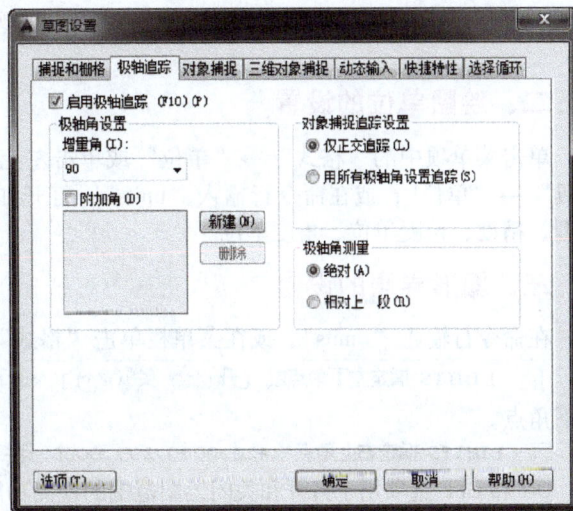

图 12-3 "极轴追踪"选项卡

## 第三节 绘图环境设置

通常情况下，安装好 AutoCAD 后就可以画图了，但为了提高绘图效率，需要对绘图环境进行必要的设置。用户在使用 AutoCAD 画图之前，应先对绘图区域进行设置，以确定绘制的图形与实际尺寸之间的关系，因此要对绘图单位及图形界限等进行设置。

### 一、系统环境的设置

打开"视图"选项卡，单击"用户界面"右边的 ，打开如图 12-4 所示的"选项"对话框。单击"颜色"按钮，在弹出的颜色设置对话框中单击"颜色"下拉框旁边的 ，选择所需的背景颜色，单击"应用"并关闭按钮，可以通过滚动条进行显示光标大小、用户线条显示宽度等的设置。

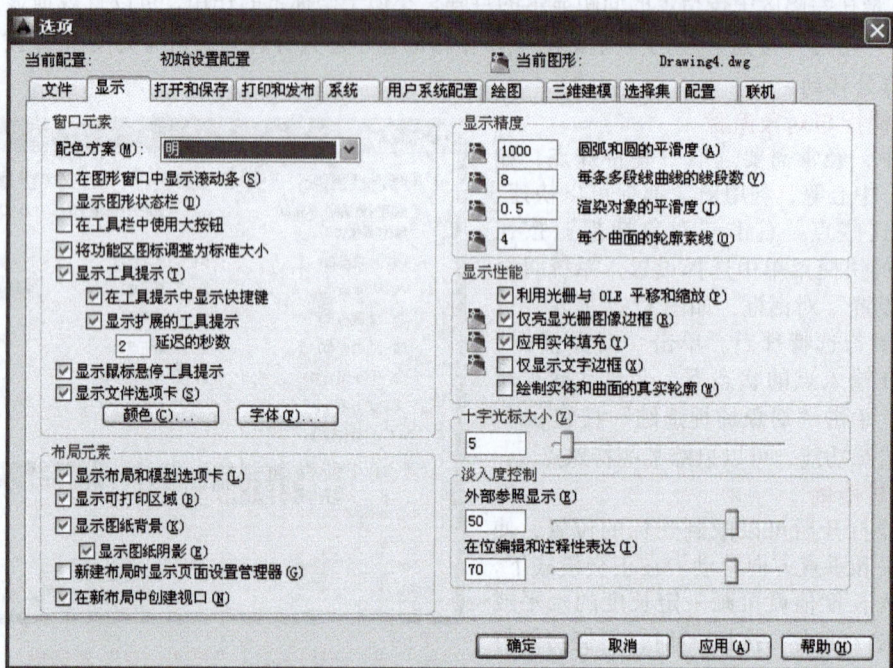

图 12-4 "选项"对话框

### 二、绘图单位的设置

单击菜单项中的"格式"→"单位"或单击左上角的"菜单浏览器"按钮（ ）→"图形实用工具"→"单位"，或在命令行输入"units"，打开如图 12-5 所示"图形单位"对话框，可设置长度类型、精度、长度单位、角度单位。

### 三、图形界限的设置

在命令行输入"limits"，或在菜单栏单击"格式"→"图形界限"，系统出现如下提示：

LIMITS 指定左下角点或 [开(ON) 关(OFF)] <0.0000,0.0000>：按〈Enter〉键接受默认值或输入左下角点。

LIMITS 指定右上角点 <420.0000,297.0000>按〈Enter〉键接受默认值或输入右上角点。

ON 和 OFF 选项用于打开和关闭绘图范围的检测功能，如果打开绘图范围的检测功能，则不可在界限外画图。

### 四、文字样式设置

在菜单栏单击"格式"→"文字样式"或在命令行输入"style"或在功能区单击"字体样式"按钮 ，打开"文字样式"对话框，如图 12-6 所示。

1）"新建"按钮用于新建字体样式，然后设置其字体、高度、宽度因子、倾斜角度。

2）"置为当前"按钮用于设置目前使用的文字样式，默认是 Standard 样式。

## 五、图层的设置

AutoCAD 使用图层来管理和控制复杂的图形。在绘图中，可以将不同种类和用途的图形分层绘制，以便于管理和控制。

单击"图层"工具栏中的"图层特性管理器"按钮 ，系统弹出"图层特性管理器"对话框，如图 12-7 所示。

单击"图层特性管理器"对话框中的"新建"按钮 ，新建一个图层，在系统默认的情况下，图层以"图层 1""图层 2"等依次命名，但是在使用中，用户可以将图层重新命名，如粗实线层、细实线层、中心线层等，并根据每一图层对象的特性设置不同的线型、线宽、颜色。

### 1. 设置图层的颜色

图层的颜色是指在该图层上所绘实体的颜色，每一图层应设置一种颜色。新建图层后，可在"图层特性管理器"对话框

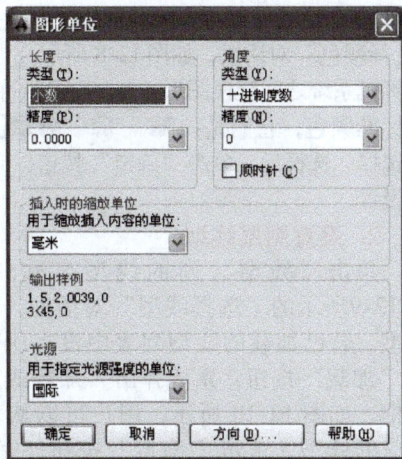

图 12-5　"图形单位"对话框

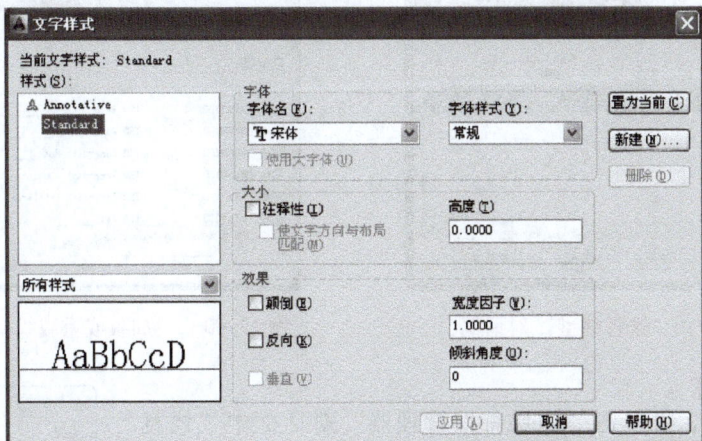

图 12-6　"文字样式"对话框

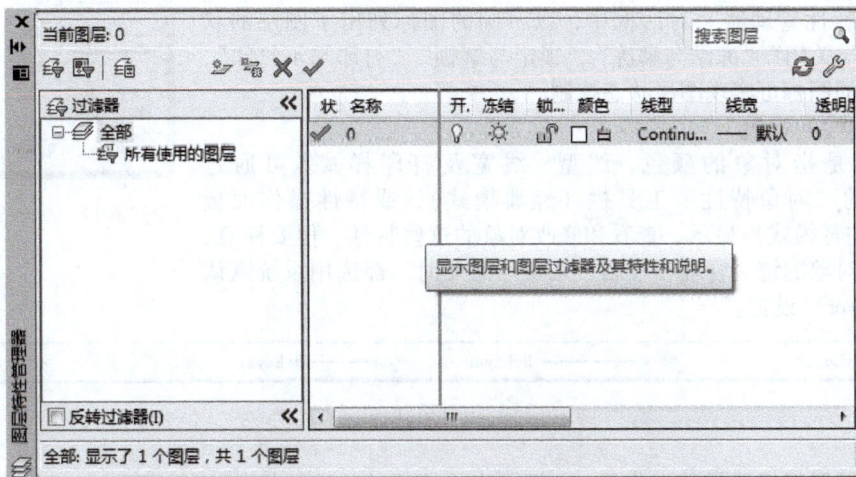

图 12-7　"图层特性管理器"对话框

中单击图层的"颜色"列对应图标，系统将会弹出
"选择颜色"对话框，如图12-8所示。为了便于在不同
计算机系统之间交换图形，AutoCAD 将前7个颜色号赋
予标准颜色，它们是：　　　　　　　，可优
先选择。选择后，单击"确定"按钮，完成对图层颜色
的设置。

#### 2. 设置图层线型

单击"线型"列的线型名称，系统弹出如
图12-9所示的"选择线型"对话框，选择已加载的
线型。若已加载的线型列表中没有所需线型，则单
击"加载"按钮，系统弹出"加载或重载线型"对
话框，如图12-10所示，用户可以从对话框中选择
相应的线型，单击"确定"按钮，完成线型加载，
然后再选择所需线型。

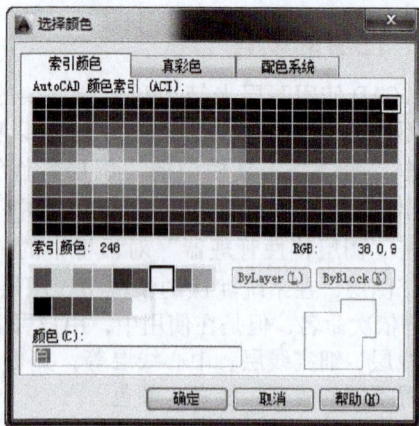

图12-8　"选择颜色"对话框

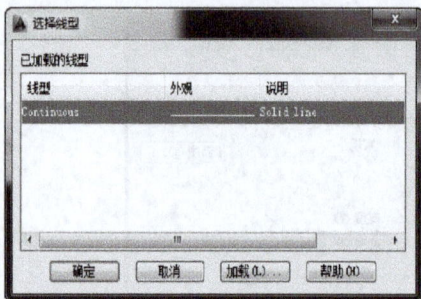

图12-9　"选择线型"对话框

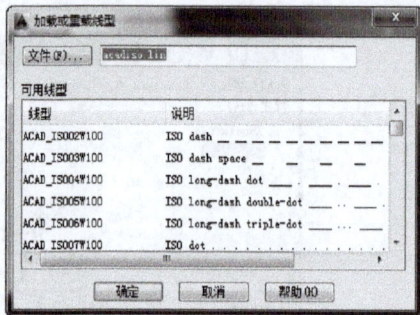

图12-10　"加载或重载线型"对话框

#### 3. 设置图层线宽

设置图层的线宽，可单击"图层特性管理器"对话框中"线宽"
列的按钮 — 默认，系统弹出"线宽"对话框，如图12-11所示，从中
选择所需的线宽即可。

#### 4. 控制图层状态

在"图层特性管理器"对话框中，以不同的图标列出了图层的状
态，如"打开与关闭""冻结与解冻""锁定与解锁""打印与不打印"，
通过单击相应的图标可实现图层状态控制。

#### 5. 对象特性的设置

对象特性是指对象的颜色、线型、线宽及打印样式。可通过
图12-12所示的"对象特性"工具栏（经典模式），或特性操作面板
（二维草图与注释模式）显示、查看和修改对象的这些特性。但要注意，
为便于对图形对象的统一管理和控制，无特殊需要时，都选用系统默认
的随层（ByLayer）设置。

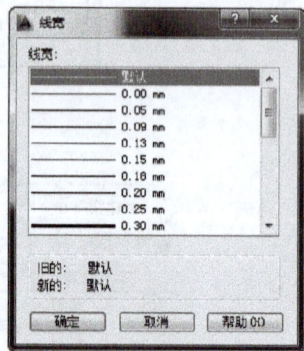

图12-11　"线宽"对话框

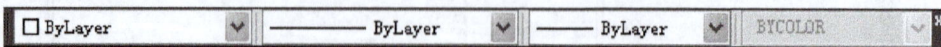

图12-12　"对象特性"工具栏

如果多张图形都使用同样的设置，可把预先设置好的绘图环境的文件保存为一个样板文件，绘图
时只要调用该样板文件即可。设置好上述的内容后，单击"保存"按钮，在保存文件类型中选择"Au-
toCAD 样板文件"，并命名即可。保存后的文件类型扩展名为".dwt"。

## 第四节　常用绘图及编辑命令

在计算机辅助绘图中，可根据状态栏的系统提示，按照前面介绍的点的输入方式输入点或选择对象。

### 一、常用绘图命令

#### 1. 绘制直线

直线的绘制是通过确定直线的起点和终点完成的。当所有直线绘制完成后，按〈Enter〉键结束绘制。

启动直线命令的三种方式如下：

1）在默认选项卡下的选项区单击图标按钮　　。

2）在下拉菜单中选取："绘图" │ 　直线(L) 。

3）从键盘输入：L 或 LINE。

示例：在功能区单击　　，命令行提示：

　　LINE 指定第一个点：　　　　　　　　；可通过点的各种输入方法输入线段的起点：例如输入：50，30 后按〈Enter〉键。命令行显示：　　LINE 指定下一点或 [放弃(U)]:，输入线段的端点，例如输入 @0，70，就绘制了一条长度为 70 的竖直直线。系统显示：

　　LINE 指定下一点或 [闭合(C) 放弃(U)]:如果只画一段，可以直接按〈Enter〉键或右击选"确定"结束命令。若继续画线段，可在系统提示下，一直输入点画出若干折线。选择"闭合"的含义是最后一点与第一点连接形成封闭图形，"放弃"用于删除最后绘制的一段直线段。

#### 2. 绘制构造线

构造线是指无限延伸的线，绘图时可以作为辅助线使用。

在绘图面板区单击图标　　，启动该命令，命令行提示如下：

　　XLINE 指定点或 [水平(H) 垂直(V) 角度(A) 二等分(B) 偏移(O)]:输入 "H" 是画水平线；输入 "V" 是画竖直线，可以根据需要输入相应的字母。

#### 3. 绘制多段线

多段线是一种复合图形对象。使用多段线命令可以生成由若干线段和曲线首尾连接形成的复合线实体。在绘图面板区单击 "多段线" 图标　，启动该命令，根据命令行的提示输入相应的数值，可以画出箭头及多种花纹线。

#### 4. 绘制正多边形

从绘图面板中找到图标　单击或从键盘输入：POL 或 POLYGON，启动该命令，命令行提示如下：

　　POLYGON _polygon 输入侧面数 <3>:输入边数，例如输入 5 ，系统命令行显示如下：

　　POLYGON 指定正多边形的中心点或 [边(E)]:　，此时通过输入点的方式指定中心点的位置，选择内接于圆的方式或外切于圆的方式绘制多边形，最后指定圆的半径，即可绘出正五边形。

#### 5. 绘制矩形

从绘图面板中找到图标　并单击或从键盘输入：RECTANG 启动该命令，可通过给定两对角点画出矩形。

#### 6. 绘制圆

圆是绘图中常见的图形，AutoCAD 2014 提供了 6 种绘制圆的方式，用户可以根据需要进行选择。

启动绘制圆命令有以下几种方法：

1）在菜单单击 "绘图" / 　圆(C) ，打开如图 12-13 所示的级联菜单，可根据需要选择一种方法画圆。

2）从绘图面板中找到图标按钮　并单击或从键盘输入：c，然后按〈Enter〉键，启动该命令。系统提示　　CIRCLE 指定圆的圆心或 [三点(3P) 两点(2P) 切点、切点、半径(T)]:指定圆心后系统提示指定圆的半径或［直径（D）］，直接给定半径即可画圆。如果给定直径，需要输入 D，按〈Enter〉键，然后再输入直径值。其余的选项含义如下：

"三点（3P）"：给定圆上任意三点画圆；"两点（2P）"：给定任一直径的两端点画圆；"切点、切点、半径"：给定与所画圆相切的两图元及所画圆的半径。

**7. 绘制样条曲线**

当绘制局部剖视图时，剖开部分与视图之间的分界线用细波浪线表示，这时就需要用样条曲线来绘制细波浪线。由键盘输入命令 SPLINE 后，指定一系列的控制点，即可画出所需的样条曲线。

图 12-13 "圆"命令的级联菜单

**8. 绘制椭圆**

AutoCAD 2014 提供了三种绘制椭圆的方式：轴、端点方式；椭圆心方式；椭圆弧方式。前两种方式用于画椭圆，后一种方式用于画椭圆弧，用户可根据需要自行选择。

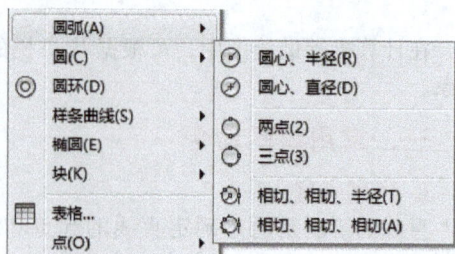

## 二、常用编辑命令

在日常绘图时，往往不能一次性绘制出符合要求的图形，这时可以借助编辑修改命令对图形进行必要的编辑。

**1. 删除图形**

删除图形是指在绘图区域删除不必要的图元。单击修改面板区的"删除"按钮✐或输入 E 按〈Enter〉键，选择要删除的图元，按〈Enter〉键或右击结束命令，删除所选图元。

**2. 修剪图形**

如图 12-14 所示，可用修剪命令把图形多余的部分剪掉。具体操作如下：

1）从修改面板区找到修剪图标 ✂ 并单击，或在下拉菜单中选取"修改"→"✂ 修剪(T)"，或在命令行输入 TR，启动命令。

2）系统提示输入剪切边，选择所需剪切边，剪切边变成虚线显示，按〈Enter〉键确认；

图 12-14 剪切图例

3）选择要修剪的图元，修剪完后右击或按〈Enter〉键结束命令。

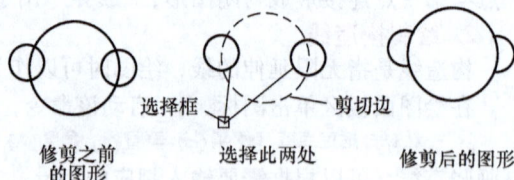

**3. 延伸图形**

延伸图形命令用于将选中的对象延伸到指定的边界。在修改面板区单击修剪图标 ✂ ，或在下拉菜单中选取"修改"→"✂ 延伸(D)"，或在命令行输入 EX，启动延伸命令，其基本操作方法和修剪命令类似。

**4. 构建圆角**

如图 12-15 所示，圆角命令可用一条指定半径的圆弧光滑连接两直线、圆弧等，也可以对多段线进行倒圆角。在修改面板区单击倒角图标◻，启动倒圆角操作，系统提示：

FILLET 选择第一个对象或 ［放弃(U) 多段线(P) 半径(R) 修剪(T) 多个(M)］：输入 R→输入半径值→选择要倒角的两边→结束操作。

**5. 构建倒角**

倒角命令用于将两条非平行直线或多线段以一斜线相连，其操作过程类似于倒圆角。

**6. 复制图形**

在工程图样中，往往存在一些相同的图形对象，它们的差别只是相对位置的不同，这时可以利用复制命令进行图形的复制。其操作步骤如下：

1）单击修改面板区的"复制"按钮🗗或输入 C 按〈Enter〉键。

2）选择对象：选择要复制的图元，然后按〈Enter〉键或右击确认。

3）指定基点或"位移"：指点图元上的一点作为基点。

4）指定目标点，复制一个图元，可以连续复制。

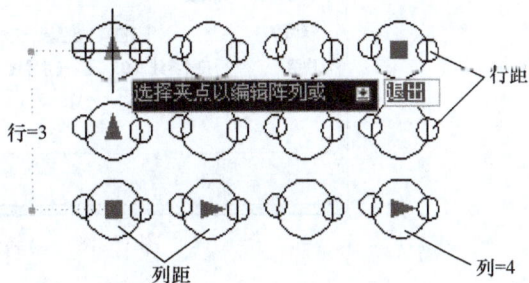

拾取的对象

a) 倒圆角前　　　　　b) 倒圆角后

图 12-15　倒圆角图例

### 7. 移动图形

移动图形是在图形的大小和方向不发生改变的前提下将一个图形从现在的位置挪到一个指定的新位置。在 AutoCAD 中，使用 Move（移动）命令可以移动图形。

移动的操作过程类似于复制，这里不再赘述。

### 8. 旋转图形

旋转是将选定的图形围绕一个指定的基点改变其角度，正的角度按逆时针方向旋转，负的角度按顺时针方向旋转。

1）单击修改面板区的"旋转"图标⟳，或从下拉菜单中选取"修改"→"⟳ 旋转(R)"，或输入 R 按〈Enter〉键，启动命令。

2）选择对象：选择要旋转的图元，然后按〈Enter〉键或右击确认。

3）指定基点：指点图元上的一点作为基点，即为旋转中心。

4）指定旋转角度，或［复制（C）/参照（R）］<0>：输入旋转角度即可。当要求保留旋转前的图形时，可以先输入 C，然后再输入角度。

### 9. 镜像图形

镜像是将目标对象按两点定义的镜像轴线作对称复制，源目标对象可保留也可删除。

1）单击修改面板区的"镜像"图标⟨⟩，或从下拉菜单中选取"修改"→"⟨⟩ 镜像(I)"，或输入 M 按〈Enter〉键。

2）选择对象：选择要镜像的图元，然后按〈Enter〉键或右击确认。

3）指定镜像轴线：指定两点。

4）要删除源对象吗?：［是（Y）/否（N）］<N>：删除输入 Y，不删除输入 N，结束操作。

### 10. 偏移图形

偏移是指通过指定距离在选择对象的一侧生成新的对象，它可以是等距离地复制图形，也可以是放大或者缩小图形。

要进行偏移操作，首先单击工具栏中的"偏移"图标⟨⟩，然后根据命令行提示输入偏移的距离，再选择需要偏移的图形，最后需要往哪一个方向偏移就在哪一个方向单击。

### 11. 阵列图形

阵列是指对选定的图形进行有规律的复制，利用阵列命令可以在短时间内创建多个对象，极大地提高了绘图的效率。在 AutoCAD 2014 版本中提供了三种阵列方式：环形阵列、矩形阵列、路径阵列。下面主要介绍矩形阵列。

矩形阵列是指按照行与列整齐排列的多个相同对象组成的纵横布置的相同图形。当需要阵列图形时，在修改面板区单击"矩形阵列"图标⟨⟩，然后选取对象，此时将会出现如图 12-16 所示的图形，这时，用户可以利用夹点进行编辑操作，也可以根据命令行的提示选择相应的项目，输入相应的数字来编辑。

路径阵列和环形阵列的方法与此类似，此处不做介绍。

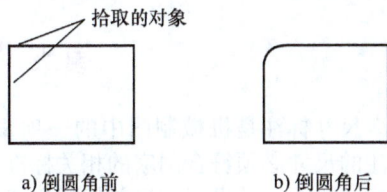

选择夹点以编辑阵列或　退出

行距

行=3

列距

列=4

图 12-16　夹点编辑参数含义

## 第五节　文字的输入与尺寸标注

尺寸标注是机械制图中的一项重要内容，用户标注的尺寸必须符合国家的相关标准。在 AutoCAD 中标注尺寸时，第一步是根据绘图要求创建所需要的标注样式，并设置为当前标注样式后再进行尺寸标注。

### 一、尺寸样式设置

单击修改面板区中的"标注样式"图标 ，弹出"标注样式管理器"对话框；单击对话框中的"新建"按钮，弹出"创建新标注样式"对话框，如图 12-17 所示。

1）在"创建新标注样式"对话框中的"新样式名"文字编辑框中输入一个名称，例如，"线性标注"。

2）单击对话框中的"继续"按钮，系统弹出"新建标注样式"对话框，如图 12-18 所示。

3）对"新建标注样式"对话框的"线"选项卡中进行如下设置："超出尺寸线"为"1.25"；"起点偏移量"输入"0.625"；"基线间距"为"3.75"；不启用"隐藏"选项。用户可根据需要进行更加详细的设置。

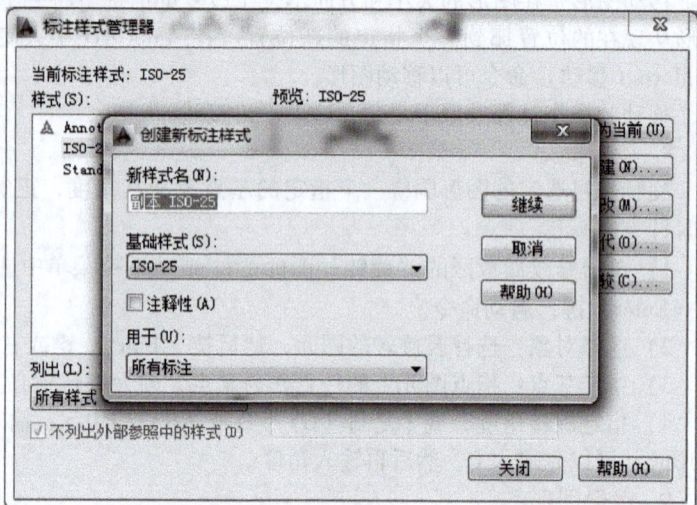

图 12-17　"创建新标注样式"对话框

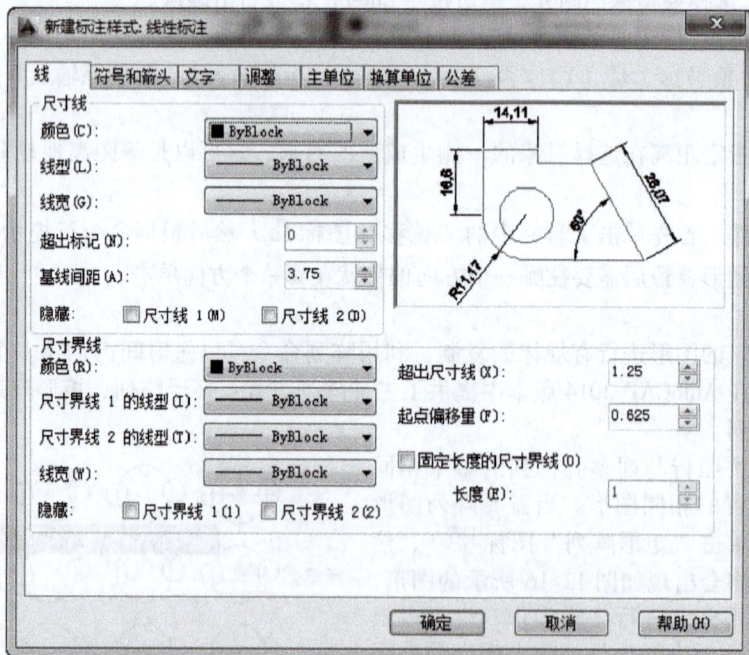

图 12-18　"新建标注样式"对话框

4）单击"符号和箭头"标签，系统显示如图 12-19 所示的对话框，在对话框中对相关参数进行设置。可在此对话框中对箭头大小进行设置，一般设置箭头大小为"3.5"。用户可根据需要进行其他设置。

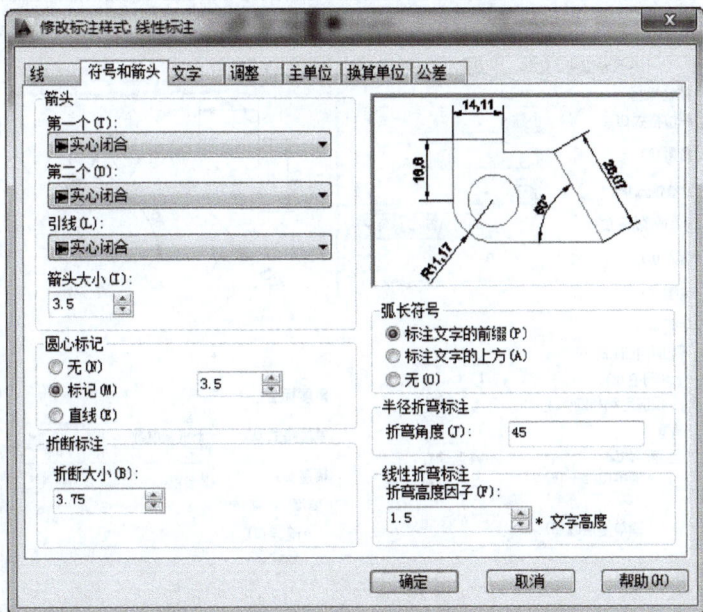

图 12-19 "符号和箭头"选项卡

5）单击"文字"标签，系统显示如图 12-20 所示的"文字"选项卡，可对相关参数进行设置。文字高度一般取 2.5 或 5。

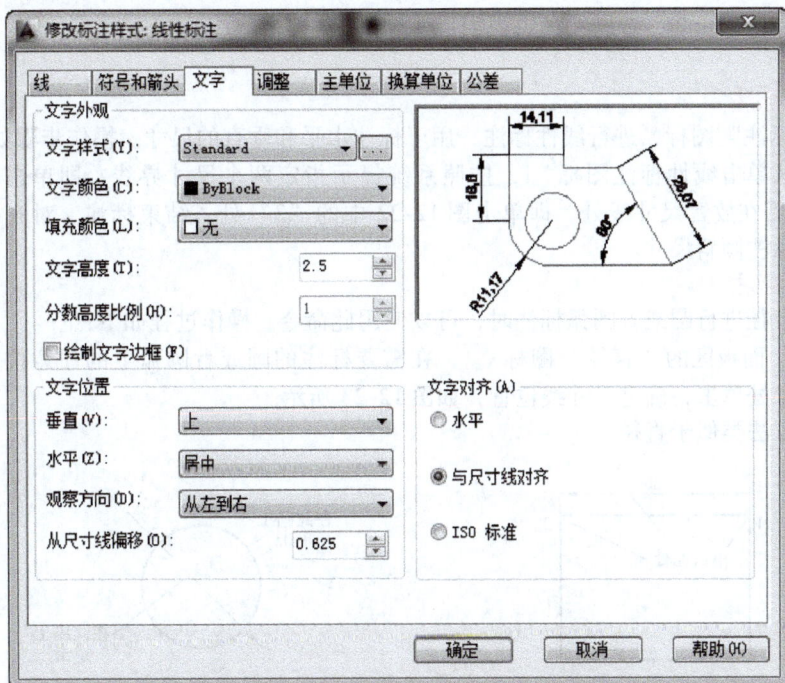

图 12-20 "文字"选项卡

6）单击"主单位"标签，系统显示如图 12-21 所示的对话框，可对相关参数进行设置。精度（公称尺寸小数点后保留的位数）一般设置为"0"，小数分隔符（指定十进制单位中小数分隔符的形式）一般设置为"句点"。

另外，用户可以根据需要完成对"换算单位"和"公差"的设置，此处不做具体介绍。当所有参数设置完成后，单击"确定"按钮，并在样式管理器对话框中单击"置为当前"按钮，完成样式设置。

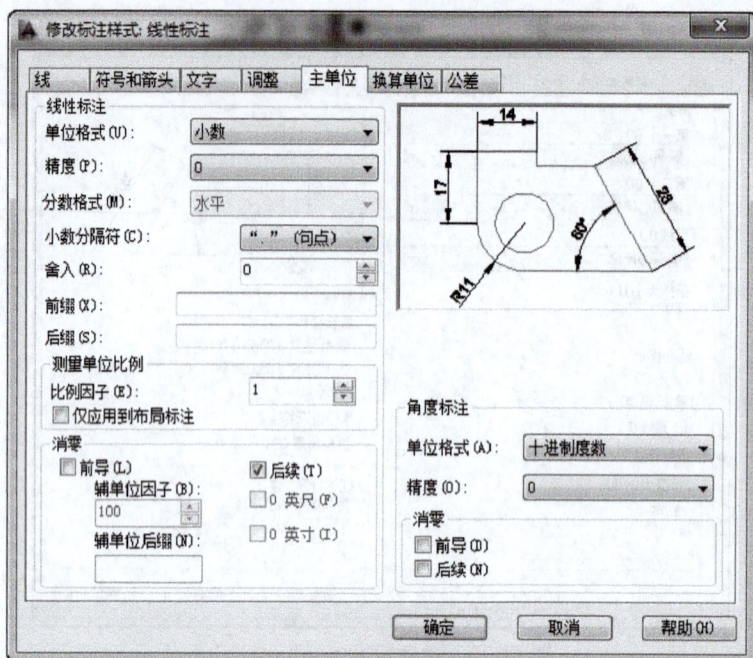

图 12-21  "主单位"选项卡

## 二、创建尺寸标注

完成标注样式的创建和设置后，就可以对图形进行尺寸标注了。下面介绍尺寸标注的常见类型和标注方法。

### 1. 线性尺寸标注

单击"线性标注"图标，进行线性标注，用于标注水平和垂直的尺寸。操作步骤如下：

在注释面板区单击线性标注图标 ⊢，按照系统提示指定两个尺寸界线，即单击图 12-22 所示的"1""2"处，然后在放置尺寸线处，即单击图 12-22 中的"3"处，结束标注。对齐标注和线性标注操作类似，用于标注倾斜尺寸。

### 2. 直径尺寸标注

当需要利用半径进行圆或者圆弧标注时，可以使用此命令。操作过程如下：

单击"注释"面板区的"直径"图标 ◯，在需要标注的圆或者圆弧上的任意位置处单击，然后在放置尺寸的位置处单击，确定尺寸线位置，如图 12-23 所示。

半径的标注方法类似于直径。

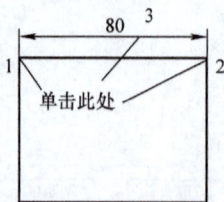

图 12-22  线性尺寸标注

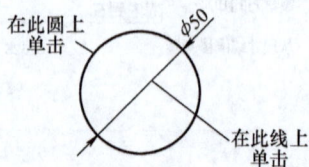

图 12-23  直径标注

### 3. 角度标注

当需要标注圆弧对应的中心角、三点间的夹角、两条直线的夹角时，可以使用此命令。单击"注释"面板区的"角度"图标 △，然后单击形成角度的两条边，在所标尺寸的位置处单击确定放置尺寸的位置。

除此之外，还可以进行坐标标注、连续标注、基线标注等，读者可举一反三，此处不再赘述。

### 三、文字的输入

当绘制完图形后，需要标注必要的文字信息，如姓名、学号等，用户可以通过 DTEXT/DT 命令标注单行文字，或者通过 MTEXT/MT 命令标注多行文字。

#### 1. 单行文字

使用单行文字来创建一行或多行文字，通过按〈Enter〉键结束每一行文字。每行文字都是独立的对象，可以重新定位、调整格式或进行其他修改。其创建步骤如下：

1）依次单击"默认"选项卡→"注释"面板→**A**单行文字。

2）指定第一个字符的插入点。如果按〈Enter〉键，程序将紧接着最后创建的文字对象（如果存在）定位新的文字。

3）指定文字高度。此提示只有文字高度在当前文字样式中设定为 0 时才显示，为一条拖引线从文字插入点附着到光标上。单击将文字的高度设定为拖引线的长度，或从命令行输入文字高度。

4）指定文字旋转角度。可以输入角度值或使用定点设备。

5）输入文字。在每一行结尾按〈Enter〉键，按照需要输入更多文字。

6）在空行处按〈Enter〉键将结束命令。

#### 2. 多行文字

如果所属文字多，且有不同的格式，可使用多行文字，单个任务中创建的文字为单个对象，只能对其进行移动、复制等编辑操作。其操作步骤如下：

1）依次单击"默认"选项卡→"注释"面板→**A**多行文字。

2）指定边框的对角点以定义多行文字对象的宽度。如果功能区处于活动状态，则将显示"多行文字"功能区上下文选项卡。如果功能区未处于活动状态，则将显示在位文字编辑器。

3）设置字高、字体样式、对齐方式等。

4）输入文字。

5）按〈Enter〉键结束文字输入。

## 第六节  平面图形绘制实例

绘制图 12-24 所示的平面图形。

1）单击新建图标，新建一个 dwg 文件。

2）设置图纸大小、文字样式及尺寸标注样式，并创建粗实线、细实线、标注、点画线四个图层，进行线宽、线型、颜色等的设置。

3）将点画线层设为当前层，绘制如图 12-25 所示的基准线，主要用直线命令及偏移命令。

4）将粗实线层设为当前层，绘制如图 12-26 所示的已知圆弧及直线，主要用直线、圆及修剪命令。

5）绘制如图 12-27 所示的连接圆弧，主要用圆弧或倒圆角及修剪命令。

6）将标注层设为当前层，按图 12-24 所示标注尺寸。

7）设置图框及标题栏和图纸边界线，主要用直线和偏移命令或表格功能及文字的输入功能。

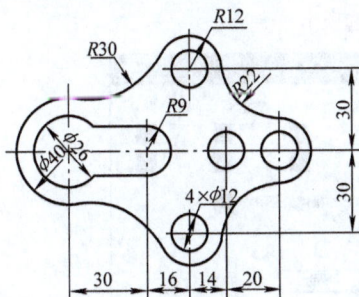

图 12-24  平面图形

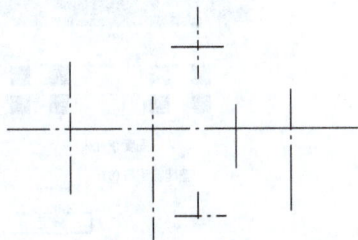

图 12-25  画基准线

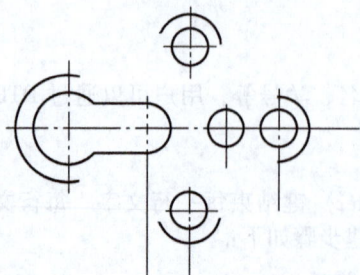

图 12-26 画已知线段

图 12-27 画连接圆弧

8）保存文件

绘图过程中也要随时保存，以免发生意外。

# 第七节 绘制零件图

## 一、尺寸公差的注写

尺寸公差标注有两种方式：第一种是在图 12-28 所示的"新建标注样式"对话框的"公差"选项卡中设置上、下极限偏差、精度等级等，然后进行标注；第二种是标注完尺寸后直接在所标尺寸的特性窗口中设置极限偏差值。后一种方法还可加"φ"前缀或"H7"后缀。

## 二、几何公差的注写

如图 12-29 所示，打开"注释"→"标注"→ 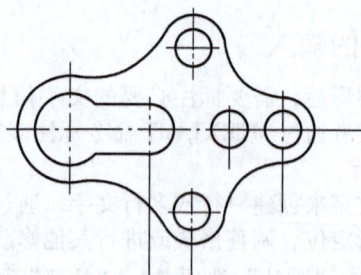 按钮或从命令行输入"tol"，打开如图 12-30 所示的几何公差设置对话框，从符号下面的黑色区域处选择几何公差符号；公差下面的黑色区域处选择公差数值前面的"φ"，后面的文本框处输入公差值；基准 1 下面的文本框中输入基准字母，如

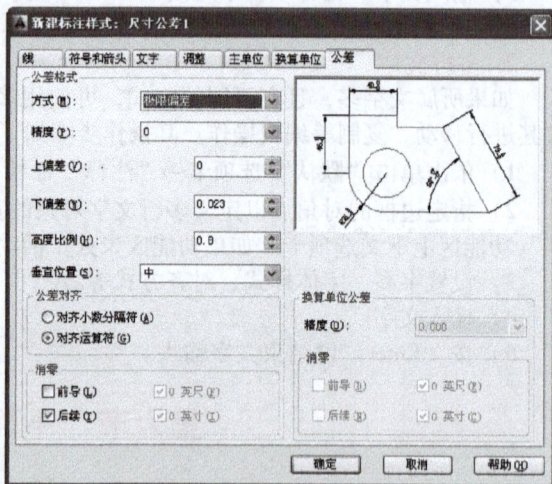

图 12-28 尺寸公差设置选项卡

"A"。设置完后出现公差框格，用带箭头的引线把公差框格和被测要素联系起来即可。

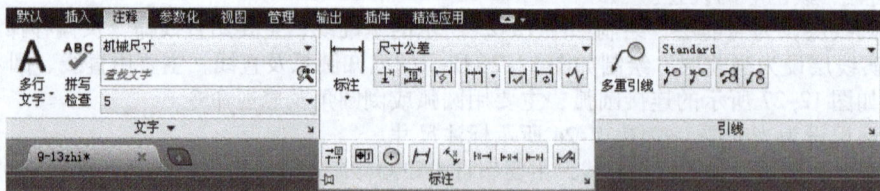

图 12-29 注释选项卡

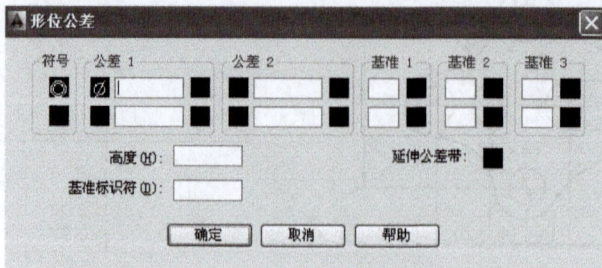

图 12-30 几何公差设置对话框

### 三、表面结构要求的注写

表面结构要求可用带属性的块来定义其符号，然后通过插入块同时输入表面结构要求参数值即可。操作如下：

1）单击"插入"→"属性定义"，打开如图12-31 所示的"属性定义"对话框，定义属性及文字设置后，单击"确定"按钮。

2）绘制表面结构要求符号，把定义好的属性放到输入参数值的地方，如图12-32 所示。

3）选择所绘制的带属性的图形。单击"插入"→"创建块"，打开如图12-33 所示的"块定义"对话框，输入块名称，定义插入点如图12-32 所示，单击"确定"按钮，完成定义。

4）单击"插入"→"插入块"，打开插入块对话框，选择所定义的块，进行缩放比例及旋转方向设置后，单击"确定"按钮，最后从命令行输入结构参数值，标注完毕。

### 四、绘制泵体零件图

首先进行视图分析，确定图纸图幅及比例，然后在 CAD 中进行比例及图框设置。具体绘制过程如下：

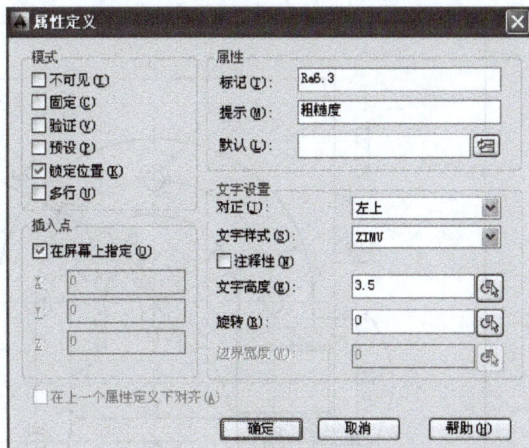

图 12-31　"属性定义"对话框

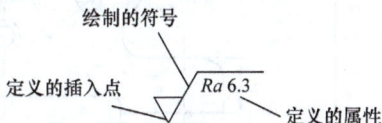

图 12-32　表面结构要求图块说明

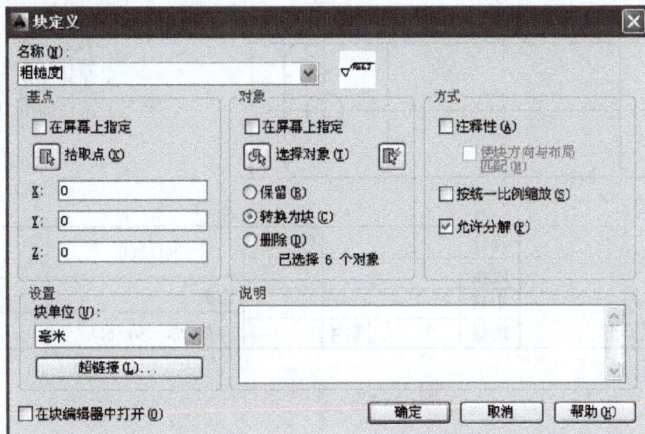

图 12-33　"块定义"对话框

1）零件图绘图环境设置。

① 设置标注尺寸样式，主要设置字高、箭头大小、精度标准等。

② 设置线型比例，根据实际图形大小，可对点画线和虚线进行线型比例设置，本图设为 0.5。具体步骤：格式→线型→选中某种要改的线型→修改该线型的全局比例因子为 0.5。

③ 设置绘图比例。先按比例把尺寸样式中的比例因子调整为比例的倒数，然后置为当前样式。

2）利用图层命令，创建常用的粗实线、点画线、细实线、虚线等图层，并进行各图层特性设置。

3）将点画线层设为当前图层，绘制画图基准线，先画中间两条互相垂直的中心线，再用偏移命令绘制两边的中心线，剪切掉过长的部分。

4）将粗实线层设为当前层，绘制零件图中的可见部分。先从主视图画起，用圆命令及直线等命令画图。在作图过程中，要善于利用捕捉功能和追踪功能画图，以便少作辅助线，加快画图速度。

5）将细实线层设为当前层，绘制螺纹及剖面线。

6）将文字层置为当前层，标注尺寸及尺寸的极限偏差。

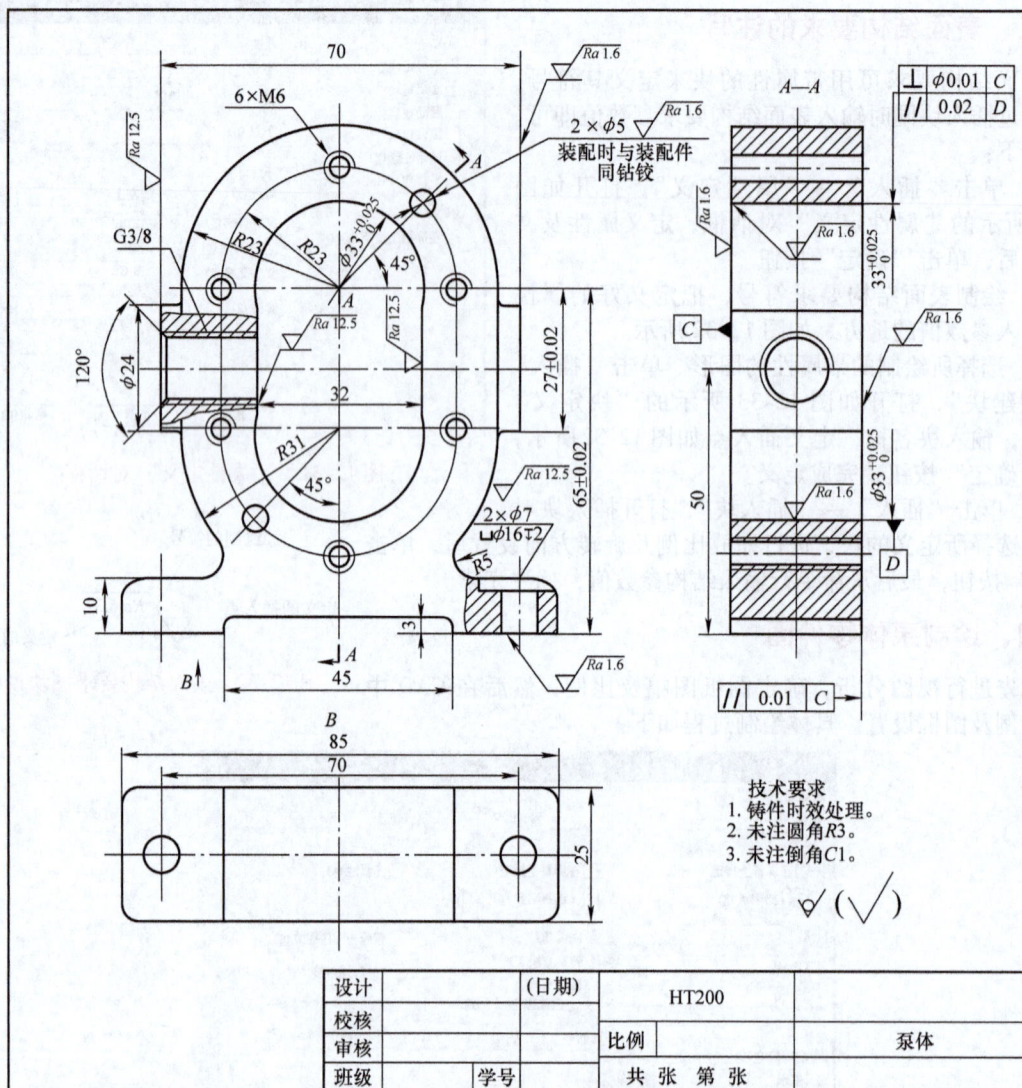

图12-34 泵体零件图

技术要求
1. 铸件时效处理。
2. 未注圆角R3。
3. 未注倒角C1。

| 设计 | | (日期) | HT200 | |
|---|---|---|---|---|
| 校核 | | | | 泵体 |
| 审核 | | | 比例 | |
| 班级 | 学号 | | 共 张 第 张 | |

7）标注几何公差及表面结构要求。

8）绘制图幅线、图框线及标题栏，书写文字性的技术要求，填写标题栏。

# 第八节 绘制装配图

计算机绘图和手工绘图在画图方法和步骤上并没有本质的区别。在具体操作时，要善于利用绘图软件的功能，简化画图步骤。利用计算机绘制装配图时，不必像手工绘图那样一笔一笔地画，可以通过设计中心和表格等功能简化作图步骤，提高作图效率。应用 AutoCAD 绘制装配图，一般有直接画法和拼装画法两种方法。

## 一、直接画法

按照手工画装配图的作图顺序，依次绘制各组成零件在装配图中的投影。为了方便作图，在画图时可以将不同的零件画在不同的图层上，以便关闭或冻结某些图层，使图面简化。由于关闭或冻结的图层上的图线不能编辑，所以在进行"移动"等编辑操作以前，要先打开、解冻相应的图层。

## 二、拼装画法

先画出各个零件的零件图，再将零件图定义为图块文件或附属图块，用拼装图块的方法拼装成装配图。利用 AutoCAD 根据零件图拼画装配图的主要方法有以下三种。

1）零件图块插入法。将零件图中的各个图形创建为图块，然后在装配图中插入所需的图块。

2）零件图形文件插入法。用户可使用"INSERT"命令将整个零件图作为块，直接插入到当前装配图中，也可通过"设计中心"将多个零件图作为块，插入到当前装配图中。

3）剪贴板交换数据法。利用 AutoCAD 的"复制"命令，将零件图复制到剪贴板，然后使用"粘贴"命令，将剪贴板上的图形粘贴到装配图所需的位置上。

## 本 章 小 结

本章主要介绍了 AutoCAD 中文版绘制二维图的基本方法，简要介绍了常用的绘图命令和编辑命令的操作方法，介绍了尺寸样式、文字样式、图幅的设置步骤，并以一实例介绍了用该软件绘制平面图形的一般步骤及所用到的命令，最后介绍了利用 CAD 软件绘制零件图和装配图的方法。

## 复习思考题

1. 图层怎么设置？怎么关闭和打开图层？图层起什么作用？
2. 绘图命令主要有哪些？怎么操作？
3. 编辑命令主要有哪些？怎么操作？
4. 怎么设置图幅及图框线？
5. 怎么设置尺寸样式？主要设置哪些内容？
6. 镜像和复制命令操作有什么相同和不同的地方？
7. 怎么输入文字及设置文字样式？
8. 怎样绘制平面图形及零件图？
9. 简述利用 CAD 软件绘制装配图的方法。

# 附　　录

## 附录A　螺　纹

表 A-1　普通螺纹直径与螺距和基本尺寸
（摘自 GB/T 193—2003 、GB/T 196—2003）

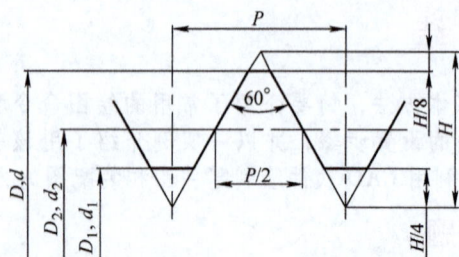

$D$ ——内螺纹的基本大径（公称直径）

$d$ ——外螺纹的基本大径（公称直径）

$D_2$ ——内螺纹的基本中径

$d_2$ ——外螺纹的基本中径

$D_1$ ——内螺纹的基本小径

$d_1$ ——外螺纹的基本小径

$P$ ——螺距

$H$ ——$\sqrt{3}P/2$

（单位：mm）

| 公称直径 $D$、$d$ | | 螺距 $P$ | | 粗牙中径 $D_2$、$d_2$ | 粗牙小径 $D_1$、$d_1$ |
|---|---|---|---|---|---|
| 第一系列 | 第二系列 | 粗牙 | 细牙 | | |
| 3 | | 0.5 | 0.35 | 2.675 | 2.459 |
| | 3.5 | 0.6 | | 3.110 | 2.850 |
| 4 | | 0.7 | | 3.545 | 3.242 |
| | 4.5 | 0.75 | 0.5 | 4.013 | 3.688 |
| 5 | | 0.8 | | 4.480 | 4.134 |
| 6 | | 1 | 0.75 | 5.350 | 4.917 |
| | 7 | 1 | | 6.350 | 5.917 |
| 8 | | 1.25 | 1, 0.75 | 7.188 | 6.647 |
| 10 | | 1.5 | 1.25, 1, 0.75 | 9.026 | 8.376 |
| 12 | | 1.75 | 1.5, 1.25, 1 | 10.863 | 10.106 |
| | 14 | 2 | 1.5, 1.25, 1 | 12.701 | 11.835 |
| 16 | | 2 | | 14.701 | 13.835 |
| | 18 | 2.5 | | 16.376 | 15.294 |
| 20 | | 2.5 | 2, 1.5, 1 | 18.376 | 17.294 |
| | 22 | 2.5 | | 20.376 | 19.294 |
| 24 | | 3 | | 22.051 | 20.752 |
| | 27 | 3 | | 25.051 | 23.752 |
| 30 | | 3.5 | (3), 2, 1.5, 1 | 27.727 | 26.211 |
| | 33 | 3.5 | (3), 2, 1.5 | 30.727 | 29.211 |
| 36 | | 4 | 3, 2, 1.5 | 33.402 | 31.670 |
| | 39 | 4 | | 36.402 | 34.670 |
| 42 | | 4.5 | | 39.077 | 37.129 |
| | 45 | 4.5 | | 42.077 | 40.129 |
| 48 | | 5 | 4, 3, 2, 1.5 | 44.752 | 42.587 |
| | 52 | 5 | | 48.752 | 46.587 |
| 56 | | 5.5 | | 52.428 | 50.046 |
| | 60 | 5.5 | | 56.428 | 54.046 |

注：1. 优先选用第一系列，括号内尺寸尽可能不用，第三系列未列入。

2. M14×1.25 仅用于火花塞。

**表 A-2　梯形螺纹**（摘自 GB/T 5796.3—2005）

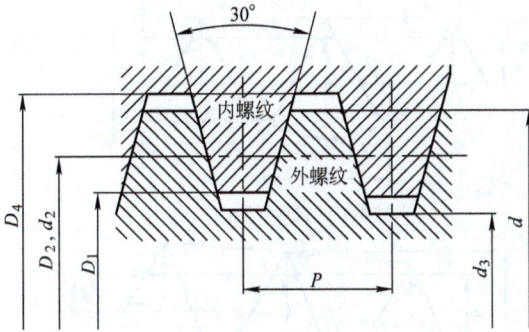

30°

内螺纹

外螺纹

$D_4$
$D_2, d_2$
$D_1$
$P$
$d$
$d_3$

d ——外螺纹大径（公称直径）
$d_3$ ——外螺纹小径
$D_4$ ——内螺纹大径
$D_1$ ——内螺纹小径
$d_2$ ——外螺纹中径
$D_2$ ——内螺纹中径
P ——螺距

（单位：mm）

| 公称系列 d 第一系列 | 公称系列 d 第二系列 | 螺距 P | 中径 $d_2=D_2$ | 大径 $D_4$ | 小径 $d_3$ | 小径 $D_1$ |
|---|---|---|---|---|---|---|
| 8 | — | 1.5 | 7.25 | 8.30 | 6.20 | 6.50 |
| — | 9 | 1.5 | 8.25 | 9.30 | 7.20 | 7.50 |
| — | 9 | 2 | 8.00 | 9.50 | 6.50 | 7.00 |
| 10 | — | 1.5 | 9.25 | 10.30 | 8.20 | 8.50 |
| 10 | — | 2 | 9.00 | 10.50 | 7.50 | 8.00 |
| — | 11 | 2 | 10.00 | 11.50 | 8.50 | 9.00 |
| — | 11 | 3 | 9.50 | 11.50 | 7.50 | 8.00 |
| 12 | — | 2 | 11.00 | 12.50 | 9.50 | 10.00 |
| 12 | — | 3 | 10.50 | 12.50 | 8.50 | 9.00 |
| — | 14 | 2 | 13.00 | 14.50 | 11.50 | 12.00 |
| — | 14 | 3 | 12.50 | 14.50 | 10.50 | 11.00 |
| 16 | — | 2 | 15.00 | 16.50 | 13.50 | 14.00 |
| 16 | — | 4 | 14.00 | 16.50 | 11.50 | 12.00 |
| — | 18 | 2 | 17.00 | 18.50 | 15.50 | 16.00 |
| — | 18 | 4 | 16.00 | 18.50 | 13.50 | 14.00 |
| 20 | — | 2 | 19.00 | 20.50 | 17.50 | 18.00 |
| 20 | — | 4 | 18.00 | 20.50 | 15.50 | 16.00 |
| — | 22 | 3 | 20.50 | 22.50 | 18.50 | 19.00 |
| — | 22 | 5 | 19.50 | 22.50 | 16.50 | 17.00 |
| — | 22 | 8 | 18.00 | 23.00 | 13.00 | 14.00 |
| 24 | — | 3 | 22.50 | 24.50 | 20.50 | 21.00 |
| 24 | — | 5 | 21.50 | 24.50 | 18.50 | 19.00 |
| 24 | — | 8 | 20.00 | 25.00 | 15.00 | 16.00 |

| 公称系列 d 第一系列 | 公称系列 d 第二系列 | 螺距 P | 中径 $d_2=D_2$ | 大径 $D_4$ | 小径 $d_3$ | 小径 $D_1$ |
|---|---|---|---|---|---|---|
| — | 26 | 3 | 24.50 | 26.50 | 22.50 | 23.00 |
| — | 26 | 5 | 23.50 | 26.50 | 20.50 | 21.00 |
| — | 26 | 8 | 22.00 | 27.00 | 17.00 | 18.00 |
| 28 | — | 3 | 26.50 | 28.50 | 24.50 | 25.00 |
| 28 | — | 5 | 25.50 | 28.50 | 22.50 | 23.00 |
| 28 | — | 8 | 24.00 | 29.00 | 19.00 | 20.00 |
| — | 30 | 3 | 28.50 | 30.50 | 26.50 | 27.00 |
| — | 30 | 6 | 27.00 | 31.00 | 23.00 | 24.00 |
| — | 30 | 10 | 25.00 | 31.00 | 19.00 | 20.00 |
| 32 | — | 3 | 30.50 | 32.50 | 28.50 | 29.00 |
| 32 | — | 6 | 29.00 | 33.00 | 25.00 | 26.00 |
| 32 | — | 10 | 27.00 | 33.00 | 21.00 | 22.00 |
| — | 34 | 3 | 32.50 | 34.50 | 30.50 | 31.00 |
| — | 34 | 6 | 31.00 | 35.00 | 27.00 | 28.00 |
| — | 34 | 10 | 29.00 | 35.00 | 23.00 | 24.00 |
| 36 | — | 3 | 34.50 | 36.50 | 32.50 | 33.00 |
| 36 | — | 6 | 33.00 | 37.00 | 29.00 | 30.00 |
| 36 | — | 10 | 31.00 | 37.00 | 25.00 | 26.00 |
| — | 38 | 3 | 36.50 | 38.50 | 34.50 | 35.00 |
| — | 38 | 7 | 34.50 | 39.00 | 30.00 | 31.00 |
| — | 38 | 10 | 33.00 | 39.00 | 27.00 | 28.00 |
| 40 | — | 3 | 38.50 | 40.50 | 36.50 | 37.00 |
| 40 | — | 7 | 36.50 | 41.00 | 32.00 | 33.00 |
| 40 | — | 10 | 35.00 | 41.00 | 29.00 | 30.00 |

注：1. 优先选用第一系列的直径。
　　2. 表中所列的螺距和直径，是优先选择的螺距及与之对应的直径。

表 A-3 管螺纹

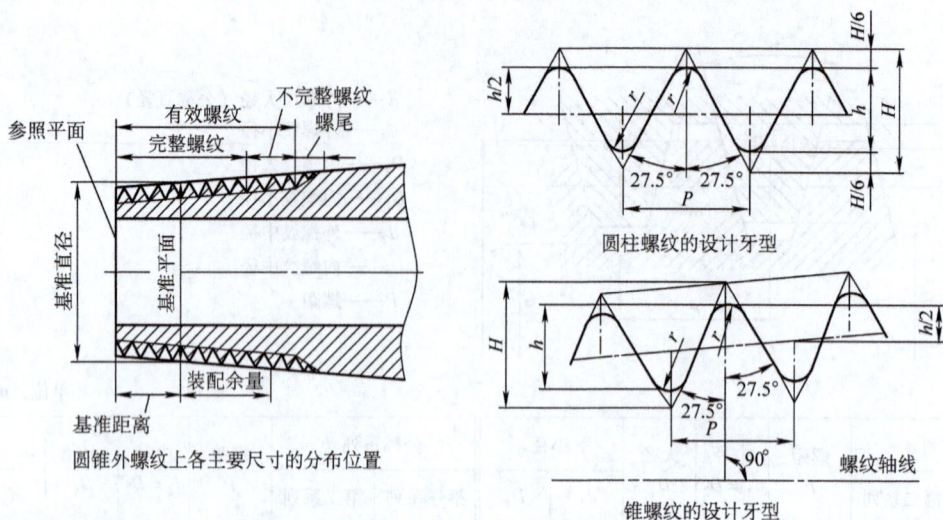

圆柱螺纹的设计牙型

圆锥外螺纹上各主要尺寸的分布位置

锥螺纹的设计牙型

第一部分 55°密封管螺纹 圆柱内螺纹与圆锥外螺纹（摘自 GB/T 7306.1—2000）

第二部分 55°密封管螺纹 圆锥内螺纹与圆锥外螺纹（摘自 GB/T 7306.2—2000）

第三部分 55°非密封管螺纹（摘自 GB/T 7307—2001）

标注示例

1. GB/T 7306.1—2000

Rp3/4（尺寸代号 3/4，右旋，圆柱内螺纹）；$R_1$3（尺寸代号 3，右旋，圆锥外螺纹）；

Rp3/4LH（尺寸代号 3/4，左旋，圆柱内螺纹）；Rp/$R_1$3（右旋圆锥外螺纹、圆柱内螺纹螺纹副）

2. GB/T 7306.2—2000

Rc3/4（尺寸代号 3/4，右旋，圆锥内螺纹）；$R_2$3（尺寸代号 3，右旋，圆锥外螺纹）；

Rc3/4LH（尺寸代号 3/4，左旋，圆锥内螺纹）；Rc/$R_2$3（右旋圆锥内螺纹、圆锥外螺纹螺纹副）

3. GB/T 7307—2001

G2（尺寸代号 2，右旋，圆柱内螺纹）；G3A（尺寸代号 3，右旋，A 级圆柱外螺纹）

G2LH（尺寸代号 2，左旋，圆柱内螺纹）；G4BLH（尺寸代号 4，左旋，B 级圆柱外螺纹）

| 尺寸代号 | 每 25.4mm 内所含牙数 $n$ | 螺距 $P$/mm | 牙高 $H$/mm | 大径 $d=D$/mm | 中径 $d_2=D_2$/mm | 小径 $d_1=D_1$/mm | 基准距离（基本）/mm |
|---|---|---|---|---|---|---|---|
| 1/16 | 28 | 0.907 | 0.581 | 7.723 | 7.142 | 6.561 | 4 |
| 1/8 | 28 | 0.907 | 0.581 | 9.728 | 9.147 | 8.566 | 4 |
| 1/4 | 19 | 1.337 | 0.856 | 13.157 | 12.301 | 11.445 | 6 |
| 3/8 | 19 | 1.337 | 0.856 | 16.662 | 15.806 | 14.950 | 6.4 |
| 1/2 | 14 | 1.814 | 1.162 | 20.955 | 19.793 | 18.631 | 8.2 |
| 3/4 | 14 | 1.814 | 1.162 | 26.441 | 25.279 | 24.117 | 9.5 |
| 1 | 11 | 2.309 | 1.479 | 33.249 | 31.770 | 30.291 | 10.4 |
| 1 1/4 | 11 | 2.309 | 1.479 | 41.910 | 40.431 | 38.952 | 12.7 |
| 1 1/2 | 11 | 2.309 | 1.479 | 47.803 | 46.324 | 44.845 | 12.7 |
| 2 | 11 | 2.309 | 1.479 | 59.614 | 58.135 | 56.656 | 15.9 |
| 2 1/2 | 11 | 2.309 | 1.479 | 75.184 | 73.705 | 72.226 | 17.5 |
| 3 | 11 | 2.309 | 1.479 | 87.884 | 86.405 | 84.926 | 20.6 |
| 4 | 11 | 2.309 | 1.479 | 113.030 | 111.551 | 110.072 | 25.4 |
| 5 | 11 | 2.309 | 1.479 | 138.430 | 136.951 | 135.472 | 28.6 |
| 6 | 11 | 2.309 | 1.479 | 163.830 | 162.351 | 160.872 | 28.6 |

注：1. 55°密封圆锥管螺纹的大、中、小径是指基准平面上的尺寸。圆锥内螺纹的端面向里 0.5P 处即为基面，而圆锥外螺纹的基准平面与小端相距一个基准距离。

2. 55°密封圆锥管螺纹的锥度为 1:16。

# 附录B　常用标准件

表B-1　六角头螺栓（摘自GB/T 5782—2016）

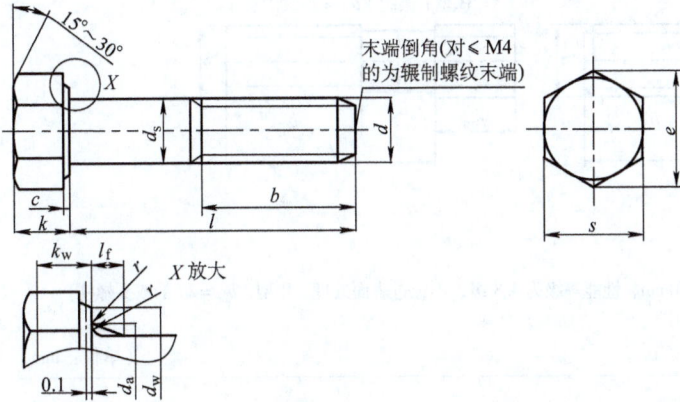

标记示例
螺栓　GB/T 5782　M12×80
（螺纹规格 $d$ = M12、公称长度 $l$ = 80mm、性能等级为 8.8 级、表面氧化、产品等级为 A 级的六角头螺栓）

（单位：mm）

| 螺纹规格 $d$ | | | M3 | M4 | M5 | M6 | M8 | M10 | M12 | M16 | M20 | M24 | M30 | M36 | M42 | M48 |
|---|---|---|---|---|---|---|---|---|---|---|---|---|---|---|---|---|
| 螺距 $P$ | | | 0.5 | 0.7 | 0.8 | 1 | 1.25 | 1.5 | 1.75 | 2 | 2.5 | 3 | 3.5 | 4 | 4.5 | 5 |
| $b$ 参考 | $l_{公称}$≤125 | | 12 | 14 | 16 | 18 | 22 | 26 | 30 | 38 | 46 | 54 | 66 | — | — | — |
| | 125<$l_{公称}$≤200 | | 18 | 20 | 22 | 24 | 28 | 32 | 36 | 44 | 52 | 60 | 72 | 84 | 96 | 108 |
| | $l_{公称}$>200 | | 31 | 33 | 35 | 37 | 41 | 45 | 49 | 57 | 65 | 73 | 85 | 97 | 109 | 121 |
| $c$ | max | | 0.4 | 0.4 | 0.5 | 0.5 | 0.6 | 0.6 | 0.6 | 0.8 | 0.8 | 0.8 | 0.8 | 0.8 | 1.0 | 1.0 |
| | min | | 0.15 | 0.15 | 0.15 | 0.15 | 0.15 | 0.15 | 0.15 | 0.2 | 0.2 | 0.2 | 0.2 | 0.2 | 0.3 | 0.3 |
| $d_a$ | max | | 3.6 | 4.7 | 5.7 | 6.8 | 9.2 | 11.2 | 13.7 | 17.7 | 22.4 | 26.4 | 33.4 | 39.4 | 45.6 | 52.6 |
| $d_s$ | 公称 = max | | 3.00 | 4.00 | 5.00 | 6.00 | 8.00 | 10.00 | 12.00 | 16.00 | 20.00 | 24.00 | 30.00 | 36.00 | 42.00 | 48.00 |
| | min | 产品等级 A | 2.86 | 3.82 | 4.82 | 5.82 | 7.78 | 9.78 | 11.73 | 15.73 | 19.67 | 23.67 | — | — | — | — |
| | | 产品等级 B | 2.75 | 3.70 | 4.70 | 5.70 | 7.64 | 9.64 | 11.57 | 15.57 | 19.48 | 23.48 | 29.48 | 35.38 | 41.38 | 47.38 |
| $d_w$ | min | 产品等级 A | 4.57 | 5.88 | 6.88 | 8.88 | 11.63 | 14.63 | 16.63 | 22.49 | 28.19 | 33.61 | — | — | — | — |
| | | 产品等级 B | 4.45 | 5.74 | 6.74 | 8.74 | 11.47 | 14.47 | 16.47 | 22.00 | 27.70 | 33.25 | 47.25 | 51.11 | 59.95 | 69.45 |
| $e$ | min | 产品等级 A | 6.01 | 7.66 | 8.79 | 11.05 | 14.38 | 17.77 | 20.03 | 26.75 | 33.53 | 39.98 | — | — | — | — |
| | | 产品等级 B | 5.88 | 7.50 | 8.63 | 10.89 | 14.20 | 17.59 | 19.85 | 26.17 | 32.95 | 39.55 | 50.85 | 60.79 | 71.30 | 82.6 |
| $l_f$ max | | | 1 | 1.2 | 1.2 | 1.4 | 2 | 2 | 3 | 3 | 4 | 4 | 6 | 6 | 8 | 10 |
| $k$ | 公称 | | 2 | 2.8 | 3.5 | 4 | 5.3 | 6.4 | 7.5 | 10 | 12.5 | 15 | 18.7 | 22.5 | 26 | 30 |
| | 产品等级 A | max | 2.125 | 2.925 | 3.65 | 4.15 | 5.45 | 6.58 | 7.68 | 10.18 | 12.715 | 15.215 | — | — | — | — |
| | | min | 1.875 | 2.675 | 3.35 | 3.85 | 5.15 | 6.22 | 7.32 | 9.82 | 12.815 | 14.785 | — | — | — | — |
| | 产品等级 B | max | 2.2 | 3.0 | 3.26 | 4.24 | 5.54 | 6.69 | 7.79 | 10.29 | 12.85 | 15.35 | 19.12 | 22.92 | 26.42 | 30.42 |
| | | min | 1.8 | 2.6 | 2.35 | 3.76 | 5.06 | 6.11 | 7.21 | 9.71 | 12.15 | 14.65 | 18.28 | 22.08 | 25.58 | 29.58 |
| $k_w$ | min | 产品等级 A | 1.31 | 1.87 | 2.35 | 2.70 | 3.61 | 4.35 | 5.12 | 6.87 | 8.60 | 10.35 | — | — | — | — |
| | | 产品等级 B | 1.26 | 1.82 | 2.28 | 2.63 | 3.54 | 4.28 | 5.05 | 6.80 | 8.51 | 10.26 | 12.80 | 15.46 | 17.91 | 20.71 |
| $r$ min | | | 0.1 | 0.2 | 0.2 | 0.25 | 0.4 | 0.4 | 0.6 | 0.6 | 0.8 | 0.8 | 1 | 1 | 1.2 | 1.6 |
| $s$ | 公称 = max | | 5.50 | 7.00 | 8.00 | 10.00 | 13.00 | 16.00 | 18.00 | 24.00 | 30.00 | 36.00 | 46.00 | 55.00 | 65.00 | 75.00 |
| | min | 产品等级 A | 5.32 | 6.78 | 7.78 | 9.78 | 12.73 | 15.73 | 17.73 | 23.67 | 29.67 | 35.38 | — | — | — | — |
| | | 产品等级 B | 5.20 | 6.64 | 7.64 | 9.64 | 12.57 | 15.57 | 17.57 | 23.16 | 29.16 | 35.00 | 45 | 53.80 | 63.10 | 73.10 |
| $l$（商品规格范围） | | | 20～30 | 25～40 | 25～50 | 30～60 | 40～80 | 45～100 | 50～120 | 65～160 | 80～200 | 90～240 | 110～300 | 140～360 | 160～440 | 180～480 |
| $l$系列 | | | 20、25、30、35、40、45、50、55、60、65、70、80、90、100、110、120、130、140、150、160、180、200、220、240、260、280、300、320、340、360、380、400、420、440、460、480 | | | | | | | | | | | | | |

注：$l_g$ 与 $l_s$ 表中未列出。

### 表 B-2 双头螺柱（摘自 GB 897~900—1988）

$b_m = d$（GB 897—1988）；$b_m = 1.25d$（GB 898—1988）；
$b_m = 1.5d$（GB 899—1988）；$b_m = 2d$（GB 900—1988）

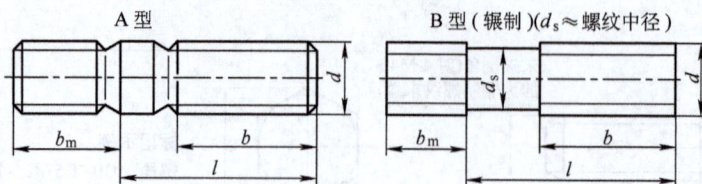

A 型　　　　　　　　　　　B 型（辗制）($d_s \approx$ 螺纹中径)

标记示例

螺柱　GB 900　M10×50

（两端均为粗牙普通螺纹，$d = 10$mm、公称长度 $l = 50$mm、性能等级为 4.8 级、不经过表面处理、B 型、$b_m = 2d$ 的双头螺柱）

（单位：mm）

| 螺纹规格 $d$ | $b_m$（旋入机体端长度） | | | | $l/b$ |
|---|---|---|---|---|---|
| | GB/T 897 | GB/T 898 | GB/T 899 | GB/T 900 | |
| M4 | — | — | 6 | 8 | (16~22)/8、(25~40)/14 |
| M5 | 5 | 6 | 8 | 10 | (16~22)/10、(25~50)/16 |
| M6 | 6 | 8 | 10 | 12 | (20~22)/10、(25~30)/14、(32~75)/18 |
| M8 | 8 | 10 | 12 | 16 | (20~22)/12、(25~30)/16、(32~90)/22 |
| M10 | 10 | 12 | 15 | 20 | (25~28)/14、(30~38)/16、(40~120)/26、130/32 |
| M12 | 12 | 15 | 18 | 24 | (25~30)/14、(32~40)/16、(45~120)/26、(130~180)/32 |
| M16 | 16 | 20 | 24 | 32 | (30~38)/16、(40~55)/20、(60~120)/30、(130~200)/36 |
| M20 | 20 | 25 | 30 | 40 | (35~40)/20、(45~65)/30、(70~120)/38、(130~200)/44 |
| (M24) | 24 | 30 | 36 | 48 | (45~50)/25、(55~75)/35、(80~120)/46、(130~200)/52 |
| (M30) | 30 | 38 | 45 | 60 | (60~65)/40、(70~90)/50、(95~120)/66、(130~200)/72、(210~250)/85 |
| M36 | 36 | 45 | 54 | 72 | (65~75)/45、(80~110)/60、120/78、(130~200)/84、(210~300)/97 |
| M42 | 42 | 52 | 63 | 84 | (70~80)/50、(85~110)/70、120/90、(130~200)/96、(210~300)/109 |
| M48 | 48 | 60 | 72 | 96 | (80~90)/60、(95~110)/80、120/102、(130~200)/108、(210~300)/121 |
| $l_{系列}$ | 12、(14)、16、(18)、20、(22)、25、(28)、30、(32)、35、(38)、40、45、50、55、60、(65)、70、75、80、(85)、90、(95)、100~260（10 进位）、280、300 | | | | |

注：1. 括号内的规格尽可能不用。末端按 GB/T 2—2001 规定。

2. $b_m = d$ 一般用于钢对钢；$b_m = (1.25~1.5)d$ 一般用于钢对铸铁；$b_m = 2d$ 一般用于钢对铝合金。

## 表 B-3　螺钉、盘头螺钉、沉头螺钉、半沉头螺钉

开槽圆柱头螺钉（摘自 GB/T 65—2016）　　　　开槽盘头螺钉（摘自 GB/T 67—2016）

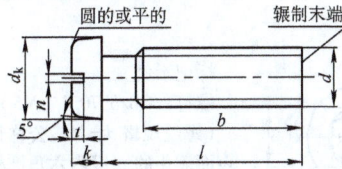

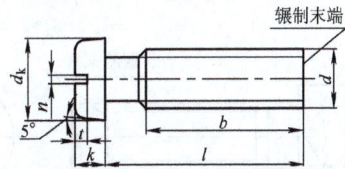

开槽沉头螺钉（摘自 GB/T 68—2016）　　　　开槽半沉头螺钉（摘自 GB/T 69—2016）

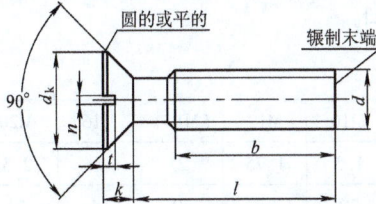

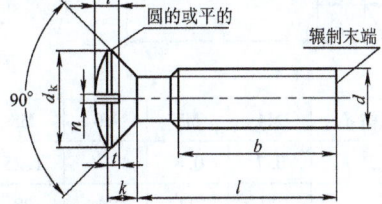

（无螺纹部分杆径 ≈ 螺纹中径或 = 螺纹大径）

标记示例

螺钉　GB/T 67　M5×60　（螺纹规格：$d$ = M5、$l$ = 60mm、性能等级为 4.8 级、不经过表面处理的开槽盘头螺钉）

（单位：mm）

| 螺纹规格 $d$ | $P$ | $b_{min}$ | $n_{公称}$ | $r_f$ GB/T 69 | $k_{max}$ | | | $d_{kmax}$ | | | $t_{min}$ | | | | $l_{范围}$ |
|---|---|---|---|---|---|---|---|---|---|---|---|---|---|---|---|
| | | | | | GB/T 65 | GB/T 67 | GB/T 68 GB/T 69 | GB/T 65 | GB/T 68 GB/T 69 | GB/T 67 | GB/T 65 | GB/T 67 | GB/T 68 | GB/T 69 | |
| M3 | 0.5 | 25 | 0.8 | 6 | 2 | 1.8 | 1.65 | 5.5 | 5.5 | 5.6 | 0.85 | 0.7 | 0.6 | 1.2 | 4～30 |
| M4 | 0.7 | 38 | 1.2 | 9.5 | 2.6 | 2.4 | 2.7 | 7 | 8.4 | 8 | 1.1 | 1 | 1 | 1.6 | 5～40 |
| M5 | 0.8 | 38 | 1.2 | 9.5 | 3.3 | 3 | 2.7 | 8.5 | 9.3 | 9.5 | 1.3 | 1.2 | 1.1 | 2 | 6～50 |
| M6 | 1 | 38 | 1.6 | 12 | 3.9 | 3.6 | 3.3 | 10 | 11.3 | 12 | 1.6 | 1.4 | 1.2 | 2.4 | 8～60 |
| M8 | 1.25 | 38 | 2 | 16.5 | 5 | 4.8 | 4.65 | 13 | 15.8 | 16 | 2 | 1.9 | 1.8 | 3.2 | 10～80 |
| M10 | 1.5 | 38 | 2.5 | 19.5 | 6 | 6 | 5 | 16 | 18.3 | 20 | 2.4 | 2.4 | 2 | 3.8 | 12～80 |
| $l_{系列}$ | 4、5、6、8、10、12、(14)、16、20、25、30、35、40、45、50、(55)、60、(65)、70、(75)、80 | | | | | | | | | | | | | | |

## 表 B-4　紧定螺钉

开槽锥端紧定螺钉(摘自GB/T 71—2018)　开槽平端紧定螺钉(摘自GB/T 73—2017)　开槽长圆柱端紧定螺钉(摘自GB/T 75—2018)

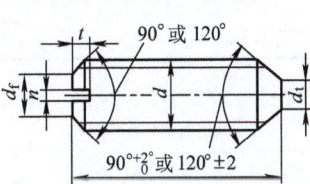

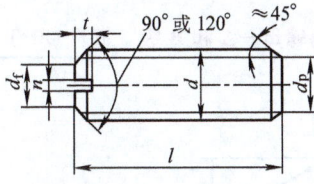

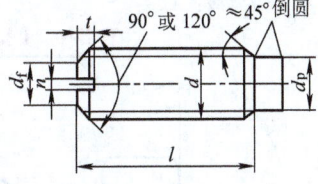

标记示例

螺钉 GB/T 71　M5×20　（螺纹规格：$d$ = M5、$l$ = 20mm、性能等级为 14H 级、表面氧化的开槽锥端紧定螺钉）

（单位：mm）

| 螺纹规格 $d$ | $P$ | $d_f$ | $d_{tmax}$ | $d_{pmax}$ | $n$ | $t_{max}$ | $z_{max}$ | $l$ | | |
|---|---|---|---|---|---|---|---|---|---|---|
| | | | | | | | | GB/T 71 | GB/T 73 | GB/T 75 |
| M2 | 0.4 | ≈ 螺纹小径 | 0.2 | 1 | 0.25 | 0.84 | 1.25 | 3～10 | 2～10 | 3～10 |
| M3 | 0.5 | | 0.3 | 2 | 0.4 | 1.05 | 1.75 | 4～16 | 3～16 | 5～16 |
| M4 | 0.7 | | 0.4 | 2.5 | 0.6 | 1.42 | 2.25 | 6～20 | 4～20 | 6～20 |
| M5 | 0.8 | | 0.5 | 3.5 | 0.8 | 1.63 | 2.75 | 8～25 | 5～25 | 8～25 |
| M6 | 1 | | 1.5 | 4 | 1 | 2 | 3.25 | 8～30 | 6～30 | 8～30 |
| M8 | 1.25 | | 2 | 5.5 | 1.2 | 2.5 | 4.3 | 8～30 | 8～40 | 8～30 |
| M10 | 1.5 | | 2.5 | 7 | 1.6 | 3 | 5.3 | 12～50 | 10～50 | 12～50 |
| M12 | 1.75 | | 3 | 8.5 | 2 | 3.6 | 6.3 | 14～60 | 12～60 | 14～60 |
| $l_{系列}$ | 2、2.5、3、4、5、6、8、10、12、(14)、16、20、25、30、35、40、45、50、(55)、60 | | | | | | | | | |

注：螺纹公差：6g；力学性能等级：14H、22H；产品等级：A。

### 表 B-5　内六角圆柱头螺钉（摘自 GB/T 70.1—2008）

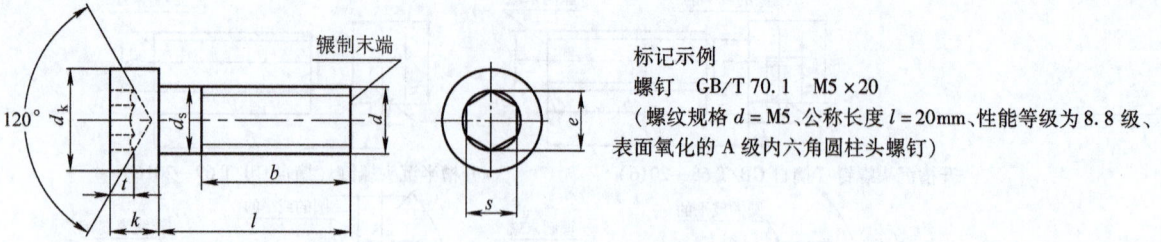

标记示例

螺钉　GB/T 70.1　M5×20

（螺纹规格 $d$ = M5、公称长度 $l$ = 20mm、性能等级为 8.8 级、表面氧化的 A 级内六角圆柱头螺钉）

（单位：mm）

| 螺纹规格 $d$ | | M4 | M5 | M6 | M8 | M10 | M12 | (M14) | M16 | M20 | M24 | M30 | M36 |
|---|---|---|---|---|---|---|---|---|---|---|---|---|---|
| 螺距 $P$ | | 0.7 | 0.8 | 1 | 1.25 | 1.5 | 1.75 | 2 | 2 | 2.5 | 3 | 3.5 | 4 |
| $b_{参考}$ | | 20 | 22 | 24 | 28 | 32 | 36 | 40 | 44 | 52 | 60 | 72 | 84 |
| $d_{kmax}$ | 头部光滑 | 7 | 8.5 | 10 | 13 | 16 | 18 | 21 | 24 | 30 | 36 | 45 | 54 |
| | 滚花头部 | 7.22 | 8.72 | 10.22 | 13.27 | 16.27 | 18.27 | 21.33 | 24.33 | 30.33 | 36.39 | 45.39 | 54.46 |
| $k_{max}$ | | 4 | 5 | 6 | 8 | 10 | 12 | 14 | 16 | 20 | 24 | 30 | 36 |
| $l_{min}$ | | 2 | 2.5 | 3 | 4 | 5 | 6 | 7 | 8 | 10 | 12 | 15.5 | 19 |
| $s_{公称}$ | | 3 | 4 | 5 | 6 | 8 | 10 | 12 | 14 | 17 | 19 | 22 | 27 |
| $e_{min}$ | | 3.44 | 4.58 | 5.72 | 6.86 | 9.15 | 11.43 | 13.72 | 16 | 19.44 | 21.73 | 25.15 | 30.35 |
| $d_{smax}$ | | 4 | 5 | 6 | 8 | 10 | 12 | 14 | 16 | 20 | 24 | 30 | 36 |
| $l_{范围}$ | | 6~40 | 8~50 | 10~60 | 12~80 | 16~100 | 20~120 | 25~140 | 25~160 | 30~200 | 40~200 | 45~200 | 55~200 |
| 全螺纹时最大长度 | | 25 | 25 | 30 | 35 | 40 | 45 | 55 | 55 | 65 | 80 | 90 | 100 |
| $l_{系列}$ | | 6、8、10、12、(14)、(16)、20~50（5 进位）、(55)、60、(65)、70~160（10 进位）、180、200 | | | | | | | | | | | |

注：1. 括号内的规格尽可能不用。末端按 GB/T 2—2000 规定。

　　2. 力学性能等级：8.8、12.9。

　　3. 螺纹公差：力学性能等级 8.8 级时为 6g，12.9 级时为 5g、6g。

　　4. 产品等级：A。

### 表 B-6　1 型六角螺母—A 和 B 级（摘自 GB/T 6170—2015）

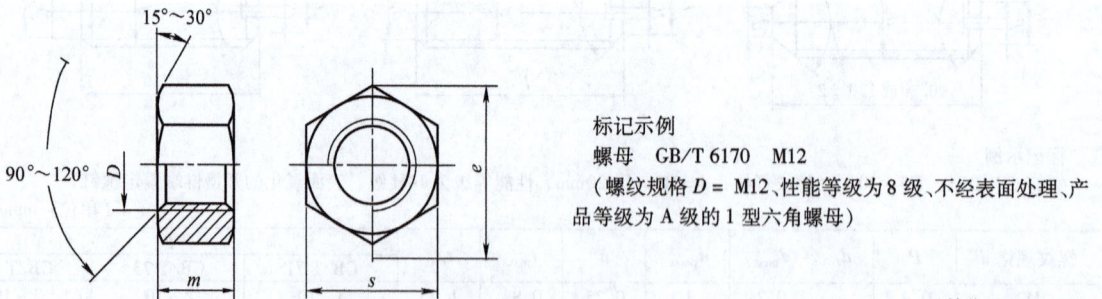

标记示例

螺母　GB/T 6170　M12

（螺纹规格 $D$ = M12、性能等级为 8 级、不经表面处理、产品等级为 A 级的 1 型六角螺母）

（单位：mm）

| 螺纹规格 $D$ | M4 | M5 | M6 | M8 | M10 | M12 | M16 | M20 | M24 | M30 | M36 | M42 | M48 |
|---|---|---|---|---|---|---|---|---|---|---|---|---|---|
| $s_{max}$ | 7 | 8 | 10 | 13 | 16 | 18 | 24 | 30 | 36 | 46 | 55 | 65 | 75 |
| $e_{min}$ | 7.66 | 8.79 | 11.05 | 14.38 | 17.77 | 20.03 | 26.75 | 32.95 | 39.55 | 50.85 | 60.79 | 72.02 | 82.6 |
| $m_{max}$ | 3.2 | 4.7 | 5.2 | 6.8 | 8.4 | 10.8 | 14.8 | 18 | 21.5 | 25.6 | 31 | 34 | 38 |

注：1. 产品等级：A 级用 $D \leqslant 16$mm 的螺母；B 级用 $D > 16$mm 的螺母；C 级用 $D > 5$mm 的螺母。

　　2. 螺纹公差：A、B 级为 6H；力学性能等级：A、B 级为 6、8、10 级。

### 表 B-7　平垫圈

平垫圈—倒角型—A级（GB/T 97.2—2002）　　　平垫圈—A级（GB/T 97.1—2002）

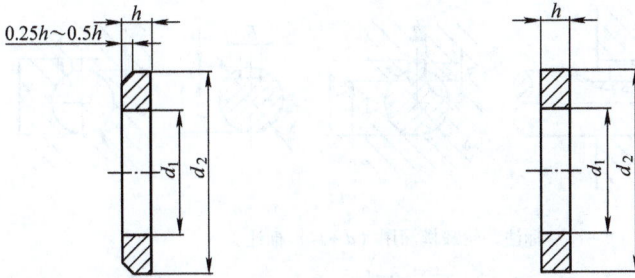

$0.25h\sim0.5h$

标记示例

垫圈　GB/T 97.1（标准系列、公称规格8mm、由钢制造的硬度等级为200HV级、不经过表面处理产品等级为A级的平垫圈）

（单位：mm）

| 公称尺寸（螺纹规格 $d$） | | 1.6 | 2 | 2.5 | 3 | 4 | 5 | 6 | 8 | 10 | 12 | 16 | 20 | 24 | 30 | 36 |
|---|---|---|---|---|---|---|---|---|---|---|---|---|---|---|---|---|
| $d_1$ | GB/T 97.1 | 1.7 | 2.2 | 2.7 | 3.2 | 4.3 | 5.3 | 6.4 | 8.4 | 10.5 | 13 | 17 | 21 | 25 | 31 | 37 |
| | GB/T 97.2 | — | — | — | — | — | | | | | | | | | | |
| $d_2$ | GB/T 97.1 | 4 | 5 | 6 | 7 | 9 | 10 | 12 | 16 | 20 | 24 | 30 | 37 | 44 | 56 | 66 |
| | GB/T 97.2 | — | — | — | — | — | 10 | 12 | 16 | 20 | 24 | 30 | 37 | 44 | 56 | 66 |
| $h$ | GB/T 97.1 | 0.3 | 0.3 | 0.5 | 0.5 | 0.8 | 1 | 1.6 | 1.6 | 2 | 2.5 | 3 | 3 | 4 | 4 | 5 |
| | GB/T 97.2 | — | — | — | — | — | | | | | | | | | | |

### 表 B-8　标准型弹簧垫圈（摘自 GB/T 93—1987）

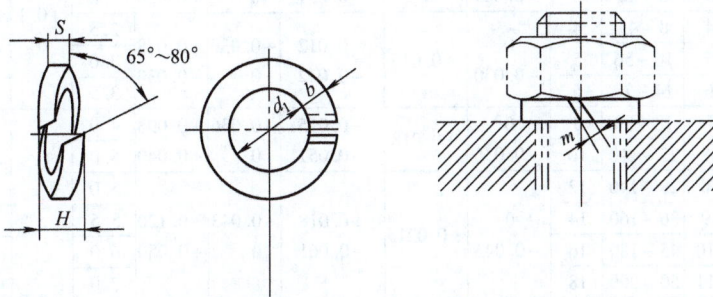

65°~80°

标记示例

垫圈　GB/T 93—87　10

（规格10mm、材料为65Mn、表面氧化的标准型弹簧垫圈）

（单位：mm）

| 规格（螺纹大径） | 4 | 5 | 6 | 8 | 10 | 12 | 16 | 20 | 24 | 30 | 36 | 42 | 48 |
|---|---|---|---|---|---|---|---|---|---|---|---|---|---|
| $d_{1\min}$ | 4.1 | 5.1 | 6.1 | 8.1 | 10.2 | 12.2 | 16.2 | 20.2 | 24.5 | 30.5 | 36.5 | 42.5 | 48.5 |
| $S=b_{公称}$ | 1.1 | 1.3 | 1.6 | 2.1 | 2.6 | 3.1 | 4.1 | 5 | 6 | 7.5 | 9 | 10.5 | 12 |
| $m\leqslant$ | 0.55 | 0.65 | 0.8 | 1.05 | 1.3 | 1.55 | 2.05 | 2.5 | 3 | 3.75 | 4.5 | 5.25 | 6 |
| $H_{\max}$ | 2.75 | 3.25 | 4 | 5.25 | 6.5 | 7.75 | 10.25 | 12.5 | 15 | 18.75 | 22.5 | 26.25 | 30 |

注：$m$ 应大于零。

### 表 B-9 普通平键键槽的尺寸及公差
#### （摘自 GB/T 1095—2003 和 GB/T 1096—2003）

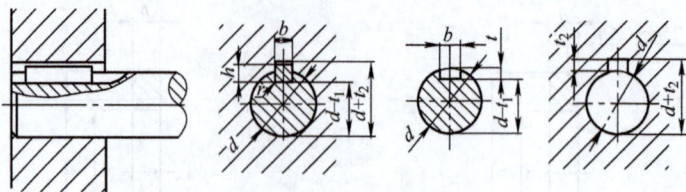

注：在工作图中，轴槽深用 $t_1$ 或（$d-t_1$）标注，轮毂槽深用（$d+t_2$）标注。

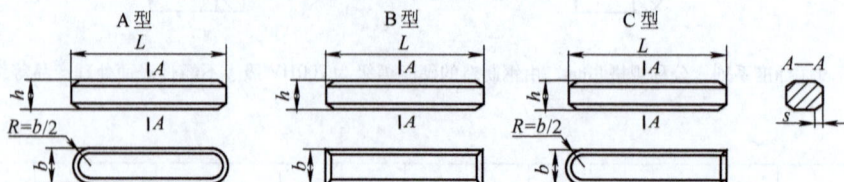

标记示例

GB/T 1096 键 $18 \times 11 \times 100$ （宽度 $b=18mm$、高度 $h=11mm$、长度 $L=100mm$ 的普通 A 型平键）

GB/T 1096 键 B $18 \times 11 \times 100$ （宽度 $b=18mm$、高度 $h=11mm$、长度 $L=100mm$ 的普通 B 型平键）

GB/T 1096 键 C $18 \times 11 \times 100$ （宽度 $b=18mm$、高度 $h=11mm$、长度 $L=100mm$ 的普通 C 型平键）

（单位：mm）

| 轴的直径 $d$ | 键的尺寸 $b \times h$ | 长度 $L$ | 键槽 | | | | | | | | | | | |
|---|---|---|---|---|---|---|---|---|---|---|---|---|---|---|
| | | | 宽度 $b$ | | | | | | 深度 | | | | 半径 $r$ | |
| | | | 基本尺寸 | 极限偏差 | | | | | 轴 $t_1$ | | 毂 $t_2$ | | | |
| | | | | 正常联接 | | 紧密联接 | 松联接 | | 基本尺寸 | 极限偏差 | 基本尺寸 | 极限偏差 | | |
| | | | | 轴 H9 | 毂 JS9 | 轴和毂 P9 | 轴 H9 | 毂 D10 | | | | | min | max |
| 自 6~8 | 2×2 | 6~20 | 2 | -0.004 / -0.029 | ±0.0125 | -0.006 / -0.031 | +0.025 / 0 | +0.060 / +0.020 | 1.2 | +0.1 / 0 | 1 | +0.1 / 0 | 0.08 | 0.16 |
| >8~10 | 3×3 | 6~36 | 3 | | | | | | 1.8 | | 1.4 | | | |
| >10~12 | 4×4 | 8~45 | 4 | 0 / -0.030 | ±0.015 | -0.012 / -0.042 | +0.030 / 0 | +0.078 / +0.030 | 2.5 | | 1.8 | | 0.16 | 0.25 |
| >12~17 | 5×5 | 10~56 | 5 | | | | | | 3.0 | | 2.3 | | | |
| >17~22 | 6×6 | 14~70 | 6 | | | | | | 3.5 | | 2.8 | | 0.16 | 0.25 |
| >22~30 | 8×7 | 18~90 | 8 | 0 / -0.036 | ±0.018 | -0.015 / -0.051 | +0.036 / 0 | +0.098 / +0.040 | 4.0 | | 3.3 | | | |
| >30~38 | 10×8 | 22~110 | 10 | | | | | | 5.0 | | 3.3 | | | |
| >38~44 | 12×8 | 28~140 | 12 | 0 / -0.043 | ±0.0215 | +0.018 / -0.061 | +0.043 / 0 | +0.120 / +0.050 | 5.0 | | 3.3 | | 0.25 | 0.40 |
| >44~50 | 14×9 | 36~160 | 14 | | | | | | 5.5 | | 3.8 | | | |
| >50~58 | 16×10 | 45~180 | 16 | | | | | | 6.0 | | 4.3 | | | |
| >58~65 | 18×11 | 50~200 | 18 | | | | | | 7.0 | +0.2 / 0 | 4.4 | +0.2 / 0 | 0.25 | 0.40 |
| >65~75 | 20×12 | 56~220 | 20 | 0 / -0.052 | ±0.026 | +0.022 / -0.074 | +0.052 / 0 | +0.149 / +0.065 | 7.5 | | 4.9 | | | |
| >75~85 | 22×14 | 65~250 | 22 | | | | | | 9.0 | | 5.4 | | 0.40 | 0.60 |
| >85~95 | 25×14 | 70~280 | 25 | | | | | | 9.0 | | 5.4 | | | |
| >95~110 | 28×16 | 80~320 | 28 | | | | | | 10.0 | | 6.4 | | | |
| >110~130 | 32×18 | 90~360 | 32 | 0 / -0.062 | ±0.031 | -0.026 / -0.088 | +0.062 / +0.080 | +0.180 / +0.080 | 11.0 | | 7.4 | | 0.40 | 0.60 |

注：1.（$d-t_1$）和（$d+t_2$）两组组合尺寸的极限偏差按相应的 $t_1$ 和 $t_2$ 的极限偏差选取，但（$d-t_1$）极限偏差应取负号（－）。

2. 倒角或圆角尺寸 $s$：基本尺寸 2~4mm，0.16~0.25mm；5~8mm，0.25~0.40mm；10~18mm，0.40~0.60mm；20~32mm，0.60~0.80mm。

3. 键槽两侧面粗糙度参数推荐为 $Ra=1.6~3.2\mu m$，键槽底面为粗糙度参数 $Ra=6.3\mu m$，长度公差用 H14。

4. $L_{系列}$：6、8、10、12、14、16、18、20、22、25、28、32、36、40、45、50、56、63、70、80、90、100、110、125、140、160、180、200、220、250、280、320、360、400、450、500。

**表 B-10　半圆键**（摘自 GB/T 1098—2003、GB/T 1099.1—2003）

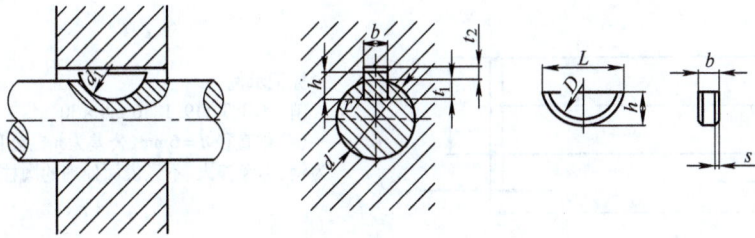

注：在工作图中，轴槽深用 $t_1$ 或（$d-t_1$）标注，轮毂槽深用（$d+t_2$）标注。

标记示例

GB/T 1099.1 键 $6\times10\times25$（宽度 $b=6$mm、高度 $h=10$mm、直径 $D=25$mm 的普通型半圆键）

（单位：mm）

| 键的尺寸 $b\times h\times D$ | 倒角或圆角尺寸 | 键槽 | | | | | | | | | | | |
|---|---|---|---|---|---|---|---|---|---|---|---|---|---|
| | | 宽度 $b$ | | | | | | 深度 | | | | 半径 $r$ | |
| | | 基本尺寸 | 极限偏差 | | | | | 轴 $t_1$ | | 毂 $t_2$ | | | |
| | | | 正常联接 | | 紧密联接 | 松联接 | | 基本尺寸 | 极限偏差 | 基本尺寸 | 极限偏差 | min | max |
| | | | 轴 N9 | JS9 | 轴和毂 P9 | 轴 H9 | 毂 D10 | | | | | | |
| $1.0\times1.4\times4$ | | 1.0 | | | | | | 1.0 | | 0.6 | | | |
| $1.5\times2.6\times7$ | | 1.5 | | | | | | 2.0 | | 0.8 | | | |
| $2.0\times2.6\times7$ | 0.16~0.25 | 2.0 | $-0.004$ $-0.029$ | $\pm0.0125$ | $-0.006$ $-0.031$ | $+0.025$ $0$ | $+0.060$ $+0.020$ | 1.8 | $+0.1$ $0$ | 1.0 | | 0.08 | 0.16 |
| $2.0\times3.7\times10$ | | 2.0 | | | | | | 2.9 | | 1.0 | | | |
| $2.5\times3.7\times10$ | | 2.5 | | | | | | 2.7 | | 1.2 | | | |
| $3.0\times5.0\times13$ | | 3.0 | | | | | | 3.8 | | 1.4 | | | |
| $3.0\times6.5\times16$ | | 3.0 | | | | | | 5.3 | | 1.4 | $+0.1$ $0$ | | |
| $4.0\times6.5\times16$ | | 4.0 | | | | | | 5.0 | $+0.2$ $0$ | 1.8 | | | |
| $4.0\times7.5\times19$ | | 4.0 | | | | | | 6.0 | | 1.8 | | | |
| $5.0\times6.5\times16$ | | 5.0 | | | | | | 4.5 | | 2.3 | | | |
| $5.0\times7.5\times19$ | 0.25~0.40 | 5.0 | $0$ $-0.030$ | $\pm0.015$ | $-0.012$ $-0.042$ | $+0.030$ $0$ | $+0.078$ $+0.030$ | 5.5 | | 2.3 | | 0.16 | 0.25 |
| $5.0\times9.0\times22$ | | 5.0 | | | | | | 7.0 | | 2.3 | | | |
| $6.0\times9.0\times22$ | | 6.0 | | | | | | 6.5 | | 2.8 | | | |
| $6.0\times10.0\times25$ | | 6.0 | | | | | | 7.5 | $+0.3$ $0$ | 2.8 | | | |
| $8.0\times11.0\times28$ | | 8.0 | | | | | | 8.0 | | 3.3 | $+0.2$ $0$ | | |
| $10\times13\times32$ | 0.40~0.60 | 10.0 | $0$ $-0.036$ | $\pm0.018$ | $-0.015$ $-0.051$ | $+0.036$ $0$ | $+0.098$ $+0.040$ | 10.0 | | 3.3 | | 0.25 | 0.40 |

注：1. 在图样中，轴槽深用 $t_1$ 或（$d-t_1$）标注，轮毂槽深用（$d+t_2$）标注。（$d-t_1$）和（$d+t_2$）两组组合尺寸的极限偏差按相应的 $t_1$ 和 $t_2$ 的极限偏差选取，但（$d-t_1$）极限偏差应取负号（$-$）。

　　2. 键长 $L$ 的两端允许倒圆，圆角半径 $r=0.5\sim1.5$mm。

　　3. 键宽 $b$ 的下偏差统一为"$-0.025$"。

　　4. 键槽两侧面粗糙度参数推荐为 $Ra=1.6\sim3.2\mu m$，键槽底面为粗糙度参数 $Ra=6.3\mu m$，长度公差用 H14。

表 B-11　圆柱销（摘自 GB/T 119.1—2000）

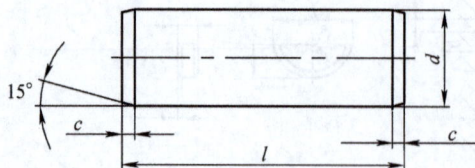

标记示例
销　GB/T 119.1　6 m6×30
（公称直径 $d = 6$mm、公差为 m6、公称长度 $l = 30$mm、材料为钢、不经淬火、不经表面处理的圆柱销）

（单位：mm）

| $d$（公称） | 2 | 2.5 | 3 | 4 | 5 | 6 | 8 | 10 | 12 | 16 | 20 | 25 | 30 | 40 | 50 |
|---|---|---|---|---|---|---|---|---|---|---|---|---|---|---|---|
| $c \approx$ | 0.35 | 0.4 | 0.5 | 0.63 | 0.8 | 1.2 | 1.6 | 2 | 2.5 | 3 | 3.5 | 4 | 5 | 6.3 | 8 |
| $l_{范围}$ | 6～20 | 6～20 | 8～30 | 8～40 | 10～50 | 12～60 | 14～80 | 18～95 | 22～140 | 26～180 | 35～200 以上 | 50～200 以上 | 60～200 以上 | 80～200 以上 | 95～200 以上 |
| $l_{系列}$（公称） | 3、4、5、6～32（2 进位）、35～100（5 进位）、120～≥200（20 进位） | | | | | | | | | | | | | | |

注：公称直径 $d$ 的公差规定为 m6 和 h8，其他公差由供需双方协议。

表 B-12　圆锥销（摘自 GB/T 117—2000）

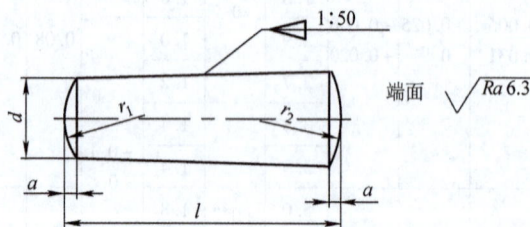

端面 $\sqrt{Ra\,6.3}$

$r_1 \approx d$；$r_2 = \dfrac{a}{2} + d + \dfrac{(0.02l)^2}{8a}$。

标记示例
销　GB/T 117　10×60
（公称直径 $d = 10$mm、公称长度 $l = 60$mm、材料为 35 钢、热处理硬度 28～38HRC、表面氧化处理的 A 型圆锥销）

（单位：mm）

| $d$（公称） | 2 | 2.5 | 3 | 4 | 5 | 6 | 8 | 10 | 12 | 16 | 20 | 25 | 30 | 40 | 50 |
|---|---|---|---|---|---|---|---|---|---|---|---|---|---|---|---|
| $a \approx$ | 0.25 | 0.3 | 0.4 | 0.5 | 0.63 | 0.8 | 1.0 | 1.2 | 1.6 | 2.0 | 2.5 | 3.0 | 5 | 6.3 | 8 |
| $l_{范围}$ | 10～35 | 10～35 | 12～45 | 14～55 | 18～60 | 22～90 | 22～120 | 26～160 | 32～180 | 40～200 以上 | 45～200 以上 | 50～200 以上 | 55～200 以上 | 60～200 以上 | 65～200 以上 |
| $l_{系列}$（公称） | 2、3、4、5、6～32（2 进位）、35～100（5 进位）、120～≥200（20 进位） | | | | | | | | | | | | | | |

注：1. 公称直径 $d$ 的公差规定为 h10，其他公差如 a11、c11 和 f8 由供需双方协议。

2. 圆锥销有 A 型和 B 型，A 型为磨削，锥面表面粗糙度 $Ra = 0.8\mu m$，B 型为切削或冷镦，锥面表面粗糙度 $Ra = 3.2\mu m$。

表 B-13　滚动轴承　　　　　　　　　　　　　　（单位：mm）

深沟球轴承（摘自 GB/T 276—2013）

标记示例　滚动轴承6308　GB/T 276—2013

圆锥滚子轴承（摘自 GB/T 297—2015）

标记示例　滚动轴承30209　GB/T 297—2015

推力球轴承（摘自 GB/T 301—2015）

标记示例　滚动轴承51205　GB/T 301—2015

| 轴承型号 | d | D | B | 轴承型号 | d | D | B | C | T | 轴承型号 | d | D | T | d1 |
|---|---|---|---|---|---|---|---|---|---|---|---|---|---|---|
| 尺寸系列[(0)2] | | | | 尺寸系列[02] | | | | | | 尺寸系列[12] | | | | |
| 6202 | 15 | 35 | 11 | 30203 | 17 | 40 | 12 | 11 | 13.25 | 51202 | 15 | 32 | 12 | 17 |
| 6203 | 17 | 40 | 12 | 30204 | 20 | 47 | 14 | 12 | 15.25 | 51203 | 17 | 35 | 12 | 19 |
| 6204 | 20 | 47 | 14 | 30205 | 25 | 52 | 15 | 13 | 16.25 | 51204 | 20 | 40 | 14 | 22 |
| 6205 | 25 | 52 | 15 | 30206 | 30 | 62 | 16 | 14 | 17.25 | 51205 | 25 | 47 | 15 | 27 |
| 6206 | 30 | 62 | 16 | 30207 | 35 | 72 | 17 | 15 | 18.25 | 51206 | 30 | 52 | 16 | 32 |
| 6207 | 35 | 72 | 17 | 30208 | 40 | 80 | 18 | 16 | 19.75 | 51207 | 35 | 62 | 18 | 37 |
| 6208 | 40 | 80 | 18 | 30209 | 45 | 85 | 19 | 16 | 20.75 | 51208 | 40 | 68 | 19 | 42 |
| 6209 | 45 | 85 | 19 | 30210 | 50 | 90 | 20 | 17 | 21.75 | 51209 | 45 | 73 | 20 | 47 |
| 6210 | 50 | 90 | 20 | 30211 | 55 | 100 | 21 | 18 | 22.75 | 51210 | 50 | 78 | 22 | 52 |
| 6211 | 55 | 100 | 21 | 30212 | 60 | 110 | 22 | 19 | 23.75 | 51211 | 55 | 90 | 25 | 57 |
| 6212 | 60 | 110 | 22 | 30213 | 65 | 120 | 23 | 20 | 24.75 | 51212 | 60 | 95 | 26 | 62 |
| 尺寸系列[(0)3] | | | | 尺寸系列[03] | | | | | | 尺寸系列[13] | | | | |
| 6302 | 15 | 42 | 13 | 30302 | 15 | 42 | 13 | 11 | 14.25 | 51304 | 20 | 47 | 18 | 22 |
| 6303 | 17 | 47 | 14 | 30303 | 17 | 47 | 14 | 12 | 15.25 | 51305 | 25 | 52 | 18 | 27 |
| 6304 | 20 | 52 | 15 | 30304 | 20 | 52 | 15 | 13 | 16.25 | 51306 | 30 | 60 | 21 | 32 |
| 6305 | 25 | 62 | 17 | 30305 | 25 | 62 | 17 | 15 | 18.25 | 51307 | 35 | 68 | 24 | 37 |
| 6306 | 30 | 72 | 19 | 30306 | 30 | 72 | 19 | 16 | 20.75 | 51308 | 40 | 78 | 26 | 42 |
| 6307 | 35 | 80 | 21 | 30307 | 35 | 80 | 21 | 18 | 22.75 | 51309 | 45 | 85 | 28 | 47 |
| 6308 | 40 | 90 | 23 | 30308 | 40 | 90 | 23 | 20 | 25.25 | 51310 | 50 | 95 | 31 | 52 |
| 6309 | 45 | 100 | 25 | 30309 | 45 | 100 | 25 | 22 | 27.25 | 51311 | 55 | 105 | 35 | 57 |
| 6310 | 50 | 110 | 27 | 30310 | 50 | 110 | 27 | 23 | 29.25 | 51312 | 60 | 110 | 35 | 62 |
| 6311 | 55 | 120 | 29 | 30311 | 55 | 120 | 29 | 25 | 31.50 | 51313 | 65 | 115 | 36 | 67 |
| 6312 | 60 | 130 | 31 | 30312 | 60 | 130 | 31 | 26 | 33.50 | 51314 | 70 | 125 | 40 | 72 |

注：圆括号中的尺寸系列代号在轴承代号中省略。

# 附录 C 极限与配合

表 C-1 标准公差数值表（摘自 GB/T 1800.1—2009） （单位：μm）

| 公称尺寸 mm | | 标准公差等级 | | | | | | | | | | | | | | | | |
|---|---|---|---|---|---|---|---|---|---|---|---|---|---|---|---|---|---|---|
| | | IT1 | IT2 | IT3 | IT4 | IT5 | IT6 | IT7 | IT8 | IT9 | IT10 | IT11 | IT12 | IT13 | IT14 | IT15 | IT16 | IT17 | IT18 |
| 大于 | 至 | μm | | | | | | | | | | | mm | | | | | | |
| — | 3 | 0.8 | 1.2 | 2 | 3 | 4 | 6 | 10 | 14 | 25 | 40 | 60 | 0.1 | 0.14 | 0.25 | 0.4 | 0.6 | 1 | 1.4 |
| 3 | 6 | 1 | 1.5 | 2.5 | 4 | 5 | 8 | 12 | 18 | 30 | 48 | 75 | 0.12 | 0.18 | 0.3 | 0.48 | 0.75 | 1.2 | 1.8 |
| 6 | 10 | 1 | 1.5 | 2.5 | 4 | 6 | 9 | 15 | 22 | 36 | 58 | 90 | 0.15 | 0.22 | 0.36 | 0.58 | 0.9 | 1.5 | 2.2 |
| 10 | 18 | 1.2 | 2 | 3 | 5 | 8 | 11 | 18 | 27 | 43 | 70 | 110 | 0.18 | 0.27 | 0.43 | 0.7 | 1.1 | 1.8 | 2.7 |
| 18 | 30 | 1.5 | 2.5 | 4 | 6 | 9 | 13 | 21 | 33 | 52 | 84 | 130 | 0.21 | 0.33 | 0.52 | 0.84 | 1.3 | 2.1 | 3.3 |
| 30 | 50 | 1.5 | 2.5 | 4 | 7 | 11 | 16 | 25 | 39 | 62 | 100 | 160 | 0.25 | 0.39 | 0.62 | 1 | 1.6 | 2.5 | 3.9 |
| 50 | 80 | 2 | 3 | 5 | 8 | 13 | 19 | 30 | 46 | 74 | 120 | 190 | 0.3 | 0.46 | 0.74 | 1.2 | 1.9 | 3 | 4.6 |
| 80 | 120 | 2.5 | 4 | 6 | 10 | 15 | 22 | 35 | 54 | 87 | 140 | 220 | 0.35 | 0.54 | 0.87 | 1.4 | 2.2 | 3.5 | 5.4 |
| 120 | 180 | 3.5 | 5 | 8 | 12 | 18 | 25 | 40 | 63 | 100 | 160 | 250 | 0.4 | 0.63 | 1 | 1.6 | 2.5 | 4 | 6.3 |
| 180 | 250 | 4.5 | 7 | 10 | 14 | 20 | 29 | 46 | 72 | 115 | 185 | 290 | 0.46 | 0.72 | 1.15 | 1.85 | 2.9 | 4.6 | 7.2 |
| 250 | 315 | 6 | 8 | 12 | 16 | 23 | 32 | 52 | 81 | 130 | 210 | 320 | 0.52 | 0.81 | 1.3 | 2.1 | 3.2 | 5.2 | 8.1 |
| 315 | 400 | 7 | 9 | 13 | 18 | 25 | 36 | 57 | 89 | 140 | 230 | 360 | 0.57 | 0.89 | 1.4 | 2.3 | 3.6 | 5.7 | 8.9 |
| 400 | 500 | 8 | 10 | 15 | 20 | 27 | 40 | 63 | 97 | 155 | 250 | 400 | 0.63 | 0.97 | 1.55 | 2.5 | 4 | 6.3 | 9.7 |
| 500 | 630 | 9 | 11 | 16 | 22 | 32 | 44 | 70 | 110 | 175 | 280 | 440 | 0.7 | 1.1 | 1.75 | 2.8 | 4.4 | 7 | 11 |
| 680 | 800 | 10 | 13 | 18 | 25 | 36 | 50 | 80 | 125 | 200 | 320 | 500 | 0.8 | 1.25 | 2 | 3.2 | 5 | 8 | 12.5 |
| 800 | 1000 | 11 | 15 | 21 | 28 | 40 | 56 | 90 | 140 | 230 | 360 | 560 | 0.9 | 1.4 | 2.3 | 3.6 | 5.6 | 9 | 14 |
| 1000 | 1250 | 13 | 18 | 24 | 33 | 47 | 66 | 105 | 165 | 260 | 420 | 660 | 1.05 | 1.65 | 2.6 | 4.2 | 6.6 | 10.5 | 16.5 |
| 1250 | 1600 | 15 | 21 | 29 | 39 | 55 | 78 | 125 | 195 | 310 | 500 | 780 | 1.25 | 1.95 | 3.1 | 5 | 7.8 | 12.5 | 19.5 |
| 1600 | 2000 | 18 | 25 | 35 | 46 | 65 | 92 | 150 | 230 | 370 | 600 | 920 | 1.5 | 2.3 | 3.7 | 6 | 9.2 | 15 | 23 |
| 2000 | 2500 | 22 | 30 | 41 | 55 | 78 | 110 | 175 | 280 | 440 | 700 | 1100 | 1.75 | 2.8 | 4.4 | 7 | 11 | 17.5 | 28 |
| 2500 | 3150 | 26 | 36 | 50 | 68 | 96 | 135 | 210 | 330 | 540 | 860 | 1350 | 2.1 | 3.3 | 5.4 | 8.6 | 13.5 | 21 | 33 |

注：1. 公称尺寸大于 500mm 的 IT1～IT5 的标准公差数值为试行的。

2. 公称尺寸小于或等于 1mm 时，无 IT14～IT18 的标准公差数值。

**表 C-2　轴的极限偏差**（摘自 GB/T 1800.2—2009）　　　　　（单位：μm）

| 公称尺寸/mm | a* | b* | | c | | | d | | | | e | | |
|---|---|---|---|---|---|---|---|---|---|---|---|---|---|
| | 11 | 11 | 12 | 9 | 10 | **11** | 8 | **9** | 10 | 11 | 7 | 8 | 9 |
| >0~3 | −270 −330 | −140 −200 | −140 −240 | −60 −85 | −60 −100 | **−60 −120** | −20 −34 | **−20 −45** | −20 −60 | −20 −80 | −14 −24 | −14 −28 | −14 −39 |
| >3~6 | −270 −345 | −140 −215 | −140 −260 | −70 −100 | −70 118 | **−70 −145** | −30 −48 | **−30 −60** | −30 −78 | −30 −105 | −20 −32 | −20 −38 | −20 −50 |
| >6~10 | −280 −370 | −150 −240 | −150 −300 | −80 −116 | −80 −138 | **−80 −170** | −40 −62 | **−40 −79** | −40 −98 | −40 −130 | −25 −40 | −25 −47 | −25 −61 |
| >10~14 | −290 −400 | −150 −260 | −150 −330 | −95 −138 | −95 −165 | **−95 −205** | −50 −77 | **−50 −93** | −50 −120 | −50 −160 | −32 −50 | −32 −59 | −32 −75 |
| >14~18 | | | | | | | | | | | | | |
| >18~24 | −300 −430 | −160 −290 | −160 −370 | −110 −162 | −110 −194 | **−110 −240** | −65 −98 | **−65 −117** | −65 −149 | −65 −195 | −40 −61 | −40 −73 | −40 −92 |
| >24~30 | | | | | | | | | | | | | |
| >30~40 | −310 −470 | −170 −330 | −170 −420 | −120 −182 | −120 −220 | **−120 −280** | −80 −119 | **−80 −142** | −80 −180 | −80 −240 | −50 −75 | −50 −89 | −50 −112 |
| >40~50 | −320 −480 | −180 −340 | −180 −430 | −130 −192 | −130 −230 | **−130 −290** | | | | | | | |
| >50~65 | −340 −530 | −190 −380 | −190 −490 | −140 −214 | −140 −260 | **−140 −330** | −100 −146 | **−100 −174** | −100 −220 | −100 −290 | −60 −90 | −60 −106 | −60 −134 |
| >65~80 | −360 −550 | −200 −390 | −200 −500 | −150 −224 | −150 −270 | **−150 −340** | | | | | | | |
| >80~100 | −380 −600 | −200 −440 | −220 −570 | −170 −257 | −170 −310 | **−170 −390** | −120 −174 | **−120 −207** | −120 −260 | −120 −340 | −72 −109 | −72 −126 | −72 −159 |
| >100~120 | −410 −630 | −240 −460 | −240 −590 | −180 −267 | −180 −320 | **−180 −400** | | | | | | | |
| >120~140 | −460 −710 | −260 −510 | −260 −660 | −200 −300 | −200 −360 | **−200 −450** | −145 −208 | **−145 −245** | −145 −305 | −145 −395 | −85 −125 | −85 −148 | −85 −185 |
| >140~160 | −520 −770 | −280 −530 | −280 −680 | −210 −310 | −210 −370 | **−210 −460** | | | | | | | |
| >160~180 | −580 −830 | −310 −560 | −310 −710 | −230 −330 | −230 −390 | **−230 −480** | | | | | | | |
| >180~200 | −660 −950 | −340 −630 | −340 −800 | −240 −355 | −240 −425 | **−240 −530** | | | | | | | |
| >200~225 | −740 −1030 | −380 −670 | −380 −840 | −260 −375 | −260 −445 | **−260 −550** | −170 −242 | **−170 −285** | −170 −355 | −170 −460 | −100 −146 | −100 −172 | −100 −215 |
| >225~250 | −820 −1110 | −420 −710 | −420 −880 | −280 −395 | −280 −465 | **−280 −570** | | | | | | | |
| >250~280 | −920 −1240 | −480 −800 | −480 −1000 | −300 −430 | −300 −510 | **−300 −620** | −190 −271 | **−190 −320** | −190 −400 | −190 −510 | −110 −162 | −110 −191 | −110 −240 |
| >280~315 | −1050 −1370 | −540 −860 | −540 −1060 | −330 −460 | −330 −540 | **−330 −650** | | | | | | | |
| >315~355 | −1200 −1560 | −600 −960 | −600 −1170 | −360 −500 | −360 −590 | **−360 −720** | −210 −299 | **−210 −350** | −210 −440 | −210 −570 | −125 −182 | −125 −214 | −125 −265 |
| >355~400 | −1350 −1710 | −680 −1040 | −680 −1250 | −400 −540 | −400 −630 | **−400 −760** | | | | | | | |
| >400~450 | −1500 −1900 | −760 −1160 | −760 −1390 | −440 −595 | −440 −690 | **−440 −840** | −230 −327 | **−230 −385** | −230 −480 | −230 −630 | −135 −198 | −135 −232 | −135 −290 |
| >450~500 | −1650 −2050 | −840 −1240 | −840 −1470 | −480 −635 | −480 −730 | **−480 −880** | | | | | | | |

常用及优先公差带（黑体字为优先公差带）

（续）

| 公称尺寸/mm | 常用及优先公差带（黑体字为优先公差带） | | | | | | | | | | | | | | | |
|---|---|---|---|---|---|---|---|---|---|---|---|---|---|---|---|---|
| | f | | | | | g | | | h | | | | | | | |
| | 5 | 6 | 7 | 8 | 9 | 5 | 6 | 7 | 5 | 6 | 7 | 8 | 9 | 10 | 11 | 12 |
| >0~3 | -6<br>-10 | -6<br>-12 | **-6**<br>**-16** | -6<br>-20 | -6<br>-31 | -2<br>-6 | **-2**<br>**-8** | -2<br>-12 | 0<br>-4 | **0**<br>**-6** | **0**<br>**-10** | 0<br>-14 | **0**<br>**-25** | 0<br>-40 | **0**<br>**-60** | 0<br>-100 |
| >3~6 | -10<br>-15 | -10<br>-18 | **-10**<br>**-22** | -10<br>-28 | -10<br>-40 | -4<br>-9 | **-4**<br>**-12** | -4<br>-16 | 0<br>-5 | **0**<br>**-8** | **0**<br>**-12** | 0<br>-18 | **0**<br>**-30** | 0<br>-48 | **0**<br>**-75** | 0<br>-120 |
| >6~10 | -13<br>-19 | -13<br>-22 | **-13**<br>**-28** | -13<br>-35 | -13<br>-49 | -5<br>-11 | **-5**<br>**-14** | -5<br>-20 | 0<br>-6 | **0**<br>**-9** | **0**<br>**-15** | 0<br>-22 | **0**<br>**-36** | 0<br>-58 | **0**<br>**-90** | 0<br>-150 |
| >10~14<br>>14~18 | -16<br>-24 | -16<br>-27 | **-16**<br>**-34** | -16<br>-43 | -16<br>-59 | -6<br>-14 | **-6**<br>**-17** | -6<br>-24 | 0<br>-8 | **0**<br>**-11** | **0**<br>**-18** | 0<br>-27 | **0**<br>**-43** | 0<br>-70 | **0**<br>**-110** | 0<br>-180 |
| >18~24<br>>24~30 | -20<br>-29 | -20<br>-33 | **-20**<br>**-41** | -20<br>-53 | -20<br>-72 | -7<br>-16 | **-7**<br>**-20** | -7<br>-28 | 0<br>-9 | **0**<br>**-13** | **0**<br>**-21** | 0<br>-33 | **0**<br>**-52** | 0<br>-84 | **0**<br>**-130** | 0<br>-210 |
| >30~40<br>>40~50 | -25<br>-36 | -25<br>-41 | **-25**<br>**-50** | -25<br>-64 | -25<br>-87 | -9<br>-20 | **-9**<br>**-25** | -9<br>-34 | 0<br>-11 | **0**<br>**-16** | **0**<br>**-25** | 0<br>-39 | **0**<br>**-62** | 0<br>-100 | **0**<br>**-160** | 0<br>-250 |
| >50~65<br>>65~80 | -30<br>-43 | -30<br>-49 | **-30**<br>**-60** | -30<br>-76 | -30<br>-104 | -10<br>-23 | **-10**<br>**-29** | -10<br>-40 | 0<br>-13 | **0**<br>**-19** | **0**<br>**-30** | 0<br>-46 | **0**<br>**-74** | 0<br>-120 | **0**<br>**-190** | 0<br>-300 |
| >80~100<br>>100~120 | -36<br>-51 | -36<br>-58 | **-36**<br>**-71** | -36<br>-90 | -36<br>-123 | -12<br>-27 | **-12**<br>**-34** | -12<br>-47 | 0<br>-15 | **0**<br>**-22** | **0**<br>**-35** | 0<br>-54 | **0**<br>**-87** | 0<br>-140 | **0**<br>**-220** | 0<br>-350 |
| >120~140<br>>140~160<br>>160~180 | -43<br>-61 | -43<br>-68 | **-43**<br>**-83** | -43<br>-106 | -43<br>-143 | -14<br>-32 | **-14**<br>**-39** | -14<br>-54 | 0<br>-18 | **0**<br>**-25** | **0**<br>**-40** | 0<br>-63 | **0**<br>**-100** | 0<br>-160 | **0**<br>**-250** | 0<br>-400 |
| >180~200<br>>200~225<br>>225~250 | -50<br>-70 | -50<br>-79 | **-50**<br>**-96** | -50<br>-122 | -50<br>-165 | -15<br>-35 | **-15**<br>**-44** | -15<br>-61 | 0<br>-20 | **0**<br>**-29** | **0**<br>**-46** | 0<br>-72 | **0**<br>**-115** | 0<br>-185 | **0**<br>**-290** | 0<br>-460 |
| >250~280<br>>280~315 | -56<br>-79 | -56<br>-88 | **-56**<br>**-108** | -56<br>-137 | -56<br>-186 | -17<br>-40 | **-17**<br>**-49** | -17<br>-69 | 0<br>-23 | **0**<br>**-32** | **0**<br>**-52** | 0<br>-81 | **0**<br>**-130** | 0<br>-210 | **0**<br>**-320** | 0<br>-520 |
| >315~355<br>>355~400 | -62<br>-87 | -62<br>-98 | **-62**<br>**-119** | -62<br>-151 | -62<br>-202 | -18<br>-43 | **-18**<br>**-54** | -18<br>-75 | 0<br>-25 | **0**<br>**-36** | **0**<br>**-57** | 0<br>-89 | **0**<br>**-140** | 0<br>-230 | **0**<br>**-360** | 0<br>-570 |
| >400~450<br>>450~500 | -68<br>-95 | -68<br>-108 | **-68**<br>**-131** | -68<br>-165 | -68<br>-223 | -20<br>-47 | **-20**<br>**-60** | -20<br>-83 | 0<br>-27 | **0**<br>**-40** | **0**<br>**-63** | 0<br>-97 | **0**<br>**-155** | 0<br>-250 | **0**<br>**-400** | 0<br>-630 |

（续）

| 公称尺寸/mm | 常用及优先公差带（黑体字为优先公差带） | | | | | | | | | | | | | | |
|---|---|---|---|---|---|---|---|---|---|---|---|---|---|---|---|
| | js | | | k | | | m | | | n | | | p | | |
| | 5 | 6 | 7 | 5 | 6 | 7 | 5 | 6 | 7 | 5 | 6 | 7 | 5 | 6 | 7 |
| >0~3 | ±2 | **±3** | ±5 | +4<br>0 | **+6**<br>**0** | +10<br>0 | +6<br>+2 | +8<br>+2 | +12<br>+2 | +8<br>+4 | **+10**<br>**+4** | +14<br>+4 | +10<br>+6 | **+12**<br>**+6** | +16<br>+6 |
| >3~6 | ±2.5 | **±4** | ±6 | +6<br>+1 | **+9**<br>**+1** | +13<br>+1 | +9<br>+4 | +12<br>+4 | +16<br>+4 | +13<br>+8 | **+16**<br>**+8** | +20<br>+8 | +17<br>+12 | **+20**<br>**+12** | +24<br>+12 |
| >6~10 | ±3 | **±4.5** | ±7 | +7<br>+1 | **+10**<br>**+1** | +16<br>+1 | +12<br>+6 | +15<br>+6 | +21<br>+6 | +16<br>+10 | **+19**<br>**+10** | +25<br>+10 | +21<br>+15 | **+24**<br>**+15** | +30<br>+15 |
| >10~14<br>>14~18 | ±4 | **±5.5** | ±9 | +9<br>+1 | **+12**<br>**+1** | +19<br>+1 | +15<br>+7 | +18<br>+7 | +25<br>+7 | +20<br>+12 | **+23**<br>**+12** | +30<br>+12 | +26<br>+18 | **+29**<br>**+18** | +36<br>+18 |
| >18~24<br>>24~30 | ±4.5 | **±6.5** | ±10 | +11<br>+2 | **+15**<br>**+2** | +23<br>+2 | +17<br>+8 | +21<br>+8 | +29<br>+8 | +24<br>+15 | **+28**<br>**+15** | +36<br>+15 | +31<br>+22 | **+35**<br>**+22** | +43<br>+22 |
| >30~40<br>>40~50 | ±5.5 | **±8** | ±12 | +13<br>+2 | **+18**<br>**+2** | +27<br>+2 | +20<br>+9 | +25<br>+9 | +34<br>+9 | +28<br>+17 | **+33**<br>**+17** | +42<br>+17 | +37<br>+26 | **+42**<br>**+26** | +51<br>+26 |
| >50~65<br>>65~80 | ±6.5 | **±9.5** | ±15 | +15<br>+2 | **+21**<br>**+2** | +32<br>+2 | +24<br>+11 | +30<br>+11 | +41<br>+11 | +33<br>+20 | **+39**<br>**+20** | +50<br>+20 | +45<br>+32 | **+51**<br>**+32** | +62<br>+32 |
| >80~100<br>>100~120 | ±7.5 | **±11** | ±17 | +18<br>+3 | **+25**<br>**+3** | +38<br>+3 | +28<br>+13 | +35<br>+13 | +48<br>+13 | +38<br>+23 | **+45**<br>**+23** | +58<br>+23 | +52<br>+37 | **+59**<br>**+37** | +72<br>+37 |
| >120~140<br>>140~160<br>>160~180 | ±9 | **±12.5** | ±20 | +21<br>+3 | **+28**<br>**+3** | +43<br>+3 | +33<br>+15 | +40<br>+15 | +55<br>+15 | +45<br>+27 | **+52**<br>**+27** | +67<br>+27 | +61<br>+43 | **+68**<br>**+43** | +83<br>+43 |
| >180~200<br>>200~225<br>>225~250 | ±10 | **±14.5** | ±23 | +24<br>+4 | **+33**<br>**+4** | +50<br>+4 | +37<br>+17 | +46<br>+17 | +63<br>+17 | +51<br>+31 | **+60**<br>**+31** | +77<br>+31 | +70<br>+50 | **+79**<br>**+50** | +96<br>+50 |
| >250~280<br>>280~315 | ±11.5 | **±16** | ±26 | +27<br>+4 | **+36**<br>**+4** | +56<br>+4 | +43<br>+20 | +52<br>+20 | +72<br>+20 | +57<br>+34 | **+66**<br>**+34** | +86<br>+34 | +79<br>+56 | **+88**<br>**+56** | +108<br>+56 |
| >315~355<br>>355~400 | ±12.5 | **±18** | ±28 | +29<br>+4 | **+40**<br>**+4** | +61<br>+4 | +46<br>+21 | +57<br>+21 | +78<br>+21 | +62<br>+37 | **+73**<br>**+37** | +94<br>+37 | +87<br>+62 | **+98**<br>**+62** | +119<br>+62 |
| >400~450<br>>450~500 | ±13.5 | **±20** | ±31 | +32<br>+5 | **+45**<br>**+5** | +68<br>+5 | +50<br>+23 | +63<br>+23 | +86<br>+23 | +67<br>+40 | **+80**<br>**+40** | +103<br>+40 | +95<br>+68 | **+108**<br>**+68** | +131<br>+68 |

（续）

常用及优先公差带（黑体字为优先公差带）

| 公称尺寸/mm | r | | | s | | | t | | | u | | v | x | y | z |
|---|---|---|---|---|---|---|---|---|---|---|---|---|---|---|---|
| | 5 | 6 | 7 | 5 | 6 | 7 | 5 | 6 | 7 | 6 | 7 | 6 | 6 | 6 | 6 |
| >0~3 | +14/+10 | +16/+10 | +20/+10 | +18/+14 | **+20/+14** | +24/+14 | — | — | — | **+24/+18** | +28/+18 | — | +26/+20 | — | +32/+26 |
| >3~6 | +20/+15 | +23/+15 | +27/+15 | +24/+19 | **+27/+19** | +31/+19 | — | — | — | **+31/+23** | +35/+23 | — | +36/+28 | — | +43/+35 |
| >6~10 | +25/+19 | +28/+19 | +34/+19 | +29/+23 | **+32/+23** | +38/+23 | — | — | — | **+37/+28** | +43/+28 | — | +43/+34 | — | +51/+42 |
| >10~14 | +31/+23 | +34/+23 | +41/+23 | +36/+28 | **+39/+28** | +46/+28 | — | — | — | **+44/+33** | +51/+33 | — | +51/+40 | — | +61/+50 |
| >14~18 | +31/+23 | +34/+23 | +41/+23 | +36/+28 | **+39/+28** | +46/+28 | — | — | — | **+44/+33** | +51/+33 | +50/+39 | +56/+45 | — | +71/+60 |
| >18~24 | +37/+28 | +41/+28 | +49/+28 | +44/+35 | **+48/+35** | +56/+35 | — | — | — | **+54/+41** | +62/+41 | +60/+47 | +67/+54 | +76/+63 | +86/+73 |
| >24~30 | +37/+28 | +41/+28 | +49/+28 | +44/+35 | **+48/+35** | +56/+35 | +50/+41 | +54/+41 | +62/+41 | **+61/+48** | +69/+48 | +68/+55 | +77/+64 | +88/+75 | +101/+88 |
| >30~40 | +45/+34 | +50/+34 | +59/+34 | +54/+43 | **+59/+43** | +68/+43 | +59/+48 | +64/+48 | +73/+48 | **+76/+60** | +85/+60 | +84/+68 | +96/+80 | +110/+94 | +128/+112 |
| >40~50 | +45/+34 | +50/+34 | +59/+34 | +54/+43 | **+59/+43** | +68/+43 | +65/+54 | +70/+54 | +79/+54 | **+86/+70** | +95/+70 | +97/+81 | +113/+97 | +130/+114 | +152/+136 |
| >50~65 | +54/+41 | +61/+41 | +71/+41 | +66/+53 | **+72/+53** | +83/+53 | +79/+66 | +85/+66 | +96/+66 | **+106/+87** | +117/+87 | +121/+102 | +141/+122 | +163/+144 | +191/+172 |
| >65~80 | +56/+43 | +62/+43 | +73/+43 | +72/+59 | **+78/+59** | +89/+59 | +88/+75 | +94/+75 | +105/+75 | **+121/+102** | +132/+102 | +139/+120 | +165/+146 | +193/+174 | +229/+210 |
| >80~100 | +66/+51 | +73/+51 | +86/+51 | +86/+71 | **+93/+71** | +106/+91 | +106/+91 | +113/+91 | +126/+91 | **+146/+124** | +159/+124 | +168/+146 | +200/+178 | +236/+214 | +280/+258 |
| >100~120 | +69/+54 | +76/+54 | +89/+54 | +94/+79 | **+101/+97** | +114/+79 | +110/+104 | +126/+104 | +136/+104 | **+166/+144** | +179/+144 | +194/+172 | +232/+210 | +276/+254 | +332/+310 |
| >120~140 | +81/+63 | +88/+63 | +103/+63 | +110/+92 | **+117/+92** | +132/+92 | +140/+122 | +147/+122 | +162/+122 | **+195/+170** | +210/+170 | +227/+202 | +273/+248 | +325/+300 | +390/+365 |
| >140~160 | +83/+65 | +90/+65 | +105/+65 | +118/+100 | **+125/+100** | +140/+100 | +152/+134 | +159/+134 | +174/+134 | **+215/+190** | +230/+190 | +253/+228 | +305/+280 | +365/+340 | +440/+425 |
| >160~180 | +86/+68 | +93/+68 | +108/+68 | +126/+108 | **+133/+108** | +148/+108 | +164/+146 | +171/+146 | +186/+146 | **+235/+210** | +250/+210 | +277/+252 | +335/+310 | +405/+380 | +490/+465 |
| >180~200 | +97/+77 | +106/+77 | +123/+77 | +142/+122 | **+151/+122** | +168/+122 | +186/+166 | +195/+166 | +212/+166 | **+265/+236** | +282/+236 | +313/+284 | +379/+350 | +454/+425 | +549/+520 |
| >200~225 | +100/+80 | +109/+80 | +126/+80 | +150/+130 | **+159/+130** | +176/+130 | +200/+180 | +209/+180 | +226/+180 | **+287/+258** | +304/+250 | +339/+310 | +414/+385 | +499/+470 | +604/+575 |
| >225~250 | +104/+84 | +113/+84 | +130/+84 | +160/+140 | **+169/+140** | +186/+140 | +216/+196 | +225/+196 | +242/+196 | **+313/+284** | +330/+284 | +369/+340 | +454/+425 | +549/+520 | +669/+640 |
| >250~280 | +117/+94 | +126/+94 | +146/+94 | +181/+158 | **+290/+158** | +210/+158 | +241/+218 | +250/+218 | +270/+218 | **+347/+315** | +367/+325 | +417/+385 | +507/+475 | +612/+580 | +742/+710 |
| >280~315 | +121/+98 | +130/+98 | +150/+98 | +193/+170 | **+202/+170** | +222/+170 | +263/+240 | +272/+240 | +292/+240 | **+382/+350** | +402/+250 | +457/+425 | +557/+252 | +682/+650 | +822/+790 |
| >315~355 | +133/+108 | +144/+108 | +165/+108 | +215/+190 | **+226/+190** | +247/+190 | +293/+268 | +304/+268 | +325/+268 | **+426/+390** | +447/+390 | +511/+475 | +626/+590 | +766/+730 | +936/+900 |
| >355~400 | +139/+114 | +150/+114 | +171/+114 | +233/+208 | **+244/+208** | +265/+208 | +319/+294 | +330/+294 | +351/+294 | **+471/+435** | +492/+435 | +566/+530 | +696/+660 | +856/+820 | +1036/+1000 |
| >400~450 | +153/+126 | +166/+126 | +189/+126 | +259/+232 | **+272/+232** | +295/+232 | +357/+330 | +370/+330 | +393/+330 | **+530/+490** | +553/+490 | +635/+595 | +780/+740 | +960/+920 | +1140/+1100 |
| >450~500 | +159/+132 | +172/+132 | +195/+132 | +279/+252 | **+292/+252** | +315/+252 | +387/+360 | +400/+360 | +423/+360 | **+580/+540** | +603/+540 | +700/+660 | +860/+820 | +1040/+1000 | +1290/+1250 |

注：*公称尺寸小于1mm时，各级的a和b均不采用。

## 表 C-3　孔的极限偏差（摘自 GB/T 1800.2—2009）　　　　（单位：μm）

| 公称尺寸/mm | A | B | | C | D | | | | E | | F | | | |
|---|---|---|---|---|---|---|---|---|---|---|---|---|---|---|
| | 11 | 11 | 12 | **11** | 8 | **9** | 10 | 11 | 8 | 9 | 6 | 7 | **8** | 9 |
| >0~3 | +330 / +270 | +200 / +140 | +240 / +140 | **+120 / +60** | +34 / +20 | **+45 / +20** | +60 / +20 | +80 / +20 | +28 / +14 | +39 / +14 | +12 / +6 | +16 / +6 | **+20 / +6** | +31 / +6 |
| >3~6 | +345 / +270 | +215 / +140 | +260 / +140 | **+145 / +70** | +48 / +30 | **+60 / +30** | +78 / +30 | +105 / +30 | +38 / +20 | +50 / +20 | +18 / +10 | +22 / +10 | **+28 / +10** | +40 / +10 |
| >6~10 | +370 / +280 | +240 / +150 | +300 / +150 | **+170 / +80** | +62 / +40 | **+76 / +40** | +98 / +40 | +130 / +40 | +47 / +25 | +61 / +25 | +22 / +13 | +28 / +13 | **+35 / +13** | +49 / +13 |
| >10~14 | +400 / +290 | +260 / +150 | +330 / +150 | **+205 / +95** | +77 / +50 | **+93 / +50** | +120 / +50 | +160 / +50 | +59 / +32 | +75 / +32 | +27 / +16 | +34 / +16 | **+43 / +16** | +59 / +16 |
| >14~18 | +400 / +290 | +260 / +150 | +330 / +150 | **+205 / +95** | +77 / +50 | **+93 / +50** | +120 / +50 | +160 / +50 | +59 / +32 | +75 / +32 | +27 / +16 | +34 / +16 | **+43 / +16** | +59 / +16 |
| >18~24 | +430 / +300 | +290 / +160 | +370 / +160 | **+240 / +110** | +98 / +65 | **+117 / +65** | +149 / +65 | +195 / +65 | +73 / +40 | +92 / +40 | +33 / +20 | +41 / +20 | **+53 / +20** | +72 / +20 |
| >24~30 | +430 / +300 | +290 / +160 | +370 / +160 | **+240 / +110** | +98 / +65 | **+117 / +65** | +149 / +65 | +195 / +65 | +73 / +40 | +92 / +40 | +33 / +20 | +41 / +20 | **+53 / +20** | +72 / +20 |
| >30~40 | +470 / +310 | +330 / +170 | +420 / +170 | **+280 / +170** | +119 / +80 | **+142 / +80** | +180 / +80 | +240 / +80 | +89 / +50 | +112 / +50 | +41 / +25 | +50 / +25 | **+64 / +25** | +87 / +25 |
| >40~50 | +480 / +320 | +340 / +180 | +430 / +180 | **+290 / +180** | +119 / +80 | **+142 / +80** | +180 / +80 | +240 / +80 | +89 / +50 | +112 / +50 | +41 / +25 | +50 / +25 | **+64 / +25** | +87 / +25 |
| >50~65 | +530 / +340 | +380 / +190 | +490 / +190 | **+330 / +140** | +146 / +100 | **+170 / +100** | +220 / +100 | +290 / +100 | +106 / +60 | +134 / +60 | +49 / +30 | +60 / +30 | **+76 / +30** | +104 / +30 |
| >65~80 | +550 / +360 | +390 / +200 | +500 / +200 | **+340 / +150** | +146 / +100 | **+170 / +100** | +220 / +100 | +290 / +100 | +106 / +60 | +134 / +60 | +49 / +30 | +60 / +30 | **+76 / +30** | +104 / +30 |
| >80~100 | +600 / +380 | +440 / +220 | +570 / +220 | **+390 / +170** | +174 / +120 | **+207 / +120** | +260 / +120 | +340 / +120 | +126 / +72 | +159 / +72 | +58 / +36 | +70 / +36 | **+90 / +36** | +123 / +36 |
| >100~120 | +630 / +410 | +460 / +240 | +590 / +240 | **+400 / +180** | +174 / +120 | **+207 / +120** | +260 / +120 | +340 / +120 | +126 / +72 | +159 / +72 | +58 / +36 | +70 / +36 | **+90 / +36** | +123 / +36 |
| >120~140 | +710 / +460 | +510 / +260 | +660 / +260 | **+450 / +200** | +208 / +145 | **+245 / +145** | +305 / +145 | +395 / +145 | +148 / +85 | +185 / +85 | +68 / +43 | +83 / +43 | **+106 / +43** | +143 / +43 |
| >140~160 | +770 / +520 | +530 / +280 | +680 / +280 | **+460 / +210** | +208 / +145 | **+245 / +145** | +305 / +145 | +395 / +145 | +148 / +85 | +185 / +85 | +68 / +43 | +83 / +43 | **+106 / +43** | +143 / +43 |
| >160~180 | +830 / +580 | +560 / +310 | +710 / +310 | **+480 / +230** | +208 / +145 | **+245 / +145** | +305 / +145 | +395 / +145 | +148 / +85 | +185 / +85 | +68 / +43 | +83 / +43 | **+106 / +43** | +143 / +43 |
| >180~200 | +950 / +660 | +630 / +340 | +800 / +340 | **+530 / +240** | +242 / +170 | **+285 / +170** | +355 / +170 | +460 / +170 | +172 / +100 | +215 / +100 | +79 / +50 | +96 / +50 | **+122 / +50** | +165 / +50 |
| >200~225 | +1030 / +740 | +670 / +380 | +840 / +380 | **+550 / +260** | +242 / +170 | **+285 / +170** | +355 / +170 | +460 / +170 | +172 / +100 | +215 / +100 | +79 / +50 | +96 / +50 | **+122 / +50** | +165 / +50 |
| >225~250 | +1110 / +820 | +710 / +420 | +880 / +420 | **+570 / +280** | +242 / +170 | **+285 / +170** | +355 / +170 | +460 / +170 | +172 / +100 | +215 / +100 | +79 / +50 | +96 / +50 | **+122 / +50** | +165 / +50 |
| >250~280 | +1240 / +920 | +800 / +480 | +1000 / +480 | **+620 / +300** | +271 / +190 | **+320 / +190** | +400 / +190 | +510 / +190 | +191 / +110 | +240 / +110 | +88 / +56 | +108 / +56 | **+137 / +56** | +186 / +56 |
| >280~315 | +1370 / +1050 | +860 / +540 | +1060 / +540 | **+650 / +330** | +271 / +190 | **+320 / +190** | +400 / +190 | +510 / +190 | +191 / +110 | +240 / +110 | +88 / +56 | +108 / +56 | **+137 / +56** | +186 / +56 |
| >315~355 | +1560 / +1200 | +960 / +600 | +1170 / +600 | **+720 / +360** | +299 / +210 | **+350 / +210** | +440 / +210 | +570 / +210 | +214 / +125 | +265 / +125 | +98 / +62 | +119 / +62 | **+151 / +62** | +202 / +62 |
| >355~400 | +1710 / +1350 | +1040 / +680 | +1250 / +680 | **+760 / +400** | +299 / +210 | **+350 / +210** | +440 / +210 | +570 / +210 | +214 / +125 | +265 / +125 | +98 / +62 | +119 / +62 | **+151 / +62** | +202 / +62 |
| >400~450 | +1900 / +1500 | +1160 / +760 | +1390 / +760 | **+840 / +440** | +327 / +230 | **+385 / +230** | +480 / +230 | +630 / +230 | +232 / +135 | +290 / +135 | +108 / +68 | +131 / +68 | **+165 / +68** | +223 / +68 |
| >450~500 | +2050 / +1650 | +1240 / +840 | +1470 / +840 | **+880 / +480** | +327 / +230 | **+385 / +230** | +480 / +230 | +630 / +230 | +232 / +135 | +290 / +135 | +108 / +68 | +131 / +68 | **+165 / +68** | +223 / +68 |

常用及优先公差带（黑体字为优先公差带）

（续）

| 公称尺寸/mm | 常用及优先公差带（黑体字为优先公差带） | | | | | | | | | | | | | | | | | |
|---|---|---|---|---|---|---|---|---|---|---|---|---|---|---|---|---|---|---|
| | G | | H | | | | | | | JS | | | K | | | M | | |
| | 6 | 7 | 6 | 7 | 8 | 9 | 10 | 11 | 12 | 6 | 7 | 8 | 6 | 7 | 8 | 6 | 7 | 8 |
| >0~3 | +8<br>+2 | +12<br>+2 | +6<br>0 | +10<br>0 | +14<br>0 | +25<br>0 | +40<br>0 | +60<br>0 | +100<br>0 | ±3 | ±5 | ±7 | 0<br>-6 | 0<br>-10 | 0<br>-14 | -2<br>-8 | -2<br>-12 | -2<br>-16 |
| >3~6 | +12<br>+4 | +16<br>+4 | +8<br>0 | +12<br>0 | +18<br>0 | +30<br>0 | +48<br>0 | +75<br>0 | +120<br>0 | ±4 | ±6 | ±9 | +2<br>-6 | +3<br>-9 | +5<br>-13 | -1<br>-9 | 0<br>-12 | +2<br>-16 |
| >6~10 | +14<br>+5 | +20<br>+5 | +9<br>0 | +15<br>0 | +22<br>0 | +36<br>0 | +58<br>0 | +90<br>0 | +150<br>0 | ±4.5 | ±7 | ±11 | +2<br>-7 | +5<br>-10 | +6<br>-16 | -3<br>-12 | 0<br>-15 | +1<br>-21 |
| >10~14<br>>14~18 | +17<br>+6 | +24<br>+6 | +11<br>0 | +18<br>0 | +27<br>0 | +43<br>0 | +70<br>0 | +110<br>0 | 180<br>0 | ±5.5 | ±9 | ±13 | +2<br>-9 | +6<br>-12 | +8<br>-19 | -4<br>-15 | 0<br>-18 | +2<br>-25 |
| >18~24<br>>24~30 | +20<br>+7 | +28<br>+7 | +13<br>0 | +21<br>0 | +33<br>0 | +52<br>0 | +84<br>0 | +130<br>0 | +210<br>0 | ±6.5 | ±10 | ±16 | +2<br>-11 | +6<br>-15 | +10<br>-23 | -4<br>-17 | 0<br>-21 | +4<br>-29 |
| >30~40<br>>40~50 | +25<br>+9 | +34<br>+9 | +16<br>0 | +25<br>0 | +39<br>0 | +62<br>0 | +100<br>0 | +160<br>0 | +250<br>0 | ±8 | ±12 | ±19 | +3<br>-13 | +7<br>-18 | +12<br>-27 | -4<br>-20 | 0<br>-25 | +5<br>-34 |
| >50~65<br>>65~80 | +29<br>+10 | +40<br>+10 | +19<br>0 | +30<br>0 | +46<br>0 | +74<br>0 | +120<br>0 | +190<br>0 | +300<br>0 | ±9.5 | ±15 | ±23 | +4<br>-15 | +9<br>-21 | +14<br>-32 | -5<br>-24 | 0<br>-30 | +5<br>-41 |
| >80~100<br>>100~120 | +34<br>+12 | +47<br>+12 | +22<br>0 | +35<br>0 | +54<br>0 | +87<br>0 | +140<br>0 | +220<br>0 | +350<br>0 | ±11 | ±17 | ±27 | +4<br>-18 | +10<br>-25 | +16<br>-38 | -6<br>-28 | 0<br>-35 | +6<br>-48 |
| >120~140<br>>140~160<br>>160~180 | +39<br>+14 | +54<br>+14 | +25<br>0 | +40<br>0 | +63<br>0 | +100<br>0 | +160<br>0 | +250<br>0 | +400<br>0 | ±12.5 | ±20 | ±31 | +4<br>-21 | +12<br>-28 | +20<br>-43 | -8<br>-33 | 0<br>-40 | +8<br>-55 |
| >180~200<br>>200~225<br>>225~250 | +44<br>+15 | +61<br>+15 | +29<br>0 | +46<br>0 | +72<br>0 | +115<br>0 | +185<br>0 | +290<br>0 | +460<br>0 | ±14.5 | ±23 | ±36 | +5<br>-24 | +13<br>-33 | +22<br>-50 | -8<br>-37 | 0<br>-46 | +9<br>-63 |
| >250~280<br>>280~315 | +49<br>+17 | +69<br>+17 | +32<br>0 | +52<br>0 | +81<br>0 | +130<br>0 | +210<br>0 | +320<br>0 | +520<br>0 | ±16 | ±26 | ±40 | +5<br>-27 | +16<br>-36 | +25<br>-56 | -9<br>-41 | 0<br>-52 | +9<br>-72 |
| >315~355<br>>355~400 | +54<br>+18 | +75<br>+18 | +36<br>0 | +57<br>0 | +89<br>0 | +140<br>0 | +230<br>0 | +360<br>0 | +570<br>0 | ±18 | ±28 | ±44 | +7<br>-29 | +17<br>-40 | +28<br>-61 | -10<br>-46 | 0<br>-57 | +11<br>-78 |
| >400~450<br>>450~500 | +60<br>+20 | +83<br>+20 | +40<br>0 | +63<br>0 | +97<br>0 | +155<br>0 | +250<br>0 | +400<br>0 | +630<br>0 | ±20 | ±31 | ±48 | +8<br>-32 | +18<br>-45 | +29<br>-68 | -10<br>-50 | 0<br>-63 | +11<br>-86 |

（续）

常用及优先公差带（黑体字为优先公差带）

| 公称尺寸/mm | N6 | **N7** | N8 | P6 | **P7** | R6 | R7 | S6 | **S7** | T6 | T7 | **U7** |
|---|---|---|---|---|---|---|---|---|---|---|---|---|
| >0 ~3 | −4/−10 | **−4/−14** | −4/−18 | −6/−12 | **−6/−16** | −10/−16 | −10/−20 | −14/−20 | **−14/−24** | — | — | **−18/−28** |
| >3 ~6 | −5/−13 | **−4/−16** | −2/−20 | −9/−17 | **−8/−20** | −12/−20 | −11/−23 | −16/−24 | **−15/−27** | — | — | **−19/−31** |
| >6 ~10 | −7/−16 | **−4/−19** | −3/−25 | −12/−21 | **−9/−24** | −16/−25 | −13/−28 | −20/−29 | **−17/−32** | — | — | **−22/−37** |
| >10 ~14 | −9/−20 | **−5/−23** | −3/−30 | −15/−26 | **−11/−29** | −20/−31 | −16/−34 | −25/−36 | **−21/−39** | — | — | **−26/−44** |
| >14 ~18 | −9/−20 | **−5/−23** | −3/−30 | −15/−26 | **−11/−29** | −20/−31 | −16/−34 | −25/−36 | **−21/−39** | — | — | **−26/−44** |
| >18 ~24 | −11/−24 | **−7/−28** | −3/−36 | −18/−31 | **−14/−35** | −24/−37 | −20/−41 | −31/−44 | **−27/−48** | — | — | **−33/−54** |
| >24 ~30 | −11/−24 | **−7/−28** | −3/−36 | −18/−31 | **−14/−35** | −24/−37 | −20/−41 | −31/−44 | **−27/−48** | −37/−50 | −33/−54 | **−40/−61** |
| >30 ~40 | −12/−28 | **−8/−33** | −3/−42 | −21/−37 | **−17/−42** | −29/−45 | −25/−50 | −38/−54 | **−34/−59** | −43/−59 | −39/−64 | **−51/−76** |
| >40 ~50 | −12/−28 | **−8/−33** | −3/−42 | −21/−37 | **−17/−42** | −29/−45 | −25/−50 | −38/−54 | **−34/−59** | −49/−65 | −45/−70 | **−61/−86** |
| >50 ~65 | −14/−33 | **−8/−39** | −4/−50 | −26/−45 | **−21/−51** | −35/−54 | −30/−60 | −47/−66 | **−42/−72** | −60/−79 | −55/−85 | **−76/−106** |
| >65 ~80 | −14/−33 | **−8/−39** | −4/−50 | −26/−45 | **−21/−51** | −37/−56 | −32/−62 | −53/−72 | **−48/−78** | −69/−88 | −64/−94 | **−91/−121** |
| >80 ~100 | −16/−38 | **−10/−45** | −4/−58 | −30/−52 | **−24/−59** | −44/−66 | −38/−73 | −64/−86 | **−58/−93** | −84/−106 | −78/−113 | **−111/−146** |
| >100 ~120 | −16/−38 | **−10/−45** | −4/−58 | −30/−52 | **−24/−59** | −47/−69 | −41/−76 | −72/−94 | **−66/−101** | −97/−119 | −91/−126 | **−131/−166** |
| >120 ~140 | −20/−45 | **−12/−52** | −4/−67 | −36/−61 | **−28/−68** | −56/−81 | −48/−88 | −85/−110 | **−77/−117** | −115/−140 | −107/−149 | **−155/−195** |
| >140 ~160 | −20/−45 | **−12/−52** | −4/−67 | −36/−61 | **−28/−68** | −58/−83 | −50/−90 | −93/−118 | **−85/−125** | −127/−152 | −119/−159 | **−175/−215** |
| >160 ~180 | −20/−45 | **−12/−52** | −4/−67 | −36/−61 | **−28/−68** | −61/−86 | −53/−93 | −101/−126 | **−93/−133** | −139/−164 | −131/−171 | **−195/−235** |
| >180 ~200 | −22/−51 | **−14/−60** | −5/−77 | −41/−70 | **−33/−79** | −68/−97 | −60/−106 | −113/−142 | **−105/−151** | −157/−186 | −149/−195 | **−219/−265** |
| >200 ~225 | −22/−51 | **−14/−60** | −5/−77 | −41/−70 | **−33/−79** | −71/−100 | −63/−109 | −121/−150 | **−113/−159** | −171/−200 | −163/−209 | **−241/−287** |
| >225 ~250 | −22/−51 | **−14/−60** | −5/−77 | −41/−70 | **−33/−79** | −75/−104 | −67/−113 | −131/−160 | **−123/−169** | −187/−216 | −179/−225 | **−267/−313** |
| >250 ~280 | −25/−57 | **−17/−66** | −5/−86 | −47/−79 | **−36/−88** | −85/−117 | −74/−126 | −149/−181 | **−138/−190** | −209/−241 | −198/−250 | **−295/−347** |
| >280 ~315 | −25/−57 | **−17/−66** | −5/−86 | −47/−79 | **−36/−88** | −89/−121 | −78/−130 | −161/−193 | **−150/−202** | −231/−263 | −220/−272 | **−330/−382** |
| >315 ~355 | −26/−62 | **−16/−73** | −5/−94 | −51/−87 | **−41/−98** | −97/−133 | −87/−144 | −179/−215 | **−169/−226** | −257/−293 | −247/−304 | **−369/−426** |
| >355 ~400 | −26/−62 | **−16/−73** | −5/−94 | −51/−87 | **−41/−98** | −103/−139 | −93/−150 | −197/−233 | **−187/−244** | −283/−319 | −273/−330 | **−414/−471** |
| >400 ~450 | −27/−67 | **−17/−80** | −6/−103 | −55/−95 | **−45/−108** | −113/−153 | −103/−166 | −219/−259 | **−209/−272** | −317/−357 | −307/−370 | **−467/−530** |
| >450 ~500 | −27/−67 | **−17/−80** | −6/−103 | −55/−95 | **−45/−108** | −119/−159 | −109/−172 | −239/−279 | **−229/−292** | −347/−387 | −337/−400 | **−517/−580** |

表 C-4　几何公差的公差数值（摘自 GB/T 1184—1996）

| 公差项目 | 主参数 L /mm | 公差等级 | | | | | | | | | | | |
|---|---|---|---|---|---|---|---|---|---|---|---|---|---|
| | | 1 | 2 | 3 | 4 | 5 | 6 | 7 | 8 | 9 | 10 | 11 | 12 |
| | | 公差值/μm | | | | | | | | | | | |
| 直线度、平面度 | ≤10 | 0.2 | 0.4 | 0.8 | 1.2 | 2 | 3 | 5 | 8 | 12 | 20 | 30 | 60 |
| | >10~16 | 0.25 | 0.5 | 1 | 1.5 | 2.5 | 4 | 6 | 10 | 15 | 25 | 40 | 80 |
| | >16~25 | 0.3 | 0.6 | 1.2 | 2 | 3 | 5 | 8 | 12 | 20 | 30 | 50 | 100 |
| | >25~40 | 0.4 | 0.8 | 1.5 | 2.5 | 4 | 6 | 10 | 15 | 25 | 40 | 60 | 120 |
| | >40~63 | 0.5 | 1 | 2 | 3 | 5 | 8 | 12 | 20 | 30 | 50 | 80 | 150 |
| | >63~100 | 0.6 | 1.2 | 2.5 | 4 | 6 | 10 | 15 | 25 | 40 | 60 | 1001 | 200 |
| | >100~160 | 0.8 | 1.5 | 3 | 5 | 8 | 12 | 20 | 30 | 50 | 80 | 20 | 250 |
| | >160~250 | 1 | 2 | 4 | 6 | 10 | 15 | 25 | 40 | 60 | 100 | 150 | 300 |
| 圆度、圆柱度 | ≤3 | 0.2 | 0.3 | 0.5 | 0.8 | 1.2 | 2 | 3 | 4 | 6 | 10 | 14 | 25 |
| | >3~6 | 0.2 | 0.4 | 0.6 | 1 | 1.5 | 2.5 | 4 | 5 | 8 | 12 | 18 | 30 |
| | >6~10 | 0.25 | 0.4 | 0.6 | 1 | 1.5 | 2.5 | 4 | 6 | 9 | 15 | 22 | 36 |
| | >10~18 | 0.25 | 0.5 | 0.5 | 1.2 | 2 | 3 | 5 | 8 | 11 | 18 | 27 | 43 |
| | >18~30 | 0.3 | 0.6 | 1 | 1.5 | 2.5 | 4 | 6 | 9 | 13 | 21 | 33 | 52 |
| | >30~50 | 0.4 | 0.6 | 1 | 1.5 | 2.5 | 4 | 7 | 11 | 16 | 25 | 39 | 62 |
| | >50~80 | 0.5 | 0.8 | 1.2 | 2 | 3 | 5 | 8 | 13 | 19 | 30 | 46 | 74 |
| | >80~120 | 0.6 | 1 | 1.5 | 2.5 | 4 | 6 | 10 | 15 | 22 | 35 | 54 | 87 |
| | >120~180 | 1 | 1.2 | 2 | 3.5 | 5 | 8 | 12 | 18 | 25 | 40 | 63 | 100 |
| | >180~250 | 1.2 | 2 | 3 | 4.5 | 7 | 10 | 14 | 20 | 29 | 46 | 72 | 115 |
| 平行度、垂直度、倾斜度 | ≤10 | 0.4 | 0.8 | 1.5 | 3 | 5 | 8 | 12 | 20 | 30 | 50 | 80 | 120 |
| | >10~16 | 0.5 | 1 | 2 | 4 | 6 | 10 | 15 | 25 | 40 | 60 | 100 | 150 |
| | >16~25 | 0.6 | 1.2 | 2.5 | 5 | 8 | 12 | 20 | 30 | 50 | 80 | 120 | 200 |
| | >25~40 | 0.8 | 1.5 | 3 | 6 | 10 | 15 | 25 | 40 | 60 | 100 | 150 | 250 |
| | >40~63 | 1 | 2 | 4 | 8 | 12 | 20 | 30 | 50 | 80 | 120 | 200 | 300 |
| | >63~100 | 1.2 | 2.5 | 5 | 10 | 15 | 25 | 40 | 6 | 100 | 150 | 250 | 400 |
| | >100~160 | 1.5 | 3 | 6 | 12 | 20 | 30 | 50 | 8 | 120 | 200 | 300 | 500 |
| | >160~250 | 2 | 4 | 8 | 15 | 25 | 40 | 60 | 100 | 150 | 250 | 400 | 600 |
| 同轴度、对称度、圆跳动、全跳动 | ≤1 | 0.4 | 0.6 | 1.0 | 1.5 | 2.5 | 4 | 6 | 10 | 15 | 25 | 40 | 60 |
| | >1~3 | 0.4 | 0.6 | 1.0 | 1.5 | 2.5 | 4 | 6 | 10 | 20 | 40 | 60 | 120 |
| | >3~6 | 0.5 | 0.8 | 1.2 | 2 | 3 | 5 | 8 | 12 | 25 | 50 | 80 | 150 |
| | >6~10 | 0.6 | 1 | 1.5 | 2.5 | 4 | 6 | 10 | 15 | 30 | 60 | 100 | 200 |
| | >10~18 | 0.8 | 1.2 | 2 | 3 | 5 | 8 | 12 | 20 | 40 | 80 | 120 | 250 |
| | >18~30 | 1 | 1.5 | 2.5 | 4 | 6 | 10 | 15 | 25 | 50 | 100 | 150 | 300 |
| | >30~50 | 1.2 | 2 | 3 | 5 | 8 | 12 | 20 | 30 | 60 | 120 | 200 | 400 |
| | >50~120 | 1.5 | 2.5 | 4 | 6 | 10 | 15 | 25 | 40 | 80 | 150 | 250 | 500 |
| | >120~150 | 2 | 3 | 5 | 8 | 12 | 20 | 30 | 50 | 100 | 200 | 300 | 600 |

# 附录 D　常用材料及热处理

### 表 D-1　常用黑色金属材料

| 名称 | 牌号 | | 应用举例 | 说明 |
|---|---|---|---|---|
| 碳素结构钢<br>GB/T 700—2006 | Q195 | – | 用于金属结构件、拉杆、心轴、垫圈和凸轮等 | 1. Q 后面的数字表示屈服点值（MPa），如 Q235，其屈服点值为 235MPa<br>2. 新旧号牌对照：<br>Q215-A2<br>Q235-A3<br>Q275-A5<br>3. A 级不做冲击试验；B 级做常温冲击试验；C 级和 D 级是重要焊接结构用 |
| | Q215 | A | | |
| | | B | | |
| | Q235 | A | 用于金属结构件、吊环、拉杆、套、螺栓、楔和盖等 | |
| | | B | | |
| | | C | | |
| | | D | | |
| | Q275 | – | 用于轴、轴销、螺栓等强度较高件 | |
| 优质碳素钢<br>GB/T 699—2015 | 10 | | 屈服点和抗拉强度比较低，塑性和韧性均高，但强度较低。在冷状态下，容易模压成型。一般用于拉杆、卡头、钢管垫片、垫圆和铆钉。这种钢焊接性甚好 | 牌号的两位数字表示平均含碳量，45 即表示平均含碳量为 45%。含锰量较高的钢，须加注化学元素符号"Mn"。含碳量 ≤0.25% ~0.60% 之间的碳钢是中碳钢（调制钢）。含碳量高于 0.60% 的碳钢是高碳钢 |
| | 15 | | 塑性、韧性、焊接性和冷冲均极良好，但强度较低。用于制造受力不大，韧性要求较高的零件、紧固件、冲模锻件及不要受热处理的低负荷零件，如螺栓、螺钉、拉条、法兰盘及化工储器，蒸汽锅炉等 | |
| | 35 | | 具有良好的强度和韧性，用于制造曲轴、转轴、轴销、杠杆、连杆、横梁、星轮、圆盘、套筒、钩环、螺钉和螺母等。一般不作焊接用 | |
| | 45 | | 用于强度要求较高的零件，如汽轮机的叶轮、压缩机、泵的零件等 | |
| | 60 | | 强度和弹性相当高，用于制造轧辊、轴、弹簧圈、弹簧、离合器、凸轮和钢绳等 | |
| | 65Mn | | 性能与 15 钢相似，但淬透性、强度和塑性比 15 钢都强些。用于制造中心部分的力学性能要求较高且须渗透碳的零件。这种钢焊接性好 | |
| | 15Mn | | 强度高，淬透性较大，脱碳倾向小，但又过热敏感性，易产生淬火裂纹，并又回火脆性。适宜做大尺寸的各种扁、圆弹簧，如弹簧座，弹簧发条 | |
| 灰铸铁<br>GB/T 9439—2010 | HT100 | | 属低强度铸铁，用于一般铸盖、手把、手轮等不重要的零件 | "HT"是灰铸铁的代号，是由表示其特征的汉语拼音字母的第一个大写正体字母组成。代号后面的一组数字，表示抗拉强度值（N/mm²） |
| | HT150 | | 属中等强度铸铁，用于一般铸件，如机床座、端盖、带轮和工作台等 | |
| | HT200<br>IIT250 | | 属高强度铸铁，用于较重要的铸件，如气缸、齿轮、凸轮、机座、床身、飞轮、带轮、齿轮箱、阀壳、联轴器、衬筒和轴承座等 | |
| | HT300<br>HT350 | | 属高强度，高耐磨铸铁，用于重要的铸件，如齿轮、凸轮、床身、高压液压筒、液压泵和滑阀的壳体、车床卡盘等 | |
| 球墨铸铁<br>GB/T 1348—2009 | QT700 – 2 | | 用于曲轴、缸体、车轧等 | "QT"是球墨铸铁代号，是表示"球铁"的汉语拼音的第一个字母，它后面的数字表示强度和延伸率的大小 |
| | QT600 – 3 | | | |
| | QT500 – 7 | | 用于阀体、气缸、轴瓦等 | |
| | QT450 – 10 | | 用于机箱体、管路、阀体、盖和中低压阀体等 | |
| | QT400 – 15 | | | |

## 表D-2　常用有色金属材料

| 类别 | 名称与号牌 | 应 用 举 例 |
|---|---|---|
| 加工青铜 | 4－4－4锡青铜<br>QSn4－4－4 | 一般摩擦套件下的轴承、轴套、衬套、圆盘及衬套内套 |
| | 7－0.2锡青铜<br>QSn7－0.2 | 中负荷、中等滑动速度下的摩擦零件，如抗磨垫圈、轴承、轴套和涡轮等 |
| | 9－4铝青铜<br>QAl9－4 | 高负荷下的抗磨耐腐零件，如轴承、轴套、衬套、阀座、齿轮和涡轮等 |
| | 10－3－1.5铝青铜<br>QAl10－3－1.5 | 高温下工作的耐磨零件，如齿轮、轴承、衬套、圆盘和飞轮等 |
| | 10－4－4铝青铜<br>QAl10－4－4 | 高强度耐磨件及高温下工作的零件，如轴衬、轴套、齿轮、螺母、法兰盘和滑座等 |
| | 2铍青铜<br>QBe2 | 高速、高温下工作的耐磨零件，如轴承和衬套等 |
| 铸造铜合金 | 5－5－5锡青铜<br>ZCuSn5Pb5Zn5 | 用于较高负荷、中等滑动速度下工作的耐磨耐蚀零件，如轴瓦、衬套、油塞和涡轮等 |
| | 10－1锡青铜<br>ZCuSn10Pb1 | 用于小于200MPa和滑动速度小于8m/s条件下工作的耐磨零件，如齿轮、涡轮、轴瓦和套等 |
| | 10－2锡青铜<br>ZCuSn10Zn2 | 用于中等负荷和小滑动速度下工作的管配件及阀、旋塞、泵体齿轮、涡轮、叶轮等 |
| | 8－13－3－2铝青铜<br>ZCuAl8Mn13Fe3Ni2 | 用于轻度高耐蚀重要零件，如船舶螺旋桨、高压阀体、泵体、耐压耐磨的齿轮、涡轮、法兰和衬套等 |
| | 9－2铝青铜<br>ZCuAl9Mn2 | 用于制造耐磨结构简单的大型铸件，如衬套、涡轮及增压器内气封等 |
| | 10－3铝青铜<br>ZCuAl10Fe3 | 制造强度高、耐磨、耐蚀零件，如涡轮、轴承、衬套、管嘴和耐热钢配件 |
| | 9－4－4－2铝青铜<br>ZCuAl9Fe4Ni4Mn2 | 制造高强度重要零件，如船舶螺旋桨，耐磨级400℃以下工作的零件，如轴承、齿轮、涡轮、螺母、法兰、阀体和导向套管等 |
| | 25－6－3－3铝黄铜<br>ZCuZn25Al6Fe3Mn3 | 适于高强耐磨零件，如桥梁支承板、螺母、螺杆、耐磨板、滑块和涡轮等 |
| | 38－2－2锰黄铜<br>ZCuZn38Mn2Pb2 | 一般用途结构件，如套筒、衬套、轴瓦和滑块等 |
| 铸造铝合金 | ZL301<br>ZAlMg10 | 用于受大冲击负荷，高耐蚀零件 |
| | ZL102<br>ZAlSi2 | 用于气缸活塞以及高温工作的复杂形状零件 |
| | ZL401<br>ZAlZn10Si7 | 适用于压力铸造的高强度合金 |

### 表 D-3　常用非金属材料

| 名称 | 代号 | 说明及规格 | | 举例说明 |
|---|---|---|---|---|
| 普通橡胶板 | 1608 | 厚度为 | | 能在的空气中工作，适于冲制各种密封、缓冲胶圈，垫板及辅设工作台，地板 |
| | 1708 | 0.5mm、1mm、 | | |
| | 1613 | 1.5mm、2.5mm、 | | |
| 耐油橡胶板 | 3707 | 3mm、4mm、5mm、 | 宽度为 500~2000mm | 可在 -30~80℃ 之间的机油，汽油，变压器等介质中工作，适于冲制各种形状的垫圈 |
| | 3807 | 6mm、8mm、10mm、 | | |
| | 3709 | 14mm、16mm、 | | |
| | | 18mm、20mm、 | | |
| | 3809 | 22mm、25mm、 | | |
| | | 30mm、40mm、 | | |
| | | 50mm | | |
| 尼龙66 尼龙1010 | | 有高的抗拉性和良好的冲击韧性，一定的耐热性（可在100℃以下使用），能耐弱酸、弱碱，耐油性良好 | | 可以制作机械传动零件，运转时噪声小，常用来做齿轮等零件 |
| 耐油橡胶 石棉板 | | 有厚度为 0.4~0.3mm 的十种规格 | | 常用作航空发动机的煤油、润滑油及冷气系统结合处的密封衬垫材料 |
| 油浸石棉板 盘根 | YS450 | 盘根形状分 F（方形）、Y（圆形）、N（扭制）三种，按需选用 | | 适用于回转轴、往复活塞或阀门杆上做密封材料，介质为蒸汽、空气、工业用水或重制石油产品 |
| 橡胶石棉 盘根 | XS450 | 该牌号盘根只有 F 形 | | 适用于作蒸汽机，往复泵的活塞和阀门杆上的密封材料 |
| 毛毡 | 112-32~44（细毛）122-30~38（半粗毛）132-32~36（粗毛） | 厚度为 1.5~25mm | | 用作密封、防漏油、防振、缓冲衬垫等。按需要选用细毛、半粗毛、粗毛 |
| 软钢纸板 | | 厚度为 0.5~3.0mm | | 用作密封连接处衬垫 |
| 聚四氯乙烯 | SFL-4~13 | 耐腐蚀，耐高温（250℃）并具有一定强度，能切削加工成各种零件 | | 用于腐蚀介质中，起密封和减磨作用，用作垫圈等 |
| 有机玻璃板 | | 耐盐酸、硫酸、草酸、烧碱和纯碱等一般酸碱以及二氧化硫、溴气等气体腐蚀 | | 适用于耐腐蚀和需要透明的零件 |

263

表 D-4　常见的热处理和表面处理名词解释

| 名　词 | 代号及标注实例 | 说　明 | 应　用 |
|---|---|---|---|
| 退火 | 511 | 将钢件加热到临界温度（一般是710~715℃，个别合金钢800~900℃）以上30~50℃，保温一段时间，然后缓慢冷却（一般在炉中冷却） | 用来消除铸、锻、焊零件的内应力，降低硬度便于切削加工，细化金属晶粒，改善组织，增加韧性 |
| 正火 | 512 | 将钢件加热到临界温度以上，保温一段时间，然后在空气中冷却，冷却速度比退火快 | 用来处理低碳和中碳结构钢及渗碳零件，使其组织细化，增加强度与韧性，减少内应力，改善切削性能 |
| 淬火 | 513 | 将钢件加热到临界温度以上，保温一段时间，然后在水、盐水或油中（个别材料在空气中）急速冷却，使其得到高硬度 | 用来提高钢的硬度和抗拉强度。但淬火后会引起内应力使钢变脆，所以淬火后必须回火 |
| 淬火和回火 | 514 | 回火是将淬硬的钢件加热到临界温度以下的温度，保温一段时间然后在空气或油中冷却下来 | 用来消除淬火后的脆性和内应力，提高钢的塑性和冲击韧性 |
| 调质 | 515 | 淬火后在450~600℃进行高温回火，称为调质 | 用来使钢获得高的韧性和足够的强度。重要的齿轮、轴及丝杠等零件是经调质处理的 |
| 表面淬火 感应淬火和回火 | 521 – 04 | 用火焰或高频电流将零件表面迅速加热至临界温度以上，急速冷却 | 使零件表面获得高强度，而心部保持一定韧性，使零件既耐磨又能承受冲击。表面淬火常用来处理齿轮等 |
| 表面淬火 火焰淬火和回火 | 521 – 05 | | |
| 渗碳 | 531 | 在渗透剂中将钢件加热到900~950℃，停留一定时间，将碳渗入钢表面，深度为0.5~2mm，再淬火后回火 | 增加钢件的耐磨性能、表面硬度、抗拉强度以及疲劳极限　适用于低碳、中碳（含量<0.40%）结构钢中的小型零件 |
| 渗氮 | 533 | 氮化是在500~600℃通入铵的炉子中加热，向钢表面渗入氮原子的过程。氮化层为0.025~0.8mm，氮化时间需40~50h | 增加钢件的耐磨性能、表面硬度、疲劳极限和抗蚀能力　适用于合金钢、碳钢、铸铁件，如机床主轴、丝杠以及在潮湿碱水和可燃气体介质的环境中工作的零件 |
| 碳氮共渗 | 532 | 在820~860℃炉内通入碳和氮，保温1~2h，使钢件的表面同时渗入碳、氮原子，可得到0.2~0.5mm的碳氮共渗层 | 增加表面硬度、耐磨性、疲劳强度和耐蚀性　用于要求硬度高、耐磨的中小型及薄片零件和刀具等 |
| 时效 | 热时效 TSR 自然时效 NSR 振动时效 VSR | 低温回火后，精加工之前，加热到100~160℃，保持10~40h。对铸件也用天然时效（放在露天中一年以上）。利用振动的方法去除内应力 | 使零件消除内应力和稳定形状，用于量具、精密丝杠、床身导轨和床身等 |
| 发蓝 发黑处理 | ct. o | 将金属零件放在浓的碱和氧化剂溶液中加热氧化，使金属表面形成一层氧化铁组成的保护性薄膜 | 防腐蚀，美观。用于一般连接的标准件和其他电子类零件 |
| 硬度 | HBW（布氏硬度） | 材料抵抗硬的物体压入其表面的能力称硬度。根据测定的方法不同，可分为布氏硬度、洛氏硬度和维氏硬度。硬度测定是检验材料经热处理后的力学性能 | 用于退火、正火、调质零件及铸件的硬度检验 |
| 硬度 | HRC（洛氏硬度） | | 用于经淬火、回火及表面渗碳、氮化等处理的零件的硬度检验 |
| 硬度 | HV（维氏硬度） | | 用于薄层硬化零件的硬度检验 |

# 参 考 文 献

［1］李澄．机械制图［M］.4版．北京：高等教育出版社，2013.

［2］胡宜鸣，孟淑华．机械制图［M］．北京：高等教育出版社，2003.

［3］中国机械工业教育协会．几何量精度设计与检测［M］．北京：机械工业出版社，2001.

［4］全国技术制图标准化技术委员会．技术制图　图线：GB/T 17450—1998［S］．北京：中国标准出版社，1998.

［5］全国技术制图标准化技术委员会．技术制图　图样画法 视图：GB/T 17451—1998［S］．北京：中国标准出版社，1998.

［6］全国技术制图标准化技术委员会．技术制图　图样画法　剖视图和断面图：GB/T 17452—1998［S］．北京：中国标准出版社，1998.

［7］全国技术产品文件标准化技术委员会．技术制图　图样画法　剖面区域的表示法：GB/T 17453—2005［S］．北京：中国标准出版社，2005.

［8］全国技术制图标准化技术委员会．技术制图　简化表示法　第1部分：图样画法：GB/T 16675.1—2012［S］．北京：中国标准出版社，2012.

［9］全国技术制图标准化技术委员会．技术制图　简化表示法　第2部分：尺寸注法：GB/T 16675.2—2012［S］．北京：中国标准出版社，2012.

［10］王志泉，项仁昌．机械制图与公差［M］．北京：高等教育出版社，2006.

［11］朱林林，顾凌云．机械制图［M］．北京：北京理工大学出版社，2006.

［12］王巍．机械制图［M］.2版．北京：高等教育出版社，2009.

［13］钱可强．工程制图［M］.2版．北京：高等教育出版社，2011.

［14］全国产品尺寸和几何技术规范标准化技术委员会．产品几何技术规范（GPS）技术产品文件中表面结构的表示法：GB/T 131—2006［S］．北京：中国标准出版社，2007.

［15］吴宗泽．机械零件设计手册［M］．北京：机械工业出版社，2004.

［16］徐茂功．公差配合与技术测量［M］.3版．北京：机械工业出版社，2010.

［17］大连理工大学工程图学教研室．机械制图［M］.7版．北京：高等教育出版社，2010.

［18］全国技术产品文件标准化技术委员会．技术产品文件标准汇编　机械制图卷［M］．北京：中国标准出版社，2007.